Kämmel · Franeck · Recke

Einführung in die Methode der finiten Elemente

Studienbücher

der technischen Wissenschaften

Carl Hanser Verlag München Wien

Einführung in die Methode der finiten Elemente

von Günter Kämmel
Heinzjoachim Franeck
Hans-Georg Recke

mit 148 Bildern und 47 Tabellen

HANSER

Carl Hanser Verlag München Wien 1988

CIP-Titelaufnahme der Deutschen Bibliothek

Kämmel, Günter:
Einführung in die Methode der finiten Elemente / von Günter Kämmel ; Heinzjoachim Franeck ; Hans-Georg Recke. — München ; Wien : Hanser, 1988
(Studienbücher der technischen Wissenschaften)
ISBN 3-446-15030-7
NE: Franeck, Heinzjoachim:; Recke, Hans-Georg:

Lizenzausgabe für den Carl Hanser Verlag München
1. Auflage
Printed in GDR
Satz und Druck: VEB Druckhaus „Maxim Gorki", Altenburg
Redaktionsschluß: 15. 12. 1987

Vorwort

Die analytische Behandlung der Differentialgleichungen der technischen Physik bereitet, zumindest für mehrdimensionale Probleme, bis auf wenige Ausnahmen große Schwierigkeiten. Durch die stürmische Entwicklung der Rechentechnik in den letzten Jahrzehnten sind jedoch dem Ingenieur völlig neue Möglichkeiten zur Bearbeitung seiner Aufgaben geschaffen worden. Dabei hat sich die Methode der finiten Elemente zu einem weit verbreiteten numerischen Verfahren für die Lösung von Feldproblemen entwickelt. Sie wird heute in zahlreichen Ingenieurwissenschaften mit großem Erfolg angewendet.
Diese »Einführung« soll in erster Linie Studenten und Ingenieure ansprechen, die sich — ausgerüstet mit den mathematischen und technisch-physikalischen Kenntnissen in dem Umfang, wie sie den Studienplänen der technischen Grundstudienrichtungen entsprechen — in diese Methode einarbeiten wollen. Wir haben uns deshalb um eine leichtverständliche Darstellung des Stoffes bemüht und hoffen, daß uns dies ohne Verlust an wissenschaftlicher Exaktheit gelungen ist. Eine induktive und in vielen Fällen durch die Anschaulichkeit bestätigte Vorgehensweise unterstützt diese Absicht, ließ sich jedoch ohne geringfügige Überschneidungen bzw. Wiederholungen nicht realisieren. Der Lernende wird es nicht als Nachteil empfinden.
Wenn eindimensionale Probleme einen relativ breiten Raum beanspruchen, so deshalb, weil man eindimensionale Aufgaben i. allg. schneller überschaut und die Ergebnisse besser mit exakten Lösungen vergleichen kann. Dem Leser werden auf diese Weise die wesentlichen Schritte des Verfahrens gezeigt und der Weg zum Verständnis zweidimensionaler Aufgaben geebnet. Dreidimensionale bzw. nichtlineare oder auch zeitabhängige Probleme haben wir grundsätzlich nicht behandelt, um die Schwierigkeiten zu begrenzen und den Rahmen unseres Anliegens nicht zu sprengen. Auch rechentechnische bzw. programmorganisatorische Gesichtspunkte werden nur gestreift, da deren anwendungsorientierte Darstellung doch erheblichen Platz beansprucht hätte und überdies zu diesem Problem spezielle Literatur vorhanden ist.
Die teilweise recht ausführlich beschriebenen Anwendungen erstrecken sich auf unterschiedliche technisch-physikalische Gebiete, wobei jedoch die Festkörpermechanik eine gewisse historisch bedingte Priorität besitzt. Die meisten Aufgaben sind so wiedergegeben, daß der Leser die Zahlenrechnung bis zum Endergebnis mit Hilfe eines Taschenrechners verfolgen kann. Auf spezielle Einzelheiten der numerischen Mathematik (Lösen linearer Gleichungssysteme, Eigenwertbestimmung) sind wir nicht eingegangen. Wir verweisen diesbezüglich auf entsprechende Lehrbücher.
Vielleicht wird mancher ein umfassendes Literaturverzeichnis vermissen. Die Publikationen zur Methode der finiten Elemente sind jedoch so zahlreich, daß eine vollständige Wiedergabe oder auch nur eine gewichtete Auswahl nicht mehr möglich ist. Wir geben hier lediglich einige Werke an, die relativ leicht zugänglich sind und als ergänzende Literatur empfohlen werden können.

Das Buch entstand mit Unterstützung der Hauptforschungsrichtung Festkörpermechanik. Herrn Prof. Dr.-Ing. habil. *H. Göldner* sagen wir dafür an dieser Stelle Dank. Die Herren Prof. Dr. sc. techn. *J. Altenbach* und Prof. Dr. rer. nat. habil. *L. v. Wolfersdorf* haben uns nach kritischer Durchsicht des Manuskriptes zahlreiche Anregungen und Hinweise übermittelt. Wir haben diese gern aufgegriffen und weitestgehend berücksichtigt. Bei ihnen bedanken wir uns ebenfalls. Mit großer Sorgfalt schrieb Frau *Gudrun Weichelt* das Manuskript. Auch ihr danken wir in gleichem Maße. Schließlich gebührt unser Dank dem VEB Fachbuchverlag für die gute Zusammenarbeit und die Verwirklichung unserer Wünsche.

Die Autoren

Inhaltsverzeichnis

0. Einleitung

Viele ingenieurwissenschaftliche Aufgaben führen auf Randwertprobleme, d. h., es sind Differentialgleichungen unter Beachtung vorgeschriebener Randbedingungen zu lösen. Bei eindimensionalen Problemen ist dies i. allg. ohne größere Schwierigkeiten möglich. Für mehrdimensionale Aufgaben findet man Lösungen nur für einfache Fälle. Dies bezieht sich sowohl auf die Gestalt des zu untersuchenden Gebietes als auch auf die vorgeschriebenen Randbedingungen.

Bei komplizierteren Problemen ist man deshalb auf genäherte Ergebnisse angewiesen. Zur Aufstellung von Näherungslösungen ist eine Reihe von Verfahren entwickelt worden, von denen das Differenzenverfahren, die Restgrößen- oder Residuenmethode (Verfahren von *Galerkin*, Kollokationsmethode, Fehlerquadratmethode) und das aus der Variationsmethode folgende Verfahren von *Ritz* genannt seien. Diese Näherungsverfahren leisteten dem Ingenieur bereits hervorragende Dienste zu einer Zeit, in der noch keine EDV-Anlagen zur Verfügung standen. Mit der Entwicklung der modernen Rechentechnik eng verbunden, entstand etwa 1960 ein mit dem Namen *Methode der finiten Elemente* oder *FEM* (*Finite Element Method*) bezeichnetes Näherungsverfahren. Der Grundgedanke dieser Methode besteht darin, das zu untersuchende Gebiet in eine beliebige Anzahl einfacher Teilbereiche, die sogenannten *finiten* (*endlichen*) *Elemente,* zu zerlegen. In jedem Element werden Näherungsansätze für die gesuchten Feldgrößen zunächst in Abhängigkeit gewisser freier Parameter so gewählt, daß ein weitestgehend widerspruchsfreier Kontakt zu den Nachbarelementen erzielt werden kann. Diesem typischen ersten Schritt (*vom Ganzen zum Teil*) folgt der typische zweite Schritt: Die finiten Elemente werden wieder zum Gesamtsystem zusammengefügt (*vom Teil zum Ganzen*) und die freien Parameter berechnet. Diese Vorgehensweise gestattet eine nahezu uneingeschränkte Berücksichtigung beliebiger Randbedingungen.

Es leuchtet ein, daß dieses Verfahren, bei dem auch eine große Datenmenge anfällt, übersichtliche Algorithmen verlangt, für deren zweckmäßige Darstellung sich die Matrixschreibweise als vorteilhaft erweist. Abgesehen von einigen älteren rein theoretischen Untersuchungen oder der FEM ähnelnder Verfahren, wie der Berechnung von Fachwerken im konstruktiven Ingenieurbau, begann eine stürmische Entwicklung der FEM in der Mitte der sechziger Jahre. Besonders vorangetrieben durch den Flugzeugbau und die Raumfahrt, wurden zunächst Probleme elastischer Kontinua behandelt. Nachdem schließlich der Zusammenhang der FEM mit anderen längst erprobten Lösungsverfahren (z. B. Verfahren von *Ritz*) gezeigt und die ersten Konvergenzbeweise geführt wurden, ergriff diese Methode sehr schnell die gesamte Festkörpermechanik. Heute hat die FEM Eingang in viele wissenschaftliche Bereiche gefunden, die sich mit Feldproblemen befassen. Es existieren deshalb auch Rechenprogramme zur Lösung von Aufgaben der Bodenmechanik, Strömungsmechanik, Thermodynamik, Elektrotechnik, Akustik und Tribotechnik usw. Diese Entwicklung ist noch nicht abgeschlossen.

1. Zugang zur Methode der finiten Elemente

Die Anwendung der Methode der finiten Elemente setzt voraus, daß wir uns mit einer Reihe von Begriffen und Definitionen vertraut machen, die entweder teilweise bekannt sind, jedoch manchmal eine andere Bedeutung besitzen, oder aber verfahrenstypisch neu eingeführt werden. Um darüber hinaus auch die Vorgehensweise beim Benutzen dieser Methode kennenzulernen, wollen wir jene an vier einfachen Beispielen zeigen. Die Ergebnisse sind zwar auf herkömmliche Art einfacher zu erhalten, mit Hilfe des hier vorgestellten Lösungsweges werden aber spezielle Gedankengänge der FEM dargestellt. Gerade die Wahl elementarer Beispiele erschließt uns die Möglichkeit, einzelne Schritte ingenieurmäßig interpretieren zu können, ein Vorteil, der bei komplexeren Problemstellungen verloren gehen wird.
Im ersten Beispiel untersuchen wir einen elastischen Stab mit stückweise konstantem Querschnitt, der an beiden Enden gestützt ist. Er wird durch eine Einzelkraft beansprucht (Bild 1.1). Es sollen die auftretenden Stützkräfte und die Längskräfte ermittelt werden.

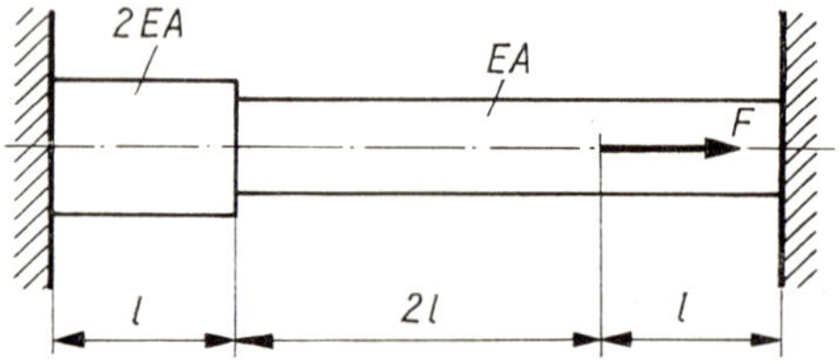

Bild 1.1

Wir unterteilen das Tragwerk aufgrund seines Aufbaues und unter Beachten der Belastung in drei Bereiche. Einen solchen Teilbereich nennen wir ein *finites Element* oder kurz *Element*. Die Verbindungsstellen zwischen den Elementen bezeichnet man als *Knotenpunkte* oder kurz *Knoten*. Diese Unterteilung kann im allgemeinen weitgehend beliebig vorgenommen werden, geschieht aber aus praktischen Gründen so, daß Knoten zumindest immer dort liegen, wo sich die Geometrie oder die Stoffeigenschaften sprunghaft ändern oder die Belastung Unstetigkeiten besitzt.

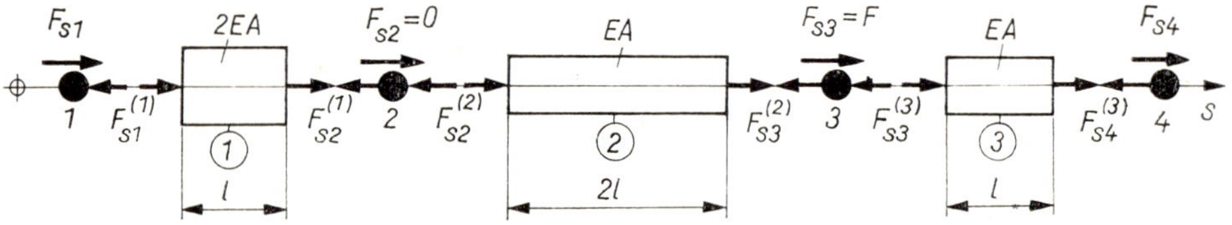

Bild 1.2

Auf diese Weise erhalten wir die Elemente 1, 2, 3 und die Knoten 1, 2, 3, 4, an denen *innere Knotenkräfte* und *äußere Knotenkräfte* angreifen. Letztere sind als Stützkräfte (F_{s1}, F_{s4}) grundsätzlich unbekannt, als Belastungen ($F_{s2} = 0$, $F_{s3} = F$) dagegen stets vorgegeben (Bild 1.2). Wir betrachten zunächst ein beliebiges *Stabelement e* (Bild 1.3). Ohne Einschränkung der Allgemeinheit bezeichnen wir die zu-

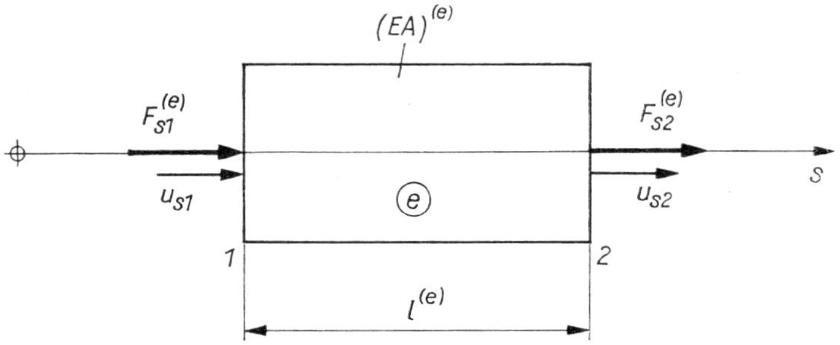

Bild 1.3

geordneten Knotenpunkte mit 1 und 2, weisen aber darauf hin, daß kein Zusammenhang zwischen dieser Numerierung und der Knotennumerierung gemäß Bild 1.2 besteht. Beide Knotenpunkte können in Richtung der Koordinatenachse *s Knotenverschiebungen* u_{s1}, u_{s2} ausführen. Mit diesen *Knotenwerten* folgt unter Verwendung des *Hooke*schen Gesetzes die innere Knotenkraft $F_{s2}^{(e)}$ aus

$$\frac{(EA)^{(e)}}{l^{(e)}}(u_{s2} - u_{s1}) = (EA)^{(e)}\,\varepsilon^{(e)} = A^{(e)}\sigma^{(e)} = F_{s2}^{(e)}, \tag{1.1}$$

wobei $(EA)^{(e)}$ die Dehnsteifigkeit, $l^{(e)}$ die Länge, $\varepsilon^{(e)}$ die Dehnung und $\sigma^{(e)}$ die Normalspannung des Stabelementes e bedeuten. Die Gleichgewichtsbedingung

$$F_{s1}^{(e)} + F_{s2}^{(e)} = 0 \tag{1.2}$$

liefert unmittelbar den entsprechenden Zusammenhang

$$\frac{(EA)^{(e)}}{l^{(e)}}(u_{s1} - u_{s2}) = F_{s1}^{(e)}. \tag{1.3}$$

Die beiden Gln. (1.1), (1.3) lassen sich übersichtlich in der *lokalen Finite-Elemente-Gleichung* bzw. *Elementgleichung*

$$\frac{(EA)^{(e)}}{l^{(e)}}\begin{bmatrix} 1 & -1 \\ -1 & 1 \end{bmatrix}\begin{bmatrix} u_{s1} \\ u_{s2} \end{bmatrix} = \begin{bmatrix} F_{s1}^{(e)} \\ F_{s2}^{(e)} \end{bmatrix} \tag{1.4}$$

oder

$$\boldsymbol{K}^{(e)}\boldsymbol{z}^{(e)} = \mathring{\boldsymbol{r}}^{(e)} \tag{1.5}$$

angeben. Wir bezeichnen die symmetrische quadratische *Elementsteifigkeitsmatrix*

$$\boldsymbol{K}^{(e)} = \begin{bmatrix} k_{11}^{(e)} & k_{12}^{(e)} \\ k_{21}^{(e)} & k_{22}^{(e)} \end{bmatrix} = \frac{(EA)^{(e)}}{l^{(e)}}\begin{bmatrix} 1 & -1 \\ -1 & 1 \end{bmatrix} \tag{1.6}$$

allgemein auch als *Elementmatrix*, den Vektor $\boldsymbol{z}^{(e)}$ der Knotenwerte des Elements als *Elementknotenvektor* und den Elementkraftvektor $\mathring{\boldsymbol{r}}^{(e)}$ allgemein als *Vektor der rechten Seite der Elementgleichung*. (Die Bezeichnung $\mathring{\boldsymbol{r}}^{(e)}$ wird zur Unterscheidung von dem später häufig benutzten Vektor $\boldsymbol{r}^{(e)}$, dem Elementvektor der rechten Seite, gewählt.) Eine Elementsteifigkeitsmatrix $\boldsymbol{K}^{(e)}$ können wir für jedes Element aufstellen, müssen dazu aber festlegen, welche *Systemknotennummern* des gegebenen Systems (Bild **1.2**) den *Elementknotennummern* 1 und 2 des allgemeinen Elementes

Tabelle 1.1

Elementknotennummer	Systemknotennummer		
	Element		
	1	2	3
1	1	2	3
2	2	3	4

(Bild 1.3) entsprechen. Die Zuordnung der Systemknotennummern zu den Elementknotennummern aller Elemente kann z. B. in der Form der Tabelle 1.1 (*Koinzidenztabelle*) erfaßt werden. In unserem Beispiel gelten die Beziehungen

$$\begin{bmatrix} k_{11}^{(1)} & k_{12}^{(1)} \\ k_{21}^{(1)} & k_{22}^{(1)} \end{bmatrix} \begin{bmatrix} u_{s1} \\ u_{s2} \end{bmatrix} = \frac{2EA}{l} \begin{bmatrix} 1 & -1 \\ -1 & 1 \end{bmatrix} \begin{bmatrix} u_{s1} \\ u_{s2} \end{bmatrix} = \begin{bmatrix} F_{s1}^{(1)} \\ F_{s2}^{(1)} \end{bmatrix},$$

$$\begin{bmatrix} k_{11}^{(2)} & k_{12}^{(2)} \\ k_{21}^{(2)} & k_{22}^{(2)} \end{bmatrix} \begin{bmatrix} u_{s2} \\ u_{s3} \end{bmatrix} = \frac{EA}{2l} \begin{bmatrix} 1 & -1 \\ -1 & 1 \end{bmatrix} \begin{bmatrix} u_{s2} \\ u_{s3} \end{bmatrix} = \begin{bmatrix} F_{s2}^{(2)} \\ F_{s3}^{(2)} \end{bmatrix}, \tag{1.7}$$

$$\begin{bmatrix} k_{11}^{(3)} & k_{12}^{(3)} \\ k_{21}^{(3)} & k_{22}^{(3)} \end{bmatrix} \begin{bmatrix} u_{s3} \\ u_{s4} \end{bmatrix} = \frac{EA}{l} \begin{bmatrix} 1 & -1 \\ -1 & 1 \end{bmatrix} \begin{bmatrix} u_{s3} \\ u_{s4} \end{bmatrix} = \begin{bmatrix} F_{s3}^{(3)} \\ F_{s4}^{(3)} \end{bmatrix},$$

Wir betrachten jetzt die Kräfte an einem beliebigen Knoten i, der zwischen den Elementen e und $e + 1$ liegt (Bild 1.4). Bezüglich des Knotens weisen im Sinne des *Newton*schen Gegenwirkungsprinzips die inneren Knotenkräfte in die entgegengesetzte Richtung. Die Gleichgewichtsbedingung am Knoten i lautet

$$F_{si} - F_{si}^{(e)} - F_{si}^{(e+1)} = 0 \tag{1.8}$$

oder

$$F_{si}^{(e)} + F_{si}^{(e+1)} = F_{si}. \tag{1.9}$$

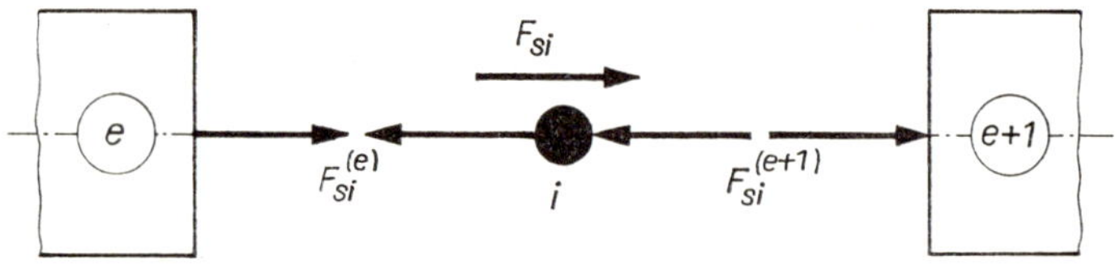

Bild 1.4

In unserem Beispiel finden wir

$$\begin{aligned} &F_{s1}^{(1)} = F_{s1}, \\ &F_{s2}^{(1)} + F_{s2}^{(2)} = F_{s2}, \\ &F_{s3}^{(2)} + F_{s3}^{(3)} = F_{s3}, \\ &F_{s4}^{(3)} = F_{s4}, \end{aligned} \tag{1.10}$$

oder mit Gln. (1.7)

$$\begin{aligned} &k_{11}^{(1)}u_{s1} + k_{12}^{(1)}u_{s2} = F_{s1}, \\ &k_{21}^{(1)}u_{s1} + k_{22}^{(1)}u_{s2} + k_{11}^{(2)}u_{s2} + k_{12}^{(2)}u_{s3} = F_{s2}, \\ &k_{21}^{(2)}u_{s2} + k_{22}^{(2)}u_{s3} + k_{11}^{(3)}u_{s3} + k_{12}^{(3)}u_{s4} = F_{s3}, \\ &k_{21}^{(3)}u_{s3} + k_{22}^{(3)}u_{s4} = F_{s4}. \end{aligned} \tag{1.11}$$

Dies führt nach dem Zusammenfassen auf das lineare Gleichungssystem

$$\begin{bmatrix} k_{11}^{(1)} & k_{12}^{(1)} & 0 & 0 \\ k_{21}^{(1)} & k_{22}^{(1)} + k_{11}^{(2)} & k_{12}^{(2)} & 0 \\ 0 & k_{21}^{(2)} & k_{22}^{(2)} + k_{11}^{(3)} & k_{12}^{(3)} \\ 0 & 0 & k_{21}^{(3)} & k_{22}^{(3)} \end{bmatrix} \begin{bmatrix} u_{s1} \\ u_{s2} \\ u_{s3} \\ u_{s4} \end{bmatrix} = \begin{bmatrix} F_{s1} \\ F_{s2} \\ F_{s3} \\ F_{s4} \end{bmatrix}, \tag{1.12}$$

d. h. die *globale Finite-Elemente-Gleichung* oder *Systemgleichung*

$$\boldsymbol{K}\boldsymbol{z} = \boldsymbol{r}. \tag{1.13}$$

Die symmetrische, quadratische Matrix $\boldsymbol{K}$ nennt man die *Systemmatrix*. Sie enthält die Koeffizienten der drei Elementmatrizen $\boldsymbol{K}^{(1)}$, $\boldsymbol{K}^{(2)}$, $\boldsymbol{K}^{(3)}$ (Bild 1.5) und kann somit unmittelbar durch deren Überlagerung aufgebaut werden. Die Systemmatrix be-

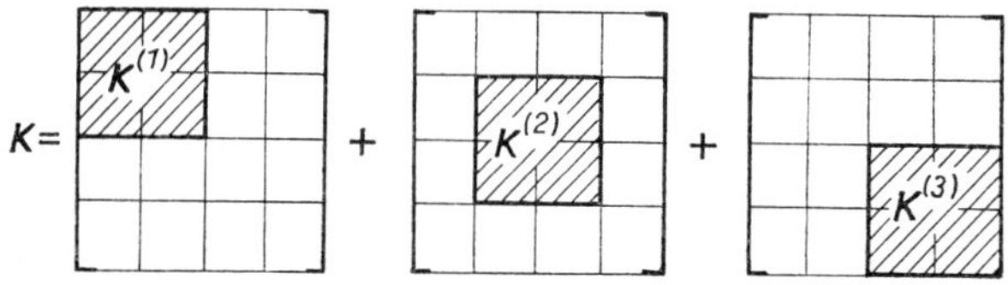

Bild 1.5

sitzt eine Bandstruktur. Den Vektor $\boldsymbol{z}$ in Gl. (1.13) bezeichnen wir als *Systemknotenvektor* und den Vektor $\boldsymbol{r}$ als *Vektor der rechten Seite* der Systemgleichung. In der Beziehung (1.12) sind die beiden Verschiebungen u_{s1} und u_{s4} wegen der vorgegebenen Lagerungs- oder Randbedingungen des Stabes sowie die beiden äußeren Knotenkräfte F_{s2} und F_{s3} als Belastungen bekannt. Wir wollen die vorgeschriebenen Randgrößen mit einem Querstrich versehen. Dann gilt

$$\begin{aligned} &u_{s1} = \bar{u}_{s1} = 0; \qquad u_{s4} = \bar{u}_{s4} = 0, \\ &F_{s2} = 0; \qquad F_{s3} = F, \end{aligned} \tag{1.14}$$

und das Gleichungssystem (1.12) nimmt die Form

$$\frac{EA}{2l}\begin{bmatrix} 4 & -4 & 0 & 0 \\ & 5 & -1 & 0 \\ & & 3 & -2 \\ \text{sym.} & & & 2 \end{bmatrix}\begin{bmatrix} 0 \\ u_{s2} \\ u_{s3} \\ 0 \end{bmatrix} = \begin{bmatrix} F_{s1} \\ 0 \\ F \\ F_{s4} \end{bmatrix} \tag{1.15}$$

an. Formal stellt Gl. (1.15) ein System von vier linearen Gleichungen für u_{s2}, u_{s3}, F_{s1}, F_{s4} dar. Da jedoch die zweite und dritte Gleichung die unbekannten Stützkräfte F_{s1} und F_{s4} nicht enthalten, kann zunächst das *modifizierte Gleichungssystem*

$$\frac{EA}{2l}\begin{bmatrix} 5 & -1 \\ -1 & 3 \end{bmatrix}\begin{bmatrix} u_{s2} \\ u_{s3} \end{bmatrix} = \begin{bmatrix} 0 \\ F \end{bmatrix} \tag{1.16}$$

gelöst werden, das die übliche Normalform eines in Matrixform geschriebenen Gleichungssystems besitzt. Daraus folgen die beiden Knotenverschiebungen

$$\begin{bmatrix} u_{s2} \\ u_{s3} \end{bmatrix} = \frac{Fl}{7EA}\begin{bmatrix} 1 \\ 5 \end{bmatrix}. \tag{1.17}$$

Die erste und vierte Gleichung liefern dann die Stützkräfte

$$\begin{bmatrix} F_{s1} \\ F_{s4} \end{bmatrix} = \frac{EA}{2l}\begin{bmatrix} -4 & 0 \\ 0 & -2 \end{bmatrix}\begin{bmatrix} u_{s2} \\ u_{s3} \end{bmatrix} = -\frac{F}{7}\begin{bmatrix} 2 \\ 5 \end{bmatrix}. \tag{1.18}$$

Die Längskräfte $L^{(e)}$ stimmen mit den inneren Knotenkräften $F_{s2}^{(e)}$ am Element e überein (Bild 1.3). Damit finden wir die Werte

$$\begin{aligned} L^{(1)} &= F_{s2}^{(1)} = k_{21}^{(1)}\bar{u}_{s1} + k_{22}^{(1)}u_{s2} = \frac{2}{7}F, \\ L^{(2)} &= F_{s3}^{(2)} = k_{21}^{(2)}u_{s2} + k_{22}^{(2)}u_{s3} = \frac{2}{7}F, \\ L^{(3)} &= F_{s4}^{(3)} = k_{21}^{(3)}u_{s3} + k_{22}^{(3)}\bar{u}_{s4} = -\frac{5}{7}F. \end{aligned} \tag{1.19}$$

Im zweiten Beispiel wollen wir ein einfaches Fachwerk untersuchen, dessen Modell in Bild 1.6 wiedergegeben ist. Es sollen die Knotenverschiebungen und die Stabkräfte berechnet werden. Zunächst zerlegen wir die Konstruktion in drei Elemente und drei Knoten (Bild 1.7). Im Gegensatz zum ersten Beispiel fallen jetzt sämtliche Stabachsen in verschiedene Richtungen. Wir unterscheiden daher zwischen *lokalen Koordinatensystemen* ($s^{(e)}$) und dem *globalen Koordinatensystem* (x, y). Um die Elementsteifigkeitsmatrix aufstellen zu können, betrachten wir ein einzelnes Element, dessen lokale Koordinatenrichtung $s^{(e)}$ gegenüber der x-Achse um einen Winkel $\alpha^{(e)}$ geneigt ist (Bild 1.8). Seine Knotenpunkte besitzen jeweils den Freiheitsgrad 2. Übernehmen wir den Zusammenhang (1.4) und beachten die geometrischen Beziehungen

$$\begin{bmatrix} u_{s1}^{(e)} \\ u_{s2}^{(e)} \end{bmatrix} = \begin{bmatrix} cs^{(e)} & sn^{(e)} & 0 & 0 \\ 0 & 0 & cs^{(e)} & sn^{(e)} \end{bmatrix}\begin{bmatrix} u_1 \\ v_1 \\ u_2 \\ v_2 \end{bmatrix}, \tag{1.20}$$

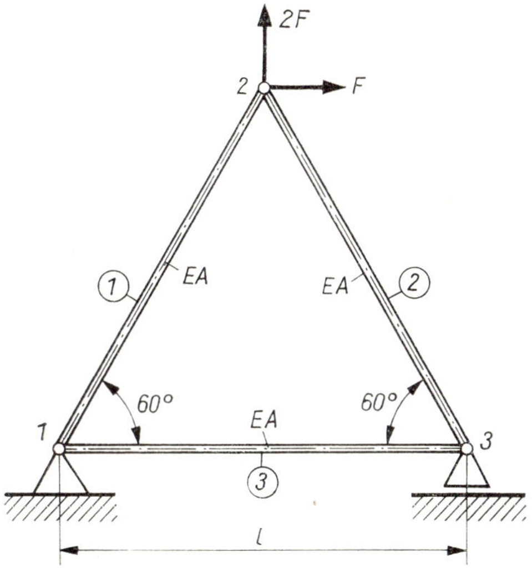

Bild 1.6

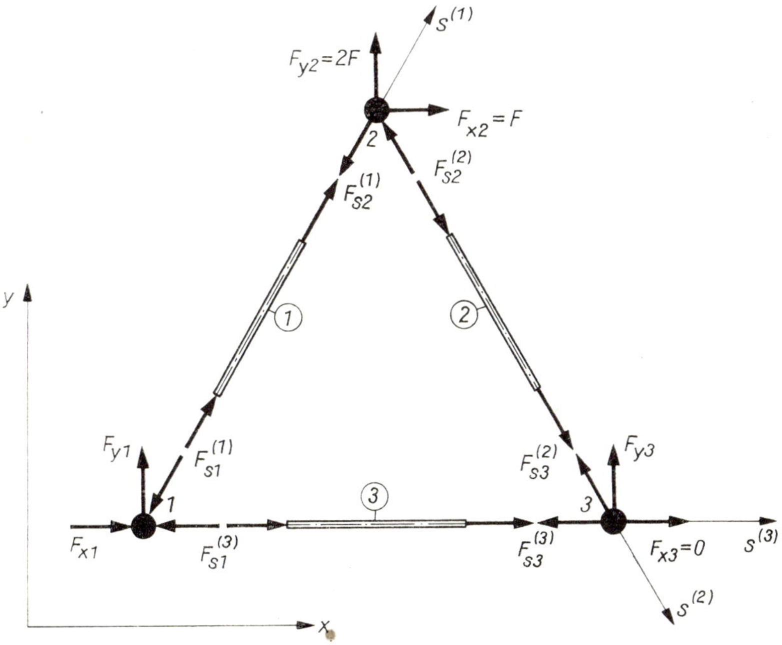

Bild 1.7

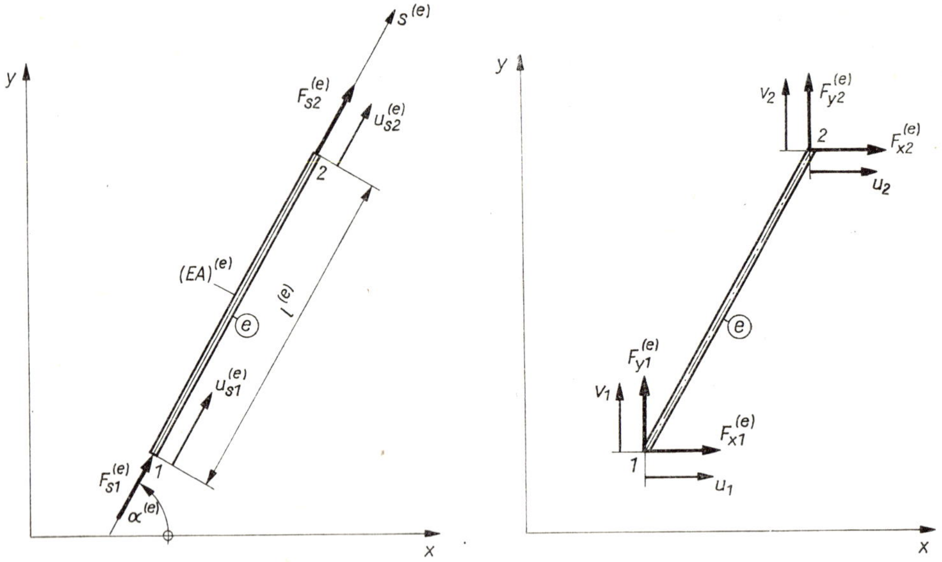

Bild 1.8

wobei $\cos\alpha^{(e)} = cs^{(e)}$; $\sin\alpha^{(e)} = sn^{(e)}$ gesetzt worden ist, so folgt zunächst

$$\frac{(EA)^{(e)}}{l^{(e)}}\begin{bmatrix} cs^{(e)} & sn^{(e)} & -cs^{(e)} & -sn^{(e)} \\ -cs^{(e)} & -sn^{(e)} & cs^{(e)} & sn^{(e)} \end{bmatrix}\begin{bmatrix} u_1 \\ v_1 \\ u_2 \\ v_2 \end{bmatrix} = \begin{bmatrix} F_{s1}^{(e)} \\ F_{s2}^{(e)} \end{bmatrix}. \tag{1.21}$$

Die Äquivalenz der Kräfte im globalen und im lokalen Koordinatensystem verlangt

$$\begin{bmatrix} cs^{(e)} & 0 \\ sn^{(e)} & 0 \\ 0 & cs^{(e)} \\ 0 & sn^{(e)} \end{bmatrix}\begin{bmatrix} F_{s1}^{(e)} \\ F_{s2}^{(e)} \end{bmatrix} = \begin{bmatrix} F_{x1}^{(e)} \\ F_{y1}^{(e)} \\ F_{x2}^{(e)} \\ F_{y2}^{(e)} \end{bmatrix}, \tag{1.22}$$

so daß sich mit Gl. (1.21)

$$\frac{(EA)^{(e)}}{l^{(e)}}\begin{bmatrix} cs^{(e)}cs^{(e)} & cs^{(e)}sn^{(e)} & -cs^{(e)}cs^{(e)} & -cs^{(e)}sn^{(e)} \\ & sn^{(e)}sn^{(e)} & -cs^{(e)}sn^{(e)} & -sn^{(e)}sn^{(e)} \\ & & cs^{(e)}cs^{(e)} & cs^{(e)}sn^{(e)} \\ \text{sym.} & & & sn^{(e)}sn^{(e)} \end{bmatrix}\begin{bmatrix} u_1 \\ v_1 \\ u_2 \\ v_2 \end{bmatrix} = \begin{bmatrix} F_{x1}^{(e)} \\ F_{y1}^{(e)} \\ F_{x2}^{(e)} \\ F_{y2}^{(e)} \end{bmatrix} \tag{1.23}$$

ergibt. Dies entspricht formal wieder Gl. (1.5)

$$\boldsymbol{K}^{(e)}\boldsymbol{z}^{(e)} = \mathring{\boldsymbol{r}}^{(e)}, \tag{1.24}$$

und die Elementsteifigkeitsmatrix $\boldsymbol{K}^{(e)}$ lautet

$$\boldsymbol{K}^{(e)} = \begin{bmatrix} k_{11}^{(e)} & k_{12}^{(e)} & k_{13}^{(e)} & k_{14}^{(e)} \\ & k_{22}^{(e)} & k_{23}^{(e)} & k_{24}^{(e)} \\ & & k_{33}^{(e)} & k_{34}^{(e)} \\ \text{sym.} & & & k_{44}^{(e)} \end{bmatrix}. \qquad (1.25)$$

Aus der Zuordnung der Tabelle 1.2 und den damit festgelegten Winkeln $\alpha^{(1)} = 60°$; $\alpha^{(2)} = -60°$; $\alpha^{(3)} = 0°$ sowie $(EA)^{(e)} = EA = \text{konst}$ $(e = 1, 2, 3)$ erhält man drei lokale Finite-Elemente-Gleichungen.

Tabelle 1.2

Elementknotennummer	Systemknotennummer		
	Element		
	1	2	3
1	1	2	1
2	2	3	3

Wie im ersten Beispiel ist nun wiederum das Gleichgewicht der Kräfte in den einzelnen Knoten zu bilden. Für einen beliebigen Knoten i gilt

$$F_{xi} - \sum_{(e)} F_{xi}^{(e)} = 0; \qquad F_{yi} - \sum_{(e)} F_{yi}^{(e)} = 0 \qquad (1.26)$$

und damit für unser Beispiel

$$\begin{aligned} F_{x1}^{(1)} + F_{x1}^{(3)} &= F_{x1}; & F_{y1}^{(1)} + F_{y1}^{(3)} &= F_{y1}, \\ F_{x2}^{(1)} + F_{x2}^{(2)} &= F_{x2}; & F_{y2}^{(1)} + F_{y2}^{(2)} &= F_{y2}, \\ F_{x3}^{(2)} + F_{x3}^{(3)} &= F_{x3}; & F_{y3}^{(2)} + F_{y3}^{(3)} &= F_{y3}. \end{aligned} \qquad (1.27)$$

Unter Verwendung von Gl. (1.23) und Gl. (1.25) können wir zusammenfassend

$$\begin{bmatrix} k_{11}^{(1)} + k_{11}^{(3)} & k_{12}^{(1)} + k_{12}^{(3)} & k_{13}^{(1)} & k_{14}^{(1)} & k_{13}^{(3)} & k_{14}^{(3)} \\ k_{21}^{(1)} + k_{21}^{(3)} & k_{22}^{(1)} + k_{22}^{(3)} & k_{23}^{(1)} & k_{24}^{(1)} & k_{23}^{(3)} & k_{24}^{(3)} \\ k_{31}^{(1)} & k_{32}^{(1)} & k_{33}^{(1)} + k_{11}^{(2)} & k_{34}^{(1)} + k_{12}^{(2)} & k_{13}^{(2)} & k_{14}^{(2)} \\ k_{41}^{(1)} & k_{42}^{(1)} & k_{43}^{(1)} + k_{21}^{(2)} & k_{44}^{(1)} + k_{22}^{(2)} & k_{23}^{(2)} & k_{24}^{(2)} \\ k_{31}^{(3)} & k_{32}^{(3)} & k_{31}^{(2)} & k_{32}^{(2)} & k_{33}^{(2)} + k_{33}^{(3)} & k_{34}^{(2)} + k_{34}^{(3)} \\ k_{41}^{(3)} & k_{42}^{(3)} & k_{41}^{(2)} & k_{42}^{(2)} & k_{43}^{(2)} + k_{43}^{(3)} & k_{44}^{(2)} + k_{44}^{(3)} \end{bmatrix} \begin{bmatrix} u_1 \\ v_1 \\ u_2 \\ v_2 \\ u_3 \\ v_3 \end{bmatrix} = \begin{bmatrix} F_{x1} \\ F_{y1} \\ F_{x2} \\ F_{y2} \\ F_{x3} \\ F_{y3} \end{bmatrix} \qquad (1.28)$$

oder wie auch schon in Gl. (1.13)

$$\boldsymbol{Kz} = \boldsymbol{r} \qquad (1.29)$$

schreiben. Der Aufbau der Systemmatrix ist hier nicht ganz so deutlich sichtbar wie im ersten Beispiel (Bild 1.9). Die Elementsteifigkeitsmatrizen $\boldsymbol{K}^{(1)}$ und $\boldsymbol{K}^{(2)}$ erscheinen noch kompakt, während $\boldsymbol{K}^{(3)}$ in vier Teilblöcke zerfällt. Die Bandstruktur der Systemmatrix geht bei kleinen Fachwerken verloren. Wir berücksichtigen nunmehr, daß aufgrund der vorgegebenen Auflagerung des Fachwerkes nach Bild 1.9 drei Verschiebungskomponenten verschwinden:

$$u_1 = \bar{u}_1 = 0; \qquad v_1 = \bar{v}_1 = 0; \qquad v_3 = \bar{v}_3 = 0. \tag{1.30}$$

Diese Randbedingungen des Problems sind ebenso wie im vorherigen Beispiel *homogen*. Ferner sind uns als äußere Kräfte die Komponenten

$$F_{x2} = F; \qquad F_{y2} = 2F; \qquad F_{x3} = 0 \tag{1.31}$$

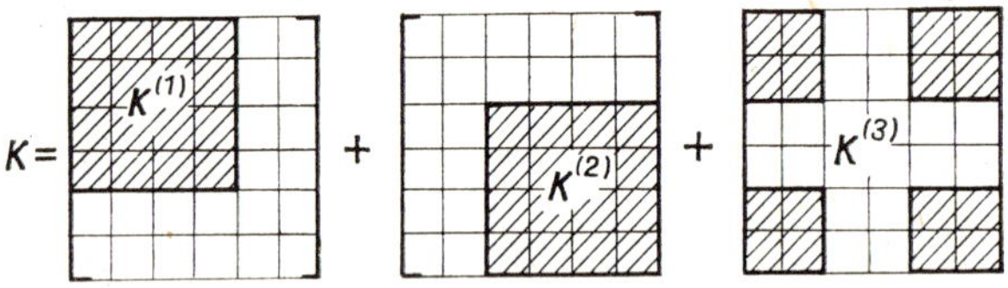

Bild 1.9

bekannt. Dann ergibt sich für Gl. (1.28) der Zusammenhang

$$\frac{EA}{4l}\begin{bmatrix} 5 & \sqrt{3} & -1 & -\sqrt{3} & -4 & 0 \\ & 3 & -\sqrt{3} & -3 & 0 & 0 \\ & & 2 & 0 & -1 & \sqrt{3} \\ & & & 6 & \sqrt{3} & -3 \\ & & & & 5 & -\sqrt{3} \\ \text{sym.} & & & & & 3 \end{bmatrix}\begin{bmatrix} 0 \\ 0 \\ u_2 \\ v_2 \\ u_3 \\ 0 \end{bmatrix} = \begin{bmatrix} F_{x1} \\ F_{y1} \\ F \\ 2F \\ 0 \\ F_{y3} \end{bmatrix}. \tag{1.32}$$

Man erkennt, daß anstelle der ursprünglich sechs Gleichungen nur noch das modifizierte Gleichungssystem

$$\frac{EA}{4l}\begin{bmatrix} 2 & 0 & -1 \\ & 6 & \sqrt{3} \\ \text{sym.} & & 5 \end{bmatrix}\begin{bmatrix} u_2 \\ v_2 \\ u_3 \end{bmatrix} = \begin{bmatrix} F \\ 2F \\ 0 \end{bmatrix} \tag{1.33}$$

zu lösen ist, während die restlichen drei Gleichungen zur Berechnung der Stützkräfte

$$\begin{bmatrix} F_{x1} \\ F_{y1} \\ F_{y3} \end{bmatrix} = \frac{EA}{4l}\begin{bmatrix} -1 & -\sqrt{3} & -4 \\ -\sqrt{3} & -3 & 0 \\ \sqrt{3} & -3 & -\sqrt{3} \end{bmatrix}\begin{bmatrix} u_2 \\ v_2 \\ u_3 \end{bmatrix} \tag{1.34}$$

zur Verfügung stehen.

Wir müssen an dieser Stelle darauf hinweisen, daß die Determinante der Systemmatrix $\boldsymbol{K}$ verschwindet und daher die formalen Gleichungssysteme (1.28) bzw. (1.29), aufgefaßt als Gleichungssystem für $\boldsymbol{z}$ bei gegebenem $\boldsymbol{r}$, nicht lösbar sind. Erst nach Einbau der Randbedingungen, die physikalisch sinnvoll sein müssen, können die Unbekannten des verbleibenden modifizierten Systems ermittelt werden. In unserem

Beispiel muß das Fachwerk mindestens statisch bestimmt gestützt sein, um *Starrkörperverschiebungen* der Konstruktion auszuschalten. Aus Gl. (1.33) folgen die Verschiebungskomponenten

$$\begin{bmatrix} u_2 \\ v_2 \\ u_3 \end{bmatrix} = \frac{Fl}{EA} \begin{bmatrix} 27 - 2\sqrt{3} \\ 18 - \sqrt{3} \\ 6 - 4\sqrt{3} \end{bmatrix} = \frac{Fl}{EA} \begin{bmatrix} 1{,}961 \\ 1{,}356 \\ -0{,}077 \end{bmatrix}, \tag{1.35}$$

und für die Stützkräfte erhalten wir gemäß Gl. (1.34)

$$\begin{bmatrix} F_{x1} \\ F_{y1} \\ F_{y3} \end{bmatrix} = \frac{EA}{4l} \begin{bmatrix} -1 & -\sqrt{3} & -4 \\ -\sqrt{3} & -3 & 0 \\ \sqrt{3} & 3 & -\sqrt{3} \end{bmatrix} \begin{bmatrix} u_2 \\ v_2 \\ u_3 \end{bmatrix} = -F \begin{bmatrix} 1 \\ 1 + \frac{1}{2}\sqrt{3} \\ 1 - \frac{1}{2}\sqrt{3} \end{bmatrix} = -F \begin{bmatrix} 1{,}000 \\ 1{,}866 \\ 0{,}134 \end{bmatrix}. \tag{1.36}$$

Da die Stabkraft $F_S{}^{(e)}$ des Elementes e mit $F_{s2}^{(e)}$ nach Gl. (1.21) übereinstimmt, gilt allgemein

$$F_S{}^{(e)} = \frac{(EA)^{(e)}}{l^{(e)}} \left[-cs^{(e)}; -sn^{(e)}; cs^{(e)}; sn^{(e)}\right] \begin{bmatrix} u_1 \\ v_1 \\ u_2 \\ v_2 \end{bmatrix} \tag{1.37}$$

und speziell für die drei Stäbe

$$\left.\begin{aligned} F_S{}^{(1)} &= \frac{EA}{2l}\left[-1; -\sqrt{3}; 1; \sqrt{3}\right] \begin{bmatrix} 0 \\ 0 \\ u_2 \\ v_2 \end{bmatrix} = \frac{3 + 2\sqrt{3}}{3} F = 2{,}155F, \\ F_S{}^{(2)} &= \frac{EA}{2l}\left[-1; \sqrt{3}; 1; -\sqrt{3}\right] \begin{bmatrix} u_2 \\ v_2 \\ u_3 \\ 0 \end{bmatrix} = \frac{-3 + 2\sqrt{3}}{3} F = 0{,}155F, \\ F_S{}^{(3)} &= \frac{EA}{l}\left[-1; 0; 1; 0\right] \begin{bmatrix} 0 \\ 0 \\ u_3 \\ 0 \end{bmatrix} = \frac{3 - 2\sqrt{3}}{6} F = -0{,}077F. \end{aligned}\right\} \tag{1.38}$$

Als drittes Beispiel wollen wir die Temperaturverteilung in einer geschichteten Wand bestimmen. Wenn auf den beiden Randflächen die konstanten Temperaturen T_A und T_B vorhanden sind (Bild 1.10), stellt sich ein eindimensionaler Wärmestrom parallel zur Koordinatenachse s ein. Der Wärmestrom ist für $T_A > T_B$ positiv.

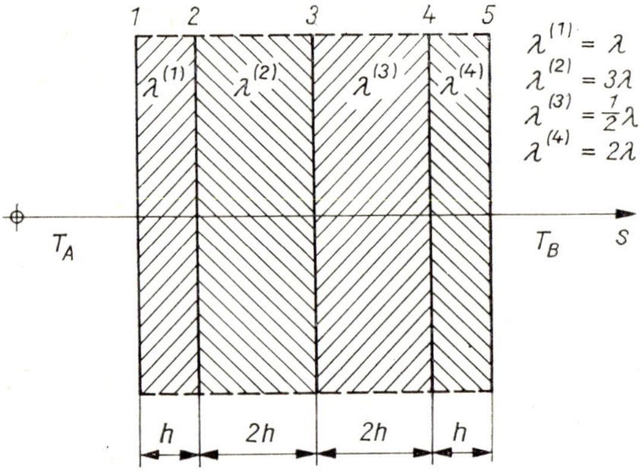

Bild 1.10

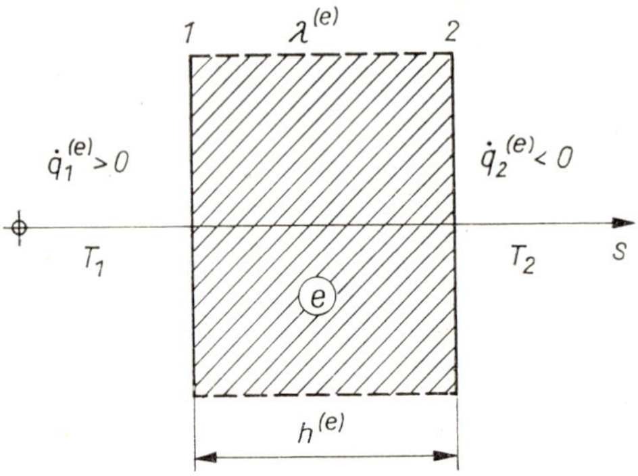

Bild 1.11

Die Einteilung in finite Elemente ist durch die jeweilige Dicke $h^{(e)}$ der Streifen mit unterschiedlichen Wärmeleitfähigkeiten $\lambda^{(e)}$ gegeben. Wir betrachten ein beliebiges *Streifenelement* mit den Knoten 1 und 2 (Bild 1.11). (Die Bezeichnung Knoten ist hier im Sinne von Knotenlinien aufzufassen.) Unter der Annahme $T_1 > T_2$ fließt im Element e nach dem *Fourier*schen Ansatz für die Wärmeleitung ein Wärmestrom mit der Wärmestromdichte

$$\dot{q}^{(e)} = -\frac{\lambda^{(e)}}{h^{(e)}}(T_2 - T_1) = -k^{(e)}(T_2 - T_1), \tag{1.39}$$

wobei $k^{(e)}$ die Wärmedurchgangszahl des Streifenelementes e ist. Eine Unterscheidung von lokalem und globalem Koordinatensystem kann entfallen.

Die Dichte $\dot{q}_1^{(e)}$ eines in ein Gebiet einströmenden Wärmestromes ist positiv festgelegt. Demzufolge ist die Dichte $\dot{q}_2^{(e)}$ des ausfließenden Wärmestromes negativ, und es gilt für jedes Element die Wärmebilanz

$$\dot{q}_1^{(e)} + \dot{q}_2^{(e)} = 0, \tag{1.40}$$

oder

$$\dot{q}_1^{(e)} = \dot{q}^{(e)},$$
$$\dot{q}_2^{(e)} = -\dot{q}^{(e)}. \tag{1.41}$$

Wir fassen mit Gl. (1.39) beide Gleichungen zusammen und erhalten die lokale Finite-Elemente-Gleichung

$$k^{(e)}\begin{bmatrix} 1 & -1 \\ -1 & 1 \end{bmatrix}\begin{bmatrix} T_1 \\ T_2 \end{bmatrix} = \begin{bmatrix} \dot{q}_1{}^{(e)} \\ \dot{q}_2{}^{(e)} \end{bmatrix}, \tag{1.42}$$

oder

$$\boldsymbol{K}^{(e)}\boldsymbol{z}^{(e)} = \mathring{\boldsymbol{r}}^{(e)}. \tag{1.43}$$

Die Elementmatrix $\boldsymbol{K}^{(e)}$ wird hier *Elementwärmeleitmatrix* genannt.
Eine zu Gl. (1.40) ähnliche Wärmebilanz können wir natürlich auch an den Knoten aufstellen. Da die aus dem Element e ausströmende Wärmestromdichte mit der in das Element $e + 1$ einströmenden übereinstimmt, lautet am Knoten i die Wärmebilanz

$$\dot{q}_i{}^{(e)} + \dot{q}_i{}^{(e+1)} = 0. \tag{1.44}$$

Gl. (1.44), angewendet auf die Knoten 2, 3 und 4, liefert

$$\left.\begin{aligned} \dot{q}_2{}^{(1)} + \dot{q}_2{}^{(2)} &= k^{(1)}(-T_1 + T_2) + k^{(2)}(T_2 - T_3) = 0, \\ \dot{q}_3{}^{(2)} + \dot{q}_3{}^{(3)} &= k^{(2)}(-T_2 + T_3) + k^{(3)}(T_3 - T_4) = 0, \\ \dot{q}_4{}^{(3)} + \dot{q}_4{}^{(4)} &= k^{(3)}(-T_3 + T_4) + k^{(4)}(T_4 - T_5) = 0. \end{aligned}\right\} \tag{1.45}$$

Ferner sind

$$\begin{aligned} \dot{q}^{(1)} &= \dot{q}_1 = k^{(1)}(T_1 - T_2), \\ \dot{q}^{(4)} &= \dot{q}_5 = -k^{(4)}(T_4 - T_5), \end{aligned} \tag{1.46}$$

wobei $\dot{q}_1$ die am Knoten 1 einströmende und $\dot{q}_5$ die am Knoten 5 ausströmende Wärmestromdichte darstellen. Wir schreiben diese Beziehungen wieder in der Form

$$\begin{bmatrix} k^{(1)} & -k^{(1)} & 0 & 0 & 0 \\ -k^{(1)} & k^{(1)} + k^{(2)} & -k^{(2)} & 0 & 0 \\ 0 & -k^{(2)} & k^{(2)} + k^{(3)} & -k^{(3)} & 0 \\ 0 & 0 & -k^{(3)} & k^{(3)} + k^{(4)} & -k^{(4)} \\ 0 & 0 & 0 & -k^{(4)} & k^{(4)} \end{bmatrix}\begin{bmatrix} T_1 \\ T_2 \\ T_3 \\ T_4 \\ T_5 \end{bmatrix} = \begin{bmatrix} \dot{q}_1 \\ 0 \\ 0 \\ 0 \\ \dot{q}_5 \end{bmatrix} \tag{1.47}$$

oder

$$\boldsymbol{K}\boldsymbol{z} = \boldsymbol{r} \tag{1.48}$$

und können den Aufbau der Systemmatrix aus den einzelnen Elementwärmeleitmatrizen leicht erkennen. Mit den vorgeschriebenen Werten

$$k^{(1)} = k; \qquad k^{(2)} = 1{,}5k; \qquad k^{(3)} = 0{,}25k; \qquad k^{(4)} = 2k \tag{1.49}$$

geht Gl. (1.47) in

$$\frac{k}{4}\begin{bmatrix} 4 & -4 & 0 & 0 & 0 \\ & 10 & -6 & 0 & 0 \\ & & 7 & -1 & 0 \\ & & & 9 & -8 \\ \text{sym.} & & & & 8 \end{bmatrix}\begin{bmatrix} T_A \\ T_2 \\ T_3 \\ T_4 \\ T_B \end{bmatrix} = \begin{bmatrix} \dot{q}_1 \\ 0 \\ 0 \\ 0 \\ \dot{q}_5 \end{bmatrix} \tag{1.50}$$

über. Dabei haben wir bereits die Randbedingungen

$$T_1 = \overline{T}_1 = T_A; \qquad T_5 = \overline{T}_5 = T_B \tag{1.51}$$

berücksichtigt. Wegen $T_A \neq T_B$ sind es stets inhomogene Randbedingungen. Somit verbleibt das Gleichungssystem

$$\frac{k}{4}\begin{bmatrix} 10 & -6 & 0 \\ & 7 & -1 \\ \text{sym.} & & 9 \end{bmatrix}\begin{bmatrix} T_2 \\ T_3 \\ T_4 \end{bmatrix} = k\begin{bmatrix} T_A \\ 0 \\ 2T_B \end{bmatrix}, \tag{1.52}$$

oder die *modifizierte Systemgleichung*

$$\overset{*}{\boldsymbol{K}}\overset{*}{\boldsymbol{z}} = \overset{*}{\boldsymbol{r}}. \tag{1.53}$$

Dabei nennen wir $\overset{*}{\boldsymbol{K}}$ die *modifizierte Systemmatrix*, $\overset{*}{\boldsymbol{z}}$ den *modifizierten Systemknotenvektor* und $\overset{*}{\boldsymbol{r}}$ den *modifizierten Vektor der rechten Seite*. In (1.52) ist noch auf die rechte Seite des Systems hinzuweisen. Wegen der inhomogenen Randbedingungen erscheinen in der ersten und dritten Gleichung die beiden Temperaturen T_A bzw. T_B. Aus Gl. (1.52) bestimmen wir die *Knotentemperaturen*

$$\begin{bmatrix} T_2 \\ T_3 \\ T_4 \end{bmatrix} = \frac{1}{37}\begin{bmatrix} 31T_A + 6T_B \\ 27T_A + 10T_B \\ 3T_A + 34T_B \end{bmatrix}, \tag{1.54}$$

während sich aus den zwei restlichen Gleichungen des Systems (1.50) die Wärmestromdichten

$$\begin{bmatrix} \dot{q}_1 \\ \dot{q}_5 \end{bmatrix} = \frac{k}{4}\begin{bmatrix} 4 & -4 & 0 & 0 & 0 \\ 0 & 0 & 0 & -8 & 8 \end{bmatrix}\begin{bmatrix} T_A \\ T_2 \\ T_3 \\ T_4 \\ T_B \end{bmatrix} = \frac{6k}{37}(T_A - T_B)\begin{bmatrix} 1 \\ -1 \end{bmatrix} \tag{1.55}$$

berechnen lassen, die erwartungsgemäß den gleichen Betrag besitzen.

Charakteristisch für diese drei Beispiele ist, daß die Elementmatrizen exakt aus den physikalischen Gegebenheiten (linear elastisches Stoffverhalten, *Fourier*scher Ansatz der Wärmeleitung) ermittelt werden können, so daß wir immer die exakte Lösung erhalten. Dies ist allerdings auf einfache Sonderfälle beschränkt. Im allgemeinen werden die lokalen Finite-Elemente-Gleichungen nur näherungsweise bestimmt,

und auch die Endergebnisse sind nur Näherungslösungen. Zum Abschluß dieses einführenden Abschnittes soll ein solches Beispiel vorgestellt werden.
Wir wollen die Verlängerung eines konischen Stabes konstanter Breite aber linear veränderlicher Höhe mit der Querschnittsfläche

$$A(s) = A_0 \left(1 - \frac{s}{2l}\right) \tag{1.56}$$

unter einer Kraft F bestimmen (Bild 1.12).
Zunächst unterteilen wir den Stab in zwei gleichlange Elemente mit jeweils konstanter Querschnittsfläche $A^{(e)}$, die wir durch einfache Mittelbildung festlegen. Die beiden Elementsteifigkeitsmatrizen unseres Berechnungsmodells folgen mit $A^{(1)} = 0{,}875 A_0$, $A^{(2)} = 0{,}625 A_0$ und $l^{(1)} = l^{(2)} = \dfrac{l}{2}$ unmittelbar aus Gl. (1.6) zu

$$\boldsymbol{K}^{(1)} = \frac{7EA_0}{4l} \begin{bmatrix} 1 & -1 \\ -1 & 1 \end{bmatrix}; \qquad \boldsymbol{K}^{(2)} = \frac{5EA_0}{4l} \begin{bmatrix} 1 & -1 \\ -1 & 1 \end{bmatrix}. \tag{1.57}$$

Aus den Gleichgewichtsbedingungen am Knoten [vgl. Gl. (1.9)] gewinnen wir unter Beachtung der Koinzidenztabelle 1.3 wieder die globale Finite-Elemente-Gleichung

$$\frac{EA_0}{4l} \begin{bmatrix} 7 & -7 & 0 \\ & 12 & -5 \\ \text{sym.} & & 5 \end{bmatrix} \begin{bmatrix} u_{s1} \\ u_{s2} \\ u_{s3} \end{bmatrix} = \begin{bmatrix} F_{s1} \\ F_{s2} \\ F_{s3} \end{bmatrix}, \tag{1.58}$$

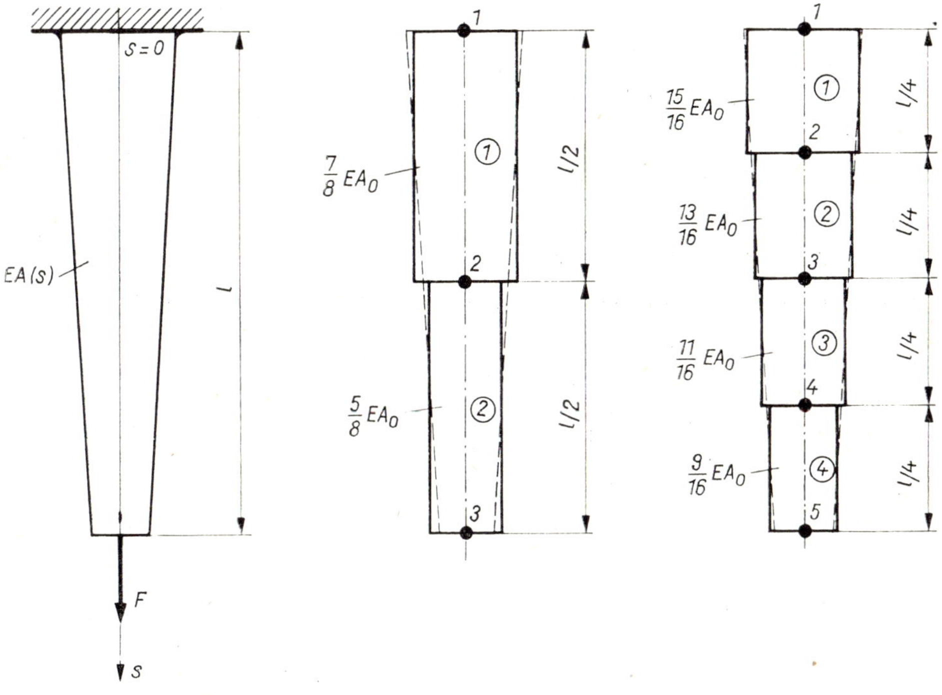

Bild 1.12

Tabelle 1.3

Elementknotennummer	Systemknotennummer Element 1	 2
1	1	2
2	2	3

Tabelle 1.4

n	$\frac{EA_0}{Fl} u_s(s)$ $\frac{s}{l} = 0{,}25$	 $\frac{s}{l} = 0{,}50$	 $\frac{s}{l} = 0{,}75$	 $\frac{s}{l} = 1{,}00$
2	•	0,571	•	1,371
4	0,267	0,574	0,938	1,382
exakte Lösung	0,267	0,575	0,940	1,386

die wegen der Verschiebungsrandbedingung $u_{s1} = \overline{u}_{s1} = 0$, der Belastung $F_{s2} = 0$ und $F_{s3} = F$ auf das modifizierte Gleichungssystem

$$\frac{EA_0}{4l} \begin{bmatrix} 12 & -5 \\ -5 & 5 \end{bmatrix} \begin{bmatrix} u_{s2} \\ u_{s3} \end{bmatrix} = \begin{bmatrix} 0 \\ F \end{bmatrix} \tag{1.59}$$

führt. Daraus findet man die beiden Knotenverschiebungen

$$\begin{bmatrix} u_{s2} \\ u_{s3} \end{bmatrix} = \frac{4Fl}{35EA_0} \begin{bmatrix} 5 \\ 12 \end{bmatrix} = \frac{Fl}{EA_0} \begin{bmatrix} 0{,}571 \\ 1{,}371 \end{bmatrix}. \tag{1.60}$$

Für eine Unterteilung in vier gleichlange Elemente lautet das modifizierte Gleichungssystem

$$\frac{EA_0}{4l} \begin{bmatrix} 28 & -13 & 0 & 0 \\ & 24 & -11 & 0 \\ & & 20 & -9 \\ \text{sym.} & & & 9 \end{bmatrix} \begin{bmatrix} u_{s2} \\ u_{s3} \\ u_{s4} \\ u_{s5} \end{bmatrix} = \begin{bmatrix} 0 \\ 0 \\ 0 \\ F \end{bmatrix}. \tag{1.61}$$

Seine Lösungen sind in Tabelle 1.4 enthalten und werden dort Werten der exakten Lösung

$$u(s) = -\frac{2Fl}{EA_0} \ln \left(1 - \frac{s}{2l}\right) \tag{1.62}$$

gegenübergestellt. Man erkennt, daß durch Einteilung in immer kleinere Elemente die Näherungslösung sich der exakten Lösung annähert.

Bei der Behandlung der voranstehenden vier Beispiele konnten wir trotz physikalisch ganz unterschiedlicher Aufgabenstellungen einige Gemeinsamkeiten bzw. gleiche Algorithmen kennenlernen, die typisch für die FEM sind. Diese einheitliche Vorgehensweise wird durch folgende Schritte charakterisiert:

- Aufteilung des Systems in finite Elemente und die dazugehörigen Knoten,
- Festlegung der Knotenwerte,
- Bestimmung der Elementmatrizen,
- Aufbau der Systemmatrix durch Superposition der Elementmatrizen,
- Angabe des Vektors der rechten Seite,
- Modifizierung des Gleichungssystems durch Berücksichtigung der Randbedingungen,
- Lösung des modifizierten Gleichungssystems,
- Berechnung problemspezifischer Größen aus dem Lösungsvektor.

Bei allen vorgestellten Beispielen erfolgt der Aufbau der Systemmatrix durch physikalische Überlegungen (Gleichgewicht, Wärmebilanz) an den Knoten. Auf diesen anschaulichen Weg müssen wir bei komplizierteren Aufgabenstellungen verzichten.

2. Mathematische Näherungsverfahren bei eindimensionalen Randwertaufgaben

Die Behandlung einiger notwendiger mathematischer Grundlagen der FEM geschieht zunächst für eindimensionale Probleme. Das hat den Vorteil, daß im Gegensatz zu mehrdimensionalen Aufgaben alle notwendigen Schritte wesentlich einfacher bleiben und fast immer analytische Lösungen zum Vergleich zur Verfügung stehen.

2.1. Verfahren von *Ritz*

Wie wir wissen, lassen sich Randwertprobleme nicht immer exakt lösen, so daß man auf Näherungen angewiesen ist. Ein Weg, Näherungslösungen zu erhalten, ist das Verfahren von *Ritz*, das in unmittelbarem Zusammenhang mit der Variationsrechnung steht. Wir wollen in dieses wichtige Teilgebiet der Analysis nur einen kurzen Einblick geben und beschränken uns auf die Grundlagen, die für die FEM bedeutsam sind.

Zunächst stellen wir die Frage: Welche zweimal stetig differenzierbare Funktion $u = u(s)$, $a \leqq s \leqq b$, erteilt unter Beachtung evtl. vorhandener Randbedingungen für u und $\mathrm{d}u/\mathrm{d}s = u'$ in den Punkten a und b dem Integral

$$J\{u\} = \int_a^b F\left[s, u(s), \frac{\mathrm{d}u(s)}{\mathrm{d}s}, \frac{d^2u(s)}{\mathrm{d}s^2}\right] \mathrm{d}s = \int_a^b F(s, u, u', u'')\,\mathrm{d}s \tag{2.1.1}$$

einen extremalen, d. h. größten oder kleinsten, Wert?

(In der Funktion F können i. allg. Ableitungen höherer Ordnung auftreten. Daß nur Ableitungen bis zur zweiten Ordnung berücksichtigt werden, erleichtert das Verständnis und genügt im Hinblick auf die zu behandelnden Probleme.)

Die Variationsaufgabe

$$J\{u\} = \int_a^b F(s, u, u', u'')\,\mathrm{d}s = \text{Extremum} \tag{2.1.2}$$

mit dem Funktional $J\{u\}$ für die Argumentfunktion u besitzt, wie wir zeigen werden (unter in den Anwendungen üblicherweise erfüllten Voraussetzungen), die gleiche Lösung wie ein aus einer Differentialgleichung und den zugehörigen Randbedingungen bestehendes Randwertproblem. Die Grundfunktion $F(s, u, u', u'')$ des Funktionals $J\{u\}$ soll nach s, u, u' und u'' dreimal stetig differenzierbar sein. Um eine Bedingung für das Auftreten eines Extremums zu gewinnen, betrachten wir im Intervall (a, b) eine zur exakten Lösung u benachbarte Schar von Vergleichsfunktionen

$$\tilde{u}(s) = u(s) + \varepsilon\eta(s), \tag{2.1.3}$$

die von einem Parameter ε abhängen und in denen η eine feste zweimal stetig differenzierbare Funktion ist. Die Vergleichsfunktionen $\tilde{u}$ müssen die gleichen Randbedingungen wie die Funktion u erfüllen. Deshalb müssen die Funktionswerte von η und η' in den Randpunkten a und b verschwinden, falls dort Randwerte für u und u' vorgegeben sind. Mit dieser Schar von Vergleichsfunktionen bilden wir das Funktional

$$J\{\tilde{u}\} = \int_a^b F(s, u + \varepsilon\eta, u' + \varepsilon\eta', u'' + \varepsilon\eta'')\,\mathrm{d}s = J(\varepsilon), \tag{2.1.4}$$

das in diesem Falle bei festgehaltenem η eine stetig differenzierbare Funktion $J(\varepsilon)$ des Parameters ε ist. Da $J\{u\}$ ein Extremum des Variationsintegrals ist, hat die Funktion $J(\varepsilon)$ für $\varepsilon = 0$ einen Extremwert. Nach der elementaren Theorie der Extremwerte von Funktionen besteht hierfür die notwendige Bedingung

$$\left.\frac{\mathrm{d}J(\varepsilon)}{\mathrm{d}\varepsilon}\right|_{\varepsilon=0} = 0. \tag{2.1.5}$$

Aus der Ableitung

$$\frac{\mathrm{d}J(\varepsilon)}{\mathrm{d}\varepsilon} = \int_a^b \left(\frac{\partial F}{\partial \tilde{u}}\frac{\mathrm{d}\tilde{u}}{\mathrm{d}\varepsilon} + \frac{\partial F}{\partial \tilde{u}'}\frac{\mathrm{d}\tilde{u}'}{\mathrm{d}\varepsilon} + \frac{\partial F}{\partial \tilde{u}''}\frac{\mathrm{d}\tilde{u}''}{\mathrm{d}\varepsilon}\right)\mathrm{d}s \tag{2.1.6}$$

folgt wegen der Beziehungen

$$\left.\frac{\partial F}{\partial \tilde{u}}\right|_{\varepsilon=0} = \frac{\partial F}{\partial u}; \quad \left.\frac{\partial F}{\partial \tilde{u}'}\right|_{\varepsilon=0} = \frac{\partial F}{\partial u'}; \quad \left.\frac{\partial F}{\partial \tilde{u}''}\right|_{\varepsilon=0} = \frac{\partial F}{\partial u''} \tag{2.1.7}$$

und

$$\frac{\mathrm{d}\tilde{u}}{\mathrm{d}\varepsilon} = \eta; \quad \frac{\mathrm{d}\tilde{u}'}{\mathrm{d}\varepsilon} = \eta'; \quad \frac{\mathrm{d}\tilde{u}''}{\mathrm{d}\varepsilon} = \eta'' \tag{2.1.8}$$

für jede den genannten Bedingungen genügende Funktion η die Gleichung

$$\left.\frac{\mathrm{d}J(\varepsilon)}{\mathrm{d}\varepsilon}\right|_{\varepsilon=0} = \int_a^b \left(\frac{\partial F}{\partial u}\eta + \frac{\partial F}{\partial u'}\eta' + \frac{\partial F}{\partial u''}\eta''\right)\mathrm{d}s = 0. \tag{2.1.9}$$

Bevor wir diese Beziehung weiter umformen, soll eine auf *Lagrange* zurückgehende Bezeichnung eingeführt werden. Wir schreiben Gl. (2.1.3) in der Form

$$\varepsilon\eta(s) = \tilde{u}(s) - u(s) = \delta u(s) \tag{2.1.10}$$

und nennen δu die Variation der Argumentfunktion u. Für diesen Operator δ gelten offenbar die Rechenregeln

$$\delta u' = \frac{\mathrm{d}}{\mathrm{d}s}(\delta u); \quad \delta u'' = \frac{\mathrm{d}^2}{\mathrm{d}s^2}(\delta u) = \frac{\mathrm{d}}{\mathrm{d}s}(\delta u'). \tag{2.1.11}$$

Wird Gl. (2.1.9) mit dem Parameter ε multipliziert, so ergibt sich

$$\varepsilon \left.\frac{\mathrm{d}J(\varepsilon)}{\mathrm{d}\varepsilon}\right|_{\varepsilon=0} = \delta J = \int\limits_a^b \left(\frac{\partial F}{\partial u}\,\varepsilon\eta + \frac{\partial F}{\partial u'}\,\varepsilon\eta' + \frac{\partial F}{\partial u''}\,\varepsilon\eta''\right)\mathrm{d}s$$

$$= \int\limits_a^b \left(\frac{\partial F}{\partial u}\,\delta u + \frac{\partial F}{\partial u'}\,\delta u' + \frac{\partial F}{\partial u''}\,\delta u''\right)\mathrm{d}s = 0. \tag{2.1.12}$$

Man bezeichnet δJ als die erste Variation des Funktionals J. Eine notwendige Bedingung für das Auftreten eines Extremwertes des Funktionals J ist somit das Verschwinden seiner ersten Variation δJ. (Es sei angemerkt, daß in den meisten Anwendungen diese Bedingung auch hinreichend für das Auftreten eines Extremums von J ist, was im folgenden stets angenommen werden soll.) Durch zweimalige partielle Integration erhalten wir aus Gl. (2.1.12) unter Beachtung von (2.1.11)

$$\delta J = \int\limits_a^b \left(\frac{\partial F}{\partial u} - \frac{\mathrm{d}}{\mathrm{d}s}\frac{\partial F}{\partial u'} + \frac{\mathrm{d}^2}{\mathrm{d}s^2}\frac{\partial F}{\partial u''}\right)\delta u\,\mathrm{d}s + \left[\left(\frac{\partial F}{\partial u'} - \frac{\mathrm{d}}{\mathrm{d}s}\frac{\partial F}{\partial u''}\right)\delta u\right]_a^b + \left[\frac{\partial F}{\partial u''}\,\delta u'\right]_a^b = 0. \tag{2.1.13}$$

Diese Bedingungsgleichung für das Auftreten des Extremums von J ist nur erfüllt, wenn die drei Summanden einzeln zu Null werden, da die Werte der Variation δu im Inneren von (a, b) und die Werte von δu und $\delta u'$ in den Randpunkten a, b voneinander unabhängig sind. Das Integral verschwindet offensichtlich wegen der beliebigen Variation δu in (a, b) nur, falls die Lösung u der *Euler*schen Differentialgleichung

$$\frac{\partial F}{\partial u} - \frac{\mathrm{d}}{\mathrm{d}s}\frac{\partial F}{\partial u'} + \frac{\mathrm{d}^2}{\mathrm{d}s^2}\frac{\partial F}{\partial u''} = 0 \tag{2.1.14}$$

genügt. Das Verschwinden der Ausdrücke

$$\left[\left(\frac{\partial F}{\partial u'} - \frac{\mathrm{d}}{\mathrm{d}s}\frac{\partial F}{\partial u''}\right)\delta u\right]_a^b; \quad \left[\frac{\partial F}{\partial u''}\,\delta u'\right]_a^b \tag{2.1.15}$$

ist auf zwei Arten möglich: Wenn für die Vergleichsfunktionen $\tilde{u}$ und ihre Ableitungen $\tilde{u}'$ in den Randpunkten a, b Werte

$$\begin{aligned} \tilde{u}(a) &= u(a) = u_A; \qquad & \tilde{u}(b) &= u(b) = u_B, \\ \tilde{u}'(a) &= u'(a) = u_A'; \qquad & \tilde{u}'(b) &= u'(b) = u_B' \end{aligned} \tag{2.1.16}$$

vorgegeben sind, nehmen nach Gl. (2.1.10) offensichtlich die Variationen den Wert Null an:

$$\delta u(a) = 0; \qquad \delta u(b) = 0; \qquad \delta u'(a) = 0; \qquad \delta u'(b) = 0, \tag{2.1.17}$$

und beide Ausdrücke (2.1.15) verschwinden. Sind dagegen nicht sämtliche Randwerte vorgegeben, so werden die Terme (2.1.15) ebenfalls Null, wenn die Beziehungen

$$\left.\left(\frac{\partial F}{\partial u'} - \frac{\mathrm{d}}{\mathrm{d}s}\frac{\partial F}{\partial u''}\right)\right|_{s=a} = 0 \quad \text{bzw.} \quad \left.\left(\frac{\partial F}{\partial u'} - \frac{\mathrm{d}}{\mathrm{d}s}\frac{\partial F}{\partial u''}\right)\right|_{s=b} = 0 \tag{2.1.18}$$

bzw.

$$\left.\frac{\partial F}{\partial u''}\right|_{s=a} = 0 \quad \text{bzw.} \quad \left.\frac{\partial F}{\partial u''}\right|_{s=b} = 0$$

erfüllt sind, welche sogenannte natürliche Randbedingungen für die Lösungsfunktion u darstellen. Diese enthalten i. allg. die Werte der höheren Ableitungen u'' bzw. u''' in (a, b).

Eine Lösung der Variationsaufgabe (2.1.2) ist somit zugleich eine Lösung der *Euler*schen Differentialgleichung (2.1.14) unter Berücksichtigung der vorgegebenen und der natürlichen Randbedingungen. Die vorgegebenen Randbedingungen (2.1.16) heißen auch wesentlich, da sie von allen Vergleichsfunktionen der Variationsaufgabe (2.1.2) erfüllt werden müssen, während die natürlichen Randbedingungen von den Vergleichsfunktionen nicht erfüllt zu sein brauchen, sondern sich als Folge der Extremumbedingung für die Lösung ergeben.

In manchen Fällen ist es für die Behandlung einer Variationsaufgabe günstig, das Funktional (2.1.2) durch Zusatzterme zu erweitern:

$$J\{u\} = \int_a^b F(s, u, u', u'')\,\mathrm{d}s + [Z(s, u, u')]_a^b = \text{Extremum}. \tag{2.1.19}$$

Daraus folgt die Extremalbedingung

$$\delta J = \int_a^b \left(\frac{\partial F}{\partial u} - \frac{\mathrm{d}}{\mathrm{d}s}\frac{\partial F}{\partial u'} + \frac{\mathrm{d}^2}{\mathrm{d}s^2}\frac{\partial F}{\partial u''}\right)\delta u\,\mathrm{d}s + \left[\left(\frac{\partial F}{\partial u'} - \frac{\mathrm{d}}{\mathrm{d}s}\frac{\partial F}{\partial u''} + \frac{\partial Z}{\partial u}\right)\delta u\right]_a^b + \left[\left(\frac{\partial F}{\partial u''} + \frac{\partial Z}{\partial u'}\right)\delta u'\right]_a^b = 0. \tag{2.1.20}$$

Man erkennt, daß sich für diesen Fall nur die natürlichen Randbedingungen ändern. Daher ist es möglich, auch andere natürliche Randbedingungen als Gl. (2.1.18) zu erhalten, insbesondere solche, die den Ausdrücken (2.1.18) gewisse vorgeschriebene — von Null verschiedene — Werte erteilen. Randbedingungen, die sich auf diese Weise als natürliche Randbedingungen eines Funktionals der Form (2.1.19) darstellen, heißen im Gegensatz zu den wesentlichen Randbedingungen (2.1.16) restliche Randbedingungen.

Es soll an dieser Stelle darauf verwiesen werden, daß Funktionale, deren Grundfunktionen von mehreren Argumentfunktionen abhängig sind, im Zusammenhang mit zweidimensionalen Problemen behandelt werden.

Mit diesem kurzen Einblick in die Grundzüge der Variationsrechnung haben wir die notwendigen Voraussetzungen geschaffen, um Näherungslösungen für bestimmte Randwertaufgaben zu entwickeln.

Für einige technische bedeutsame Probleme sind die betreffenden Differentialgleichungen und die zugehörigen Funktionale in Tabelle 2.1.1 zusammengestellt.

Ist die Differentialgleichung eines gegebenen Randwertproblems die *Euler*sche Differentialgleichung einer Variationsaufgabe, so ist die näherungsweise Lösung der Variationsaufgabe i. allg. gleichbedeutend mit der genäherten Lösung des Randwertproblems. Wählt man also eine zulässige Vergleichsfunktion (d. h. eine hinreichend glatte, z. B. zweimal stetig differenzierbare Funktion, welche die wesentlichen Randbedingungen erfüllt) mit n freien Parametern und bestimmt diese Parameter so, daß das zugehörige Funktional einen Extremwert annimmt, so wird für

Tabelle 2.1.1

Problem	vgl. Gleichung	Differentialgleichung	vgl. Gleichung	Funktional
Stab unter Längsbelastung	(3.6.8)	$\{EA(s)\,[u'(s) - \alpha\,\Delta T(s)]\}' + q(s) = 0$	(3.6.10)	$\frac{1}{2}\int_0^l \{EA(s)\,[u'^2(s) - 2\alpha\,\Delta T(s)\,u'(s)] - 2u(s)\,q(s)\}\,\mathrm{d}s - \sum_i u(s_i)\,F_i$
Stab unter *St.-Venant*scher Torsion	(3.4.24)	$[GI_\mathrm{p}(s)\,\varphi'(s)]' = 0$	(3.4.26)	$\frac{1}{2}\int_0^l GI_\mathrm{p}(s)\,\varphi'^2(s)\,\mathrm{d}s - \sum_i \varphi(s_i)\,M_{\mathrm{t}i}$
freie Stab-schwingung	(3.5.18)	$[EA(s)\,\hat{u}'(s)]' + \omega^2\varrho A(s)\,\hat{u}(s) = 0$	(3.5.24)	$\frac{1}{2}\int_0^l [EA(s)\,\hat{u}'^2(s) - \omega^2\varrho A(s)\,\hat{u}^2(s)]\,\mathrm{d}s$
Balkenbiegung	(2.1.26)	$[EI(s)\,v''(s)]'' - q(s) = 0$	(2.1.28)	$\frac{1}{2}\int_0^l [EI(s)\,v''^2(s) - 2v(s)\,q(s)]\,\mathrm{d}s - \sum_i \times [v(s_i)\,F_i - v'(s_i)\,M_i]$
Stabknicken	(3.5.1)	$[EI(s)\,v''(s)]'' + F_k v''(s) = 0$	(3.5.5)	$\frac{1}{2}\int_0^l [EI(s)\,v''^2(s) - F_k v'^2(s)]\,\mathrm{d}s$
freie Balken-schwingung	(3.5.48)	$[EI(s)\,\hat{v}''(s)]'' - \omega^2\varrho A(s)\,\hat{v}(s) = 0$	(3.5.53)	$\frac{1}{2}\int_0^l [EI(s)\,\hat{v}''^2(s) - \omega^2\varrho A(s)\,\hat{v}^2(s)]\,\mathrm{d}s$

Kreisscheibe unter rotationssymmetrischer Belastung	•	$\frac{Eh}{1-\nu^2}\left\{\frac{1}{r}[ru(r)]' - (1+\nu)\,\alpha\,\Delta T(r)\right\}' + p(r) = 0$	•	$\frac{1}{2}\int_{r_A}^{r_B}\left\{\frac{Eh}{1-\nu^2}\left[u'^2(r) + 2\frac{\nu}{r}u'(r)\,u(r) + \frac{1}{r^2}u^2(r) - 2(1+\nu)\,\alpha\,\Delta T(r)\left(u'(r) + \frac{1}{r}u(r)\right)\right] - 2u(r)\,p(r)\right\} r\,\mathrm{d}r - \sum_i u(r_i)\,q_i r_i$
Kreisplatte unter rotationssymmetrischer Belastung	•	$\frac{Eh^3}{12(1-\nu^2)}\frac{1}{r}\left\{r\left[\frac{1}{r}(rw'(r))'\right]'\right\}' - p(r) = 0$	•	$\frac{1}{2}\int_{r_A}^{r_B}\left\{\frac{Eh^3}{12(1-\nu^2)}\left[w''^2(r) + 2\frac{\nu}{r}w''(r)\,w'(r) + \frac{1}{r^2}w'^2(r)\right] - 2p(r)\,w(r)\right\} r\,\mathrm{d}r - \sum_i w(r_i)\,q_i r_i$
Kegelschale unter rotationssymmetrischer Belastung	(5.4.328)	$\tilde{\boldsymbol{D}}^\top \boldsymbol{C}(s)\,\boldsymbol{Du}(s) + \boldsymbol{p}(s) = \boldsymbol{o}_2$	(5.4.335)	$\frac{1}{2}\int_0^l r(s)\,\{[\boldsymbol{Du}(s)]^\top \boldsymbol{C}(s)\,\boldsymbol{Du}(s) - 2\boldsymbol{u}(s)^\top \boldsymbol{p}(s)\}\,\mathrm{d}s - [r(s)\,\boldsymbol{u}(s)^\top \bar{\boldsymbol{q}}_\mathrm{R}]\vert_{C_2} + [r(s)\,w'(s)\,\overline{m}_\mathrm{R}]\vert_{C_2'}$
stationäre Wärmeleitung	(2.2.18)	$[\lambda(s)\,T'(s)]' - \alpha(s)\frac{U(s)}{A(s)} \times [T(s) - T_0(s)] + W(s) = 0$	•	$\frac{1}{2}\int_0^l \left\{\lambda(s)\,T'^2(s) + \alpha(s)\frac{U(s)}{A(s)}T(s)\,[T(s) - 2T_0(s)] - 2T(s)\,W(s)\right\}\mathrm{d}s + [T(s)\,\bar{q}_n]\vert_{C_2'} + \left\{\frac{1}{2}\alpha T(s)\,[T(s) - 2T_0]\right\}\Big\vert_{C_2''}$
rotationssymmetrische stationäre Wärmeleitung	(3.4.1)	$\frac{1}{r}[\lambda(r)\,rT'(r)]' - 2\frac{\alpha(r)}{h} \times [T(r) - T_0(r)] + W(r) = 0$	(3.4.3)	$\frac{1}{2}\int_{r_A}^{r_B}\left\{\lambda(r)\,T'^2(r) + 2\frac{\alpha(r)}{h}T(r)\,[T(r) - 2T_0(r)] - 2T(r)\,W(r)\right\} r\,\mathrm{d}r + [T(r)\,\bar{q}_n r]\vert_{C_2'} + \left\{\frac{1}{2}\alpha T(r)\,[T(r) - 2T_0]\,r\right\}\Big\vert_{C_2''}$

hinreichend großes n die sich dabei ergebende Lösungsfunktion der exakten Lösungsfunktion genügend genau benachbart sein. Das ist der Grundgedanke des *Ritz*schen Verfahrens. Wir schreiben die zulässige Vergleichsfunktion — den Näherungsansatz — in der Form

$$\tilde{u}(s) = \varphi_0(s) + \sum_{i=1}^{n} c_i \varphi_i(s) \tag{2.1.21}$$

mit den freien Parametern c_i. Die Koordinatenfunktionen φ_i ($i = 0, 1, \ldots, n$) seien linear unabhängig. Im Hinblick auf die Konvergenz sei die Folge $\varphi_1, \varphi_2, \ldots, \varphi_n$ vollständig in bezug auf eine bestimmte Funktionenklasse. Die Funktion φ_0 erfülle sämtliche wesentliche Randbedingungen. Sie kann als identisch Null gewählt werden, wenn diese alle homogen sind. Die Funktionen φ_i bzw. deren Ableitungen φ_i' sollen in allen Randpunkten, in denen wesentliche Randbedingungen für u bzw. u' vorgeschrieben sind, verschwinden. Sowohl φ_0 als auch alle φ_i seien in (a, b) einmal stetig differenzierbar und sollen zusätzlich eine integrierbare zweite Ableitung besitzen. Dann erfüllt der Näherungsansatz (2.1.21) die wesentlichen Randbedingungen des Variationsproblems. Berechnet man die freien Parameter c_i nun so, daß die Funktion $J\{\tilde{u}\} = J(c_1, c_2, \ldots, c_n)$ einen Extremwert annimmt, bildet also die dafür notwendige Bedingung

$$\frac{\partial J(c_1, c_2, \ldots, c_n)}{\partial c_j} = \int_a^b \left(\frac{\partial F}{\partial \tilde{u}} \varphi_j + \frac{\partial F}{\partial \tilde{u}'} \varphi_j' + \frac{\partial F}{\partial \tilde{u}''} \varphi_j'' \right) \mathrm{d}s = 0 \quad (j = 1, 2, \ldots, n), \tag{2.1.22}$$

so kann man erwarten, daß $J\{\tilde{u}\}$ dem Extremwert $J\{u\}$, der der exakten Lösung entspricht, nahekommt. Wie man aus Gl. (2.1.22) erkennt, reicht es aus, anstelle der partiellen Ableitungen nach den freien Parametern c_i ($i = 1, 2, \ldots, n$) die notwendige Bedingung (2.1.12) zu benutzen. Setzt man hier den Näherungsansatz ein, so folgt zunächst

$$\delta J\{\tilde{u}\} = \delta \tilde{J} = \int_a^b \left(\frac{\partial F}{\partial \tilde{u}} \delta\tilde{u} + \frac{\partial F}{\partial \tilde{u}'} \delta\tilde{u}' + \frac{\partial F}{\partial \tilde{u}''} \delta\tilde{u}'' \right) \mathrm{d}s = 0, \tag{2.1.23}$$

und mit der Variation

$$\delta u(s) = \sum_{j=1}^{n} \delta c_j \varphi_j(s) \tag{2.1.24}$$

der Gl. (2.1.21) ergibt sich

$$\sum_{j=1}^{n} \int_a^b \left(\frac{\partial F}{\partial \tilde{u}} \varphi_j + \frac{\partial F}{\partial \tilde{u}'} \varphi_j' + \frac{\partial F}{\partial \tilde{u}''} \varphi_j'' \right) \mathrm{d}s \, \delta c_j = 0. \tag{2.1.25}$$

Wegen der Willkürlichkeit der δc_j führt diese Beziehung unmittelbar auf Gl. (2.1.22). Es entstehen n Gleichungen zur Bestimmung der Parameter c_j. Somit wird $\tilde{u}$ nach Gl. (2.1.21) eine Näherung für die Lösung u der Variationsaufgabe und des ihr äquivalenten Randwertproblems sein. Die Güte der Näherung hängt entscheidend von der Anzahl n und der Wahl der Koordinatenfunktionen ab. Man sollte diese stets so festlegen, daß der vermutete Lösungsverlauf erfaßt wird. Gut bewährt haben sich Polynome und trigonometrische Funktionen als Koordinatenfunktionen, aber auch andere

Funktionen können erfolgreich verwendet werden. Sind im Ansatz alle Funktionen, aus denen die wahre Lösung besteht, enthalten, so erzielt man das exakte Ergebnis.
An einem Beispiel wollen wir das *Ritz*sche Verfahren vorstellen. Gesucht sind die elastische Linie v und der Verlauf des Biegemomentes M eines statisch unbestimmt gestützten Balkens unter einer stetigen Linienbelastung q. Die Biegesteifigkeit EI der Konstruktion ist konstant (Bild 2.1.1). Es liegt also das Randwertproblem

$$\begin{aligned} &EIv''''(s) - q(s) = 0; \quad q(s) = q_0 \cos \frac{\pi s}{2l}, \\ &v(0) = 0; \quad v(l) = 0; \quad v'(0) = 0, \quad -EIv''(l) = M(l) = 0 \end{aligned} \tag{2.1.26}$$

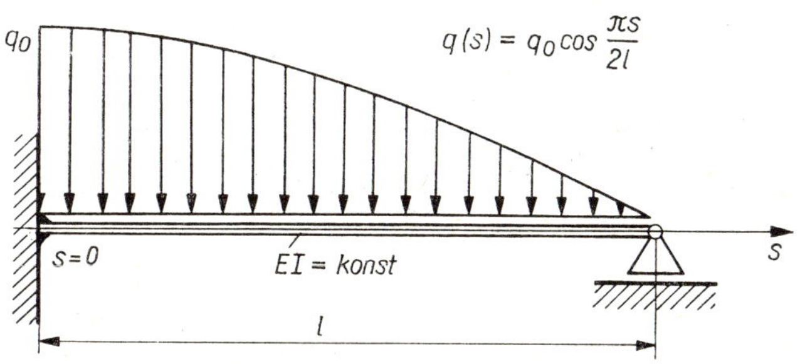

Bild 2.1.1

vor. Die exakte Lösung

$$\begin{aligned} v(s) &= \frac{8q_0 l^4}{EI\pi^4}\left(2\cos\frac{\pi s}{2l} - \frac{s^3}{l^3} + 3\frac{s^2}{l^2} - 2\right), \\ M(s) &= \frac{48 q_0 l^2}{\pi^4}\left(\frac{\pi^2}{12}\cos\frac{\pi s}{2l} + \frac{s}{l} - 1\right) \end{aligned} \tag{2.1.27}$$

steht zum Vergleich zur Verfügung. Die äquivalente Variationsaufgabe läßt sich z. B. mit Hilfe des Prinzips vom Minimum des elastischen Potentials angeben. Die zugehörige Grundfunktion ist

$$F(s, v, v'') = \frac{1}{2} EIv''^2(s) - q(s)\, v(s). \tag{2.1.28}$$

Die Beziehungen, die gemäß Gl. (2.1.18) zur Formulierung der natürlichen Randbedingungen benötigt werden, lauten

$$\begin{aligned} &\frac{\partial F}{\partial v''} = EIv''(s) = -M(s), \\ &\frac{\partial F}{\partial v'} - \frac{\mathrm{d}}{\mathrm{d}s}\frac{\partial F}{\partial v''} = -EIv'''(s) = Q(s). \end{aligned} \tag{2.1.29}$$

Die natürlichen Randbedingungen sind demnach gleichbedeutend mit Bedingungen für die Schnittgrößen M und Q an den Auflagern. In diesem Beispiel sind also

$$v(0) = v(l) = v'(0) = 0 \tag{2.1.30}$$

die wesentlichen Randbedingungen; die Forderung

$$-EIv''(l) = M(l) = 0 \qquad (2.1.31)$$

verkörpert eine natürliche Randbedingung. Da die wesentlichen Randbedingungen (2.1.30) homogen sind, ist die Funktion $\varphi_0 = 0$. Wir wollen zunächst Koordinatenfunktionen der Form

$$\varphi_i(s) = \frac{s^{i+1}}{l^{i+1}}\left(1 - \frac{s}{l}\right) \quad (i = 1, 2, \ldots, n) \qquad (2.1.32)$$

verwenden, schreiben also

$$\tilde{v}(s) = \sum_{i=1}^{n} c_i\varphi_i(s) = \sum_{i=1}^{n} c_i \frac{s^{i+1}}{l^{i+1}}\left(1 - \frac{s}{l}\right). \qquad (2.1.33)$$

Die wesentlichen Randbedingungen sind sämtlich erfüllt. Nach Gl. (2.1.22) erhält man mit Gl. (2.1.28) die Beziehung

$$\int_0^l [-q(s)\,\varphi_j(s) + EI\tilde{v}''(s)\,\varphi_j''(s)]\,\mathrm{d}s = 0 \qquad (j = 1, 2, \ldots, n) \qquad (2.1.34)$$

und nach Einsetzen von Gl. (2.1.33) schließlich

$$EI\sum_{i=1}^{n} c_i \int_0^l \varphi_i''(s)\,\varphi_j''(s)\,\mathrm{d}s = q_0 \int_0^l \cos\frac{\pi s}{2l}\,\varphi_j(s)\,\mathrm{d}s \quad (j = 1, 2, \ldots, n). \qquad (2.1.35)$$

Die Lösung dieses Gleichungssystems legt die gesuchte Näherungsfunktion für die Randwertaufgabe (2.1.26) fest. In Tabelle 2.1.2 sind die Ergebnisse für $n = 1, 2, 3$ und 4 zusammengefaßt dargestellt. Man sieht deutlich, wie diese mit wachsendem n besser werden. Besonders sei auf die natürliche Randbedingung (2.1.31) hingewiesen. Die Ansatzfunktionen erfüllen diese nicht, aber die Näherungslösung insgesamt liefert für das Biegemoment bei $s = l$ mit zunehmendem n immer genauere Werte.

Tabelle 2.1.2

n	$\frac{10^3 EI}{q_0 l^4} v(s)$					$\frac{10^2}{q_0 l^2} M(s)$					erfüllte Randbedingungen
	$\frac{s}{l} =$ 0,00	0,25	0,50	0,75	1,00	$\frac{s}{l} =$ 0,00	0,25	0,50	0,75	1,00	
1	0,000	0,545	1,454	1,635	0,000	−2,326	−0,581	1,163	2,907	4,651	wesentliche
2	0,000	1,536	3,215	2,626	0,000	−7,963	0,123	3,982	3,612	−0,986	
3	0,000	1,615	3,215	2,548	0,000	−8,857	0,514	3,982	3,221	−0,092	
4	0,000	1,612	3,221	2,545	0,000	−8,756	0,485	4,019	3,191	0,009	
1	0,000	1,491	3,181	2,684	0,000	−7,634	0,000	3,817	3,817	0,000	wesentliche u. natürliche
exakte Lösung	0,000	1,613	3,221	2,545	0,000	−8,748	0,486	4,020	3,190	0,000	•

Während die wesentlichen Randbedingungen also bereits durch den Ansatz berücksichtigt werden, sind die natürlichen Randbedingungen nur im Rahmen der Genauigkeit der Näherungslösung erfüllt. Für die ingenieurmäßige Beurteilung der ermittelten Zahlenwerte ist dieses Verhalten von Bedeutung. Es ist leicht einzusehen, daß Koordinatenfunktionen, die auch die natürlichen Randbedingungen befriedigen, zu besseren Ergebnissen führen. Für den eingliedrigen Ansatz

$$\tilde{v}(s) = c_1 \left(3\,\frac{s^2}{l^2} - 5\,\frac{s^3}{l^3} + 2\,\frac{s^4}{l^4}\right), \tag{2.1.36}$$

der dieser Forderung genügt, sind die Werte in Tabelle **2.1.2** ebenfalls enthalten.

2.2. Methode der gewichteten Residuen

Wie wir gezeigt haben, läßt sich das Verfahren von *Ritz* nur dann anwenden, wenn eine dem Randwertproblem äquivalente Variationsaufgabe existiert. Da dies nicht immer der Fall ist, müssen auch andere Wege zur Entwicklung von Näherungslösungen benutzt werden.

Wir betrachten die im Intervall (a, b) gültige Differentialgleichung

$$D_{2k}[u]\,(s) + g(s) = 0. \tag{2.2.1}$$

Darin stellt $D_{2k}[\;]$ einen Differentialoperator $2k$-ter Ordnung dar. Die zu Gl. (2.2.1) gehörenden $2k$ Randbedingungen beziehen sich auf die Werte der Funktion u bzw. deren Ableitungen an den Intervallgrenzen. Man wählt nun einen zu Gl. (2.1.21) ähnlichen Näherungsansatz

$$\tilde{u}(s) = \psi_0(s) + \sum_{i=1}^{n} c_i \psi_i(s), \tag{2.2.2}$$

der alle Randbedingungen erfüllt und in dem die Funktionen ψ_0 und ψ_i im Intervall (a, b) eine integrierbare Ableitung der Ordnung $2k$ besitzen. Inhomogene Randbedingungen werden durch ψ_0 erfaßt. Führt man diesen Ansatz in die Differentialgleichung (2.2.1) ein, so wird i. allg. ein Rest (Residuum)

$$\Phi_0(s) = D_{2k}[\tilde{u}]\,(s) + g(s) \tag{2.2.3}$$

übrigbleiben. Die in der Beziehung (2.2.2) enthaltenen n freien Parameter c_i werden nun so bestimmt, daß dieser Rest im Intervall (a, b) in einem festzulegenden Sinne möglichst klein wird. Wir ermitteln dazu mittels linear unabhängiger und in (a, b) integrierbarer Gewichtsfunktionen $w_j(s)$ $(j = 1, 2, \ldots, n)$ einen gewichteten Durchschnitt, der über das gesamte Intervall (a, b) verschwinden soll, und gewinnen somit n Gleichungen der Form

$$\int_a^b w_j(s)\, \Phi_0(s)\, \mathrm{d}s = \int_a^b w_j(s)\, \{D_{2k}[\tilde{u}]\,(s) + g(s)\}\, \mathrm{d}s = 0 \qquad (j = 1, 2, \ldots, n), \tag{2.2.4}$$

aus denen im allgemeinen die n freien Parameter c_i berechnet werden können.

Je nach Wahl der Gewichtsfunktionen hat das Verfahren unterschiedliche Namen, wobei die Bezeichnungen Residuenmethode (Restgrößenmethode) oder Methode der gewichteten Residuen als Überbegriffe gelten. Entnimmt man die Gewichtsfunktionen einem gegebenen Satz von Funktionen, z. B. den Potenzen $1, x, x^2, \ldots$, so spricht man von der Momentenmethode. Formal ordnet sich hier auch die Kollokationsmethode unter, wenn man als Gewichtsfunktionen die in den Kollokationspunkten s_j ($j = 1, 2, \ldots, n$) konzentrierten *Dirac*schen Deltafunktionen $\delta(s - s_j)$ wählt. Auch die Fehlerquadratmethode läßt sich in diese Aufzählung einordnen. Werden die Koordinatenfunktionen ψ_j ($j = 1, 2, \ldots, n$) selbst zur Wichtung herangezogen, so spricht man vom Verfahren von *Galerkin*.

Wir wollen das soeben Gesagte an dem bereits in 2.1. behandelten Beispiel (Bild 2.1.1) vorstellen. Nach Gl. (2.1.26) lautet das Randwertproblem

$$\begin{aligned} &EIv''''(s) - q(s) = 0; \quad q(s) = q_0 \cos \frac{\pi s}{2l}, \\ &v(0) = 0; \quad v(l) = 0; \quad v'(0) = 0; \quad -EIv''(l) = M(l) = 0. \end{aligned} \tag{2.2.5}$$

In der gemäß Gl. (2.2.2) aufgebauten Vergleichsfunktion

$$\tilde{v}(s) = \sum_{i=1}^{n} c_i \psi_i(s) \tag{2.2.6}$$

erfüllen die Koordinatenfunktionen

$$\psi_i(s) = (i + 2) \left(\frac{s}{l}\right)^{i+1} - (2i + 3) \left(\frac{s}{l}\right)^{i+2} + (i + 1) \left(\frac{s}{l}\right)^{i+3} \quad (i = 1, 2, \ldots, n) \tag{2.2.7}$$

alle Randbedingungen. Nach *Galerkin* werden zur Wichtung die Funktionen ψ_i selbst benutzt, so daß Gl. (2.2.4) zunächst die Form

$$\int_0^l \psi_j(s) \, [EI\tilde{v}''''(s) - q(s)] \, ds = 0 \qquad (j = 1, 2, \ldots, n) \tag{2.2.8}$$

annimmt und schließlich das lineare Gleichungssystem

$$\begin{aligned} EI \sum_{i=1}^{n} c_i \int_0^l \psi_j(s) \, \psi_i''''(s) \, ds &= \int_0^l \psi_j(s) \, q(s) \, ds \\ &= q_0 \int_0^l \psi_j(s) \cos \frac{\pi s}{2l} \, ds \qquad (j = 1, 2, \ldots, n) \end{aligned} \tag{2.2.9}$$

entsteht. Für $n = 1, 2$ und 3 zeigen die Ergebnisse in Tabelle 2.2.1 gute Übereinstimmung mit der exakten Lösung. Für $n = 1$ fallen sie mit denen des *Ritz*schen Ansatzes zusammen, wie der Vergleich von Gl. (2.2.8) (nach partieller Integration) mit Gl. (2.1.34) und von Gl. (2.2.7) mit Gl. (2.1.36) zeigt.

Vergleicht man die Residuenmethode mit dem Verfahren von *Ritz*, so erkennt man gewisse Unterschiede. Als Vorteil der Residuenmethode ist zu werten, daß kein der Randwertaufgabe äquivalentes Funktional zu existieren braucht. Die Tatsache, daß die Näherungsansätze *alle*, d. h. auch die natürlichen bzw. restlichen Randbedingungen erfüllen müssen, kann sich dagegen als Nachteil erweisen. Von großer Bedeutung ist außerdem, daß für einen Differentialoperator $2k$-ter Ordnung die Näherungslösung $(2k - 1)$-mal stetig differenzierbar sein muß. Beim Anwenden der Variationsrechnung hatten wir dagegen gesehen, daß eine Differentialgleichung $2k$-ter Ordnung ein Funktional besitzt, dessen Grundfunktion nur Ableitungen bis zur k-ten Ordnung enthält, so daß die Näherungslösung nur $(k - 1)$-mal stetig differenzierbar zu sein

Tabelle 2.2.1

n	$\frac{10^3 EI}{q_0 l^4} v(s)$, $\frac{s}{l} =$ 0,00	0,25	0,50	0,75	1,00	$\frac{10^2}{q_0 l^2} M(s)$, $\frac{s}{l} =$ 0,00	0,25	0,50	0,75	1,00
1	0,000	1,491	3,181	2,684	0,000	−7,634	0,000	3,817	3,817	0,000
2	0,000	1,616	3,213	2,547	0,000	−8,880	0,526	3,973	3,214	0,000
3	0,000	1,612	3,220	2,546	0,000	−8,758	0,486	4,019	3,193	0,000
exakte Lösung	0,000	1,613	3.221	2,545	0,000	−8,748	0,486	4,020	3,190	0,000

braucht. Diese aufgezählten Eigenschaften sind wichtig, weil damit für die Ansatzfunktionen der Residuenmethode härtere Bedingungen hinsichtlich Differenzierbarkeit und Erfüllung von Randbedingungen gestellt werden als beim *Ritz*schen Verfahren. Für die klassische Lösung ist dies von geringer Bedeutung, führt aber beim Herleiten der FEM aus der Methode der gewichteten Residuen zu Forderungen, die häufig nur schwer realisierbar sind. In der Regel lassen sich diese Schwierigkeiten jedoch durch partielle Integration beseitigen, so daß Näherungsansätze, die nur die wesentlichen Randbedingungen zu erfüllen brauchen und auch nur mindestens $(k-1)$-mal stetig differenzierbar sein müssen, benutzt werden dürfen. Unter wesentlichen Randbedingungen sind bei einem Differentialoperator $2k$-ter Ordnung Bedingungen, welche die Werte der Ableitungen bis zur $(k-1)$-ten Ordnung enthalten, zu verstehen. Randbedingungen, die auch die Werte von höheren Ableitungen enthalten, sind wieder natürliche bzw. restliche Randbedingungen.

An zwei Beispielen soll das Besprochene gezeigt werden. Zunächst betrachten wir die soeben behandelte Aufgabe aus der Festigkeitslehre (Bild 2.1.1). Differentialgleichung und Randbedingungen sind durch Gl. (2.2.5) gegeben. Ein Näherungsansatz der Form

$$\tilde{v}(s) = \sum_{i=1}^{n} c_i \varphi_i(s) \tag{2.2.10}$$

soll *alle wesentlichen* Randbedingungen erfüllen, liefert jedoch für die Differentialgleichung und die natürliche Randbedingung $M(l) = \overline{M}(l) = 0$ die *Fehler*

$$\Phi_0(s) = EI\tilde{v}''''(s) - q(s); \qquad \Phi_1 = EI\tilde{v}''(l) + \overline{M}(l). \tag{2.2.11}$$

Analog zu Gl. (2.2.4) multipliziert man Φ_0 mit linear unabhängigen und im Intervall $(0, l)$ mit integrierbaren zweiten Ableitungen versehenen Gewichtsfunktionen w_j und Φ_1 mit skalaren Gewichten w_{1j} und verlangt

$$\int_0^l w_j(s)\,[EI\tilde{v}''''(s) - q(s)]\,\mathrm{d}s + w_{1j}[EI\tilde{v}''(l) + \overline{M}(l)] = 0 \quad (j = 1, 2, \ldots, n). \tag{2.2.12}$$

Durch zweimalige partielle Integration erhalten wir daraus

$$EI \int_0^l w_j''(s)\,\tilde{v}''(s)\,\mathrm{d}s + [w_j(s)\,EI\tilde{v}'''(s)]_0^l - [w_j'(s)\,EI\tilde{v}''(s)]_0^l$$

$$+ w_{1j}[EI\tilde{v}''(l) + \overline{M}(l)] - \int_0^l w_j(s)\,q(s)\,\mathrm{d}s = 0 \qquad (j = 1, 2, \ldots, n). \tag{2.2.13}$$

Fordern wir nun, daß die Gewichtsfunktionen w_j die gleichen homogenen Randbedingungen erfüllen wie die Funktionen φ_i in Gl. (2.2.10), d. h. $w_j(0) = 0$, $w_j(l) = 0$, $w_j'(0) = 0$, so folgt

$$EI \int_0^l w_j''(s)\, \tilde{v}''(s)\, ds - [w_j'(l) - w_{1j}]\, EI\tilde{v}''(l) + w_{1j}\overline{M}(l) - \int_0^l w_j(s)\, q(s)\, ds = 0$$

$$(j = 1, 2, \ldots, n), \tag{2.2.14}$$

und man erkennt, daß die Wahl

$$w_{1j} = w_j'(l) \tag{2.2.15}$$

auch den zweiten Summanden zum Verschwinden bringt. Unter Beachtung des Ansatzes (2.2.10) und mit $\overline{M}(l) = 0$ ergibt sich das lineare System

$$EI \sum_{i=1}^{n} c_i \int_0^l w_j''(s)\, \varphi_i''(s)\, ds = q_0 \int_0^l w_j(s) \cos \frac{\pi s}{2l}\, ds \qquad (j = 1, 2, \ldots, n). \tag{2.2.16}$$

Werden speziell die Gewichtsfunktionen gleich den Koordinatenfunktionen φ_i gewählt, so führt dies auf die mit Gl. (2.1.35) identische Beziehung

$$EI \sum_{i=1}^{n} c_i \int_0^l \varphi_j''(s)\, \varphi_i''(s)\, ds = q_0 \int_0^l \varphi_j(s) \cos \frac{\pi s}{2l}\, ds \qquad (j = 1, 2, \ldots, n), \tag{2.2.17}$$

und man spricht auch hier vom Verfahren von *Galerkin*.

Die numerische Auswertung dieser Gleichung wurde bereits im vorhergehenden Abschnitt vorgestellt und ist in Tabelle 2.1.2 enthalten.

Die Herleitung einer Näherungslösung nach Gl. (2.2.16) bezeichnet man dagegen als Verfahren von *Galerkin-Petrov*. Den durch die partielle Umformung entstandenen Unterschied zeigt deutlich der Vergleich mit Gl. (2.2.9). Während die Koordinatenfunktionen ψ_i alle Randbedingungen erfüllen und stetige dritte Ableitungen besitzen müssen, verlangen wir für die Koordinatenfunktionen φ_i nur die Erfüllung der wesentlichen Randbedingungen und stetige erste Ableitungen.

Als zweites Beispiel soll ein Problem behandelt werden, für das kein Funktional existiert.

Ein dünner, unendlich langer Draht wird mit konstanter Geschwindigkeit v an einer Wärmequelle in Längsrichtung vorbei bewegt. Nehmen wir an, daß dieser Vorgang bereits hinreichend lange andauert, so stellt sich für einen Beobachter im ruhenden Koordinatensystem ein quasistationärer Zustand ein. Die Wärmeleitfähigkeit λ, die Dichte ϱ, die spezifische Wärmekapazität c und den Wärmeübergangskoeffizienten α betrachten wir als temperaturunabhängig; der Draht besitze einen Kreisquerschnitt vom Radius r.

Die gesuchte Temperaturverteilung im Intervall $(0, l)$ eines unbewegten Koordinatensystems kann mittels der *Fourier*schen Wärmeleitgleichung

$$\lambda\vartheta''(s) - vc\varrho\vartheta'(s) - 2\,\frac{\alpha}{r}\,\vartheta(s) = 0 \tag{2.2.18}$$

bestimmt werden, wobei

$$\vartheta(s) = T(s) - T_0 \tag{2.2.19}$$

die Temperaturdifferenz zwischen der mittleren Drahttemperatur T und der Umgebungstemperatur T_0 ist. Als Randbedingungen sind die Randtemperatur $\bar{\vartheta}(0)$ und die Wärmestromdichte $\bar{q}(l)$ vorgeschrieben:

$$\vartheta(0) - \bar{\vartheta}(0) = 0; \qquad \lambda\vartheta'(l) - vc\varrho\vartheta(l) + \bar{q}(l) = 0. \tag{2.2.20}$$

Die exakte Lösung dieser Randwertaufgabe

$$\vartheta(s) = \frac{1}{k_1 - k_2}\left[\left(\bar{q}_l - \vartheta_0 k_2\right) e^{\beta_1 s} - \left(\bar{q}_l - \vartheta_0 k_1\right) e^{\beta_2 s}\right] \tag{2.2.21}$$

mit den Abkürzungen

$$\left.\begin{aligned} \beta_1 &= \frac{vc\varrho}{2\lambda}\left(1 + \sqrt{1 + 8\,\frac{\alpha\lambda}{rv^2c^2\varrho^2}}\right); \qquad k_1 = (-\lambda\beta_1 + vc\varrho)\, e^{\beta_1 l}, \\ \beta_2 &= \frac{vc\varrho}{2\lambda}\left(1 - \sqrt{1 + 8\,\frac{\alpha\lambda}{rv^2c^2\varrho^2}}\right); \qquad k_2 = (-\lambda\beta_2 + vc\varrho)\, e^{\beta_2 l} \end{aligned}\right\} \tag{2.2.22}$$

ist für die Werte

$$\lambda = 3950{,}0\,\frac{\mathrm{W}}{\mathrm{mK}}; \qquad v = 0{,}025\,\frac{\mathrm{m}}{\mathrm{s}}; \qquad c = 390{,}0\,\frac{\mathrm{Ws}}{\mathrm{kgK}},$$

$$\alpha = 70{,}0\,\frac{\mathrm{W}}{\mathrm{m^2\,K}}; \qquad r = 0{,}002\,\mathrm{m}; \qquad \varrho = 8950{,}0\,\frac{\mathrm{kg}}{\mathrm{m^3}},$$

$$\bar{\vartheta}(0) = 500{,}0\,\mathrm{K}; \qquad \bar{q}(l) = 2{,}08 \cdot 10^7\,\frac{\mathrm{W}}{\mathrm{m^2}}; \qquad l = 1{,}0\,\mathrm{m}$$

mit einer Näherungslösung zu vergleichen. Der Näherungsansatz

$$\tilde{\vartheta}(s) = \varphi_0(s) + \sum_{i=1}^{n} c_i\varphi_i(s) \tag{2.2.23}$$

soll die wesentliche Randbedingung $\vartheta(0) = \bar{\vartheta}(0)$ erfüllen, liefert jedoch für die Differentialgleichung und die verbleibende restliche Randbedingung die Fehler

$$\begin{aligned} \Phi_0(s) &= \lambda\tilde{\vartheta}''(s) - vc\varrho\tilde{\vartheta}'(s) - 2\,\frac{\alpha}{r}\,\tilde{\vartheta}(s), \\ \Phi_1 &= \lambda\tilde{\vartheta}'(l) - vc\varrho\tilde{\vartheta}(l) + \bar{q}(l), \end{aligned} \tag{2.2.24}$$

deren Wichtung auf

$$\int_0^l w_j(s)\left[\lambda\tilde{\vartheta}''(s) - vc\varrho\tilde{\vartheta}'(s) - 2\,\frac{\alpha}{r}\,\tilde{\vartheta}(s)\right] ds + w_{1j}[\lambda\tilde{\vartheta}'(l) - vc\varrho\tilde{\vartheta}(l) + \bar{q}(l)] = 0$$

$$(j = 1, 2, \ldots, n) \tag{2.2.25}$$

führt. Von den Gewichtsfunktionen w_j wollen wir verlangen, daß sie im betrachteten Intervall $(0, l)$ eine beschränkte und integrierbare Ableitung besitzen und die gleichen homogenen Randbedingungen erfüllen wie die Koordinatenfunktionen φ_i in

Gl. (2.2.23). Partielle Integration liefert nun

$$-\int_0^l w_j'(s)\,[\lambda\tilde{\vartheta}'(s) - vc\varrho\tilde{\vartheta}(s)]\,ds + \{w_j(s)\,[\lambda\tilde{\vartheta}'(s) - vc\varrho\tilde{\vartheta}(s)]\}_0^l - 2\,\frac{\alpha}{r}\int_0^l w_j(s)\,\tilde{\vartheta}(s)\,ds$$
$$+ w_{1j}[\lambda\tilde{\vartheta}'(l) - vc\varrho\tilde{\vartheta}(l) + \bar{q}(l)] = 0 \qquad (j = 1, 2, \ldots, n). \tag{2.2.26}$$

Berücksichtigt man $w_j(0)$ und schreibt $w_{1j} = -w_j(l)$ vor, so ergibt sich zunächst

$$-\int_0^l w_j'(s)\,[\lambda\tilde{\vartheta}'(s) - vc\varrho\tilde{\vartheta}(s)]\,ds - 2\,\frac{\alpha}{r}\int_0^l w_j(s)\,\tilde{\vartheta}(s)\,ds - w_j(l)\,\bar{q}(l) = 0$$
$$(j = 1, 2, \ldots, n) \tag{2.2.27}$$

und nach Einsetzen der Gl. (2.2.23) das lineare Gleichungssystem

$$\sum_{i=1}^{n} c_i \left\{\int_0^l w_j'(s)\,[\lambda\varphi_i'(s) - vc\varrho\varphi_i(s)]\,ds + 2\,\frac{\alpha}{r}\int_0^l w_j(s)\,\varphi_i(s)\,ds\right\}$$
$$= -\left\{\int_0^l w_j'(s)\,[\lambda\varphi_0'(s) - vc\varrho\varphi_0(s)]\,ds + 2\,\frac{\alpha}{r}\int_0^l w_j(s)\,\varphi_0(s)\,ds\right\} - w_j(l)\,\bar{q}(l)$$
$$(j = 1, 2, \ldots, n). \tag{2.2.28}$$

Je nach Wahl der Gewichtsfunktionen erhalten wir wieder das Verfahren von *Galerkin* $[w_j(s) = \varphi_j(s)]$ oder das Verfahren von *Galerkin-Petrov* $[w_j(s) \neq \varphi_j(s)]$. Die numerische Auswertung soll auf das *Galerkin*-Verfahren beschränkt bleiben. Der entsprechend Gl. (2.2.23) aufgebaute Näherungsansatz

$$\tilde{\vartheta}(s) = \vartheta_0 + \sum_{i=1}^{n} c_i \left(\frac{s}{l}\right)^i \tag{2.2.29}$$

erfüllt die wesentliche Randbedingung $\vartheta(0) = \tilde{\vartheta}(0) = \vartheta_0$. Die Gewichtsfunktionen lauten dann

$$w_j(s) = \left(\frac{s}{l}\right)^j \qquad (j = 1, 2, \ldots, n). \tag{2.2.30}$$

Aus Gl. (2.2.28) folgt schließlich das lineare Gleichungssystem

$$\sum_{i=1}^{n} c_i \left[\frac{\lambda ij}{l(i + j - 1)} - vc\varrho\,\frac{j}{i + j} + 2\,\frac{\alpha l}{r(i + j + 1)}\right]$$
$$= \vartheta_0 \left[vc\varrho - 2\,\frac{\alpha l}{r(j + 1)}\right] - \bar{q}(l) \qquad (j = 1, 2, \ldots, n), \tag{2.2.31}$$

dessen numerische Auswertung für die oben angeführten Zahlenwerte in Tabelle 2.2.2 vorliegt. Auch hier zeigt ein Vergleich mit der exakten Lösung, wie mit steigender Anzahl linear unabhängiger Koordinatenfunktionen die Näherungslösung besser wird. Das bezieht sich besonders auf die Erfüllung der natürlichen Randbedingung.

Tabelle 2.2.2

n	$10^{-2}\,\vartheta(s)$ in K						$10^{-7}\,\dot{q}_l$
	$\frac{s}{l} = 0{,}00$	$\frac{s}{l} = 0{,}20$	$\frac{s}{l} = 0{,}40$	$\frac{s}{l} = 0{,}60$	$\frac{s}{l} = 0{,}80$	$\frac{s}{l} = 1{,}00$	in $\frac{\mathrm{W}}{\mathrm{m}^2}$
1	5,000	4,348	3,696	3,043	2,391	1,739	1,646
2	5,000	4,288	3,665	3,133	2,691	2,339	2,102
3	5,000	4,278	3,665	3,141	2,690	2,293	2,075
exakte Lösung	5,000	4,282	3,667	3,141	2,690	2,325	2,080

3. Methode der finiten Elemente bei eindimensionalen Randwertaufgaben

Im vorhergehenden Abschnitt hatten wir gesehen, wie man unabhängig vom benutzten Näherungsverfahren mit steigender Anzahl von Koordinatenfunktionen die Lösungsfunktion einer Randwertaufgabe immer besser annähern kann. Der Definitionsbereich der Koordinatenfunktionen war dabei stets das gesamte Intervall, in dem eine Näherungslösung des Randwertproblems gesucht wurde. Wie wir bereits wissen, liegt der FEM die Idee zugrunde, ein Gebiet — im eindimensionalen Fall ein Intervall (a, b) — in Teilbereiche — finite Elemente — zu zerlegen und für gleiche Teilbereiche oder Elemente stets die gleichen *Ansatzfunktionen*, die u. U. sehr einfach sein können, zu verwenden. Die Annäherung an die exakte Lösung läßt sich auf zwei verschiedenen Wegen erreichen: Durch Unterteilung in immer kleinere Elemente oder durch Wahl geeigneterer Ansatzfunktionen. Die FEM hat gegenüber den bisher besprochenen Näherungsverfahren den Vorteil, daß die entstehenden Algorithmen für den Einsatz der Rechentechnik besser geeignet sind. Darüber hinaus lassen sich Unstetigkeiten in den Koeffizienten der Differentialgleichung durch eine dementsprechende Einteilung in Elemente ohne Schwierigkeiten erfassen.

Je nach der zu behandelnden Randwertaufgabe existieren unterschiedliche Stetigkeitsforderungen an die Ansatzfunktionen, deren Sicherung an den Elementrändern wichtig ist. Während z. B. das Problem der elastischen Linie (2.1.26) die Stetigkeit der Feldgröße und ihrer ersten Ableitung in den Näherungsansätzen verlangt, ist für die stationäre Wärmeleitung (2.2.18) nur die Stetigkeit der Feldgröße selbst erforderlich. Ansatzfunktionen, die beim Übergang zu den Nachbarbereichen oder -elementen die Stetigkeit der Feldgröße gewährleisten, besitzen *C^0-Stetigkeit.* Ist zusätzlich die Stetigkeit der ersten Ableitung vorhanden, handelt es sich um *C^1-Stetigkeit.* Allgemein liegt *C^p-Stetigkeit* vor, wenn durch die Ansatzfunktionen die Stetigkeit der Feldgröße bis zur p-ten Ableitung gegeben ist. Werden die aus einer Randwertaufgabe folgenden Stetigkeitsforderungen an die Ansatzfunktionen von diesen erfüllt, so erhält man *kompatible Ansatzfunktionen* bezüglich der vorliegenden Randwertaufgabe.

Während bisher mit einem Element immer ein Teilbereich bezeichnet wurde, soll im Folgenden unter »Element« mitunter die Einheit von Teilbereich und Ansatzfunktion verstanden werden. In diesem Sinne spricht man auch von *kompatiblen Elementen* bzw. von *Elementen mit C^p-Stetigkeit* oder vereinfacht von *C^p-Elementen.*

Es läßt sich zeigen, daß u. U. auch *nichtkompatible Elemente,* d. h. Ansatzfunktionen, die die Stetigkeitsforderungen der vorliegenden Randwertaufgabe nicht voll erfüllen, mit Erfolg verwendet werden können.

3.1. Ansatzfunktionen

Als Ansatzfunktion für den Verlauf einer Feldgröße u innerhalb des Elementes e mit der Länge l können wir beliebige Funktionen wählen. Am häufigsten jedoch finden Polynome Verwendung.
Um eine einheitliche Darstellung zu erreichen, führen wir an jedem Element ein lokales Koordinatensystem ein (Bild 3.1.1). Wir definieren im Element e mit den Elementknotennummern *1* und *2* die lokale, dimensionslose Koordinate

$$\xi = \frac{s - s_1}{l^{(e)}}; \qquad 0 \leqq \xi \leqq 1 \tag{3.1.1}$$

und schreiben damit das allgemeine Polynom r-ten Grades mit $r + 1$ freien Parametern in der Form

$$P_r(\xi) = a_0 + a_1\xi + a_2\xi^2 + \cdots + a_r\xi^r = \sum_{i=1}^{r} a_i\xi^i. \tag{3.1.2}$$

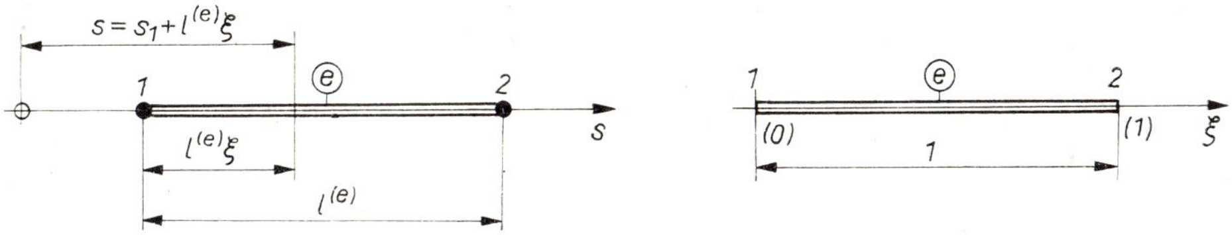

Bild 3.1.1

Ein wichtiger Unterschied zu der bisher besprochenen Vorgehensweise besteht darin, daß bei der FEM die Konstanten des Polynoms (3.1.2) durch die Feldgröße und eventuell auch deren Ableitungen an den Knoten des Elements e ersetzt werden. Das hat neben verfahrensbedingten Gründen den Vorteil, daß dann die Parameter der Ansatzfunktion eine physikalische Bedeutung besitzen.
Zunächst sollen Ansatzfunktionen behandelt werden, die eine C^0-Stetigkeit sichern. Für das *Zwei-Knoten-Element* (Bild 3.1.1) stehen dann die Knotenwerte u_1 und u_2 in den *äußeren Knoten* 1 und 2 zur Bestimmung der freien Parameter der *linearen* Ansatzfunktion ($r = 1$)

$$u^{(e)}(\xi) = a_0 + a_1\xi \tag{3.1.3}$$

zur Verfügung. Wir berechnen aus

$$u^{(e)}(0) = u_1 = a_0; \qquad u^{(e)}(1) = u_2 = a_0 + a_1 \tag{3.1.4}$$

die Konstanten a_0 und a_1 und gewinnen so die Darstellungsweise

$$u^{(e)}(\xi) = u_1 + (u_2 - u_1)\,\xi = (1 - \xi)\,u_1 + \xi u_2. \tag{3.1.5}$$

Fügt man den beiden äußeren Knoten noch einen weiteren *inneren Knoten* hinzu (Bild 3.1.2), so entsteht ein *Drei-Knoten-Element* mit den drei Knotenwerten u_1, u_2 und u_3. Die drei Konstanten der *quadratischen* Ansatzfunktion ($r = 2$)

$$u^{(e)}(\xi) = a_0 + a_1\xi + a_2\xi^2 \tag{3.1.6}$$

finden wir aus dem linearen Gleichungssystem

$$u^{(e)}(0) = u_1 = a_0; \qquad u^{(e)}(1) = u_2 = a_0 + a_1 + a_2,$$

$$u^{(e)}\left(\frac{1}{2}\right) = u_3 = a_0 + \frac{1}{2}\,a_1 + \frac{1}{4}\,a_2 \tag{3.1.7}$$

und erhalten so

$$u^{(e)}(\xi) = (1 - 3\xi + 2\xi^2)\,u_1 + (-\xi + 2\xi^2)\,u_2 + (4\xi - 4\xi^2)\,u_3. \tag{3.1.8}$$

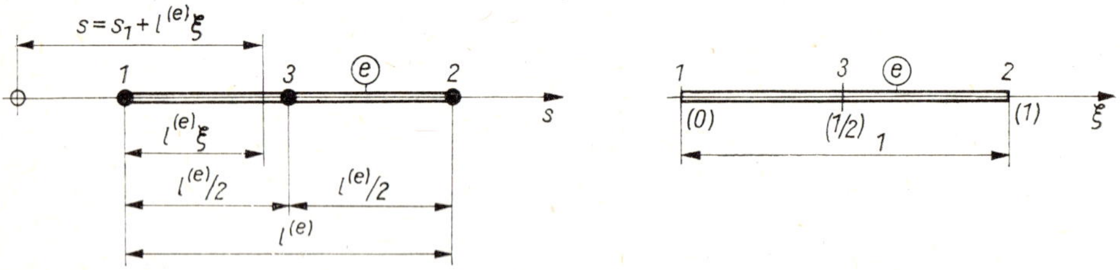

Bild 3.1.2

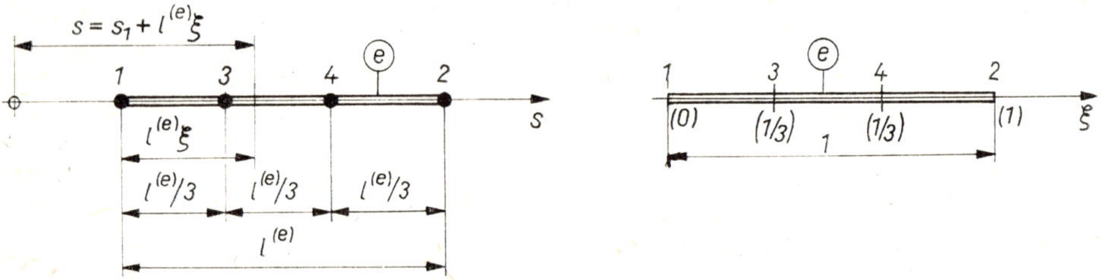

Bild 3.1.3

Schließlich wollen wir noch einen *kubischen* Ansatz ($r = 3$) angeben und benötigen dazu zwei innere Knoten (Bild 3.1.3). Mit den vier Knotenwerten u_1, u_2, u_3 und u_4 lautet die gesuchte Funktion für das *Vier-Knoten-Element*

$$\begin{aligned} u^{(e)}(\xi) = {} & \left(1 - \frac{11}{2}\,\xi + 9\xi^2 - \frac{9}{2}\,\xi^3\right) u_1 + \left(\xi - \frac{9}{2}\,\xi^2 + \frac{9}{2}\,\xi^3\right) u_2 \\ & + \left(9\xi - \frac{45}{2}\,\xi^2 + \frac{27}{2}\,\xi^3\right) u_3 + \left(-\frac{9}{2}\,\xi + 18\xi^2 - \frac{27}{2}\,\xi^3\right) u_4. \end{aligned} \tag{3.1.9}$$

Betrachten wir die Ansatzfunktionen (3.1.5), (3.1.8), (3.1.9), so erkennen wir, daß die vor den Knotenwerten u_k ($k = 1, 2, 3, \ldots$) stehenden Funktionen im Knoten k den Wert 1 annehmen, sonst aber in allen anderen Knoten Null werden. Man nennt derartige Funktionen *Lagrange*sche Interpolationspolynome L_k. Für sie gilt demnach

$$L_k(\xi) = \begin{cases} 1 & \text{für} \quad \xi = \xi_k \\ 0 & \text{für} \quad \xi = \xi_j (j \neq k). \end{cases} \tag{3.1.10}$$

In Bild 3.1.4 sind die *Lagrange*schen Interpolationspolynome ersten und zweiten Grades grafisch dargestellt.
Die Aufstellung des Gleichungssystems zur Berechnung der Konstanten des Polynoms (3.1.2) kann vermieden werden, wenn man bei einem Polynom r-ten Grades für die *Lagrange*schen Interpolationspolynome das allgemeine Bildungsgesetz

$$L_k(\xi) = \prod_{\substack{m=1 \\ (m \neq k)}}^{r+1} \frac{\xi - \xi_m}{\xi_k - \xi_m}$$

$$= \frac{\xi - \xi_1}{\xi_k - \xi_1} \frac{\xi - \xi_2}{\xi_k - \xi_2} \cdots \frac{\xi - \xi_{k-1}}{\xi_k - \xi_{k-1}} \frac{\xi - \xi_{k+1}}{\xi_k - \xi_{k+1}} \cdots \frac{\xi - \xi_r}{\xi_k - \xi_r} \frac{\xi - \xi_{r+1}}{\xi_k - \xi_{r+1}} \qquad (3.1.11)$$

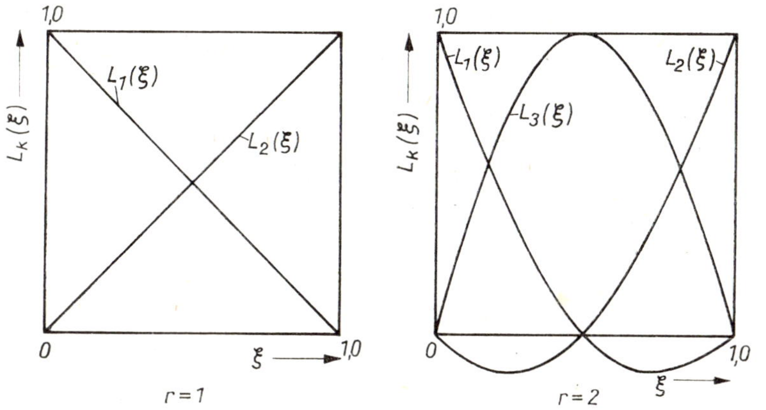

Bild 3.1.4

heranzieht. Schließlich stellen wir fest, daß für die *Lagrange*schen Interpolationspolynome die Beziehung

$$\sum_{k=1}^{r+1} L_k(\xi) = 1 \qquad (3.1.12)$$

gilt.
Mit Hilfe der Matrixschreibweise lassen sich die Ansatzfunktionen (3.1.5), (3.1.8), (3.1.9) als

$$u^{(e)}(\xi) = \boldsymbol{f}^{(e)}(\xi)^{\mathrm{T}} \boldsymbol{z}^{(e)} \qquad (3.1.13)$$

schreiben, wobei für *Lagrange*sche Interpolationspolynome r-ten Grades der Vektor $\boldsymbol{f}^{(e)}(\xi)$ die Komponenten

$$\boldsymbol{f}^{(e)}(\xi) = [f_1(\xi)\,; f_2(\xi)\,; \ldots; f_{r+1}(\xi)]^{\mathrm{T}}$$

$$= [L_1(\xi)\,; L_2(\xi)\,; \ldots; L_{r+1}(\xi)]^{\mathrm{T}} \qquad (3.1.14)$$

und der Elementknotenvektor $\boldsymbol{z}^{(e)}$ die Komponenten

$$\boldsymbol{z}^{(e)} = [z_1\,; z_2\,; \ldots; z_{r+1}]^{\mathrm{T}} = [u_{21}\,; u_2\,; \ldots; u_{r+1}]^{\mathrm{T}} \qquad (3.1.15)$$

besitzen. Die *Interpolationsfunktionen* f_i ($i = 1, 2, \ldots, r+1$) werden bei der FEM häufig auch als *Formfunktionen*, der Vektor $\boldsymbol{f}^{(e)}$ als *Vektor der Formfunktionen* und die Anzahl $r + 1$ der Komponenten des Elementknotenvektors $\boldsymbol{z}^{(e)}$ als *Freiheitsgrad des Elementes* bezeichnet.

Eine besonders übersichtliche, symmetrische Darstellung der *Lagrange*schen Interpolationspolynome ist durch Einführen *natürlicher Koordinaten*

$$\xi_1 = \frac{l_1}{l^{(e)}} = 1 - \xi; \qquad \xi_2 = \frac{l_2}{l^{(e)}} = \xi; \qquad \xi_1 + \xi_2 = 1 \tag{3.1.16}$$

zu erreichen (Bild 3.1.5). Ein Polynom r-ten Grades läßt sich dann in der Form

$$P_r(\xi_1, \xi_2) = k_1\xi_1^{\,r} + k_2\xi_1^{\,r-1}\xi_2 + k_3\xi_1^{\,r-2}\xi_2^{\,2} + \ldots + k_{r+1}\xi_2^{\,r}$$
$$= \sum_{i=0}^{r} k_{i+1}\xi_1^{\,r-i}\xi_2^{\,i} \tag{3.1.17}$$

angeben.

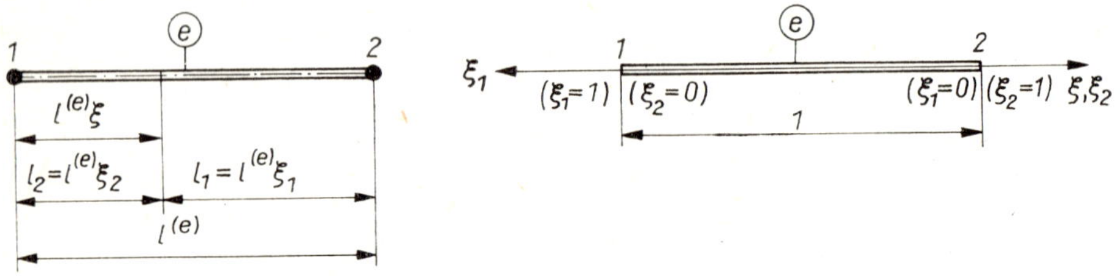

Bild 3.1.5

Während für einen linearen Ansatz ($r = 1$) aus Gl. (3.1.5) sofort die Formfunktionen

$$L_1(\xi_1, \xi_2) = \xi_1; \qquad L_2(\xi_1, \xi_2) = \xi_2 \tag{3.1.18}$$

folgen, gewinnt man bei einer quadratischen Ansatzfunktion ($r = 2$)

$$u^{(e)}(\xi_1, \xi_2) = k_1\xi_1^{\,2} + k_2\xi_1\xi_2 + k_3\xi_2^{\,2} \tag{3.1.19}$$

aus den Knotenwerten

$$u^{(e)}(1, 0) = u_1 = k_1; \qquad u^{(e)}\left(\frac{1}{2}, \frac{1}{2}\right) = u_3 = \frac{1}{4}\,(k_1 + k_2 + k_3);$$
$$u^{(e)}(0, 1) = u_2 = k_3 \tag{3.1.20}$$

die Konstanten

$$k_1 = u_1; \qquad k_2 = -u_1 - u_2 + 4u_3; \qquad k_3 = u_2 \tag{3.1.21}$$

und damit

$$L_1(\xi_1, \xi_2) = \xi_1^{\,2} - \xi_1\xi_2; \qquad L_2(\xi_1, \xi_2) = -\xi_1\xi_2 + \xi_2^{\,2};$$
$$L_3(\xi_1, \xi_2) = 4\xi_1\xi_2. \tag{3.1.22}$$

Sie sind bei Beachtung von Gl. (3.1.16) selbstverständlich mit den Formfunktionen der Beziehung (3.1.8) identisch. Für eine kubische Ansatzfunktion ($r = 3$) erhält man

$$L_1(\xi_1, \xi_2) = \xi_1^3 - \frac{5}{2}\xi_1^2\xi_2 + \xi_1\xi_2^2; \qquad L_2(\xi_1, \xi_2) = \xi_1^2\xi_2 - \frac{5}{2}\xi_1\xi_2^2 + \xi_2^3;$$
$$L_3(\xi_1, \xi_2) = 9\xi_1^2\xi_2 - \frac{9}{2}\xi_1\xi_2^2; \qquad L_4(\xi_1, \xi_2) = -\frac{9}{2}\xi_1^2\xi_2 + 9\xi_1\xi_2^2. \tag{3.1.23}$$

Bei Ansatzfunktionen mit C^1- oder C^2-Stetigkeit stimmen an der Verbindungsstelle zweier Elemente außer der Feldgröße selbst auch deren erste oder erste und zweite Ableitung überein. In diesem Falle werden im globalen Koordinatensystem definierte Ableitungen als Komponenten des Elementknotenvektors $z^{(e)}$ [vgl. Gl. (3.1.15)] verwendet. Die dabei entstehenden Interpolationsfunktionen heißen *Hermite*sche Interpolationspolynome H_k^m. Sie sind den Knotenwerten $u_k^{(m)} = (\mathrm{d}^m u/\mathrm{d}s^m)_k$ zugeordnet und besitzen die Eigenschaften

$$\frac{\mathrm{d}^p H_k^m(\xi)}{\mathrm{d}\xi^p} = \begin{cases} 1 & \text{für } p = m,\ \xi = \xi_k \\ 0 & \text{für } p = m,\ \xi = \xi_j\ (j \neq k), \end{cases}$$
$$\frac{\mathrm{d}^p H_k^m(\xi)}{\mathrm{d}\xi^p} = 0 \quad \text{für} \quad p \neq m,\ \xi = \xi_j. \tag{3.1.24}$$

Zwischen dem globalen und dem lokalen Koordinatensystem (Bild 3.1.1) gilt der Zusammenhang

$$s = s_1 + l^{(e)}\xi, \tag{3.1.25}$$

so daß für die erste Ableitung der Feldgröße mit Gl. (3.1.2)

$$\frac{\mathrm{d}u(s)}{\mathrm{d}s} = \frac{1}{l^{(e)}}\frac{\mathrm{d}u(\xi)}{\mathrm{d}\xi} = \frac{1}{l^{(e)}}\sum_{i=0}^{r} i c_i \xi^{i-1} \tag{3.1.26}$$

geschrieben werden kann. Wählt man in einer kubischen Ansatzfunktion ($r = 3$)

$$u^{(e)}(\xi) = a_0 + a_1\xi + a_2\xi^2 + a_3\xi^3 \tag{3.1.27}$$

die vier Knotenwerte

$$u^{(e)}(0) = u_1 = a_0; \qquad u^{(e)}(1) = u_2 = a_0 + a_1 + a_2 + a_3,$$
$$\left.\frac{\mathrm{d}u^{(e)}}{\mathrm{d}s}\right|_{\xi=0} = u_1' = \frac{1}{l^{(e)}}a_1,$$
$$\left.\frac{\mathrm{d}u^{(e)}}{\mathrm{d}s}\right|_{\xi=1} = u_2' = \frac{1}{l^{(e)}}(a_1 + 2a_2 + 3a_3), \tag{3.1.28}$$

so können die vier Konstanten a_0, a_1, a_2, a_3 durch diese Knotenwerte ausgedrückt werden, und man findet

$$u^{(e)}(\xi) = (1 - 3\xi^2 + 2\xi^3)\,u_1 + (\xi - 2\xi^2 + \xi^3)\,l^{(e)}u_1'$$
$$+ (3\xi^2 - 2\xi^3)\,u_2 + (-\xi^2 + \xi^3)\,l^{(e)}u_2' \tag{3.1.29}$$

mit den *Hermite*schen Interpolationspolynomen

$$H_1^0(\xi) = 1 - 3\xi^2 + 2\xi^3; \qquad H_1^1(\xi) = \xi - 2\xi^2 + \xi^3,$$
$$H_2^0(\xi) = 3\xi^2 - 2\xi^3; \qquad H_2^1(\xi) = -\xi^2 + \xi^3. \tag{3.1.30}$$

Der Verlauf dieser Polynome ist aus Bild 3.1.6 ersichtlich. Sie gewährleisten C^1-Stetigkeit.
Verwenden wir zur Darstellung der *Hermite*schen Interpolationspolynome natürliche Koordinaten, so benötigen wir Differentiationsvorschriften für den allgemeinen Ansatz (3.1.17). Es gilt bei Berücksichtigung der Gln. (3.1.1), (3.1.16) und (3.1.25)

$$\frac{\mathrm{d}u^{(e)}}{\mathrm{d}s} = \frac{\partial u^{(e)}}{\partial \xi_1}\frac{\mathrm{d}\xi_1}{\mathrm{d}s} + \frac{\partial u^{(e)}}{\partial \xi_2}\frac{\mathrm{d}\xi_2}{\mathrm{d}s} = \frac{1}{l^{(e)}}\left(-\frac{\partial u^{(e)}}{\partial \xi_1} + \frac{\partial u^{(e)}}{\partial \xi_2}\right), \tag{3.1.31}$$

$$\frac{\mathrm{d}^2u^{(e)}}{\mathrm{d}s^2} = \frac{1}{l^{(e)2}}\left(\frac{\partial^2 u^{(e)}}{\partial \xi_1^2} - 2\frac{\partial^2 u^{(e)}}{\partial \xi_1\,\partial \xi_2} + \frac{\partial^2 u^{(e)}}{\partial \xi_2^2}\right). \tag{3.1.32}$$

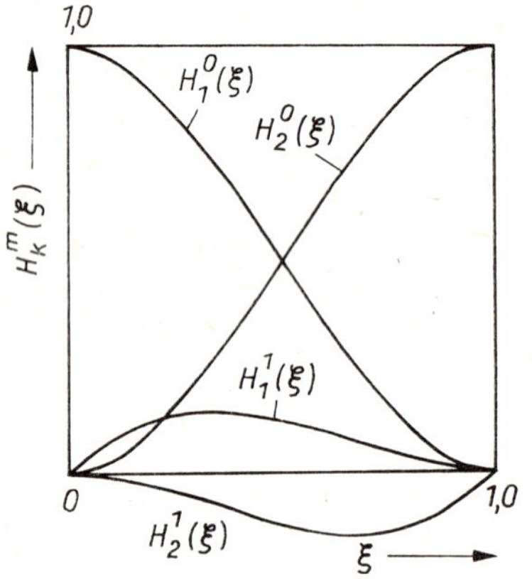

Bild 3.1.6

Damit kann man die Konstanten des kubischen Ansatzes nach Gl. (3.1.17)

$$u^{(e)}(\xi_1, \xi_2) = k_1\xi_1^3 + k_2\xi_1^2\xi_2 + k_3\xi_1\xi_2^2 + k_4\xi_2^3 \tag{3.1.33}$$

aus den Knotenwerten

$$\begin{gathered} u^{(e)}(1, 0) = u_1 = k_1; \qquad u^{(e)}(0, 1) = u_2 = k_4, \\ \left.\frac{\mathrm{d}u^{(e)}}{\mathrm{d}s}\right|_{\substack{\xi_1=1\\ \xi_2=0}} = u_1' = \frac{1}{l^{(e)}}(k_2 - 3k_1), \\ \left.\frac{\mathrm{d}u^{(e)}}{\mathrm{d}s}\right|_{\substack{\xi_1=0\\ \xi_2=1}} = u_2' = \frac{1}{l^{(e)}}(3k_4 - k_3) \end{gathered} \tag{3.1.34}$$

bestimmen. Aus der Ansatzfunktion

$$u^{(e)}(\xi_1, \xi_2) = (\xi_1^3 + 3\xi_1^2\xi_2)\,u_1 + \xi_1^2\xi_2 l^{(e)}u_1' + (3\xi_1\xi_2^2 + \xi_2^3)\,u_2 - \xi_1\xi_2^2 l^{(e)}u_2' \tag{3.1.35}$$

folgen die *Hermite*schen Interpolationspolynome [vgl. Gl. (3.1.30)]

$$\begin{aligned} H_1^0(\xi_1, \xi_2) &= \xi_1^3 + 3\xi_1^2\xi_2; \qquad & H_1^1(\xi_1, \xi_2) &= \xi_1^2\xi_2, \\ H_2^0(\xi_1, \xi_2) &= 3\xi_1\xi_2^2 + \xi_2^3; \qquad & H_2^1(\xi_1, \xi_2) &= -\xi_1\xi_2^2. \end{aligned} \tag{3.1.36}$$

Wählen wir neben den beiden äußeren Knoten noch einen inneren (Bild 3.1.2), so erhalten wir für die Ansatzfunktion 5. Grades ($r = 5$) mit C^1-Stetigkeit

$$u^{(e)}(\xi) = H_1^0(\xi)\, u_1 + H_1^1(\xi)\, l^{(e)} u_1' + H_2^0(\xi)\, u_2 + H_2^1(\xi)\, l^{(e)} u_2' + H_3^0(\xi)\, u_3 + H_3^1(\xi)\, l^{(e)} u_3' \quad (3.1.37)$$

mit den *Hermite*schen Interpolationspolynomen

$$\left.\begin{aligned} H_1^0(\xi) &= 1 - 23\xi^2 + 66\xi^3 - 68\xi^4 + 24\xi^5, \\ H_1^1(\xi) &= \xi - 6\xi^2 + 13\xi^3 - 12\xi^4 + 4\xi^5, \\ H_2^0(\xi) &= 7\xi^2 - 34\xi^3 + 52\xi^4 - 24\xi^5, \\ H_2^1(\xi) &= -\xi^2 + 5\xi^3 - 8\xi^4 + 4\xi^5, \\ H_3^0(\xi) &= 16\xi^2 - 32\xi^3 + 16\xi^4, \\ H_3^1(\xi) &= -8\xi^2 + 32\xi^3 - 40\xi^4 + 16\xi^5 \end{aligned}\right\} \quad (3.1.38)$$

bzw.

$$\left.\begin{aligned} H_1^0(\xi_1, \xi_2) &= \xi_1^5 + 5\xi_1^4\xi_2 - 13\xi_1^3\xi_2^2 + 7\xi_1^2\xi_2^3, \\ H_1^1(\xi_1, \xi_2) &= \xi_1^4\xi_2 - 2\xi_1^3\xi_2^2 + \xi_1^2\xi_2^3, \\ H_2^0(\xi_1, \xi_2) &= 7\xi_1^3\xi_2^2 - 13\xi_1^2\xi_2^3 + 5\xi_1\xi_2^4 + \xi_2^5, \\ H_2^1(\xi_1, \xi_2) &= -\xi_1^3\xi_2^2 + 2\xi_1^2\xi_2^3 - \xi_1\xi_2^4, \\ H_3^0(\xi_1, \xi_2) &= 16\xi_1^3\xi_2^2 + 16\xi_1^2\xi_2^3, \\ H_3^1(\xi_1, \xi_2) &= -8\xi_1^3\xi_2^2 + 8\xi_1^2\xi_2^3. \end{aligned}\right\} \quad (3.1.39)$$

Benutzen wir auch für die Ansatzfunktionen (3.1.29), (3.1.35), (3.1.37) die Matrixschreibweise gemäß Gl. (3.1.13)

$$u^{(e)}(\xi) = \boldsymbol{f}^{(e)}(\xi)^{\mathrm{T}}\, \boldsymbol{z}^{(e)}, \quad (3.1.40)$$

dann besitzt der Vektor der Formfunktionen $\boldsymbol{f}^{(e)}$ für $r = 3, 5, 7, \ldots$ die Komponenten

$$\begin{aligned} \boldsymbol{f}^{(e)}(\xi) &= [f_1(\xi); f_2(\xi); \ldots; f_{r+1}(\xi)]^{\mathrm{T}} \\ &= \left[H_1^0(\xi); l^{(e)} H_1^1(\xi); H_2^0(\xi); l^{(e)} H_2^1(\xi); \ldots; H^0_{\frac{r+1}{2}}(\xi); l^{(e)} H^1_{\frac{r+1}{2}}(\xi)\right]^{\mathrm{T}}, \end{aligned} \quad (3.1.41)$$

und der Elementknotenvektor $\boldsymbol{z}^{(e)}$ erhält die Form

$$\boldsymbol{z}^{(e)} = \left[\boldsymbol{z}_1^{\mathrm{T}}; \boldsymbol{z}_2^{\mathrm{T}}; \ldots; \boldsymbol{z}^{\mathrm{T}}_{\frac{r+1}{2}}\right]^{\mathrm{T}} = \left[u_1; u_1'; u_2; u_2'; \ldots; u_{\frac{r+1}{2}}; u'_{\frac{r+1}{2}}\right]^{\mathrm{T}}. \quad (3.1.42)$$

Dabei wurden mit

$$\boldsymbol{z}_1 = [u_1; u_1']^{\mathrm{T}}; \qquad \boldsymbol{z}_2 = [u_2; u_2']^{\mathrm{T}} \quad \text{usw.} \quad (3.1.43)$$

alle an ein und demselben Knoten definierten Größen zum *Knotenvektor* zusammengefaßt. Der Knotenvektor $\boldsymbol{z}_i$ $\left(i = 1, 2, \ldots, \dfrac{r+1}{2}\right)$ hat demzufolge zwei Komponen-

ten und das Element e entsprechend der Anzahl der freien Parameter der Ansatzfunktion den Freiheitsgrad $r + 1$.
Schließlich wollen wir für das Zwei-Knoten-Element (Bild 3.1.1) eine Ansatzfunktion angeben, die C^2-Stetigkeit gewährleistet. Die 6 Knotenwerte $u_1, u_1', u_1'', u_2, u_2', u_2''$ erfordern ebenfalls die Verwendung eines Polynoms 5. Grades ($r = 5$)

$$\begin{aligned} u^{(e)}(\xi) = {} & H_1^0(\xi)\, u_1 + H_1^1(\xi)\, l^{(e)} u_1' + H_1^2(\xi)\, l^{(e)2} u_1'' \\ & + H_2^0(\xi)\, u_2 + H_2^1(\xi)\, l^{(e)} u_2' + H_2^2(\xi)\, l^{(e)2} u_2'' \end{aligned} \qquad (3.1.44)$$

mit den *Hermite*schen Interpolationspolynomen

$$\left.\begin{aligned} H_1^0(\xi) &= 1 - 10\xi^3 + 15\xi^4 - 6\xi^5, \\ H_1^1(\xi) &= \xi - 6\xi^3 + 8\xi^4 - 3\xi^5, \\ H_1^2(\xi) &= \frac{1}{2}\xi^2 - \frac{3}{2}\xi^3 + \frac{3}{2}\xi^4 - \frac{1}{2}\xi^5, \\ H_2^0(\xi) &= 10\xi^3 - 15\xi^4 + 6\xi^5, \\ H_2^1(\xi) &= -4\xi^3 + 7\xi^4 - 3\xi^5, \\ H_2^2(\xi) &= \frac{1}{2}\xi^3 - \xi^4 + \frac{1}{2}\xi^5. \end{aligned}\right\} \qquad (3.1.45)$$

In der Darstellung (3.1.40) nimmt der Vektor der Formfunktionen $\boldsymbol{f}^{(e)}$ für *Hermite*sche Interpolationspolynome r-ten Grades ($r = 5, 8, 11, \ldots$) die Form

$$\begin{aligned} \boldsymbol{f}^{(e)}(\xi) &= [f_1(\xi); f_2(\xi); \ldots; f_{r+1}(\xi)]^{\mathrm{T}} \\ &= \left[H_1^0(\xi); l^{(e)} H_1^1(\xi); l^{(e)2} H_1^2(\xi); \ldots; H^0_{\frac{r+1}{3}}(\xi); l^{(e)} H^1_{\frac{r+1}{3}}(\xi); l^{(e)2} H^2_{\frac{r+1}{3}}(\xi)\right]^{\mathrm{T}} \end{aligned} \qquad (3.1.46)$$

an, und der Elementknotenvektor $\boldsymbol{z}^{(e)}$ lautet

$$\boldsymbol{z}^{(e)} = \left[\boldsymbol{z}_1^{\mathrm{T}}; \boldsymbol{z}_2^{\mathrm{T}}; \ldots; \boldsymbol{z}^{\mathrm{T}}_{\frac{r+1}{3}}\right]^{\mathrm{T}} = \left[u_1; u_1'; u_1''; \ldots; u_{\frac{r+1}{3}}; u'_{\frac{r+1}{3}}; u''_{\frac{r+1}{3}}\right]^{\mathrm{T}}. \qquad (3.1.47)$$

3.2. Herleitung der Finite-Elemente-Gleichungen mit der Variationsmethode

Wie wir in 2.1. gesehen hatten, läßt sich ein Randwertproblem, für das eine Variationsaufgabe existiert, näherungsweise mit Hilfe des Verfahrens von *Ritz* lösen. Ohne die Allgemeingültigkeit der folgenden Betrachtungen einzuschränken, befassen wir uns zunächst mit unverzweigten eindimensionalen Problemen. In 3.7. wird gezeigt, wie man bei verzweigten Aufgaben vorzugehen hat.
Im Sinne der FEM zerlegen wir das betrachtete Intervall (a, b) in n finite Elemente und führen die Untersuchung des Problems zunächst an einem beliebigen Element e mit den Elementknotennummern 1 und 2 durch (Bild 3.2.1). Diese Vorgehensweise verlangt, daß das Funktional J für das gesamte System als die Summe der Funktionale $J^{(e)}$ der Elemente gebildet werden kann.
Schneiden wir das finite Element e aus dem System heraus, dann müssen wir bedenken, daß an den äußeren Knoten 1 und 2 bestimmte innere Größen »freigelegt«

werden. Diese Größen sind jetzt als äußere Randwerte aufzufassen, deren Einfluß auf die gesuchten Finite-Elemente-Gleichungen durch Zusatzterme gemäß Gl. (2.1.9) berücksichtigt wird. Wir beschränken uns wiederum auf Grundfunktionen, die nur Ableitungen bis zur zweiten Ordnung enthalten. Dann lautet das Funktional für das Element e

$$J^{(e)}\{u\} = \int_{l^{(e)}} F(s, u, u', u'')\, \mathrm{d}s + [Z^{(e)}(s, u, u')]_{s_1}^{s_2} = \text{Extremum}. \tag{3.2.1}$$

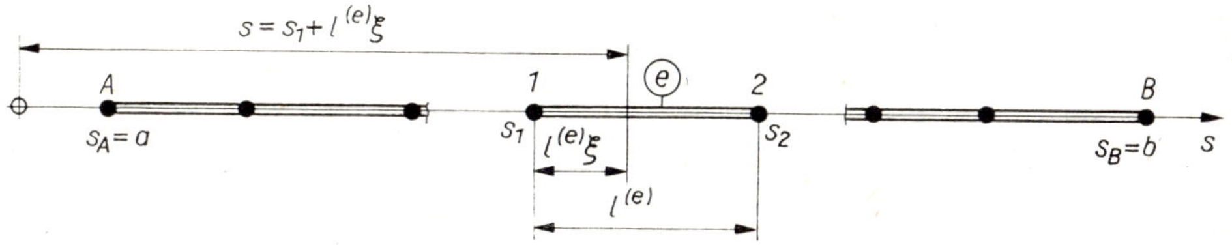

Bild 3.2.1

Die notwendige Bedingung für das Auftreten eines Extremums

$$\delta J^{(e)} = \int_{l^{(e)}} \left(\frac{\partial F}{\partial u}\,\delta u + \frac{\partial F}{\partial u'}\,\delta u' + \frac{\partial F}{\partial u''}\,\delta u''\right) \mathrm{d}s + \left[\frac{\partial Z^{(e)}}{\partial u}\,\delta u\right]_{s_1}^{s_2} + \left[\frac{\partial Z^{(e)}}{\partial u'}\,\delta u'\right]_{s_1}^{s_2} = 0 \tag{3.2.2}$$

können wir zum Herleiten einer Näherungslösung für die Feldgröße im Element e verwenden. Beschränken wir uns auf quadratische Funktionale, deren *Euler*sche Differentialgleichungen nebst Randbedingungen damit linear und selbstadjungiert sind, so führt ein Näherungsansatz, z. B. die Ansatzfunktion (3.1.40), die Beziehung (3.2.2) in den algebraischen Ausdruck

$$\delta J^{(e)}\{u^{(e)}\} = \delta \tilde{J}^{(e)} = \delta \boldsymbol{z}^{(e)\mathrm{T}}(\boldsymbol{K}^{(e)}\boldsymbol{z}^{(e)} - \mathring{\boldsymbol{r}}^{(e)}) = 0 \tag{3.2.3}$$

über. Wir erinnern daran, daß die Ansatzfunktion kompatibel sein, d. h. die aus der Grundfunktion folgende C^1-Stetigkeit aufweisen muß. Die Komponenten des Elementknotenvektors $\boldsymbol{z}^{(e)}$ sind im globalen Koordinatensystem definiert, die notwendigen Integrationen werden im lokalen Koordinatensystem vorgenommen. Da die Variation der Knotenwerte des Elementknotenvektors $\delta\boldsymbol{z}^{(e)}$ in Gl. (3.2.3) bei vorläufiger Vernachlässigung der wesentlichen Randbedingungen beliebig ist, ergibt sich unmittelbar für jedes Element e die lokale Finite-Elemente-Gleichung oder Elementgleichung [vgl. Abschn. 1., Gln. (1.5), (1.24), (1.43)]

$$\boldsymbol{K}^{(e)}\boldsymbol{z}^{(e)} = \mathring{\boldsymbol{r}}^{(e)} \tag{3.2.4}$$

mit der Elementmatrix $\boldsymbol{K}^{(e)}$, dem Elementknotenvektor $\boldsymbol{z}^{(e)}$ und dem Vektor der rechten Seite der Elementgleichung $\mathring{\boldsymbol{r}}^{(e)}$.

Um den letzten Schritt etwas deutlicher werden zu lassen, betrachten wir ein quadratisches Funktional der Form

$$J^{(e)}\{u\} = \int_{l^{(e)}} \left[a_0(s)\, u(s) + \frac{1}{2}\, a_1(s)\, u'^2(s) + \frac{1}{2}\, a_2(s)\, u''^2(s)\right] \mathrm{d}s$$
$$+ [b_0^{(e)}(s)\, u(s)]_{s_1}^{s_2} + [b_1^{(e)}(s)\, u'(s)]_{s_1}^{s_2} = \text{Extremum}. \tag{3.2.5}$$

Die Extremalbedingung (3.2.2) lautet

$$\delta J^{(e)} = \int\limits_{l^{(e)}} [(a_0 \delta u + a_1 u' \delta u' + a_2 u'' \delta u'')] \, \mathrm{d}s + [b_0{}^{(e)} \delta u]_{s_1}^{s_2} + [b_1{}^{(e)} \delta u']_{s_1}^{s_2} = 0 \tag{3.2.6}$$

bzw. nach Transformation auf lokale, dimensionslose Koordinaten gemäß Gl. (3.1.25)

$$\delta J^{(e)} = \int\limits_0^1 \left[a_0 l^{(e)} \delta u + a_1 \frac{1}{l^{(e)}} \frac{\mathrm{d}u}{\mathrm{d}\xi} \delta \left(\frac{\mathrm{d}u}{\mathrm{d}\xi} \right) + a_2 \frac{1}{l^{(e)3}} \frac{\mathrm{d}^2 u}{\mathrm{d}\xi^2} \delta \left(\frac{\mathrm{d}^2 u}{\mathrm{d}\xi^2} \right) \right] \mathrm{d}\xi$$
$$+ [b_0{}^{(e)} \delta u]_0^1 + \left[b_1{}^{(e)} \frac{1}{l^{(e)}} \delta \left(\frac{\mathrm{d}u}{\mathrm{d}\xi} \right) \right]_0^1 = 0. \tag{3.2.7}$$

Zur Näherungslösung wird als zulässige Vergleichsfunktion eine Ansatzfunktion (3.1.40)

$$u^{(e)}(\xi) = \boldsymbol{f}^{(e)}(\xi)^{\mathrm{T}} \boldsymbol{z}^{(e)} = \boldsymbol{z}^{(e)\mathrm{T}} \boldsymbol{f}^{(e)}(\xi) \tag{3.2.8}$$

mit C^1-Stetigkeit benötigt. Analog zu Gl. (2.1.24) gilt für die erste Variation der Ansatzfunktion

$$\delta u^{(e)}(\xi) = \boldsymbol{f}^{(e)}(\xi)^{\mathrm{T}} \delta \boldsymbol{z}^{(e)} = \delta \boldsymbol{z}^{(e)\mathrm{T}} \boldsymbol{f}^{(e)}(\xi), \tag{3.2.9}$$

und mit (2.1.11) erhalten wir

$$\delta \left(\frac{\mathrm{d}u^{(e)}}{\mathrm{d}\xi} \right) = \delta \boldsymbol{z}^{(e)\mathrm{T}} \frac{\mathrm{d}\boldsymbol{f}^{(e)}}{\mathrm{d}\xi}; \qquad \delta \left(\frac{\mathrm{d}^2 u^{(e)}}{\mathrm{d}\xi^2} \right) = \delta \boldsymbol{z}^{(e)\mathrm{T}} \frac{\mathrm{d}^2 \boldsymbol{f}^{(e)}}{\mathrm{d}\xi^2}. \tag{3.2.10}$$

Damit ergibt sich aus Gl. (3.2.7) der Ausdruck

$$\delta \tilde{J}^{(e)} = \delta \boldsymbol{z}^{(e)\mathrm{T}} \left\{ \frac{1}{l^{(e)3}} \int\limits_0^1 \left[a_1 l^{(e)2} \frac{\mathrm{d}\boldsymbol{f}^{(e)}}{\mathrm{d}\xi} \frac{\mathrm{d}\boldsymbol{f}^{(e)\mathrm{T}}}{\mathrm{d}\xi} + a_2 \frac{\mathrm{d}^2 \boldsymbol{f}^{(e)}}{\mathrm{d}\xi^2} \frac{\mathrm{d}^2 \boldsymbol{f}^{(e)\mathrm{T}}}{\mathrm{d}\xi^2} \right] \mathrm{d}\xi \boldsymbol{z}^{(e)} \right.$$
$$\left. + l^{(e)} \int\limits_0^1 a_0 \boldsymbol{f}^{(e)} \, \mathrm{d}\xi + [b_0{}^{(e)} \boldsymbol{f}^{(e)}]_0^1 + \frac{1}{l^{(e)}} \left[b_1{}^{(e)} \frac{\mathrm{d}\boldsymbol{f}^{(e)}}{\mathrm{d}\xi} \right]_0^1 \right\} = 0. \tag{3.2.11}$$

Ein Vergleich mit Gl. (3.2.3) liefert die symmetrische Elementmatrix

$$\boldsymbol{K}^{(e)} = \frac{1}{l^{(e)3}} \int\limits_0^1 \left(a_1 l^{(e)2} \frac{\mathrm{d}\boldsymbol{f}^{(e)}}{\mathrm{d}\xi} \frac{\mathrm{d}\boldsymbol{f}^{(e)\mathrm{T}}}{\mathrm{d}\xi} + a_2 \frac{\mathrm{d}^2 \boldsymbol{f}^{(e)}}{\mathrm{d}\xi^2} \frac{\mathrm{d}^2 \boldsymbol{f}^{(e)\mathrm{T}}}{\mathrm{d}\xi^2} \right) \mathrm{d}\xi \tag{3.2.12}$$

und den Vektor der rechten Seite der Elementgleichung

$$\mathring{\boldsymbol{r}}^{(e)} = -l^{(e)} \int\limits_0^1 a_0 \boldsymbol{f}^{(e)} \, \mathrm{d}\xi - (b_0{}^{(e)} \boldsymbol{f}^{(e)})|_{\xi=1} + (b_0{}^{(e)} \boldsymbol{f}^{(e)})|_{\xi=0}$$
$$- \frac{1}{l^{(e)}} \left(b_1{}^{(e)} \frac{\mathrm{d}\boldsymbol{f}^{(e)}}{\mathrm{d}\xi} \right) \Bigg|_{\xi=1} + \frac{1}{l^{(e)}} \left(b_1{}^{(e)} \frac{\mathrm{d}\boldsymbol{f}^{(e)}}{\mathrm{d}\xi} \right) \Bigg|_{\xi=0} \tag{3.2.13}$$

Dabei ist zu beachten, daß die Komponenten der Vektoren $\boldsymbol{f}^{(e)}$ und $\mathrm{d}\boldsymbol{f}^{(e)}/\mathrm{d}\xi$ an den Stellen $\xi = 1$ und $\xi = 0$ nur die Werte 1 oder 0 annehmen.

Wir begeben uns nun wieder in das Gesamtsystem und addieren die Funktionale $J^{(e)}$ aller Elemente zum Gesamtfunktional

$$\begin{aligned} J\{u\} &= \sum_{e=1}^{n} J^{(e)}\{u\} \\ &= \sum_{e=1}^{n} \left\{ \int_{l^{(e)}} F(s, u, u', u'')\,\mathrm{d}s + [Z^{(e)}(s, u, u')]_{s_1}^{s_2} \right\} = \text{Extremum}. \end{aligned} \tag{3.2.14}$$

Die nur an den äußeren Knoten benachbarter Elemente e und e' vorhandenen Differenzen

$$\Delta Z|_{s_i} = \Delta Z(s, u, u')|_{s_i} = Z^{(e)}(s, u, u')|_{s_i} - Z^{(e')}(s, u, u')|_{s_i} \tag{3.2.15}$$

sind entweder Null, oder sie sind der Beitrag der in diesen Punkten vorgeschriebenen äußeren Größen. Für die beiden Randpunkte A und B berechnen wir die Werte $[Z(s, u, u')]_a^b$ entsprechend Gl. (2.1.19). Damit folgt das Funktional

$$J\{u\} = \sum_{e=1}^{n} \int_{l^{(e)}} F(s, u, u', u'')\,\mathrm{d}s + \sum_i \Delta Z(s, u, u')|_{s_i} + [Z(s, u, u')]_a^b = \text{Extremum}. \tag{3.2.16}$$

Die notwendige Bedingung für das Auftreten des Extremums

$$\begin{aligned} \delta J = \sum_{e=1}^{n} & \int_{l^{(e)}} \left(\frac{\partial F}{\partial u}\,\delta u + \frac{\partial F}{\partial u'}\,\delta u' + \frac{\partial F}{\partial u''}\,\delta u'' \right) \mathrm{d}s \\ & + \sum_i \left(\frac{\partial\,\Delta Z}{\partial u}\,\delta u + \frac{\partial\,\Delta Z}{\partial u'}\,\delta u' \right)\Bigg|_{s_i} + \left[\frac{\partial Z}{\partial u}\,\delta u + \frac{\partial Z}{\partial u'}\,\delta u' \right]_a^b = 0 \end{aligned} \tag{3.2.17}$$

kann nach partieller Integration analog zu 2.1. in die Beziehung

$$\left.\begin{aligned} \delta J = \sum_{e=1}^{n} & \int_{l^{(e)}} \left(\frac{\partial F}{\partial u} - \frac{\mathrm{d}}{\mathrm{d}s}\frac{\partial F}{\partial u'} + \frac{\mathrm{d}^2}{\mathrm{d}s^2}\frac{\partial F}{\partial u''} \right) \delta u\,\mathrm{d}s \\ & + \sum_i \left\{ \left[\left(\frac{\partial F}{\partial u''} \right)^- - \left(\frac{\partial F}{\partial u''} \right)^+ + \frac{\partial\,\Delta Z}{\partial u'} \right] \delta u' \right\}\Bigg|_{s_i} \\ & + \sum_i \left\{ \left[\left(\frac{\partial F}{\partial u'} - \frac{\mathrm{d}}{\mathrm{d}s}\frac{\partial F}{\partial u''} \right)^- - \left(\frac{\partial F}{\partial u'} - \frac{\mathrm{d}}{\mathrm{d}s}\frac{\partial F}{\partial u''} \right)^+ + \frac{\partial\,\Delta Z}{\partial u} \right] \delta u \right\}\Bigg|_{s_i} \\ & + \left[\left(\frac{\partial F}{\partial u''} + \frac{\partial Z}{\partial u'} \right) \delta u' \right]_a^b + \left[\left(\frac{\partial F}{\partial u'} - \frac{\mathrm{d}}{\mathrm{d}s}\frac{\partial F}{\partial u''} + \frac{\partial Z}{\partial u} \right) \delta u \right]_a^b = 0 \end{aligned}\right\} \tag{3.2.18}$$

umgeformt werden. Sie stellt formal wieder Gl. (2.1.20) dar, wobei der erste Term jetzt nicht nur eine, sondern n *Euler*sche Differentialgleichungen enthält, die intervallweise auch verschieden sein können. Bezüglich der Randterme verweisen wir auf die Ausführungen in 2.1. Neu in Gl. (3.2.18) sind der zweite und dritte Summand, die an jedem äußeren Knoten [ausschließlich der beiden Randknoten des untersuchten Gesamtintervalls (a, b)] auftreten und die *Übergangsbedingungen* zweier aneinanderstoßender Elemente festlegen. Wir wollen dabei unter $(\;)^+$ bzw. $(\;)^-$ Ausdrücke verstehen, die rechts bzw. links vom Knoten i zu bilden sind. Auch hier ergibt sich wegen der beliebigen Variationen $\delta u(s_i)$ bzw. $\delta u'(s_i)$, daß jeder Term in den geschweiften Klammern für sich verschwindet. Sind die $\Delta Z|_{s_i}$ Null, so reduzieren sich die Übergangsbedingungen auf die Forderungen

$$\left.\left[\left(\frac{\partial F}{\partial u''}\right)^- - \left(\frac{\partial F}{\partial u''}\right)^+\right]\right|_{s_i} = 0,$$
$$\left.\left[\left(\frac{\partial F}{\partial u'} - \frac{\mathrm{d}}{\mathrm{d}s}\frac{\partial F}{\partial u''}\right)^- - \left(\frac{\partial F}{\partial u'} - \frac{\mathrm{d}}{\mathrm{d}s}\frac{\partial F}{\partial u''}\right)^+\right]\right|_{s_i} = 0, \tag{3.2.19}$$

die wie die natürlichen Randbedingungen desto genauer erfüllt sein werden, je besser der Näherungsansatz bzw. je feiner die Elementeteilung ist.

Nachdem wir die Übergangsbedingungen zwischen den Elementen behandelt haben, kehren wir zur eigentlichen Aufgabenstellung, der Herleitung einer Näherungslösung für das Gesamtsystem zurück. Es liegt nahe, durch Superposition aller Ausdrücke (3.2.3) die Beziehung

$$\delta\tilde{J} = \sum_{e=1}^{n} \delta\tilde{J}^{(e)} = \sum_{e=1}^{n} \delta \boldsymbol{z}^{(e)\mathrm{T}}(\boldsymbol{K}^{(e)}\boldsymbol{z}^{(e)} - \mathring{\boldsymbol{r}}^{(e)}) = \delta\boldsymbol{z}^{\mathrm{T}}(\boldsymbol{K}\boldsymbol{z} - \boldsymbol{r}) = 0 \tag{3.2.20}$$

aufzustellen. Berücksichtigen wir zunächst die wesentlichen Randbedingungen nicht, so gilt wegen der Willkürlichkeit *aller* Komponenten des Vektors $\delta\boldsymbol{z}$ die globale Finite-Elemente-Gleichung oder Systemgleichung

$$\boldsymbol{K}\boldsymbol{z} = \boldsymbol{r}. \tag{3.2.21}$$

Andererseits läßt sich zeigen, daß der Umweg über die Elementgleichungen nicht erforderlich ist, wenn die Systemgleichung aus der Variationsaufgabe des Gesamtproblems (3.2.17) gewonnen wird. Dies hat den Vorteil, daß die für die Elementgleichungen benötigten Zusatzterme im Funktional nicht erscheinen müssen. Die symmetrische Systemmatrix $\boldsymbol{K}$ wird natürlich wieder durch Überlagerung der Elementmatrizen $\boldsymbol{K}^{(e)}$ aufgebaut. Der Vektor der rechten Seite $\boldsymbol{r}$ der Systemgleichung wird aber nicht durch Superposition der Vektoren $\mathring{\boldsymbol{r}}^{(e)}$ ermittelt, sondern entsteht durch Überlagerung der sich aus dem Gesamtfunktional ergebenden Vektoren $\boldsymbol{r}^{(e)}$. Dabei ist $\boldsymbol{r}^{(e)}$ *der Beitrag des Elementes zum Vektor der rechten Seite* oder *Elementvektor der rechten Seite* und stimmt mit dem Vektor der rechten Seite der Elementgleichung $\mathring{\boldsymbol{r}}^{(e)}$ bis auf die aus den Zusatztermen $Z^{(e)}$ entstehenden Anteile überein.

Bevor wir das Gleichungssystem (3.2.21) lösen können, muß es i. allg. noch im Hinblick auf die wesentlichen Randbedingungen modifiziert werden. Diese besagen, daß im Systemknotenvektor bestimmte vorgeschriebene Komponenten $z_\nu = \bar{z}_\nu$ vorhanden sind. Da die Variation einer vorgegebenen Größe $\bar{z}_\nu$ Null ist, d. h. $\delta z_\nu = \delta\bar{z}_\nu = 0$, verschwindet die zugehörige ν-te Zeile in Gl. (3.2.20). Die entsprechende Spalte der linken Seite des Gleichungssystems wird als bekannte Größe auf die rechte Seite gebracht. Damit liegt die modifizierte Systemgleichung

$$\overset{*}{\boldsymbol{K}}\overset{*}{\boldsymbol{z}} = \overset{*}{\boldsymbol{r}} \tag{3.2.22}$$

vor, deren Lösung i. allg. keine Schwierigkeiten bereitet.

Wir wollen diese Überlegungen an einem Beispiel erläutern und wählen dafür wiederum die Berechnung der elastischen Linie v, des Biegemomentes M und der Querkraft Q des statisch unbestimmt gestützten Balkens unter einer stetigen Linienbelastung q (Bild 2.1.1).

Zunächst bilden wir unter Verwendung der Grundfunktion (2.1.28) die erste Variation des Funktionals

$$\delta J = \int_0^l [EIv''(s)\, \delta v''(s) - q(s)\, \delta v(s)]\, \mathrm{d}s = 0. \tag{3.2.23}$$

Der Näherungsansatz $\tilde{v}$ des Gesamtsystems wird gemäß

$$\tilde{v}(s) = \begin{cases} v^{(1)}(s); & \text{im Element } 1 \\ v^{(2)}(s); & \text{im Element } 2 \\ \cdots\cdots & \cdots\cdots\cdots\cdots \\ v^{(e)}(s); & \text{im Element } e \\ \cdots\cdots & \cdots\cdots\cdots\cdots \\ v^{(n)}(s); & \text{im Element } n \end{cases} \tag{3.2.24}$$

durch die Ansatzfunktionen $v^{(e)}$ der Elemente ausgedrückt. Man gewinnt damit aus Gl. (3.2.23) den Summenausdruck

$$\delta \tilde{J} = \sum_{e=1}^{n} \int_{l^{(e)}} [EIv^{(e)''}(s)\, \delta v^{(e)''}(s) - q(s)\, \delta v^{(e)}(s)]\, \mathrm{d}s = 0, \tag{3.2.25}$$

und nach Übergang auf lokale Koordinatensysteme folgt mit $v^{(e)}(\xi) = \boldsymbol{f}^{(e)}(\xi)^{\mathrm{T}}\, \boldsymbol{z}^{(e)}$ die Beziehung

$$\delta \tilde{J} = \sum_{e=1}^{n} \delta \boldsymbol{z}^{(e)\mathrm{T}} \left(\frac{EI}{l^{(e)3}} \int_0^1 \frac{\mathrm{d}^2 \boldsymbol{f}^{(e)}}{\mathrm{d}\xi^2} \frac{\mathrm{d}^2 \boldsymbol{f}^{(e)\mathrm{T}}}{\mathrm{d}\xi^2}\, \mathrm{d}\xi \boldsymbol{z}^{(e)} - l^{(e)} \int_0^1 q^{(e)} \boldsymbol{f}^{(e)}\, \mathrm{d}\xi \right)$$

$$= \sum_{e=1}^{n} \delta \boldsymbol{z}^{(e)\mathrm{T}} (\boldsymbol{K}^{(e)} \boldsymbol{z}^{(e)} - \boldsymbol{r}^{(e)}) = \delta \boldsymbol{z}^{\mathrm{T}} (\boldsymbol{K} \boldsymbol{z} - \boldsymbol{r}) = 0. \tag{3.2.26}$$

Um die Untersuchungen übersichtlich zu gestalten, halten wir uns sinngemäß an die Vorgehensweise, wie wir sie am Ende von Abschn. 1. formuliert hatten.
Wir teilen den Balken der Länge l zunächst in $n = 2$ Elemente mit $m = 3$ Knoten ein (Bild 3.2.2). Um das Konvergenzverhalten bei feinerer Einteilung zu untersuchen, sollen auch die Ergebnisse für $n = 4$ Elemente mit $m = 5$ Knoten vorgestellt werden.
Da die Grundfunktion des Variationsproblems nach Gl. (3.2.23) C^1-Stetigkeit der Ansatzfunktion verlangt, werden Knotenvektoren $\boldsymbol{z}_i$ mit zwei Komponenten verwendet. Sie sind in jedem Knoten i die Verschiebung v_i und die erste Ableitung v_i'.
Für zwei Elemente nehmen dann die beiden Elementknotenvektoren die Form

$$\boldsymbol{z}^{(1)} = [v_1; v_1'; v_2; v_2']^{\mathrm{T}}; \quad \boldsymbol{z}^{(2)} = [v_2; v_2'; v_3; v_3']^{\mathrm{T}} \tag{3.2.27}$$

an.
Als Ansatzfunktion wählen wir Gl. (3.1.29). Der Vektor der Formfunktionen gemäß (3.1.40)

$$\boldsymbol{f}^{(e)}(\xi) = [H_1^0(\xi); l^{(e)} H_1^1(\xi); H_2^0(\xi); l^{(e)} H_2^1(\xi)]^{\mathrm{T}}$$

$$= \begin{bmatrix} 1 & 0 & -3 & 2 \\ 0 & l^{(e)} & -2l^{(e)} & l^{(e)} \\ 0 & 0 & 3 & -2 \\ 0 & 0 & -l^{(e)} & l^{(e)} \end{bmatrix} \begin{bmatrix} 1 \\ \xi \\ \xi^2 \\ \xi^3 \end{bmatrix} \tag{3.2.28}$$

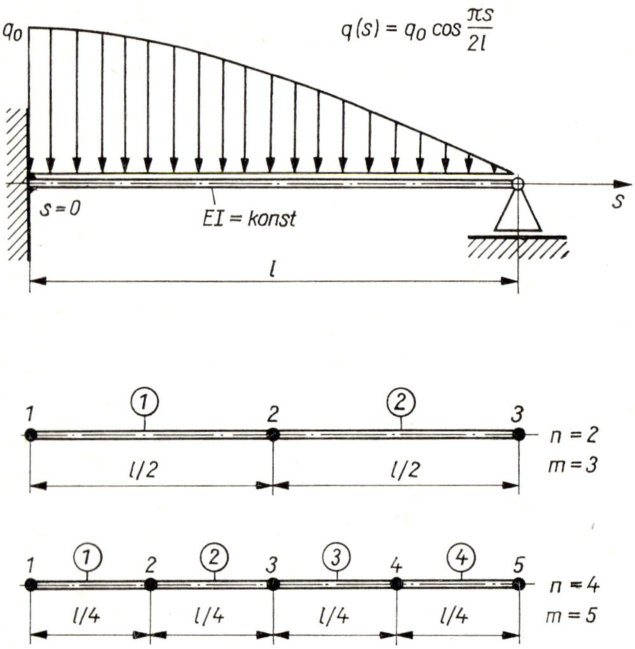

Bild 3.2.2

enthält somit die *Hermite*schen Interpolationspolynome (3.1.30). Mit Hilfe der zweiten Ableitung des Vektors der Formfunktionen

$$\frac{\mathrm{d}^2 \boldsymbol{f}^{(e)}}{\mathrm{d}\xi^2} = 2 \begin{bmatrix} -3 & 6 \\ -2l^{(e)} & 3l^{(e)} \\ 3 & -6 \\ -l^{(e)} & 3l^{(e)} \end{bmatrix} \begin{bmatrix} 1 \\ \xi \end{bmatrix} \tag{3.2.29}$$

folgt aus Gl. (3.2.26) die Elementmatrix

$$\boldsymbol{K}^{(e)} = \frac{2EI}{l^{(e)3}} \begin{bmatrix} 6 & 3l^{(e)} & -6 & 3l^{(e)} \\ & 2l^{(e)2} & -3l^{(e)} & l^{(e)2} \\ & & 6 & -3l^{(e)} \\ \text{sym.} & & & 2l^{(e)2} \end{bmatrix}. \tag{3.2.30}$$

Wegen $l^{(1)} = l^{(2)} = \dfrac{l}{2}$ (Bild 3.2.2) wird

$$\boldsymbol{K}^{(1)} = \boldsymbol{K}^{(2)} = \frac{4EI}{l^3} \begin{bmatrix} 24 & 6l & -24 & 6l \\ & 2l^2 & -6l & l^2 \\ & & 24 & -6l \\ \text{sym.} & & & 2l^2 \end{bmatrix}. \tag{3.2.31}$$

Mit dem Systemknotenvektor

$$\boldsymbol{z} = [\boldsymbol{z}_1{}^{\mathrm{T}}; \boldsymbol{z}_2{}^{\mathrm{T}}; \boldsymbol{z}_3{}^{\mathrm{T}}]^{\mathrm{T}} = [v_1; v_1'; v_2; v_2'; v_3; v_3']^{\mathrm{T}} \tag{3.2.32}$$

gelangt man über den Ausdruck

$$\delta \boldsymbol{z}^{(1)\mathrm{T}} \boldsymbol{K}^{(1)} \boldsymbol{z}^{(1)} + \delta \boldsymbol{z}^{(2)\mathrm{T}} \boldsymbol{K}^{(2)} \boldsymbol{z}^{(2)} = \delta \boldsymbol{z}^{\mathrm{T}} \boldsymbol{K} \boldsymbol{z} \tag{3.2.33}$$

gemäß Gl. (3.2.26) zur Systemmatrix.
Der Vektor der rechten Seite $\boldsymbol{r}$ wird ebenfalls nach Gl. (3.2.26) ermittelt. Zunächst gilt für das Element e mit Gl. (3.1.25)

$$\boldsymbol{r}^{(e)} = l^{(e)} \int_0^1 q^{(e)} \boldsymbol{f}^{(e)} \, \mathrm{d}\xi = l^{(e)} \int_0^1 q_0 \cos \frac{\pi}{2l} \left(s_1 + l^{(e)} \xi\right) \boldsymbol{f}^{(e)}(\xi) \, \mathrm{d}\xi . \tag{3.2.34}$$

Im vorliegenden Fall erhalten wir die beiden Vektoren

$$\boldsymbol{r}^{(1)} = \frac{q_0 l}{\pi^4} \begin{bmatrix} 96\left[16 - (8+\pi)\sqrt{2}\right] \\ 4l\left[96 - \pi^2 - 4(\pi + 12)\sqrt{2}\right] \\ -1536 + (\pi^3 + 96\pi + 768)\sqrt{2} \\ 2l\left[192 - (96 + 16\pi - \pi^2)\sqrt{2}\right] \end{bmatrix},$$

$$\boldsymbol{r}^{(2)} = \frac{q_0 l}{\pi^4} \begin{bmatrix} -192\pi + (768 - 96\pi - \pi^3)\sqrt{2} \\ 2l\left[-16\pi + (96 - 16\pi - \pi^2)\sqrt{2}\right] \\ 2\left[\pi(96 + \pi^2) - 48(8 - \pi)\sqrt{2}\right] \\ 16l\left[-4\pi + (12 - \pi)\sqrt{2}\right] \end{bmatrix}, \tag{3.2.35}$$

deren Überlagerung gemäß Gl. (3.2.26)

$$\delta \boldsymbol{z}^{(1)\mathrm{T}} \boldsymbol{r}^{(1)} + \delta \boldsymbol{z}^{(2)\mathrm{T}} \boldsymbol{r}^{(2)} = \delta \boldsymbol{z}^{\mathrm{T}} \boldsymbol{r} \tag{3.2.36}$$

auf den Vektor der rechten Seite führt.
Die damit aufgebaute Beziehung (3.2.26)

$$\delta \tilde{J} = [\delta v_1; \delta v_1'; \delta v_2; \delta v_2'; \delta v_3; \delta v_3']$$

$$\times \left\{ \frac{4EI}{l^3} \begin{bmatrix} 24 & 6l & -24 & 6l & 0 & 0 \\ & 2l^2 & -6l & l^2 & 0 & 0 \\ & & 48 & 0 & -24 & 6l \\ & & & 4l^2 & -6l & l^2 \\ & & & & 24 & -6l \\ & \text{sym.} & & & & 2l^2 \end{bmatrix} \begin{bmatrix} v_1 \\ v_1' \\ v_2 \\ v_2' \\ v_3 \\ v_3' \end{bmatrix} \right.$$

$$\left. - \frac{2q_0 l}{\pi^4} \begin{bmatrix} 48\left[16 - (8+\pi)\sqrt{2}\right] \\ 2l\left[96 - \pi^2 - 4\sqrt{2}\,(12+\pi)\right] \\ 96\left[-8 - \pi + 8\sqrt{2}\right] \\ 16l\left[12 - \pi - 2\pi\sqrt{2}\right] \\ \pi(96 + \pi^2) - 48\sqrt{2}\,(8 - \pi) \\ 8l\left[-4\pi + 12\sqrt{2}\,(12 - \pi)\right] \end{bmatrix} \right\} = 0 \tag{3.2.37}$$

wird durch Berücksichtigung der wesentlichen Randbedingungen modifiziert. Da die Knotenwerte v_1, v_1' und v_3 vorgeschrieben sind ($v_1 = \bar{v}_1$, $v_1' = \bar{v}_1'$, $v_3 = \bar{v}_3$), gilt $\delta v_1 = \delta \bar{v}_1 = 0$; $\delta v_1' = \delta \bar{v}_1' = 0$; $\delta v_3 = \delta \bar{v}_3 = 0$. Der Ausdruck (3.2.37) nimmt dann die Form

$$\delta \tilde{J} = [\delta v_2; \delta v_2'; \delta v_3'] .$$

$$\left(\frac{4EI}{l^3} \begin{bmatrix} -24 & -6l & 48 & 0 & -24 & 6l \\ 6l & l^2 & 0 & 4l^2 & -6l & l^2 \\ 0 & 0 & 6l & l^2 & -6l & 2l^2 \end{bmatrix} \begin{bmatrix} \bar{v}_1 \\ \bar{v}_1' \\ v_2 \\ v_2' \\ \bar{v}_3 \\ v_3' \end{bmatrix} \right.$$

$$\left. - \frac{2q_0 l}{\pi^4} \begin{bmatrix} 96\left(-8 - \pi + 8\sqrt{2}\right) \\ 16l\left(12 - \pi - 2\pi\sqrt{2}\right) \\ 8l\left[-4\pi + (12 - \pi)\sqrt{2}\right] \end{bmatrix} \right) = 0 \tag{3.2.38}$$

an. Weil die Variationen δv_2, $\delta v_2'$ und $\delta v_3'$ beliebig sind, finden wir mit $\bar{v}_1 = 0$, $\bar{v}_1' = 0$ und $\bar{v}_3 = 0$ das modifizierte Gleichungssystem

$$\begin{bmatrix} 48 & 0 & 6l \\ & 4l^2 & l^2 \\ \text{sym.} & & 2l^2 \end{bmatrix} \begin{bmatrix} v_2 \\ v_2' \\ v_3' \end{bmatrix} = \frac{4q_0 l^4}{\pi^4 EI} \begin{bmatrix} 12\left(-8 - \pi + 8\sqrt{2}\right) \\ 2l\left(12 - \pi - 2\pi\sqrt{2}\right) \\ l\left(-4\pi + (12 - \pi)\sqrt{2}\right) \end{bmatrix} \tag{3.2.39}$$

mit der Lösung

$$v_2 = \frac{8\sqrt{2} - 11}{\pi^4} \frac{q_0 l^4}{EI}; \qquad v_2' = \frac{2\left(9 - 2\pi\sqrt{2}\right)}{\pi^4} \frac{q_0 l^3}{EI}; \qquad v_3' = \frac{8(3 - \pi)}{\pi^4} \frac{q_0 l^3}{EI}. \tag{3.2.40}$$

Die genäherte elastische Linie nach Gl. (3.2.8) setzt sich somit aus den beiden Anteilen

$$\begin{aligned} v^{(1)}(\xi) &= \boldsymbol{z}^{(1)\mathrm{T}} \boldsymbol{f}^{(1)}(\xi) \\ &= \left\{2\left[-21 + (12 + \pi)\sqrt{2}\right] \xi^2 + \left[31 - 2(8 + \pi)\sqrt{2}\right] \xi^3\right\} \frac{q_0 l^4}{\pi^4 EI}, \end{aligned}$$

$$\begin{aligned} v^{(2)}(\xi) &= \boldsymbol{z}^{(2)\mathrm{T}} \boldsymbol{f}^{(2)}(\xi) \\ &= \left\{\left(8\sqrt{2} - 11\right) + \left(9 - 2\pi\sqrt{2}\right) \xi + \left[3 + 4\pi - 4(6 - \pi)\sqrt{2}\right] \xi^2 \right. \\ &\quad \left. + \left[-1 - 4\pi + 2(8 - \pi)\sqrt{2}\right] \xi^3\right\} \frac{q_0 l^4}{\pi^4 EI} \end{aligned} \tag{3.2.41}$$

zusammen und stimmt in den Knoten mit den Werten der exakten elastischen Linie überein. Die Biegemomente und Querkräfte folgen durch Differentiation zu

$$\begin{aligned}
M^{(1)}(\xi) &= -\frac{4EI}{l^2}\frac{\mathrm{d}^2v^{(1)}(\xi)}{\mathrm{d}\xi^2} \\
&= \left\{16\left[21-(12+\pi)\sqrt{2}\right]+24\left[-31+2(8+\pi)\sqrt{2}\right]\xi\right\}\frac{q_0l^2}{\pi^4}, \\
M^{(2)}(\xi) &= -\frac{4EI}{l^2}\frac{\mathrm{d}^2v^{(2)}(\xi)}{\mathrm{d}\xi^2} \\
&= \left\{8\left[-3-4\pi+4(6-\pi)\sqrt{2}\right]+6\left[1+4\pi-2(8-\pi)\sqrt{2}\right]\xi\right\}\frac{q_0l^2}{\pi^4}, \\
Q^{(1)}(\xi) &= -\frac{8EI}{l^3}\frac{\mathrm{d}^3v^{(1)}(\xi)}{\mathrm{d}\xi^3} = 48\left[-31+2(8+\pi)\sqrt{2}\right]\frac{q_0l}{\pi^4}, \\
Q^{(2)}(\xi) &= -\frac{8EI}{l^3}\frac{\mathrm{d}^3v^{(2)}(\xi)}{\mathrm{d}\xi^3} = 12\left[1+4\pi-2(8-\pi)\sqrt{2}\right]\frac{q_0l}{\pi^4}.
\end{aligned} \tag{3.2.42}$$

Die Genauigkeit der Ergebnisse kann nach Bild 3.2.3 beurteilt werden. Da der Ansatz nur C^1-Stetigkeit aufweist, sind die Übergangsbedingungen zwischen den Elementen und die natürlichen Randbedingungen nur näherungsweise erfüllt. Wir erhalten für die Schnittgrößen im Knoten 2 die Werte

$$\left.\begin{aligned}
M^{(1)}(1) &= M_2^{(1)} = \frac{8}{\pi^4}\left[-51+4(6+\pi)\sqrt{2}\right]q_0l^2 = 5{,}853\cdot10^{-2}q_0l^2, \\
M^{(2)}(0) &= M_2^{(2)} = \frac{8}{\pi^4}\left[-3-4\pi+4(6-\pi)\sqrt{2}\right]q_0l^2 = 4{,}954\cdot10^{-2}q_0l^2, \\
Q^{(1)}(1) &= Q_2^{(1)} = \frac{48}{\pi^4}\left[-31+2(8+\pi)\sqrt{2}\right]q_0l = 25{,}288\cdot10^{-2}q_0l, \\
Q^{(2)}(0) &= Q_2^{(2)} = -\frac{48}{\pi^4}\left[-1-4\pi+2(8-\pi)\sqrt{2}\right]q_0l = -8{,}637\cdot10^{-2}q_0l.
\end{aligned}\right\} \tag{3.2.43}$$

Es ist i. allg. zweckmäßig, das arithmetische Mittel

$$\left.\begin{aligned}
M_2 &= \frac{1}{2}\left(M_2^{(1)}+M_2^{(2)}\right) = \frac{8}{\pi^4}\left(-27-2\pi+24\sqrt{2}\right)q_0l^2 = 5{,}404\cdot10^{-2}q_0l^2, \\
Q_2 &= \frac{1}{2}\left(Q_2^{(1)}+Q_2^{(2)}\right) = \frac{48}{\pi^4}\left(-15+2\pi+2\pi\sqrt{2}\right)q_0l = 8{,}325\cdot10^{-2}q_0l.
\end{aligned}\right\} \tag{3.2.44}$$

solcher Ergebnisse zu verwenden. In Bild 3.2.3 und Tabelle 3.2.1 sind neben dem bereits besprochenen Fall $n = 2$ auch noch die Ergebnisse für $n = 4$ aufgeführt. Die Erhöhung der Genauigkeit mit zunehmender Anzahl der Elemente ist gut zu erkennen. Die in Klammern gesetzten Zahlen sind keine Knotenwerte, sondern folgen aus den Ansatzfunktionen.

Bei der Aufstellung von FEM-Programmen wird man i. allg. den Elementvektor der rechten Seite

$$\boldsymbol{r}^{(e)} = l^{(e)}\int_0^1 q^{(e)}\boldsymbol{f}^{(e)}\,\mathrm{d}\xi \tag{3.2.45}$$

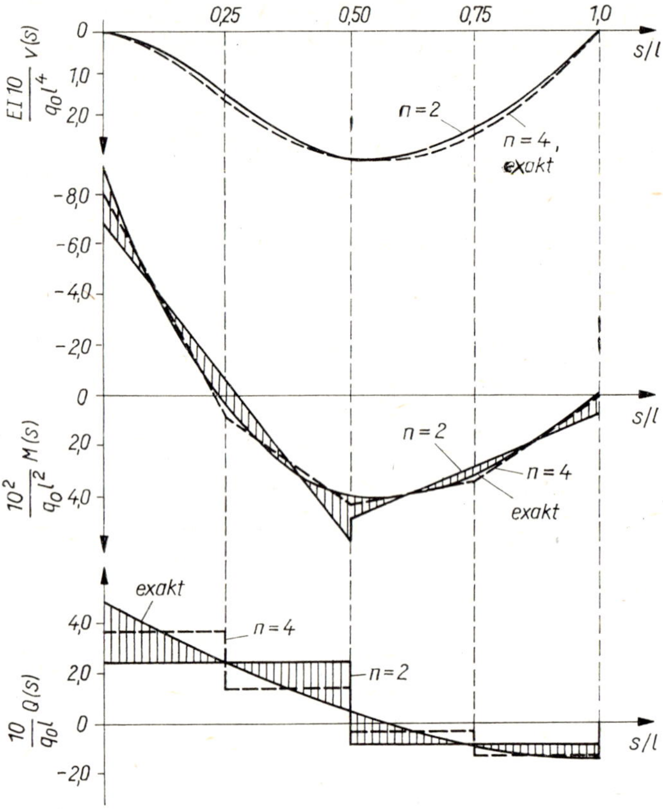

Bild 3.2.3

Tabelle 3.2.1

n	$\frac{10^3 EI}{q_0 l^4} v(s)$, $\frac{s}{l} =$ 0,00	0,25	0,50	0,75	1,00	$\frac{10^2}{q_0 l^2} M(s)$, $\frac{s}{l} =$ 0,00	0,25	0,50	0,75	1,00	Belastung
2	0,000	(1,464)	3,221	(2,484)	0,000	−6,791	(−0,469)	5,404	(2,795)	0,636	exakt
4	0,000	1,613	3,221	2,545	0,000	−8,235	0,960	4,382	3,387	0,081	
2	0,000	(1,389)	3,058	(2,358)	0,000	−6,445	(−0,447)	5,134	(2,653)	0,589	elementweise linear genähert
4	0,000	1,592	3,179	2,513	0,000	−8,130	0,947	4,326	3,343	0,080	
exakte Lösung	0,000	1,613	3,221	2,545	0,000	−8,748	0,486	4,020	3,190	0,000	•

nicht durch Integration der exakten Belastung gewinnen, da dann für unterschiedliche Linienbelastungen spezielle Algorithmen entstünden. Es ist vielmehr üblich, die Belastungsfunktion elementweise durch ein Polynom anzunähern. Wählen wir speziell einen elementweise linearen Verlauf (Bild 3.2.4), so gilt analog Gl. (3.1.5)

$$q^{(e)}(\xi) = (1 - \xi)\, q_1 + \xi q_2 = [1\,;\,\xi] \begin{bmatrix} 1 & 0 \\ -1 & 1 \end{bmatrix} \begin{bmatrix} q_1 \\ q_2 \end{bmatrix} \tag{3.2.46}$$

und damit als Näherung der Gl. (3.2.34)

$$\boldsymbol{r}^{(e)} = l^{(e)} \begin{bmatrix} 1 & 0 & -3 & 2 \\ 0 & l^{(e)} & -2l^{(e)} & l^{(e)} \\ 0 & 0 & 3 & -2 \\ 0 & 0 & -l^{(e)} & l^{(e)} \end{bmatrix} \int\limits_0^1 \begin{bmatrix} 1 \\ \xi \\ \xi^2 \\ \xi^3 \end{bmatrix} [1\,;\,\xi]\, \mathrm{d}\xi \begin{bmatrix} 1 & 0 \\ -1 & 1 \end{bmatrix} \begin{bmatrix} q_1 \\ q_2 \end{bmatrix}$$

$$= \frac{l}{60} \begin{bmatrix} 21q_1 & + 9q_2 \\ 3q_1l^{(e)} & + 2q_2l^{(e)} \\ 9q_1 & + 21q_2 \\ -2q_1l^{(e)} & - 3q_2l^{(e)} \end{bmatrix}. \tag{3.2.47}$$

Für $n = 2$ und $n = 4$ wurde mit dem genäherten Verlauf der Belastungsfunktion der Vektor der rechten Seite berechnet und die entsprechenden modifizierten Gleichungssysteme gelöst. Die Ergebnisse sind ebenfalls in Tabelle 3.2.1 angegeben.

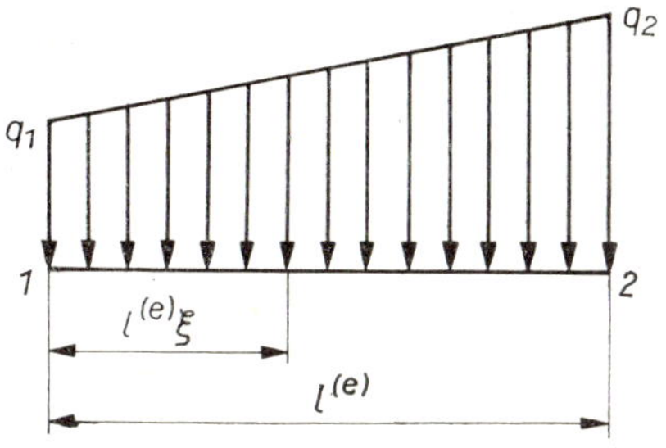

Bild 3.2.4

Zusätzlich zu dem soeben besprochenen Weg der Schnittgrößenberechnung durch Differentiation der Ansatzfunktionen wollen wir erläutern, wie sich die Schnittgrößen in den Knotenpunkten unmittelbar aus den lokalen Finite-Elemente-Gleichungen (3.2.4) bestimmen lassen. Ausgangspunkt hierfür ist das Funktional (3.2.5) des Elementes, das für unser Beispiel die Form

$$J^{(e)}\{v(s)\} = \int\limits_{l^{(e)}} \left[\frac{1}{2}\, EIv''^2(s) - q(s)\, v(s)\right] \mathrm{d}s - [Q(s)\, v(s)]_{s_1}^{s_2}$$

$$+ [M(s)\, v'(s)]_{s_1}^{s_2} = \text{Extremum} \tag{3.2.48}$$

annimmt. Die weitere Rechnung erfolgt analog Gl. (3.2.6) bis Gl. (3.2.12) und liefert den Vektor der rechten Seite der Elementgleichung

$$\hat{\boldsymbol{r}}^{(e)} = l^{(e)} \int_0^1 q^{(e)} \boldsymbol{f}^{(e)} \,\mathrm{d}\xi + [\boldsymbol{f}^{(e)} Q^{(e)}]_0^1 - \left[\frac{1}{l^{(e)}} \frac{\mathrm{d}\boldsymbol{f}^{(e)}}{\mathrm{d}\xi} M^{(e)}\right]_0^1$$

$$= l^{(e)} \int_0^1 q^{(e)} \boldsymbol{f}^{(e)} \,\mathrm{d}\xi + [-Q_1^{(e)}; M_1^{(e)}; Q_2^{(e)}; -M_2^{(e)}]^{\mathrm{T}}. \tag{3.2.49}$$

Unter Berücksichtigung der Gln. (3.2.34) und (3.2.35) erhalten wir

$$\begin{aligned} \hat{\boldsymbol{r}}^{(1)} &= \boldsymbol{r}^{(1)} + [-Q_1^{(1)}; M_1^{(1)}; Q_2^{(1)}; -M_2^{(1)}]^{\mathrm{T}}, \\ \hat{\boldsymbol{r}}^{(2)} &= \boldsymbol{r}^{(2)} + [-Q_2^{(2)}; M_2^{(2)}; Q_3^{(2)}; -M_3^{(2)}]^{\mathrm{T}} \end{aligned} \tag{3.2.50}$$

und damit die Elementgleichungen

$$\begin{aligned} \boldsymbol{K}^{(1)} \boldsymbol{z}^{(1)} &= \boldsymbol{r}^{(1)} + [-Q_1^{(1)}; M_1^{(1)}; Q_2^{(1)}; -M_2^{(1)}]^{\mathrm{T}}, \\ \boldsymbol{K}^{(2)} \boldsymbol{z}^{(2)} &= \boldsymbol{r}^{(2)} + [-Q_2^{(2)}; M_2^{(2)}; Q_3^{(2)}; -M_3^{(2)}]^{\mathrm{T}}. \end{aligned} \tag{3.2.51}$$

Sind die Elementknotenvektoren $\boldsymbol{z}^{(1)}$, $\boldsymbol{z}^{(2)}$ bekannt, ermitteln wir die Schnittgrößen in den Knotenpunkten zu

$$\left.\begin{aligned} Q_1^{(1)} &= \frac{48}{\pi^4} q_0 l = 49{,}277 \cdot 10^{-2} q_0 l, \\ Q_2^{(1)} &= Q_2^{(2)} = \frac{48}{\pi^4}\left(1 - \frac{\pi^3}{48}\sqrt{2}\right) q_0 l = 4{,}216 \cdot 10^{-2} q_0 l, \\ Q_3^{(2)} &= \frac{48}{\pi^4}\left(1 - \frac{\pi^3}{24}\right) q_0 l = -14{,}385 \cdot 10^{-2} q_0 l, \\ M_1^{(1)} &= -\frac{48}{\pi^4}\left(1 - \frac{\pi^2}{12}\right) q_0 l^2 = -8{,}748 \cdot 10^{-2} q_0 l^2, \\ M_2^{(1)} &= M_2^{(2)} = -\frac{24}{\pi^4}\left(1 - \frac{\pi^2}{12}\sqrt{2}\right) q_0 l^2 = 4{,}020 \cdot 10^{-2} q_0 l^2, \\ M_3^{(2)} &= 0. \end{aligned}\right\} \tag{3.2.52}$$

Ein Vergleich mit den Werten der Tabelle 3.2.1 zeigt für die so berechneten Schnittmomente eine Übereinstimmung mit der exakten Lösung. Die gleiche Aussage gilt auch für die Querkräfte. Die Identität der aus den Elementgleichungen gefundenen Schnittgrößen in den Knotenpunkten mit den exakten Werten ist zwar für die FEM nicht notwendig, jedoch führt der dargestellte Weg stets zu besseren Ergebnissen als die Ermittlung der Schnittgrößen durch Differentiation der Ansatzfunktionen.

3.3. Herleitung der Finite-Elemente-Gleichungen mit der Methode der gewichteten Residuen

Existiert für die Lösung eines Randwertproblems keine äquivalente Variationsaufgabe, so ist man beim Aufstellen der Finite-Elemente-Gleichungen auf die Methode der gewichteten Residuen (Restgrößenmethode) angewiesen. Wir wollen die Vorgehensweise am zweiten Beispiel von 2.2. behandeln.

Gegeben ist die Differentialgleichung

$$\lambda\vartheta''(s) - vc\varrho\vartheta'(s) - 2\,\frac{\alpha}{r}\,\vartheta(s) = 0 \tag{3.3.1}$$

mit den Randbedingungen

$$\vartheta(0) - \bar{\vartheta}(0) = 0; \qquad \lambda\vartheta'(l) - vc\varrho\vartheta(l) + \bar{\dot{q}}(l) = 0. \tag{3.3.2}$$

Der Näherungsansatz für das Gesamtgebiet setzt sich gemäß Bild 3.2.1 mit $a = 0$ und $b = l$ aus jeweils nur in einem Element definierten *lokalen* Ansatzfunktionen

$$\tilde{\vartheta}(s) = \begin{cases} \vartheta^{(1)}(s); & \text{im Element } 1 \\ \vartheta^{(2)}(s); & \text{im Element } 2 \\ \cdots\cdots & \cdots\cdots\cdots\cdots \\ \vartheta^{(e)}(s); & \text{im Element } e \\ \cdots\cdots & \cdots\cdots\cdots\cdots \\ \vartheta^{(n)}(s); & \text{im Element } n \end{cases} \tag{3.3.3}$$

zusammen. Verlangen wir, daß die wesentliche Randbedingung $\vartheta(0) = \bar{\vartheta}(0)$ durch $\vartheta^{(1)}(s)$ erfüllt wird, so erzeugt dieser Näherungsansatz für die Differentialgleichung und die verbleibende natürliche Randbedingung am Rande $s = s_B = l$ die Fehler

$$\Phi_0(s) = \begin{cases} \Phi_0^{(1)}(s); & \text{im Element } 1 \\ \Phi_0^{(2)}(s); & \text{im Element } 2 \\ \cdots\cdots & \cdots\cdots\cdots\cdots \\ \Phi_0^{(e)}(s); & \text{im Element } e \\ \cdots\cdots & \cdots\cdots\cdots\cdots \\ \Phi_0^{(n)}(s); & \text{im Element } n \end{cases} \tag{3.3.4}$$

mit

$$\Phi_0^{(e)}(s) = \lambda\vartheta^{(e)''}(s) - vc\varrho\vartheta^{(e)'}(s) - 2\,\frac{\alpha}{r}\,\vartheta^{(e)}(s) \tag{3.3.5}$$

und

$$\Phi_1 = \lambda\vartheta^{(n)'}(l) - vc\varrho\vartheta^{(n)}(l) + \bar{\dot{q}}(l). \tag{3.3.6}$$

Wie wir bereits wissen, müssen für einen Differentialoperator zweiter Ordnung die Ansatzfunktionen C^0-Stetigkeit besitzen, d. h., die Feldgröße $\tilde{\vartheta}(s)$ muß stetig sein. Derartige Ansatzfunktionen liefern dann jedoch zwischen benachbarten Elementen für die Wärmestromdichte $\dot{q}$ eine Unstetigkeit und somit den Fehler

$$\Phi_{2,i} = [\lambda\vartheta^{(e')'}(s_i) - vc\varrho\vartheta^{(e')}(s_i)] - [\lambda\vartheta^{(e)'}(s_i) - vc\varrho\vartheta^{(e)}(s_i)]. \tag{3.3.7}$$

Im Sinne der Methode der gewichteten Residuen muß also mit passend gewählten Gewichtsfunktionen (vgl. 2.2.)

$$\begin{aligned} &\sum_{e=1}^{n} \int_{l^{(e)}} w_j(s)\,[\lambda\vartheta^{(e)''}(s) - vc\varrho\vartheta^{(e)'}(s) - 2\,\frac{\alpha}{r}\,\vartheta^{(e)}(s)]\,\mathrm{d}s + \big(-w_j(l)\big) \\ &\times [\lambda\vartheta^{(n)'}(l) - vc\varrho\vartheta^{(n)}(l) + \bar{\dot{q}}(l)] + \sum_i w_j(s_i)\,\{[\lambda\vartheta^{(e')'}(s_i) - vc\varrho\vartheta^{(e')}(s_i)] \\ &- [\lambda\vartheta^{(e)'}(s_i) - vc\varrho\vartheta^{(e)}(s_i)]\} = 0 \qquad (j = 1, 2, \ldots) \end{aligned} \tag{3.3.8}$$

gelten. Wieviel derartige Gleichungen (3.3.8) formuliert werden müssen, hängt von der Anzahl der freien Parameter ab, die der Näherungsansatz (3.3.3) enthält.
Sind die Ableitungen der Gewichtsfunktionen $w_j(s)$ im ganzen Intervall $0 \leq s \leq l$ beschränkt und integrierbar, so können wir Gl. (3.3.8) partiell integrieren. Dabei heben sich die an den Elementgrenzen entstehenden Ausdrücke mit den bereits vorhandenen Termen gegeneinander auf. Für die beiden Randpunkte des Intervalls $(0, l)$ ist dies nur teilweise der Fall, so daß mit

$$\lambda\vartheta^{(1)\prime}(0) - vc\varrho\vartheta^{(1)}(0) = -\dot{q}(0) \tag{3.3.9}$$

die Beziehung

$$\sum_{e=1}^{n} \int_{l^{(e)}} \{w_j'(s)\,[\lambda\vartheta^{(e)\prime}(s) - vc\varrho\vartheta^{(e)}(s)] + 2\,\frac{\alpha}{r}\,w_j(s)\,\lambda\vartheta^{(e)}(s)\}\,\mathrm{d}s$$
$$= -\bar{\dot{q}}(l)\,w_j(l) + \dot{q}(0)\,w_j(0) \qquad (j = 1, 2, \ldots) \tag{3.3.10}$$

folgt. Die geforderte C^0-Stetigkeit realisieren wir nach Übergang auf lokale Koordinatensysteme mit linearen *Lagrange*schen Interpolationspolynomen (3.1.5) und schreiben

$$\vartheta^{(e)}(\xi) = \boldsymbol{f}^{(e)}(\xi)^{\mathrm{T}}\,\boldsymbol{z}^{(e)} = \boldsymbol{z}^{(e)\mathrm{T}}\boldsymbol{f}^{(e)}(\xi), \tag{3.3.11}$$

wobei nach Gl. (3.1.5)

$$\begin{aligned} \boldsymbol{z}^{(e)} &= [z_1;\, z_2]^{\mathrm{T}} = [\vartheta_1;\, \vartheta_2]^{\mathrm{T}}, \\ \boldsymbol{f}^{(e)}(\xi) &= [f_1(\xi);\, f_2(\xi)]^{\mathrm{T}} = [(1-\xi);\, \xi]^{\mathrm{T}} \end{aligned} \tag{3.3.12}$$

sind. Dann nimmt Gl. (3.3.10) die Form

$$\sum_{e=1}^{n} \int_0^1 \left[\frac{\mathrm{d}w_j}{\mathrm{d}\xi}\left(\frac{\lambda}{l^{(e)}}\,\frac{\mathrm{d}\boldsymbol{f}^{(e)\mathrm{T}}}{\mathrm{d}\xi} - vc\varrho\boldsymbol{f}^{(e)\mathrm{T}}\right) + 2\,\frac{\alpha}{r}\,l^{(e)}w_j\boldsymbol{f}^{(e)\mathrm{T}}\right]\mathrm{d}\xi\,\boldsymbol{z}^{(e)}$$
$$= -\bar{\dot{q}}(l)\,w_j(l) + \dot{q}(0)\,w_j(0) \qquad (j = 1, 2, \ldots, n+1) \tag{3.3.13}$$

an. Sie stellt formal die globale Finite-Elemente-Gleichung

$$\boldsymbol{K}\boldsymbol{z} = \boldsymbol{r} \tag{3.3.14}$$

zum Ermitteln der Knotentemperaturen dar.
Um zu der für die FEM charakteristischen Bandstruktur in der Systemmatrix zu gelangen, verwenden wir Gewichtsfunktionen, die nur in einem bestimmten Gebiet definiert sind. Besonders übersichtlich wird diese Vorgehensweise beim Verfahren von *Galerkin*. Hier setzen sich die Gewichtsfunktionen aus den Formfunktionen zusammen (Bild 3.3.1). Wir sehen, daß in jedem Element stets nur zwei Anteile existieren. Die allgemeine Form der Gewichtsfunktionen ist damit

$$w_p(\xi) = \begin{cases} f_k(\xi) \quad (k = 1, 2) & \text{für alle Elemente, die den Knoten } p \text{ enthalten} \\ 0 & \text{in allen anderen Elementen} \end{cases} \tag{3.3.15}$$

Aus Gl. (3.3.13) gewinnen wir Anteile für das Element e nur aus den beiden Gleichungen, die mit den Funktionen $w_p(\xi) = f_2(\xi) = 1 - \xi$ und $w_q(\xi) = f_1(\xi) = \xi$ gewichtet

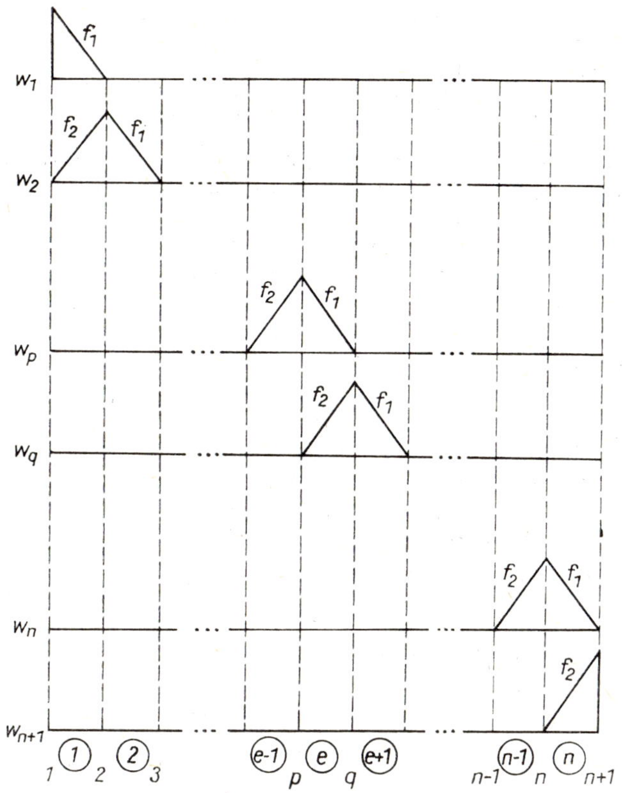

Bild 3.3.1

werden. Die betreffenden Terme dieser Gleichungen lauten

$$\cdots + \int\limits_0^1 \left[\frac{\mathrm{d}f_1}{\mathrm{d}\xi}\left(\frac{\lambda}{l^{(e)}}\frac{\mathrm{d}\boldsymbol{f}^{(e)\mathrm{T}}}{\mathrm{d}\xi} - vc\varrho\boldsymbol{f}^{(e)\mathrm{T}}\right) + 2\,\frac{\alpha}{r}\,l^{(e)}f_1\boldsymbol{f}^{(e)\mathrm{T}}\right]\mathrm{d}\xi\boldsymbol{z}^{(e)} = r_p,$$

$$\int\limits_0^1 \left[\frac{\mathrm{d}f_2}{\mathrm{d}\xi}\left(\frac{\lambda}{l^{(e)}}\frac{\mathrm{d}\boldsymbol{f}^{(e)\mathrm{T}}}{\mathrm{d}\xi} - vc\varrho\boldsymbol{f}^{(e)\mathrm{T}}\right) + 2\,\frac{\alpha}{r}\,l^{(e)}f_2\boldsymbol{f}^{(e)\mathrm{T}}\right]\mathrm{d}\xi\boldsymbol{z}^{(e)} + \cdots = r_q \qquad (3.3.16)$$

und lassen sich mit der Abkürzung

$$k_{ij}^{(e)} = \int\limits_0^1 \left[\frac{\mathrm{d}f_i}{\mathrm{d}\xi}\left(\frac{\lambda}{l^{(e)}}\frac{\mathrm{d}f_j}{\mathrm{d}\xi} - vc\varrho f_j\right) + 2\,\frac{\alpha}{r}\,l^{(e)}f_if_j\right]\mathrm{d}\xi \qquad (i, j = 1, 2) \qquad (3.3.17)$$

in der Form

$$\cdots k_{11}^{(e)}\vartheta_p + k_{12}^{(e)}\vartheta_q = r_p,$$

$$k_{21}^{(e)}\vartheta_p + k_{22}^{(e)}\vartheta_q + \cdots = r_q \qquad (3.3.18)$$

schreiben. Die Koeffizienten $k_{ij}^{(e)}$ bilden die Elementmatrix

$$\boldsymbol{K}^{(e)} = \int_0^1 \left(\frac{\lambda}{l^{(e)}} \frac{\mathrm{d}\boldsymbol{f}^{(e)}}{\mathrm{d}\xi} \frac{\mathrm{d}\boldsymbol{f}^{(e)\mathrm{T}}}{\mathrm{d}\xi} - vc\varrho \frac{\mathrm{d}\boldsymbol{f}^{(e)}}{\mathrm{d}\xi} \boldsymbol{f}^{(e)\mathrm{T}} + 2 \frac{\alpha}{r} l^{(e)} \boldsymbol{f}^{(e)} \boldsymbol{f}^{(e)\mathrm{T}} \right) \mathrm{d}\xi, \tag{3.3.19}$$

die in diesem Falle unsymmetrisch ist. Das Zusammenfügen der Elementmatrizen $\boldsymbol{K}^{(e)}$ zur Systemmatrix $\boldsymbol{K}$ erfolgt gemäß Gl. (3.3.13) und stimmt im Prinzip mit der Vorgehensweise in 3.2. überein.

Bei der Wahl der Gewichtsfunktionen nach Gl. (3.3.15) haben wir zunächst nicht berücksichtigt, daß diese beim Verfahren von *Galerkin* dort verschwinden müssen, wo wesentliche Randbedingungen vorhanden sind. Für unser Beispiel bedeutet das aber, daß $w_1(\xi) = 0$ sein muß und folglich die zugehörige Gleichung nicht existiert. Damit liegt für die n unbekannten Knotentemperaturen $\vartheta_2, \vartheta_3, \ldots, \vartheta_{n+1}$ ein System von n Gleichungen vor, dessen rechte Seite neben dem aus Gl. (3.3.13) unmittelbar folgenden Beitrag der Wärmestromdichte $\bar{\dot{q}}(l)$ einen Anteil aus der im Knoten 1 als wesentliche Randbedingung bekannten Temperatur $\bar{\vartheta}(0)$ enthält. Das lineare Gleichungssystem (3.3.14) wird also in gleicher Weise modifiziert, wie dies im vorangehenden Abschnitt geschah, nur ist hier die Argumentation eine andere.

Unter Verwendung der Abkürzungen

$$k_1^{(e)} = \frac{vc\varrho l^{(e)}}{2\lambda}; \quad k_2^{(e)} = \frac{\alpha l^{(e)2}}{3r\lambda} \tag{3.3.20}$$

berechnen wir mit Gl. (3.3.19) die unsymmetrische Elementmatrix

$$\boldsymbol{K}^{(e)} = \frac{\lambda}{l^{(e)}} \begin{bmatrix} (1 + k_1^{(e)} + 2k_2^{(e)}) & (-1 + k_1^{(e)} + k_2^{(e)}) \\ (-1 - k_1^{(e)} + k_2^{(e)}) & (1 - k_1^{(e)} + 2k_2^{(e)}) \end{bmatrix}. \tag{3.3.21}$$

Auf die Wiedergabe der Systemgleichung und des modifizierten Gleichungssystems wollen wir verzichten. Die Ergebnisse sind für eine Einteilung in $n = 1, 2, 4, 8$ gleichlange Elemente in Tabelle 3.3.1 enthalten. Die in Klammern gesetzten Zahlen sind wiederum keine Knotenwerte, sondern folgen aus den Ansatzfunktionen.

Beim Einsatz eines Drei-Knoten-Elementes mit quadratischer Ansatzfunktion (Bild 3.1.2) findet man in vollkommen analoger Vorgehensweise für die Elementmatrix wieder Gl. (3.3.19), nur stehen jetzt in $\boldsymbol{f}^{(e)}$ die Interpolationsfunktionen aus Gl. (3.1.8). Die Elementmatrix folgt dann zu

$$\boldsymbol{K}^{(e)} = \frac{\lambda}{15 l^{(e)}} \begin{bmatrix} (35 + 15k_1^{(e)} + 12k_2^{(e)}) & (5 - 5k_1^{(e)} - 3k_2^{(e)}) & (-40 + 20k_1^{(e)} + 6k_2^{(e)}) \\ (5 + 5k_1^{(e)} - 3k_2^{(e)}) & (35 + 12k_2^{(e)}) & (-40 - 20k_1^{(e)} + 6k_2^{(e)}) \\ (-40 - 20k_1^{(e)} + 6k_2^{(e)}) & (-40 + 20k_1^{(e)} + 6k_2^{(e)}) & (80 + 48k_1^{(e)}) \end{bmatrix}. \tag{3.3.22}$$

Auch die so ermittelten Temperaturen und Wärmestromdichten sind für verschiedene Elementteilungen in Tabelle 3.3.1 aufgeführt. Die Verbesserung der Genauigkeit mit zunehmender Elementanzahl ist hier ebenfalls deutlich zu erkennen. Wie zu erwarten, bringt die quadratische Ansatzfunktion genauere Werte als die lineare. Die Wärmestromdichten $\dot{q}$ sind aus den Ansatzfunktionen bestimmt worden und stellen den Mittelwert dar, falls es sich um einen Knotenpunkt zwischen zwei Elementen handelt.

Tabelle 3.3.1

n	$10^{-2}\vartheta(s)$ in K, $\frac{s}{l}=$ 0,00	0,25	0,50	0,75	1,00	$10^{-7}\dot{q}(s)$ in $\frac{\mathrm{W}}{\mathrm{m}^2}$, $\frac{s}{l}=$ 0,00	0,25	0,50	0,75	1,00	Ansatzfunktion
1	5,000	(4,185)	(3,369)	(2,554)	1,739	4,492	(3,781)	(3,069)	(2,358)	1,646	linear
2	5,000	(4,143)	3,286	(2,845)	2,403	4,499	(3,751)	2,970	(2,552)	2,167	
4	5,000	4,103	3,417	2,733	2,435	4,505	3,705	3,090	2,462	2,172	
8	5,000	4,119	3,394	2,798	2,373	4,509	3,721	3,066	2,529	2,119	
1	5,000	(4,124)	3,388	(2,793)	2,339	4,513	(3,726)	3,061	(2,520)	2,102	quadratisch
2	5,000	4,119	3,400	2,791	2,328	4,515	3,772	3,123	2,566	2,186	
4	5,000	4,119	3,394	2,799	2,328	4,516	3,721	3,066	2,530	2,089	
exakte Lösung	5,000	4,119	3,394	2,796	2,325	4,516	3,721	3,065	2,525	2,080	•

Ebenso wie bei der Ableitung der Finite-Elemente-Gleichungen mit Hilfe der Variationsmethode kann man auch bei der Methode der gewichteten Residuen die Systemgleichung aus Elementgleichungen (3.2.4) aufbauen. Für ein einzelnes Element mit den äußeren Knoten 1 und 2 liegen neben dem Fehler $\Phi_0^{(e)}(s)$ für die Differentialgleichung an den Rändern die Fehler

$$\begin{aligned}\Phi_{1,1} &= \lambda\vartheta^{(e)\prime}(s_1) - vc\varrho\vartheta^{(e)}(s_1) + \dot{q}(s_1),\\ \Phi_{1,2} &= \lambda\vartheta^{(e)\prime}(s_2) - vc\varrho\vartheta^{(e)}(s_2) + \dot{q}(s_2)\end{aligned} \tag{3.3.23}$$

vor. Bei Wahl einer linearen Ansatzfunktion mit zwei freien Parametern liefert ihre Wichtung die beiden Gleichungen

$$\int\limits_{l^{(e)}} w_j^{(e)}(s)\left[\lambda\vartheta^{(e)\prime\prime}(s) - vc\varrho\vartheta^{(e)\prime}(s) - 2\,\frac{\alpha}{r}\,\vartheta^{(e)}(s)\right]\mathrm{d}s$$
$$+\left[-w_j^{(e)}(s)\left(\lambda\vartheta^{(e)\prime}(s) - vc\varrho\vartheta^{(e)}(s) + \dot{q}(s)\right)\right]_{s_1}^{s_2} = 0 \qquad (j = 1, 2), \tag{3.3.24}$$

deren partielle Integration

$$\int\limits_{l^{(e)}} w_j^{(e)\prime}(s)\,[\lambda\vartheta^{(e)\prime}(s) - vc\varrho\vartheta^{(e)}(s)]\,\mathrm{d}s + 2\,\frac{\alpha}{r}\int\limits_{l^{(e)}} w_j^{(e)}(s)\,\vartheta^{(e)}(s)\,\mathrm{d}s$$
$$= -\dot{q}(s_2)\,w_j^{(e)}(s_2) + \dot{q}(s_1)\,w_j^{(e)}(s_1) \qquad (j = 1, 2) \tag{3.3.25}$$

ergibt. Mit der Ansatzfunktion (3.3.11) und den Interpolationsfunktionen (3.3.12) als Gewichtsfunktionen gilt zunächst

$$\begin{aligned}\int\limits_0^1 \left[\frac{\mathrm{d}f_1}{\mathrm{d}\xi}\left(\frac{\lambda}{l^{(e)}}\,\frac{\mathrm{d}\boldsymbol{f}^{(e)\mathrm{T}}}{\mathrm{d}\xi} - vc\varrho\boldsymbol{f}^{(e)\mathrm{T}}\right) + 2\,\frac{\alpha}{r}\,l^{(e)}f_1\boldsymbol{f}^{(e)\mathrm{T}}\right]\mathrm{d}\xi\,\boldsymbol{z}^{(e)} &= \dot{q}^{(e)}(0)\,f_1(0),\\ \int\limits_0^1 \left[\frac{\mathrm{d}f_2}{\mathrm{d}\xi}\left(\frac{\lambda}{l^{(e)}}\,\frac{\mathrm{d}\boldsymbol{f}^{(e)\mathrm{T}}}{\mathrm{d}\xi} - vc\varrho\boldsymbol{f}^{(e)\mathrm{T}}\right) + 2\,\frac{\alpha}{r}\,l^{(e)}f_2\boldsymbol{f}^{(e)\mathrm{T}}\right]\mathrm{d}\xi\,\boldsymbol{z}^{(e)} &= -\dot{q}^{(e)}(1)\,f_2(1).\end{aligned} \tag{3.3.26}$$

Die beiden Gleichungen können zur lokalen Finite-Elemente-Gleichung

$$\int_0^1 \left(\frac{\lambda}{l^{(e)}} \frac{\mathrm{d}\boldsymbol{f}^{(e)}}{\mathrm{d}\xi} \frac{\mathrm{d}\boldsymbol{f}^{(e)\mathrm{T}}}{\mathrm{d}\xi} - vc\varrho \frac{\mathrm{d}\boldsymbol{f}^{(e)}}{\mathrm{d}\xi} \boldsymbol{f}^{(e)\mathrm{T}} + 2\,\frac{\alpha}{r}\, l^{(e)} \boldsymbol{f}^{(e)} \boldsymbol{f}^{(e)\mathrm{T}} \right) \mathrm{d}\xi \boldsymbol{z}^{(e)} = [\mathring{q}^{(e)}(0);\; -\mathring{q}^{(e)}(1)]^{\mathrm{T}} \tag{3.3.27}$$

bzw.

$$\boldsymbol{K}^{(e)} \boldsymbol{z}^{(e)} = \mathring{\boldsymbol{r}}^{(e)} \tag{3.3.28}$$

zusammengefaßt werden. Selbstverständlich ist die Elementmatrix $\boldsymbol{K}^{(e)}$ mit der aus Gl. (3.3.19) identisch. Die Überlagerung aller Elementgleichungen legt auch hier die Systemgleichung (3.3.14) fest, wobei sich die rechten Seiten mit Ausnahme der Randpunkte des Intervalls $(0, l)$ wegen der Gleichheit der Wärmestromdichten in den Knoten gegenseitig wegheben. Ist der Systemknotenvektor bekannt, so können wir aus der Elementgleichung (3.3.28) die Wärmestromdichten an den Elementgrenzen genauer als aus der Ansatzfunktion gewinnen.

3.4. Anwendungen

Nachdem wir in den voranstehenden Abschnitten die Vorgehensweise bei der Behandlung eindimensionaler Aufgaben mit Hilfe der FEM beschrieben haben, werden an dieser Stelle noch zwei Beispiele vorgestellt. Mit ihnen soll vor allem gezeigt werden, daß neue Problemstellungen u. U. neuartige Überlegungen in der FEM-Behandlung verlangen. Trotzdem erkennen wir aus den bisher durchgeführten FEM-Berechnungen, daß alle Untersuchungen in einer bestimmten Reihenfolge ablaufen. Diese läßt sich wie folgt formulieren:

Schritt 1: Algebraisieren der Randwertaufgabe mit Hilfe der Variationsmethode oder der Methode der gewichteten Residuen,

Schritt 2: Wahl des Elementes und der Ansatzfunktion entsprechend der erforderlichen Stetigkeit,

Schritt 3: Ermitteln der Elementmatrix und des Elementvektors der rechten Seite,

Schritt 4: Einteilen in finite Elemente und Berechnen der zugehörigen Matrizen und Vektoren,

Schritt 5: Superposition der Elementmatrizen und -vektoren zur Systemmatrix und zum Vektor der rechten Seite,

Schritt 6: Aufstellen des modifizierten Gleichungssystems durch Berücksichtigung der wesentlichen Randbedingungen,

Schritt 7: Lösen des modifizierten Gleichungssystems und Ableiten problemspezifischer Größen aus dem Lösungsvektor.

Diese Reihenfolge werden wir sinngemäß auch nachfolgend immer einhalten.

Ein sehr langes Rohr besteht aus zwei verschiedenen Werkstoffen mit unterschiedlicher Wärmeleitfähigkeit λ. Auf beiden Oberflächen sind die Temperaturen T_A bzw. T_B bekannt (Bild 3.4.1). Gesucht ist die Temperaturverteilung im stationären Zustand. Da in Längsrichtung kein Wärmetransport stattfindet, brauchen wir nur die Temperaturverteilung in einem Querschnitt zu betrachten.

Aufgrund der Rotationssymmetrie hängt das gesuchte Temperaturfeld lediglich von der Koordinate r ab.
Es liegt das Randwertproblem

$$\frac{\mathrm{d}}{\mathrm{d}r}\left[r\lambda(r)\,\frac{\mathrm{d}T(r)}{\mathrm{d}r}\right] = 0; \quad \lambda(r) = \begin{cases} 3\lambda_0; & r_A \leqq r \leqq r_M \\ \lambda_0; & r_M \leqq r \leqq r_B \end{cases} \tag{3.4.1}$$

$$T(r_A) = \overline{T}(r_A) = T_A; \qquad T(r_B) = \overline{T}(r_B) = T_B$$

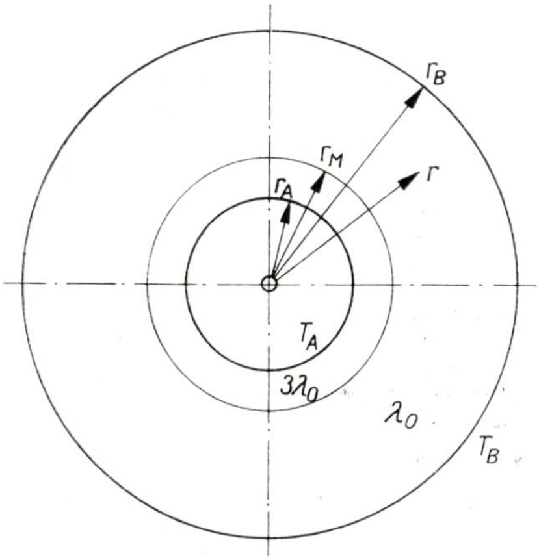

Bild 3.4.1

vor. Speziell für die Verhältnisse $r_M/r_A = 1{,}5$ und $r_B/r_A = 3$ steht zum Vergleich die exakte Lösung

$$\begin{aligned} T(r) &= \frac{1}{\ln 12}\left(T_A \ln \frac{12 r_A}{r} + T_B \ln \frac{r}{r_A}\right); \qquad r_A \leqq r \leqq 1{,}5 r_A, \\ T(r) &= \frac{1}{\ln 12}\left(T_A \ln \frac{27 r_A{}^3}{r^3} + T_B \ln \frac{4r^3}{9 r_A{}^3}\right); \qquad 1{,}5 r_A \leqq r \leqq r_B = 3 r_A \end{aligned} \tag{3.4.2}$$

zur Verfügung. Das zu Gl. (3.4.1) äquivalente Variationsproblem lautet

$$J\{T\} = \frac{1}{2}\int_{r_A}^{r_B} r\lambda(r)\left[\frac{\mathrm{d}T(r)}{\mathrm{d}r}\right]^2 \mathrm{d}r = \text{Extremum}, \tag{3.4.3}$$

$$T(r_A) = T_A; \qquad T(r_B) = T_B,$$

und für die erste Variation des Funktionals gilt

$$\delta J = \int_{r_A}^{r_B} r\lambda(r)\,\frac{\mathrm{d}T(r)}{\mathrm{d}r}\,\delta\left[\frac{\mathrm{d}T(r)}{\mathrm{d}r}\right]\mathrm{d}r = 0. \tag{3.4.4}$$

Wenn wir die Strecke $(r_B - r_A)$ im bisherigen Sinne in Teilbereiche zerlegen, erzeugen wir finite Elemente mit kreisringförmiger Gestalt. Wir nennen sie *Ringelemente* (Bild 3.4.2).

Die Ansatzfunktion für die Temperatur T muß wegen Gl. (3.4.3) mindestens C^0-Stetigkeit besitzen. Unter Verwendung von Gl. (3.1.13) folgt dann die Beziehung

$$\delta \tilde{J} = \sum_{e=1}^{n} \delta \boldsymbol{z}^{(e)\mathrm{T}} \int_0^1 (k^{(e)} + \xi)\, \lambda^{(e)} \frac{\mathrm{d}\boldsymbol{f}^{(e)}}{\mathrm{d}\xi} \frac{\mathrm{d}\boldsymbol{f}^{(e)\mathrm{T}}}{\mathrm{d}\xi}\, \mathrm{d}\xi\, \boldsymbol{z}^{(e)} = 0. \tag{3.4.5}$$

Dabei wurde der Zusammenhang

$$r = r_1 + l^{(e)}\xi = l^{(e)}(k^{(e)} + \xi); \quad k^{(e)} = \frac{r_1}{l^{(e)}} \tag{3.4.6}$$

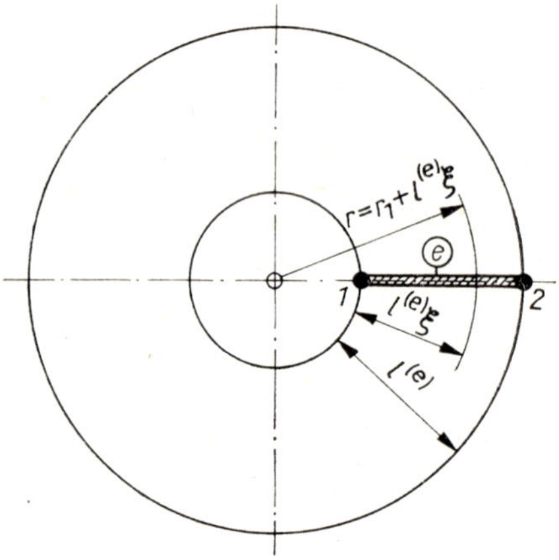

Bild 3.4.2

benutzt. Demnach erhält man für eine elementweise konstante Wärmeleitfähigkeit $\lambda^{(e)}$ die Elementmatrix

$$\boldsymbol{K}^{(e)} = \lambda^{(e)} \int_0^1 (k^{(e)} + \xi) \frac{\mathrm{d}\boldsymbol{f}^{(e)}}{\mathrm{d}\xi} \frac{\mathrm{d}\boldsymbol{f}^{(e)\mathrm{T}}}{\mathrm{d}\xi}\, \mathrm{d}\xi. \tag{3.4.7}$$

Bemerkenswert an dieser Aufgabe ist die Tatsache, daß mit Gl. (3.4.7) aus Gl. (3.4.5) ein Ausdruck

$$\sum_{e=1}^{n} \delta \boldsymbol{z}^{(e)\mathrm{T}} \boldsymbol{K}^{(e)} \boldsymbol{z}^{(e)} = \delta \boldsymbol{z}^{\mathrm{T}} \boldsymbol{K} \boldsymbol{z} = 0 \tag{3.4.8}$$

entsteht, der keinen Vektor der rechten Seite aufweist. Dieser ergibt sich erst bei Berücksichtigung der wesentlichen inhomogenen Randbedingungen. An unserem Beispiel wollen wir das zeigen.

Wir wählen das Zwei-Knoten-Element mit linearer Ansatzfunktion (3.1.5) für den Temperaturverlauf. Mit dem Vektor der Formfunktionen bzw. dessen Ableitung

$$\boldsymbol{f}^{(e)} = \begin{bmatrix} 1 - \xi \\ \xi \end{bmatrix}; \quad \frac{\mathrm{d}\boldsymbol{f}^{(e)}}{\mathrm{d}\xi} = \begin{bmatrix} -1 \\ 1 \end{bmatrix}, \tag{3.4.9}$$

gewinnt man die Elementmatrix

$$\boldsymbol{K}^{(e)} = (2k^{(e)} + 1)\,\frac{\lambda^{(e)}}{2}\begin{bmatrix} 1 & -1 \\ -1 & 1 \end{bmatrix}. \tag{3.4.10}$$

Für $n = 2$ Ringelemente (Bild 3.4.3) finden wir mit den Werten

$$l^{(1)} = \frac{r_A}{2};\quad l^{(2)} = \frac{3}{2}\,r_A;\quad k^{(1)} = 2;\quad k^{(2)} = 1;\quad \lambda^{(1)} = 3\lambda_0;\quad \lambda^{(2)} = \lambda_0 \tag{3.4.11}$$

die beiden Elementmatrizen

$$\boldsymbol{K}^{(1)} = 15\boldsymbol{K}_0;\qquad \boldsymbol{K}^{(2)} = 3\boldsymbol{K}_0;\qquad \boldsymbol{K}_0 = \frac{\lambda_0}{2}\begin{bmatrix} 1 & -1 \\ -1 & 1 \end{bmatrix} \tag{3.4.12}$$

und bestimmen nach Summation gemäß Gl. (3.4.8)

$$[\delta T_1;\, \delta T_2;\, \delta T_3]\,\frac{\lambda_0}{2}\begin{bmatrix} 15 & -15 & 0 \\ -15 & 18 & -3 \\ 0 & -3 & 3 \end{bmatrix}\begin{bmatrix} T_1 \\ T_2 \\ T_3 \end{bmatrix} = 0. \tag{3.4.13}$$

Die wesentlichen Randbedingungen $T_1 = \overline{T}_1 = T_A$ und $T_3 = \overline{T}_3 = T_B$ fordern $\delta T_1 = \delta\overline{T}_1 = 0$ und $\delta T_3 = \delta\overline{T}_3 = 0$, so daß sich Gl. (3.4.13) in

$$\delta T_2\,\frac{\lambda_0}{2}\,[-15;\, 18;\, -3]\begin{bmatrix} T_A \\ T_2 \\ T_B \end{bmatrix} = 0, \tag{3.4.14}$$

d. h.,

$$18T_2 = 15T_A + 3T_B \tag{3.4.15}$$

vereinfacht. Die rechte Seite dieser Beziehung entsteht also erst aufgrund der inhomogenen Randbedingungen. Als Ergebnis folgt unmittelbar

$$T_2 = \frac{5}{6}\,T_A + \frac{1}{6}\,T_B. \tag{3.4.16}$$

Unterteilen wir in $n = 4$ Elemente (Bild 3.4.4), so nehmen mit den Werten

$$\begin{gathered} l^{(1)} = l^{(2)} = l^{(3)} = l^{(4)} = \frac{r_A}{2};\qquad k^{(e)} = e + 1, \\ \lambda^{(1)} = 3\lambda_0;\qquad \lambda^{(2)} = \lambda^{(3)} = \lambda^{(4)} = \lambda_0 \end{gathered} \tag{3.4.17}$$

die Elementmatrizen die Form

$$\boldsymbol{K}^{(1)} = 15\boldsymbol{K}_0;\qquad \boldsymbol{K}^{(2)} = 7\boldsymbol{K}_0;\qquad \boldsymbol{K}^{(3)} = 9\boldsymbol{K}_0;\qquad \boldsymbol{K}^{(4)} = 11\boldsymbol{K}_0 \tag{3.4.18}$$

an. Analog Gl. (3.4.13) gilt jetzt

$$[\delta T_1;\, \delta T_2;\, \delta T_3;\, \delta T_4;\, \delta T_5]\,\frac{\lambda_0}{2}\begin{bmatrix} 15 & -15 & 0 & 0 & 0 \\ & 22 & -7 & 0 & 0 \\ & & 16 & -9 & 0 \\ & & & 20 & -11 \\ \text{sym.} & & & & 11 \end{bmatrix}\begin{bmatrix} T_1 \\ T_2 \\ T_3 \\ T_4 \\ T_5 \end{bmatrix} = 0, \tag{3.4.19}$$

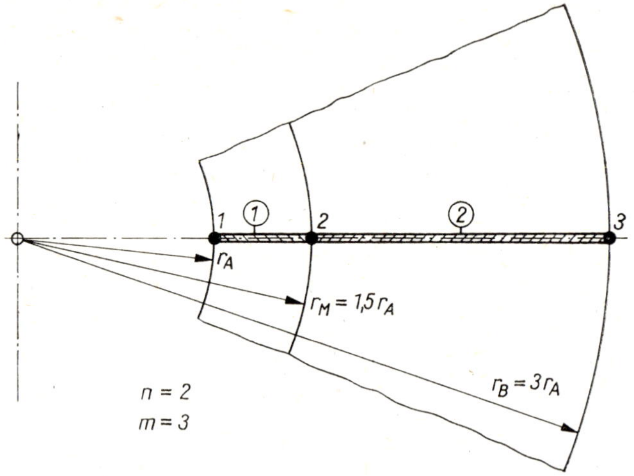

Bild 3.4.3

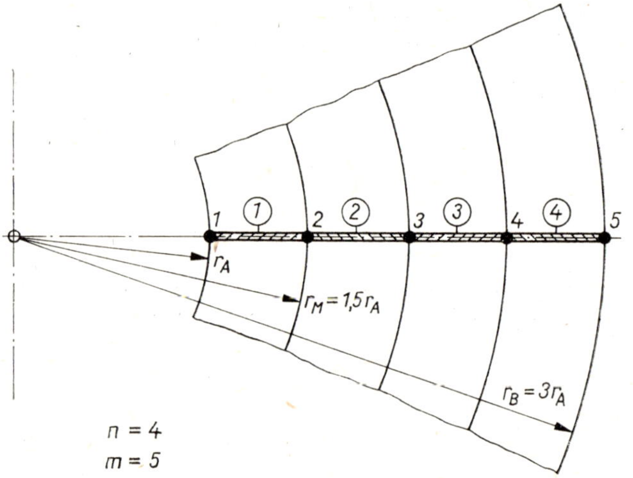

Bild 3.4.4

bzw. nach Modifizierung

$$[\delta T_2;\, \delta T_3;\, \delta T_4]\, \frac{\lambda_0}{2} \begin{bmatrix} 15 & 22 & -7 & 0 & 0 \\ 0 & -7 & 16 & -9 & 0 \\ 0 & 0 & -9 & 20 & -11 \end{bmatrix} \begin{bmatrix} T_A \\ T_2 \\ T_3 \\ T_4 \\ T_B \end{bmatrix} = 0. \tag{3.4.20}$$

Wir gewinnen das lineare Gleichungssystem

$$\begin{bmatrix} 22 & -7 & 0 \\ & 16 & -9 \\ \text{sym.} & & 20 \end{bmatrix} \begin{bmatrix} T_2 \\ T_3 \\ T_4 \end{bmatrix} = \begin{bmatrix} -15 T_A \\ 0 \\ 11 T_B \end{bmatrix} \tag{3.4.21}$$

und somit

$$T_2 = \frac{1}{1426}\,(1195T_A + 231T_B); \qquad T_3 = \frac{1}{1426}\,(700T_A + 726T_B),$$
$$T_4 = \frac{1}{1426}\,(315T_A + 1111T_B). \tag{3.4.22}$$

In Tabelle 3.4.1 sind die FEM-Ergebnisse denen der exakten Lösung gegenübergestellt. Die Zahlenwerte in den Klammern folgen wieder aus den Ansatzfunktionen. Im Gegensatz zu Knotenwerten zeigen sie u. U. kein monotones Konvergenzverhalten.

Tabelle 3.4.1

n	$10T(r)$				
	$\frac{r}{r_A} = 1{,}0$	$\frac{r}{r_A} = 1{,}5$	$\frac{r}{r_A} = 2{,}0$	$\frac{r}{r_A} = 2{,}5$	$\frac{r}{r_A} = 3{,}0$
2	$10T_A$	$(8{,}333T_A + 1{,}667T_B)$	$5{,}556T_A + 4{,}444T_B$	$(2{,}778T_A + 7{,}222T_B)$	$10T_B$
4	$10T_A$	$8{,}380T_A + 1{,}620T_B$	$4{,}909T_A + 5{,}091T_B$	$2{,}209T_A + 7{,}791T_B$	$10T_B$
exakte Lösung	$10T_A$	$8{,}368T_A + 1{,}632T_B$	$4{,}895T_A + 5{,}105T_B$	$2{,}201T_A + 7{,}799T_B$	$10T_B$

Im zweiten Beispiel untersuchen wir ein dünnwandiges, konisches Rohr, das durch ein Torsionsmoment M_{t0} beansprucht wird (Bild 3.4.5). Wir wollen den Drillwinkel φ und die Verwindung $\vartheta = \mathrm{d}\varphi/\mathrm{d}s = \varphi'$ ermitteln. Der Schubmodul G ist konstant. Das polare Trägheitsmoment I_p kann für dünnwandige Kreisringe durch

$$I_p(s) = 2\pi h r_m^3(s) = 2\pi h r_0^3 \left(1 - \frac{s}{2l}\right)^3 \tag{3.4.23}$$

angegeben werden. Die Aufgabenstellung führt auf das Randwertproblem

$$(GI_p\varphi')' = 0,$$
$$\varphi(0) = 0; \qquad M_t(l) = GI_p(l)\,\varphi'(l) = M_{t0}. \tag{3.4.24}$$

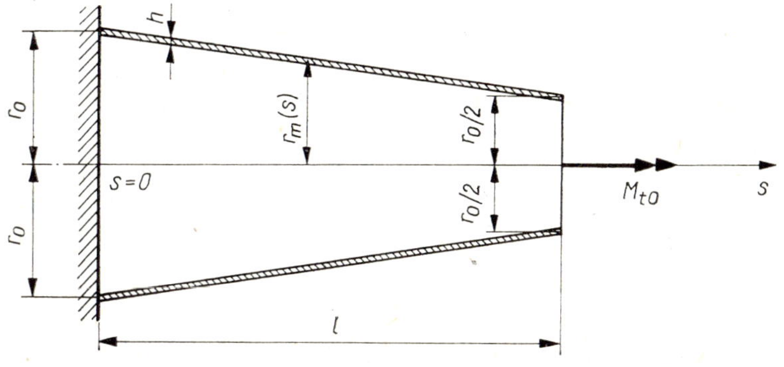

Bild 3.4.5

Zum Vergleich liegt die exakte Lösung des Problems

$$\varphi(s) = \frac{M_{t0} l}{2\pi G h r_0^3} \left[\frac{1}{\left(1 - \frac{s}{2l}\right)^2} - 1 \right] \tag{3.4.25}$$

vor.
Die zugehörige Variationsaufgabe lautet

$$J\{\varphi\} = \frac{1}{2} \int_0^l G I_p \varphi'^2 \, \mathrm{d}s - \overline{M}_t(l)\, \varphi(l) = \text{Extremum}, \qquad \varphi(0) = 0. \tag{3.4.26}$$

Daraus folgt die Extremalbedingung

$$\delta J = \int_0^l G I_p \varphi' \delta\varphi' \, \mathrm{d}s - \overline{M}_t(l)\, \delta\varphi(l) = 0. \tag{3.4.27}$$

Mit dem Ansatz (3.1.13) und wegen $M_t(l) = \overline{M}_t(l) = M_{t0}$ erhalten wir zunächst

$$\delta \tilde{J} = \sum_{e=1}^{n} \delta \boldsymbol{z}^{(e)\mathrm{T}} \pi G h r_0^3 \frac{l^{(e)2}}{4l^3} \int_0^1 (k^{(e)} - \xi)^3 \frac{\mathrm{d}\boldsymbol{f}^{(e)}}{\mathrm{d}\xi} \frac{\mathrm{d}\boldsymbol{f}^{(e)\mathrm{T}}}{\mathrm{d}\xi} \mathrm{d}\xi \boldsymbol{z}^{(e)}$$

$$- \delta \boldsymbol{z}^{(n)\mathrm{T}} M_{t0} \boldsymbol{f}^{(e)}(1) = 0; \qquad k^{(e)} = \frac{2l - s_1}{l^{(e)}} \tag{3.4.28}$$

und daraus

$$\boldsymbol{K}^{(e)} = \pi G h r_0^3 \frac{l^{(e)2}}{4l^3} \int_0^1 (k^{(e)} - \xi)^3 \frac{\mathrm{d}\boldsymbol{f}^{(e)}}{\mathrm{d}\xi} \frac{\mathrm{d}\boldsymbol{f}^{(e)\mathrm{T}}}{\mathrm{d}\xi} \mathrm{d}\xi, \qquad \boldsymbol{r}^{(n)} = M_{t0} \boldsymbol{f}^{(e)}(1). \tag{3.4.29}$$

Im Integrand treten hier beim Berechnen der Elementmatrizen nicht nur die Ableitungen der Interpolationsfunktionen, sondern wegen der konischen Gestalt des Rohres auch noch eine andere Funktion auf.
Entsprechend Gl. (3.4.26) genügt auch hier eine Ansatzfunktion mit C^0-Stetigkeit, so daß wir wieder mit linearen Interpolationspolynomen auskommen und den Vektor der Formfunktionen (3.4.9) benutzen können. In diesem Falle gilt

$$\boldsymbol{K}^{(e)} = \frac{l^{(e)2}}{4l^2} [k^{(e)4} - (k^{(e)} - 1)^4]\, \boldsymbol{K}_0; \qquad \boldsymbol{K}_0 = \pi G h \frac{r_0^3}{l} \begin{bmatrix} 1 & -1 \\ -1 & 1 \end{bmatrix},$$

$$\boldsymbol{r}^{(n)} = \overline{\boldsymbol{M}}_{t0} [0;\, 1]^{\mathrm{T}}. \tag{3.4.30}$$

Für $n = 2$ Elemente, d. h.

$$l^{(1)} = l^{(2)} = \frac{l}{2}; \qquad k^{(1)} = 4; \qquad k^{(2)} = 3, \tag{3.4.31}$$

gewinnen wir die beiden Elementmatrizen

$$\boldsymbol{K}^{(1)} = \frac{175}{64} \boldsymbol{K}_0; \qquad \boldsymbol{K}^{(2)} = \frac{65}{64} \boldsymbol{K}_0. \tag{3.4.32}$$

Mit ihnen findet man nach Berücksichtigung der wesentlichen Randbedingung ($\varphi_1 = \bar{\varphi}_1 = 0$; $\delta\varphi_1 = \delta\bar{\varphi}_1 = 0$) das modifizierte Gleichungssystem

$$\frac{G\,\pi h r_0^3}{64 l}\begin{bmatrix} 240 & -65 \\ -65 & 65 \end{bmatrix}\begin{bmatrix} \varphi_2 \\ \varphi_3 \end{bmatrix} = \begin{bmatrix} 0 \\ M_{t0} \end{bmatrix} \tag{3.4.33}$$

und daraus die Lösungen

$$\varphi_2 = 0{,}3657\,\frac{M_{t0} l}{G\,\pi h r_0^3}; \qquad \varphi_3 = 1{,}3503\,\frac{M_{t0} l}{G\,\pi h r_0^3}. \tag{3.4.34}$$

Bei Unterteilung in $n = 4$ Elemente, d. h.

$$l^{(1)} = l^{(2)} = l^{(3)} = l^{(4)} = \frac{l}{4}; \quad k^{(1)} = 9; \quad k^{(2)} = 7; \quad k^{(3)} = 6; \quad k^{(4)} = 5, \tag{3.4.35}$$

entwickeln wir die Elementmatrizen

$$\boldsymbol{K}^{(1)} = \frac{1695}{256}\boldsymbol{K}_0; \qquad \boldsymbol{K}^{(2)} = \frac{1105}{256}\boldsymbol{K}_0; \qquad \boldsymbol{K}^{(3)} = \frac{671}{256}\boldsymbol{K}_0, \qquad \boldsymbol{K}^{(4)} = \frac{369}{256}\boldsymbol{K}_0. \tag{3.4.36}$$

Aus dem modifizierten Gleichungssystem

$$\frac{G\,\pi h r_0^3}{256 l}\begin{bmatrix} 2800 & -1105 & 0 & 0 \\ & 1776 & -671 & 0 \\ & & 1040 & 369 \\ \text{sym.} & & & 369 \end{bmatrix}\begin{bmatrix} \varphi_2 \\ \varphi_3 \\ \varphi_4 \\ \varphi_5 \end{bmatrix} = \begin{bmatrix} 0 \\ 0 \\ 0 \\ M_{t0} \end{bmatrix} \tag{3.4.37}$$

ergeben sich die Drillwinkel

$$\begin{aligned} \varphi_2 &= 0{,}1510\,\frac{M_{t0} l}{G\,\pi h r_0^3}; \qquad \varphi_3 = 0{,}3827\,\frac{M_{t0} l}{G\,\pi h r_0^3}, \\ \varphi_4 &= 0{,}7642\,\frac{M_{t0} l}{G\,\pi h r_0^3}; \qquad \varphi_5 = 1{,}4580\,\frac{M_{t0} l}{G\,\pi h r_0^3}. \end{aligned} \tag{3.4.38}$$

Die Verwindung $\vartheta = \varphi'$ des Stabes ist wegen des linearen Ansatzes elementweise konstant:

$$\vartheta^{(e)} = \varphi^{(e)\prime} = \frac{1}{l^{(e)}}\frac{\mathrm{d}\boldsymbol{f}^{\mathrm{T}}}{\mathrm{d}\xi}\begin{bmatrix} \varphi_e \\ \varphi_{e+1} \end{bmatrix} = \frac{\varphi_{e+1} - \varphi_e}{l^{(e)}}. \tag{3.4.39}$$

Tabelle 3.4.2

n	$\frac{G\pi h r_0^3}{M_t l}\varphi(s)$				$\frac{G\pi h r_0^3}{M_t}\vartheta(s)$				
	$\frac{s}{l} =$				$\frac{s}{l} =$				
	0,25	0,50	0,75	1,00	0,00	0,25	0,50	0,75	1,00
2	(0,183)	0,366	(0,858)	1,350	0,731	(0,731)	1,350	(1,969)	1,969
4	0,151	0,383	0,764	1,458	0,604	0,766	1,226	2,151	2,775
exakte Lösung	0,153	0,389	0,780	1,500	0,500	0,746	1,185	2,048	4,000

Da diese Werte an den Elementgrenzen Sprünge aufweisen (für die Ansatzfunktion liegt C^0-Stetigkeit und nicht C^1-Stetigkeit vor), sind in Tabelle 3.4.2 in solchen Punkten jeweils die Mittelwerte eingetragen. Auch hier gilt für die in Klammern gesetzten Zahlenwerte die bereits im vorhergehenden Beispiel getroffene Aussage zum Konvergenzverhalten.

3.5. Eigenwertprobleme

Nachdem wir uns bisher ausschließlich mit inhomogenen linearen Randwertaufgaben befaßt haben, wollen wir jetzt auch homogene Probleme behandeln. Derartige homogene Randwertaufgaben treten im allgemeinen in der Form von Eigenwertproblemen auf. Hierunter versteht man ein aus homogener linearer Differentialgleichung und homogenen linearen Randbedingungen bestehendes Randwertproblem, das in der Differentialgleichung (und evtl. auch in den Randbedingungen) einen zunächst

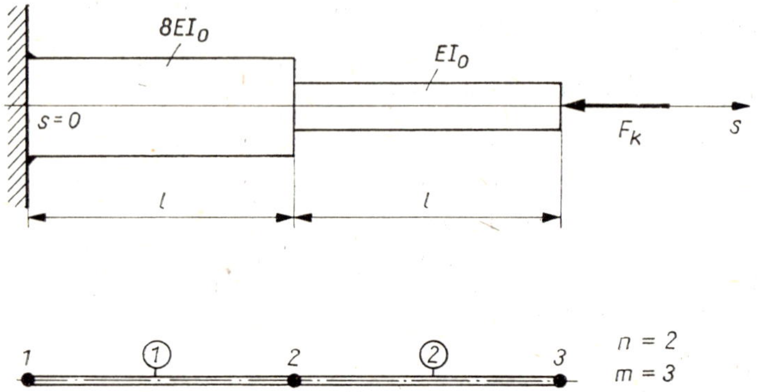

Bild 3.5.1

unbestimmten Parameter λ enthält, der so zu wählen ist, daß das Problem eine von Null verschiedene (sogenannte nichttriviale) Lösung besitzt. Bei bekannter allgemeiner Lösung der Differentialgleichung bedeutet dies, daß das aus den Randbedingungen folgende homogene lineare Gleichungssystem nichttriviale Lösungen hat. Dies ist dann der Fall, wenn die Koeffizientendeterminante dieses homogenen Gleichungssystems verschwindet.

Derartige Problemstellungen treten z. B. beim Ermitteln von Eigenkreisfrequenzen in der Akustik, Schwingungslehre oder bei Stabilitätsuntersuchungen an schlanken Bauteilen auf. Die Vorgehensweise bei der Lösung solcher Aufgaben mit der FEM soll an drei Beispielen (elastisches Stabknicken, Längsschwingung eines Stabes, Biegeschwingung eines Balkens) vorgestellt werden.

Für einen einseitig eingespannten Druckstab mit veränderlicher Biegesteifigkeit EI (Bild 3.5.1) ist die kritische Kraft (Knickkraft) F_K zu bestimmen. Diese Aufgabenstellung führt auf das homogene Randwertproblem

$$\begin{aligned} &[EI(s)\, v''(s)]'' + F_K v''(s) = 0; \qquad I(s) = \begin{cases} 8I_0; & 0 \leqq s \leqq l, \\ I_0; & l \leqq s \leqq 2l, \end{cases} \\ &v(0) = 0; \qquad v'(0) = 0; \qquad M(2l) = -EI(2l)\, v''(2l) = 0, \\ &-Q(2l) + F_K v'(2l) = EI(2l)\, v'''(2l) + F_K v'(2l) = 0 \end{aligned} \tag{3.5.1}$$

mit dem Eigenwertparameter F_K und dieses auf die Eigenwertgleichung für λ

$$\tan \lambda l \tan \frac{\lambda l}{\sqrt{8}} - \sqrt{8} = 0; \qquad \lambda^2 = \frac{F_K}{EI_0}. \tag{3.5.2}$$

Die beiden niedrigsten Eigenwerte

$$\lambda_1 = 0{,}4407 \frac{\pi}{l}; \qquad \lambda_2 = 1{,}1950 \frac{\pi}{l} \tag{3.5.3}$$

liefern die zugehörigen kritischen Kräfte

$$F_{K1} = 0{,}1942 \frac{\pi^2 EI_0}{l^2}; \qquad F_{K2} = 1{,}4280 \frac{\pi^2 EI_0}{l^2}, \tag{3.5.4}$$

von denen bekanntlich i. allg. nur die erste als kritische Kraft von technischem Interesse ist.
Der Randwertaufgabe (3.5.1) entspricht das Variationsproblem

$$J\{v(s)\} = \frac{1}{2} \int_0^{2l} [EI(s)\, v''^2(s) - F_K v'^2(s)]\, ds = \text{Extremum} \qquad v(0) = 0; \qquad v'(0) = 0. \tag{3.5.5}$$

Das Verschwinden der ersten Variation

$$\delta J = \int_0^{2l} [EI(s)\, v''(s)\, \delta v''(s) - F_K v'(s)\, \delta v'(s)]\, ds = 0 \tag{3.5.6}$$

ist wieder Ausgangspunkt der FEM-Lösung. Nach Einführung eines Ansatzes mit C^1-Stetigkeit in der Form (3.1.40) kann Gl. (3.5.6) in

$$\begin{aligned} \delta \tilde{J} &= \sum_{e=1}^{n} \delta \boldsymbol{z}^{(e)\mathrm{T}} \left(\frac{1}{l^{(e)3}} \int_0^1 \frac{I^{(e)}}{I_0} \frac{d^2\boldsymbol{f}^{(e)}}{d\xi^2} \frac{d^2\boldsymbol{f}^{(e)\mathrm{T}}}{d\xi^2}\, d\xi - \frac{\lambda^2}{l^{(e)}} \int_0^1 \frac{d\boldsymbol{f}^{(e)}}{d\xi} \frac{d\boldsymbol{f}^{(e)\mathrm{T}}}{d\xi}\, d\xi \right) \boldsymbol{z}^{(e)} \\ &= \sum_{e=1}^{n} \delta \boldsymbol{z}^{(e)\mathrm{T}} (\boldsymbol{K}^{(e)} - \lambda^2 \boldsymbol{A}^{(e)})\, \boldsymbol{z}^{(e)} = 0 \end{aligned} \tag{3.5.7}$$

umgeformt werden. Unter Berücksichtigung der wesentlichen Randbedingungen folgt daraus die modifizierte homogene Systemgleichung

$$(\overset{*}{\boldsymbol{K}} - \lambda^2 \overset{*}{\boldsymbol{A}})\, \overset{*}{\boldsymbol{z}} = \boldsymbol{o}. \tag{3.5.8}$$

Die Eigenwerte erhalten wir aus der charakteristischen Gleichung

$$D = \det (\overset{*}{\boldsymbol{K}} - \lambda^2 \overset{*}{\boldsymbol{A}}) = |\overset{*}{\boldsymbol{K}} - \lambda^2 \overset{*}{\boldsymbol{A}}| = 0. \tag{3.5.9}$$

Im Rahmen dieses Buches müssen wir darauf verzichten, die zahlreichen mathematischen Verfahren zur Eigenwertbestimmung zu behandeln.
Für unser Beispiel wird aufgrund Gl. (3.5.5) ein Zwei-Knoten-Element mit kubischer Ansatzfunktion benutzt. Die Elementsteifigkeitsmatrix

$$\boldsymbol{K}^{(e)} = \frac{2I^{(e)}}{I_0 l^{(e)3}} \begin{bmatrix} 6 & 3l^{(e)} & -6 & 3l^{(e)} \\ & 2l^{(e)2} & -3l^{(e)} & l^{(e)2} \\ & & 6 & -3l^{(e)} \\ \text{sym.} & & & 2l^{(e)2} \end{bmatrix} \tag{3.5.10}$$

und die *geometrische Elementsteifigkeitsmatrix*

$$\boldsymbol{A}^{(e)} = \frac{1}{30l^{(e)}} \begin{bmatrix} 36 & 3l^{(e)} & -36 & 3l^{(e)} \\ & 4l^{(e)2} & -3l^{(e)} & -l^{(e)2} \\ & & 36 & -3l^{(e)} \\ \text{sym.} & & & 4l^{(e)2} \end{bmatrix} \tag{3.5.11}$$

nach Gl. (3.5.7) bauen für $n = 2$ Elemente mit $I^{(1)} = 8I_0$ und $I^{(2)} = I_0$ und den wesentlichen Randbedingungen $v_1 = \bar{v}_1 = 0$, $v_1' = \bar{v}_1' = 0$ und damit $\delta v_1 = \delta\bar{v}_1 = 0$, $\delta v_1' = \delta\bar{v}_1' = 0$ das modifizierte Gleichungssystem

$$\left(\begin{bmatrix} 54 & -21l & -6 & 3l \\ & 18l^2 & -3l & l^2 \\ & & 6 & -3l \\ \text{sym.} & & & 2l^2 \end{bmatrix} - \frac{\lambda^2 l^2}{60} \begin{bmatrix} 72 & 0 & -36 & 3l \\ & 8l^2 & -3l & -l^2 \\ & & 36 & -3l \\ \text{sym.} & & & 4l^2 \end{bmatrix} \right) \begin{bmatrix} v_2 \\ v_2' \\ v_3 \\ v_3' \end{bmatrix} = \boldsymbol{o}_4 \tag{3.5.12}$$

auf.

Im Hinblick auf die numerische Auswertung ist es vorteilhaft, dimensionslose Systemmatrizen zu verwenden. Deshalb ersetzen wir die Unbekannten v_2' und v_3' durch $\tilde{v}_2' = lv_2'$ und $\tilde{v}_3' = lv_3'$. Die Koeffizientendeterminante dieses Gleichungssystems liefert die charakteristische Gleichung

$$\left| \begin{bmatrix} 54 & -21 & -6 & 3 \\ & 18 & -3 & 1 \\ & & 6 & -3 \\ \text{sym.} & & & 2 \end{bmatrix} - \frac{\lambda^2 l^2}{60} \begin{bmatrix} 72 & 0 & -36 & 3 \\ & 8 & -3 & -1 \\ & & 36 & -3 \\ \text{sym.} & & & 4 \end{bmatrix} \right| = 0. \tag{3.5.13}$$

Aus den beiden niedrigsten Eigenwerten $\lambda_1^2 = 0{,}1949\pi^2/l^2$ und $\lambda_2^2 = 1{,}6687\pi^2/l^2$ folgen die Kräfte

$$F_{\mathrm{K}1} = 0{,}1949\,\frac{\pi^2 EI_0}{l^2}; \qquad F_{\mathrm{K}2} = 1{,}6687\,\frac{\pi^2 EI_0}{l^2}, \tag{3.5.14}$$

wobei die kritische Kraft $F_{\mathrm{K}1}$ mit dem exakten Wert nach Gl. (3.5.4) recht gut übereinstimmt.

Unterteilt man den Stab in $n = 4$ gleichlange Elemente, so gewinnt man $\lambda_1^2 = 0{,}1943\pi^2/l^2$ sowie $\lambda_2^2 = 1{,}4374\pi^2/l^2$ und folglich die Kräfte

$$F_{\mathrm{K}1} = 0{,}1943\,\frac{\pi^2 EI_0}{l^2}; \qquad F_{\mathrm{K}2} = 1{,}4374\,\frac{\pi^2 EI_0}{l^2}. \tag{3.5.15}$$

Aus einem Vergleich der kritischen Kräfte (3.5.4), (3.5.14) und (3.5.15) ist zu erkennen, daß sich diese mit feiner werdender Einteilung in finite Elemente »von oben her« der exakten Lösung nähern. Dieses Konvergenzverhalten läßt sich ingenieurmäßig damit erklären, daß der Stab infolge des Näherungsansatzes für die Verschiebung v *steifer* wird und demzufolge eine höhere kritische Kraft besitzt. Durch Verwendung kleinerer finiter Elemente tritt dann die erwähnte Verbesserung auf.

In einem zweiten Beispiel wollen wir die Eigenkreisfrequenzen eines in Längsrichtung schwingenden Stabes mit veränderlichen Querschnittsabmessungen (Bild 3.5.2) berechnen. Nehmen wir einen konstanten Elastizitätsmodul E, eine konstante

Dichte ϱ und eine stückweise konstante Querschnittsfläche A an, so lautet die das Problem beschreibende Differentialgleichung mit $\partial(\ )/\partial s = (\ )_{,s}$ und $\partial(\ )/\partial t = (\ )_{,t}$

$$[EA(s)\, u_{,s}(s, t)]_{,s} - \varrho A(s)\, u_{,tt}(s, t) = 0. \tag{3.5.16}$$

Diese partielle Differentialgleichung und die zugehörigen Randbedingungen gehen mit Hilfe der Beziehung

$$u(s, t) = \hat{u}(s)\, e^{j\omega t}; \qquad j = \sqrt{-1} \tag{3.5.17}$$

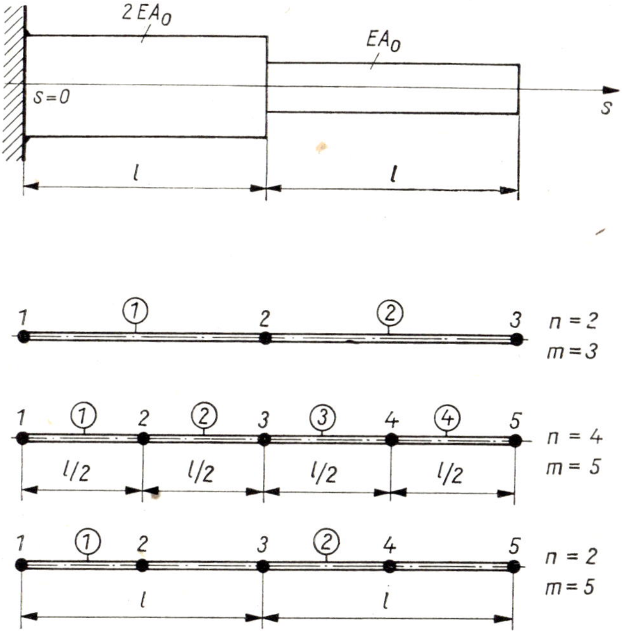

Bild 3.5.2

in die homogene Randwertaufgabe

$$[EA(s)\, \hat{u}'(s)]' + \omega^2 \varrho A(s)\, \hat{u}(s) = 0; \qquad A(s) = \begin{cases} 2A_0; & 0 \leqq s \leqq l, \\ A_0; & l \leqq s \leqq 2l, \end{cases}$$
$$\hat{u}(0) = 0; \qquad L(2l) = EA(2l)\, \hat{u}'(2l) = 0 \tag{3.5.18}$$

mit dem Eigenwertparameter ω über. Aus dieser findet man die Eigenwertgleichung

$$3 \sin^2 \lambda - 2 = 0; \qquad \lambda^2 = \frac{\omega^2 \varrho l^2}{E} \tag{3.5.19}$$

mit den Eigenwerten

$$\lambda_i = \arcsin \sqrt{\frac{2}{3}} + (i - 1)\frac{\pi}{2} \qquad (i = 1, 3, 5, \ldots),$$
$$\lambda_i = -\arcsin \sqrt{\frac{2}{3}} + i\,\frac{\pi}{2} \qquad (i = 2, 4, 6, \ldots). \tag{3.5.20}$$

Sie führen auf die vier niedrigsten Eigenwerte

$$\lambda_1 = 0{,}9553; \qquad \lambda_2 = 2{,}1863; \qquad \lambda_3 = 4{,}0969; \qquad \lambda_4 = 5{,}3279, \tag{3.5.21}$$

bzw. die vier niedrigsten Eigenkreisfrequenzen

$$\begin{aligned} \omega_1 &= 0{,}9553 \sqrt{\frac{E}{\varrho l^2}}; \qquad \omega_2 = 2{,}1863 \sqrt{\frac{E}{\varrho l^2}}, \\ \omega_3 &= 4{,}0969 \sqrt{\frac{E}{\varrho l^2}}; \qquad \omega_4 = 5{,}3279 \sqrt{\frac{E}{\varrho l^2}}. \end{aligned} \tag{3.5.22}$$

Die zugehörigen normierten Eigenschwingformen lassen sich durch die Eigenfunktionen

$$\begin{aligned} \hat{u}(\lambda_i, s) &= \frac{1}{\sqrt{2}} (-1)^{i+1} \sin \lambda_i \frac{s}{l}; \qquad 0 \leqq s \leqq l \\ & \qquad\qquad\qquad\qquad (i = 1, 2, 3, 4) \\ \hat{u}(\lambda_i, s) &= \cos \lambda_i \left(2 - \frac{s}{l}\right); \qquad l \leqq s \leqq 2l \end{aligned} \tag{3.5.23}$$

beschreiben und sind in Bild 3.5.3 grafisch dargestellt.
Die homogene Randwertaufgabe (3.5.18) kann als notwendige Bedingung der Variationsaufgabe

$$J\{\hat{u}\} = \frac{1}{2} \int_0^{2l} [EA(s)\, \hat{u}'^2(s) - \omega^2 \varrho A(s)\, \hat{u}^2(s)]\, \mathrm{d}s = \text{Extremum}; \qquad \hat{u}(0) = 0 \tag{3.5.24}$$

angesehen werden. Setzen wir die erste Variation des Funktionals Null, d. h.

$$\delta J = \int_0^{2l} [EA(s)\, \hat{u}'(s)\, \delta\hat{u}'(s) - \omega^2 \varrho A(s)\, \hat{u}(s)\, \delta\hat{u}(s)]\, \mathrm{d}s = 0, \tag{3.5.25}$$

so erhalten wir damit die Ausgangsgleichung für die FEM-Lösung. Eine Ansatzfunktion (3.1.40) mit C^0-Stetigkeit liefert

$$\begin{aligned} \delta \tilde{J} &= \sum_{e=1}^{n} \delta \boldsymbol{z}^{(e)\mathrm{T}} \left(\frac{A^{(e)} l}{A_0 l^{(e)}} \int_0^1 \frac{\mathrm{d}\boldsymbol{f}^{(e)}}{\mathrm{d}\xi} \frac{\mathrm{d}\boldsymbol{f}^{(e)\mathrm{T}}}{\mathrm{d}\xi} \mathrm{d}\xi - \lambda^2 \frac{A^{(e)} l^{(e)}}{A_0 l} \int_0^1 \boldsymbol{f}^{(e)} \boldsymbol{f}^{(e)\mathrm{T}} \mathrm{d}\xi \right) \boldsymbol{z}^{(e)} \\ &= \sum_{e=1}^{n} \delta \boldsymbol{z}^{(e)\mathrm{T}} (\boldsymbol{K}^{(e)} - \lambda^2 \boldsymbol{A}^{(e)})\, \boldsymbol{z}^{(e)} = 0 \end{aligned} \tag{3.5.26}$$

und nach Einführung der wesentlichen Randbedingungen die modifizierte homogene Systemgleichung

$$(\overset{*}{\boldsymbol{K}} - \lambda^2 \overset{*}{\boldsymbol{A}})\, \overset{*}{\boldsymbol{z}} = \boldsymbol{o}. \tag{3.5.27}$$

Aus der charakteristischen Gleichung

$$D = \det (\overset{*}{\boldsymbol{K}} - \lambda^2 \overset{*}{\boldsymbol{A}}) = |\overset{*}{\boldsymbol{K}} - \lambda^2 \overset{*}{\boldsymbol{A}}| = 0 \tag{3.5.28}$$

folgen die gesuchten Eigenwerte.

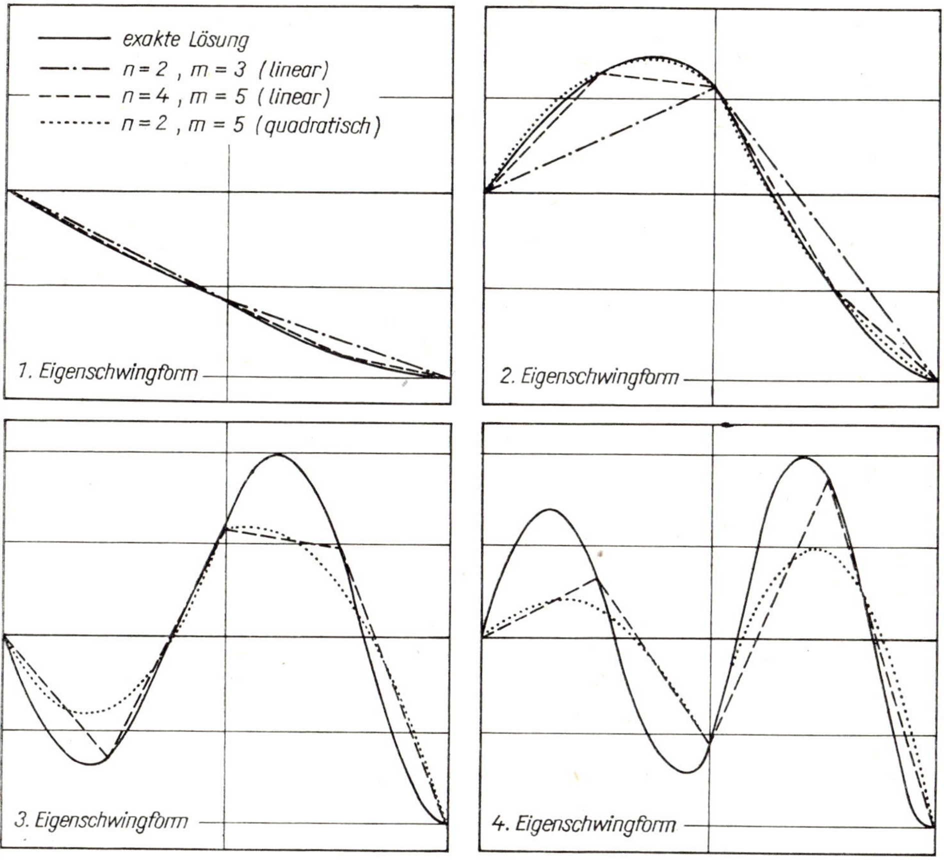

Bild 3.5.3

Wir wählen ein Zwei-Knoten-Element (Bild 3.1.1) mit der linearen Ansatzfunktion (3.1.5) und bestimmen zunächst die Elementmatrizen

$$\boldsymbol{K}^{(e)} = \frac{A^{(e)} l}{A_0 l^{(e)}} \begin{bmatrix} 1 & -1 \\ -1 & 1 \end{bmatrix}; \qquad \boldsymbol{A}^{(e)} = \frac{A^{(e)} l^{(e)}}{6 A_0 l} \begin{bmatrix} 2 & 1 \\ 1 & 2 \end{bmatrix}, \tag{3.5.29}$$

wobei $\boldsymbol{A}^{(e)}$ als *Elementmassenmatrix* bezeichnet wird. Für eine Einteilung des Stabes in $n = 2$ Elemente lautet dann mit $A^{(1)} = 2A_0$, $A^{(2)} = A_0$, $l^{(1)} = l^{(2)} = l$ und $\hat{u}_1 = \bar{\hat{u}}_1 = 0$ sowie $\delta\hat{u}_1 = \delta\hat{u}_1 = 0$ das modifizierte homogene Gleichungssystem

$$\left(\begin{bmatrix} 3 & -1 \\ -1 & 1 \end{bmatrix} - \frac{\lambda^2}{6} \begin{bmatrix} 6 & 1 \\ 1 & 2 \end{bmatrix}\right) \begin{bmatrix} \hat{u}_2 \\ \hat{u}_3 \end{bmatrix} = \boldsymbol{o}_2 . \tag{3.5.30}$$

Die charakteristische Gleichung

$$\begin{vmatrix} 18 - 6\lambda^2 & -6 - \lambda^2 \\ -6 - \lambda^2 & 6 - 2\lambda^2 \end{vmatrix} = 0 \tag{3.5.31}$$

ergibt die Eigenwertgleichung

$$11\lambda^4 - 84\lambda^2 + 72 = 0 \tag{3.5.32}$$

mit den beiden positiven Eigenwerten

$$\lambda_1 = \sqrt{\frac{6}{11}\left(7 - 3\sqrt{3}\right)} = 0{,}9919; \qquad \lambda_2 = \sqrt{\frac{6}{11}\left(7 + 3\sqrt{3}\right)} = 2{,}5792. \tag{3.5.33}$$

Setzen wir $\hat{u}_3 = 1{,}0$, so berechnen wir aus Gl. (3.5.30) die zu jedem Eigenwert λ_i $(i = 1, 2)$ gehörende Knotenverschiebung

$$\hat{u}_2(\lambda_i) = \frac{6 - 2\lambda_i^2}{6 + \lambda_i^2} = \frac{6 + \lambda_i^2}{6(3 - \lambda_i^2)} \qquad (i = 1, 2) \tag{3.5.34}$$

und erhalten die Eigenfunktionen

$$\left.\begin{aligned} u^{(1)}(\lambda_i, \xi) &= \xi \hat{u}_2(\lambda_i) \\ u^{(2)}(\lambda_i, \xi) &= (1 - \xi)\,\hat{u}_2(\lambda_i) + \xi \end{aligned}\right\} \qquad (i = 1, 2). \tag{3.5.35}$$

Ihr Verlauf ist aus Bild 3.5.3 ersichtlich.
Verwenden wir $n = 4$ gleichlange Elemente, so lassen sich die vier positiven Eigenwerte

$$\lambda_1 = 0{,}9644; \qquad \lambda_2 = 2{,}2961; \qquad \lambda_3 = 4{,}7691; \qquad \lambda_4 = 6{,}3838 \tag{3.5.36}$$

und mit den Knotenverschiebungen

$$\left.\begin{aligned} &\hat{u}_2(\lambda_i) = \frac{288 - 12\lambda_i^2 - \lambda_i^4}{1152 - 336\lambda_i^2 + 11\lambda_i^4}; \qquad \hat{u}_3(\lambda_i) = \frac{4(144 - 2\lambda_i^2 + \lambda_i^4)}{1152 - 336\lambda_i^2 + 11\lambda_i^4}, \\ &\hat{u}_4(\lambda_i) = \frac{2(12 - \lambda_i^2)}{24 + \lambda_i^2}; \qquad \hat{u}_5(\lambda_i) = 1{,}0 \qquad (i = 1, 2, 3, 4) \end{aligned}\right. \tag{3.5.37}$$

die in Bild 3.5.3 gezeichneten Eigenfunktionen

$$\begin{aligned} &\hat{u}^{(1)}(\lambda_i, \xi) = \xi \hat{u}_2(\lambda_i); \qquad \hat{u}^{(2)}(\lambda_i, \xi) = (1 - \xi)\,\hat{u}_2(\lambda_i) + \xi \hat{u}_3(\lambda_i), \\ &\hat{u}^{(3)}(\lambda_i, \xi) = (1 - \xi)\,\hat{u}_3(\lambda_i) + \xi \hat{u}_4(\lambda_i); \\ &\hat{u}^{(4)}(\lambda_i, \xi) = (1 - \xi)\,\hat{u}_4(\lambda_i) + \xi \qquad (i = 1, 2, 3, 4) \end{aligned} \tag{3.5.38}$$

ermitteln. Aus einem Vergleich der Eigenwerte (3.5.33), (3.5.36) und (3.5.21) ist wieder zu erkennen, daß sich diese mit feiner werdender Einteilung in finite Elemente »von oben her« den exakten Werten nähern.
Für ein Drei-Knoten-Element (Bild 3.1.2) mit der quadratischen Ansatzfunktion (3.1.8) lauten die Elementsteifigkeitsmatrix und die Elementmassenmatrix

$$\boldsymbol{K}^{(e)} = \frac{A^{(e)} l}{3 A_0 l^{(e)}} \begin{bmatrix} 7 & 1 & -8 \\ & 7 & -8 \\ \text{sym.} & & 16 \end{bmatrix}; \qquad \boldsymbol{M}^{(e)} = \frac{A^{(e)} l^{(e)}}{30 A_0 l} \begin{bmatrix} 4 & -1 & 2 \\ & 4 & 2 \\ \text{sym.} & & 16 \end{bmatrix}. \tag{3.5.39}$$

Wir teilen den Stab in $n = 2$ Elemente mit 5 Knoten ein und berechnen das modifizierte homogene Gleichungssystem

$$\left(\begin{bmatrix} 32 & -16 & 0 & 0 \\ & 21 & -8 & 1 \\ & & 16 & -8 \\ \text{sym.} & & & 7 \end{bmatrix} - \frac{\lambda^2}{10}\begin{bmatrix} 32 & 4 & 0 & 0 \\ & 12 & 2 & -1 \\ & & 16 & 2 \\ \text{sym.} & & & 4 \end{bmatrix}\right)\begin{bmatrix} \hat{u}_2 \\ \hat{u}_3 \\ \hat{u}_4 \\ \hat{u}_5 \end{bmatrix} = \boldsymbol{o}_5 . \tag{3.5.40}$$

Aus der charakteristischen Gleichung

$$\begin{vmatrix} 320 - 32\lambda^2 & -160 - 4\lambda^2 & 0 & 0 \\ & 210 - 12\lambda^2 & -80 - 2\lambda^2 & 10 + \lambda^2 \\ & & 160 - 16\lambda^2 & -80 - 2\lambda^2 \\ \text{sym.} & & & 70 - 4\lambda^2 \end{vmatrix} = 0 \tag{3.5.41}$$

folgt die Eigenwertgleichung

$$13\lambda^8 - 952\lambda^6 + 18016\lambda^4 - 78720\lambda^2 + 57600 = 0 \tag{3.5.42}$$

mit den vier positiven reellen Eigenwerten

$$\lambda_1 = 0{,}9558; \quad \lambda_2 = 2{,}2141; \quad \lambda_3 = 4{,}6462; \quad \lambda_4 = 6{,}7696. \tag{3.5.43}$$

Gegenüber den Ergebnissen, die wir für zwei Elemente mit linearer Ansatzfunktion erhalten hatten, liefert die quadratische Ansatzfunktion deutlich bessere Ergebnisse. Die gleiche Aussage gilt für die beiden niedrigsten Eigenfunktionen. In Bild 3.5.3 sind mit den Knotenverschiebungen

$$\begin{aligned} \hat{u}_2(\lambda_i) &= \frac{1}{2}\left(\frac{480 - 28\lambda_i^2 - \lambda_i^4}{240 + 16\lambda_i^2 + \lambda_i^4} - \frac{1}{4}\cdot\frac{40 + \lambda_i^2}{10 - \lambda_i^2}\right) \\ \hat{u}_3(\lambda_i) &= \frac{240 - 104\lambda_i^2 + 3\lambda_i^4}{240 + 16\lambda_i^2 + \lambda_i^4} \qquad (i = 1, 2, 3, 4) \\ \hat{u}_4(\lambda_i) &= \frac{1}{2}\cdot\frac{480 - 28\lambda_i^2 - \lambda_i^4}{240 + 16\lambda_i^2 + \lambda_i^4}; \qquad \hat{u}_5(\lambda_i) = 1{,}0 \end{aligned} \tag{3.5.44}$$

die Eigenfunktionen

$$\hat{u}^{(1)}(\lambda_i, \xi) = (4\xi - 4\xi^2)\,\hat{u}_2(\lambda_i) + (-\xi + 2\xi^2)\,\hat{u}_3(\lambda_i) \tag{3.5.45}$$

$$\hat{u}^{(2)}(\lambda_i, \xi) = (1 - 3\xi + 2\xi^2)\,\hat{u}_3(\lambda_i) + (4\xi - 4\xi^2)\,\hat{u}_4(\lambda_i) - \xi + 2\xi^2 \qquad (i = 1, 2, 3, 4)$$

gezeigt.

Das dritte Beispiel soll die Biegeschwingung des in Bild 3.5.4 dargestellten Balkens behandeln. Ausgehend von der Differentialgleichung des schwingenden Balkens

$$[EI(s)\, v_{,ss}(s, t)]_{,ss} + \varrho A(s)\, v_{,tt}(s, t) = 0 \tag{3.5.46}$$

und den zugehörigen Randbedingungen findet man über den Ansatz

$$v(s, t) = \hat{v}(s)\, \mathrm{e}^{j\omega t}; \qquad j = \sqrt{-1} \tag{3.5.47}$$

die homogene Randwertaufgabe

$$[EI(s)\,\hat{v}''(s)]'' - \omega^2 \varrho A(s)\,\hat{v}(s) = 0; \qquad A(s) = \begin{cases} 2A_0; & 0 \leqq s \leqq l, \\ A_0; & l \leqq s \leqq 2l, \end{cases}$$

$$\begin{aligned} &\hat{v}(0) = 0; \quad \hat{v}(2l) = 0; \\ &\hat{v}'(0) = 0; \qquad\qquad\qquad\qquad I(s) = \begin{cases} 8I_0; & 0 \leqq s \leqq l, \\ I_0; & l \leqq s \leqq 2l, \end{cases} \\ &-EI(2l)\,v''(2l) = M(2l) = 0. \end{aligned} \tag{3.5.48}$$

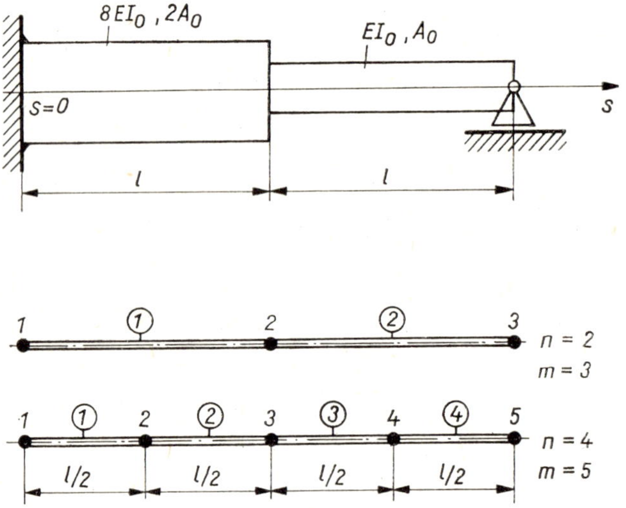

Bild 3.5.4

Die sich daraus ergebende Eigenwertgleichung kann z. B. mit dem Verfahren der Übertragungsmatrizen aufgestellt werden. Nach einer Zwischenrechnung folgt mit den Funktionen

$$\begin{aligned} C(\alpha) &= \cosh\alpha \sin\alpha - \sinh\alpha\cos\alpha, \\ S(\alpha) &= \cosh\alpha\sin\alpha + \sinh\alpha\cos\alpha \end{aligned} \tag{3.5.49}$$

die Eigenwertgleichung

$$\begin{aligned} &\sqrt{2}\,(15 + 17\cosh\lambda\cos\lambda)\,C\left(\sqrt{2}\,\lambda\right) + 8\sqrt{2}\sinh\lambda\sin\lambda S\left(\sqrt{2}\,\lambda\right) \\ &+ 16\cosh\sqrt{2}\,\lambda\cos\sqrt{2}\,\lambda\,C(\lambda) + 8\sinh\sqrt{2}\,\lambda\sin\sqrt{2}\,\lambda\,S(\lambda) = 0, \\ &\lambda^4 = \omega^2\,\frac{\varrho A_0 l^4}{4EI_0}. \end{aligned} \tag{3.5.50}$$

Ihre vier niedrigsten positiven Eigenwerte

$$\lambda_1 = 1{,}6714; \qquad \lambda_2 = 2{,}9482; \qquad \lambda_3 = 4{,}2649; \qquad \lambda_4 = 5{,}4456 \tag{3.5.51}$$

führen auf die vier niedrigsten Eigenkreisfrequenzen

$$\omega_1 = 5{,}5872 \sqrt{\frac{EI_0}{\varrho A_0 l^4}}; \qquad \omega_2 = 17{,}3838 \sqrt{\frac{EI_0}{\varrho A_0 l^4}},$$
$$\omega_3 = 36{,}3787 \sqrt{\frac{EI_0}{\varrho A_0 l^4}}; \qquad \omega_4 = 59{,}3091 \sqrt{\frac{EI_0}{\varrho A_0 l^4}}. \tag{3.5.52}$$

Die zugehörigen Eigenschwingformen sind in Bild 3.5.5 dargestellt. Die homogene Randwertaufgabe (3.5.48) ist die notwendige Bedingung des Variationsproblems

$$J\{\hat{v}\} = \frac{1}{2}\int\limits_0^{2l} [EI(s)\, \hat{v}''^2(s) - \omega^2 \varrho A(s)\, \hat{v}^2(s)]\, \mathrm{d}s = \text{Extremum}, \tag{3.5.53}$$
$$\hat{v}(0) = 0; \qquad \hat{v}'(0) = 0; \qquad \hat{v}(2l) = 0.$$

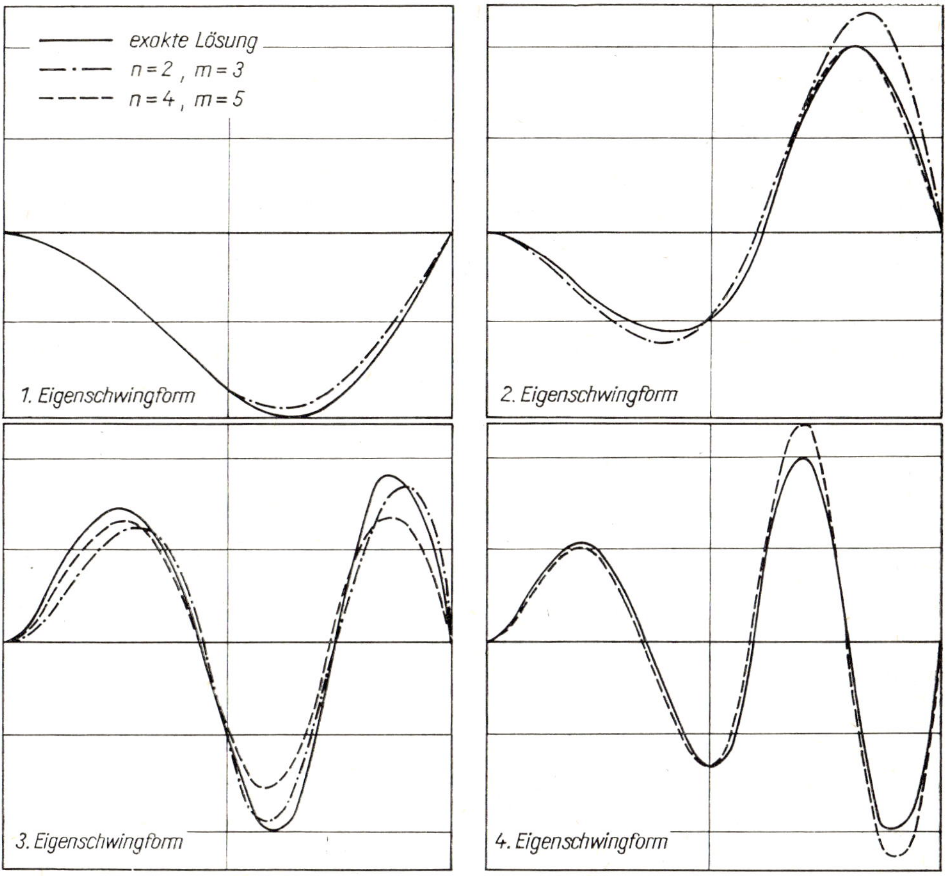

Bild 3.5.5

Wir bilden die erste Variation des Funktionals, setzen diese Null und erhalten die Extremalbedingung

$$\delta J = \int_0^{2l} [EI(s)\, \hat{v}''(s)\, \delta\hat{v}''(s) - \omega^2 \varrho A(s)\, \hat{v}(s)\, \delta\hat{v}(s)]\, \mathrm{d}s = 0. \tag{3.5.54}$$

Die Ansatzfunktion (3.1.40) für die FEM-Lösung muß C^1-Stetigkeit aufweisen. Mit $\hat{v}^{(e)}(\xi) = \boldsymbol{f}^{(e)}(\xi)^{\mathrm{T}}\, \boldsymbol{z}^{(e)}$ finden wir die Gleichung

$$\delta\tilde{J} = \sum_{e=1}^{n} \delta\boldsymbol{z}^{(e)\mathrm{T}} \left(\frac{I^{(e)} l^3}{I_0 l^{(e)3}} \int_0^1 \frac{\mathrm{d}^2 \boldsymbol{f}^{(e)}}{\mathrm{d}\xi^2} \frac{\mathrm{d}^2 \boldsymbol{f}^{(e)\mathrm{T}}}{\mathrm{d}\xi^2}\, \mathrm{d}\xi - \lambda^4 \frac{4A^{(e)} l^{(e)}}{A_0 l} \int_0^1 \boldsymbol{f}^{(e)} \boldsymbol{f}^{(e)\mathrm{T}}\, \mathrm{d}\xi \right) \boldsymbol{z}^{(e)}$$

$$= \sum_{e=1}^{n} \delta\boldsymbol{z}^{(e)\mathrm{T}} (\boldsymbol{K}^{(e)} - \lambda^4 \boldsymbol{A}^{(e)})\, \boldsymbol{z}^{(e)} = 0 \tag{3.5.55}$$

und nach Berücksichtigung der wesentlichen Randbedingungen die modifizierte homogene Systemgleichung

$$(\overset{*}{\boldsymbol{K}} - \lambda^4 \overset{*}{\boldsymbol{A}})\, \overset{*}{\boldsymbol{z}} = \boldsymbol{o}. \tag{3.5.56}$$

Die charakteristische Gleichung

$$\mathrm{D} = \det(\overset{*}{\boldsymbol{K}} - \lambda^4 \overset{*}{\boldsymbol{A}}) = |\overset{*}{\boldsymbol{K}} - \lambda^4 \overset{*}{\boldsymbol{A}}| = 0 \tag{3.5.57}$$

liefert dann die gesuchten Eigenwerte.

Ebenso wie bei der Knickaufgabe verwenden wir auch hier ein Zwei-Knoten-Element mit kubischer Ansatzfunktion gemäß Gl. (3.1.29) und berechnen zunächst die Elementsteifigkeitsmatrix

$$\boldsymbol{K}^{(e)} = \frac{2I^{(e)} l^3}{I_0 l^{(e)3}} \begin{bmatrix} 6 & 3l^{(e)} & -6 & 3l^{(e)} \\ & 2l^{(e)2} & -3l^{(e)} & l^{(e)2} \\ & & 6 & -3l^{(e)} \\ \text{sym.} & & & 2l^{(e)2} \end{bmatrix} \tag{3.5.58}$$

und die Elementmassenmatrix

$$\boldsymbol{A}^{(e)} = \frac{A^{(e)} l^{(e)}}{105 A_0 l} \begin{bmatrix} 156 & 22l^{(e)} & 54 & -13l^{(e)} \\ & 4l^{(e)2} & 13l^{(e)} & -3l^{(e)2} \\ & & 156 & -22l^{(e)} \\ \text{sym.} & & & 4l^{(e)2} \end{bmatrix}. \tag{3.5.59}$$

Teilen wir den Balken in $n = 2$ Elemente ein, dann ergibt sich mit $A^{(1)} = 2A_0$, $A^{(2)} = A_0$, $I^{(1)} = 8I_0$, $I^{(2)} = I_0$, $l^{(1)} = l^{(2)} = l$ und $\hat{v}_1 = \bar{v}_1 = 0$, $\hat{v}_1' = \bar{v}_1' = 0$, $\hat{v}_3 = \bar{v}_3 = 0$ sowie $\delta\hat{v}_1 = \delta\bar{v}_1 = 0$, $\delta\hat{v}_1' = \delta\bar{v}_1 = 0$, $\delta\hat{v}_3 = \delta\bar{v}_3 = 0$ das modifizierte homogene Gleichungssystem

$$\left(\begin{bmatrix} 54 & -21l & 3l \\ & 18l^2 & l^2 \\ \text{sym.} & & 2l^2 \end{bmatrix} - \frac{\lambda^4}{210} \begin{bmatrix} 468 & -22l & -13l \\ & 12l^2 & -3l^2 \\ \text{sym.} & & 4l^2 \end{bmatrix} \right) \begin{bmatrix} \hat{v}_2 \\ \hat{v}_2' \\ \hat{v}_3' \end{bmatrix} = \boldsymbol{o}_3. \tag{3.5.60}$$

Für die weitere numerische Auswertung ist es wiederum vorteilhaft, die Unbekannten $\hat{v}_2'$ und $\hat{v}_3'$ durch $\tilde{v}_2' = l\hat{v}_2'$ und $\tilde{v}_3' = l\hat{v}_3'$ zu ersetzen. Aus der charakteristischen Gleichung

$$\begin{vmatrix} 11340 - 468\lambda^4 & -4410 + 22\lambda^4 & 630 + 13\lambda^4 \\ & 3780 - 12\lambda^4 & 210 + 3\lambda^4 \\ \text{sym.} & & 420 - 4\lambda^4 \end{vmatrix} = 0 \tag{3.5.61}$$

gewinnt man die Eigenwertgleichung

$$449\lambda^{12} - 318015\lambda^8 + 32073300\lambda^4 - 238140000 = 0 \tag{3.5.62}$$

mit den drei positiven reellen Eigenwerten

$$\lambda_1 = 1{,}6850; \quad \lambda_2 = 3{,}2517; \quad \lambda_3 = 4{,}9251. \tag{3.5.63}$$

Die zugehörigen Eigenkreisfrequenzen sind

$$\omega_1 = 5{,}6785 \sqrt{\frac{EI_0}{\varrho A_0 l^4}}; \quad \omega_2 = 21{,}1471 \sqrt{\frac{EI_0}{\varrho A_0 l^4}}, \quad \omega_3 = 48{,}5132 \sqrt{\frac{EI_0}{\varrho A_0 l^4}}. \tag{3.5.64}$$

Die Eigenfunktionen folgen für $\hat{v}_2(\lambda_i) = 1{,}0$ und

$$\begin{aligned} \tilde{v}_2'(\lambda_i) &= \frac{2579850 - 10395\lambda_i^4 - 845\lambda_i^8}{1653750 + 25095\lambda_i^4 - 111\lambda_i^8}, \\ \tilde{v}_3'(\lambda_i) &= \frac{-11708550 + 855540\lambda_i^4 - 2566\lambda_i^8}{1653750 + 25095\lambda_i^4 - 111\lambda_i^8} \end{aligned} \qquad (i = 1, 2, 3) \tag{3.5.65}$$

zu

$$\begin{aligned} \hat{v}^{(1)}(\lambda_i, \xi) &= 3\xi^2 - 2\xi^3 + (-\xi^2 + \xi^3)\, v_2'(\lambda_i) \\ \hat{v}^{(2)}(\lambda_i, \xi) &= 1 - 3\xi^2 + 2\xi^3 + (\xi - 2\xi^2 + \xi^3)\, \tilde{v}_2'(\lambda_i) + (-\xi + \xi^3)\, \tilde{v}_3'(\lambda_i) \end{aligned} \tag{3.5.66}$$

$(i = 1, 2, 3)$.

Ihr Verlauf ist aus Bild 3.5.5 ersichtlich.

Schließlich wollen wir den Balken noch in $n = 4$ gleichlange Elemente einteilen. Dies liefert die vier niedrigsten positiven reellen Eigenwerte

$$\lambda_1 = 1{,}6722; \quad \lambda_2 = 2{,}9596; \quad \lambda_3 = 4{,}3598; \quad \lambda_4 = 5{,}7227, \tag{3.5.67}$$

zu denen die Eigenkreisfrequenzen

$$\begin{aligned} \omega_1 &= 5{,}5925 \sqrt{\frac{EI_0}{\varrho A_0 l^4}}; \quad & \omega_2 &= 17{,}5185 \sqrt{\frac{EI_0}{\varrho A_0 l^4}}, \\ \omega_3 &= 38{,}0157 \sqrt{\frac{EI_0}{\varrho A_0 l^4}}; \quad & \omega_4 &= 65{,}4986 \sqrt{\frac{EI_0}{\varrho A_0 l^4}} \end{aligned} \tag{3.5.68}$$

und die in Bild 3.5.5 gezeichneten Eigenschwingformen gehören. Auch an diesem Beispiel erkennen wir die versteifende und damit frequenzerhöhende Wirkung des Näherungsansatzes und den Einfluß der Elementgröße.

3.6. Kondensation

Benutzt man neben äußeren auch innere Knoten, so kann zwar der Grad der Polynome in der Ansatzfunktion erhöht werden, aber gleichzeitig nimmt die Anzahl der zu ermittelnden Knotenwerte zu. Da jedoch die *inneren Knotenwerte* eines Elementes nur mit dessen *äußeren Knotenwerten* verknüpft sind und sich dies auch beim Aufbau der Systemgleichung nicht ändert, liegt der Gedanke nahe, die inneren Knotenwerte bereits am Element durch die zugehörigen äußeren Knotenwerte auszudrücken und damit die Anzahl der Unbekannten des Systems zu reduzieren. Diesen Vorgang nennt man *statische Kondensation*. Wir betrachten den Ausdruck [vgl. Gln. (3.2.20), (3.2.26)]

$$\delta\tilde{J} = \sum_{e=1}^{n} \delta\boldsymbol{z}^{(e)\mathrm{T}}(\boldsymbol{K}^{(e)}\boldsymbol{z}^{(e)} - \boldsymbol{r}^{(e)}) = 0. \tag{3.6.1}$$

Faßt man die Knotenwerte der äußeren Knoten in dem Vektor $\boldsymbol{z}_a^{(e)}$ und die der inneren Knoten in dem Vektor $\boldsymbol{z}_i^{(e)}$ zusammen, so können wir diese Gleichung in der Form

$$\begin{aligned}\delta\tilde{J} &= \sum_{e=1}^{n} [\delta\boldsymbol{z}_a^{(e)\mathrm{T}}; \delta\boldsymbol{z}_i^{(e)\mathrm{T}}] \left(\begin{bmatrix}\boldsymbol{K}_{aa}^{(e)} & \boldsymbol{K}_{ai}^{(e)} \\ \boldsymbol{K}_{ia}^{(e)} & \boldsymbol{K}_{ii}^{(e)}\end{bmatrix}\begin{bmatrix}\boldsymbol{z}_a^{(e)} \\ \boldsymbol{z}_i^{(e)}\end{bmatrix} - \begin{bmatrix}\boldsymbol{r}_a^{(e)} \\ \boldsymbol{r}_i^{(e)}\end{bmatrix}\right) \\ &= \sum_{e=1}^{n} \delta\boldsymbol{z}_a^{(e)\mathrm{T}} \left([\boldsymbol{K}_{aa}^{(e)}\boldsymbol{K}_{ai}^{(e)}]\begin{bmatrix}\boldsymbol{z}_a^{(e)} \\ \boldsymbol{z}_i^{(e)}\end{bmatrix} - \boldsymbol{r}_a^{(e)}\right) \\ &\quad + \sum_{e=1}^{n} \delta\boldsymbol{z}_i^{(e)\mathrm{T}} \left([\boldsymbol{K}_{ia}^{(e)}\boldsymbol{K}_{ii}^{(e)}]\begin{bmatrix}\boldsymbol{z}_a^{(e)} \\ \boldsymbol{z}_i^{(e)}\end{bmatrix} - \boldsymbol{r}_i^{(e)}\right) = 0\end{aligned} \tag{3.6.2}$$

darstellen. Für jedes Element e kann wegen der beliebigen Variation $\delta\boldsymbol{z}_i^{(e)}$ das Untersystem

$$\boldsymbol{K}_{ii}^{(e)}\boldsymbol{z}_i^{(e)} = \boldsymbol{r}_i^{(e)} - \boldsymbol{K}_{ia}^{(e)}\boldsymbol{z}_a^{(e)} \tag{3.6.3}$$

formal gelöst werden und liefert den Vektor

$$\boldsymbol{z}_i^{(e)} = \boldsymbol{K}_{ii}^{(e)-1}(\boldsymbol{r}_i^{(e)} - \boldsymbol{K}_{ia}^{(e)}\boldsymbol{z}_a^{(e)}). \tag{3.6.4}$$

Setzt man dieses Ergebnis in Gl. (3.6.2) ein, so erhält man

$$\begin{aligned}\delta\tilde{J} &= \sum_{e=1}^{n} \delta\boldsymbol{z}_a^{(e)\mathrm{T}}[(\boldsymbol{K}_{aa}^{(e)} - \boldsymbol{K}_{ai}^{(e)}\boldsymbol{K}_{ii}^{(e)-1}\boldsymbol{K}_{ia}^{(e)})\,\boldsymbol{z}_a^{(e)} - (\boldsymbol{r}_a^{(e)} - \boldsymbol{K}_{ai}^{(e)}\boldsymbol{K}_{ii}^{(e)-1}\boldsymbol{r}_i^{(e)})] \\ &= \sum_{e=1}^{n} \delta\boldsymbol{z}_a^{(e)\mathrm{T}}(\hat{\boldsymbol{K}}^{(e)}\boldsymbol{z}_a^{(e)} - \hat{\boldsymbol{r}}^{(e)}) = \delta\boldsymbol{z}^{\mathrm{T}}(\boldsymbol{K}\boldsymbol{z} - \boldsymbol{r}) = 0,\end{aligned} \tag{3.6.5}$$

wobei die *kondensierte Elementmatrix*

$$\hat{\boldsymbol{K}}^{(e)} = \boldsymbol{K}_{aa}^{(e)} - \boldsymbol{K}_{ai}^{(e)}\boldsymbol{K}_{ii}^{(e)-1}\boldsymbol{K}_{ia}^{(e)} \tag{3.6.6}$$

und der *kondensierte Elementvektor der rechten Seite*

$$\hat{\boldsymbol{r}}^{(e)} = \boldsymbol{r}_a^{(e)} - \boldsymbol{K}_{ai}^{(e)}\boldsymbol{K}_{ii}^{(e)-1}\boldsymbol{r}_i^{(e)} \tag{3.6.7}$$

eingeführt werden.

An dem Beispiel, das wir in vereinfachter Form bereits im Abschn. 1. behandelt hatten (vgl. Bild 1.12), wollen wir die statische Kondensation erläutern. Für den in Bild 3.6.1 dargestellten Stab mit veränderlicher Dehnsteifigkeit EA soll der Verschiebungszustand u infolge seines Eigengewichtes und einer Einzelkraft bestimmt werden. Die Randwertaufgabe

$$[EA(s)\, u'(s)]' + \varrho g A(s) = 0; \qquad A(s) = A_0 \left(1 - \frac{s}{2l}\right), \\ u(0) = 0; \qquad L(l) = EA(l)\, u'(l) = F \tag{3.6.8}$$

besitzt die Lösung

$$u(s) = \frac{\varrho g l^2}{2E} \ln\left(1 - \frac{s}{2l}\right) + \frac{s}{l}\left(2 - \frac{s}{2l}\right) - \frac{2Fl}{EA_0} \ln\left(1 - \frac{s}{2l}\right). \tag{3.6.9}$$

Mit Hilfe des Prinzips vom Minimum des elastischen Potentials gewinnen wir die Variationsaufgabe

$$J\{u\} = \int_0^l \left[\frac{1}{2} EA(s)\, u'^2(s) - \varrho g A(s)\, u(s)\right] \mathrm{d}s - \bar{L}(l)\, u(l) = \text{Extremum}, \\ u(0) = 0. \tag{3.6.10}$$

Aus der Extremalbedingung

$$\delta J = \int_0^l [EA(s)\, u'(s)\, \delta u'(s) - \varrho g A(s)\, \delta u(s)]\, \mathrm{d}s - \bar{L}(l)\, \delta u(l) = 0 \tag{3.6.11}$$

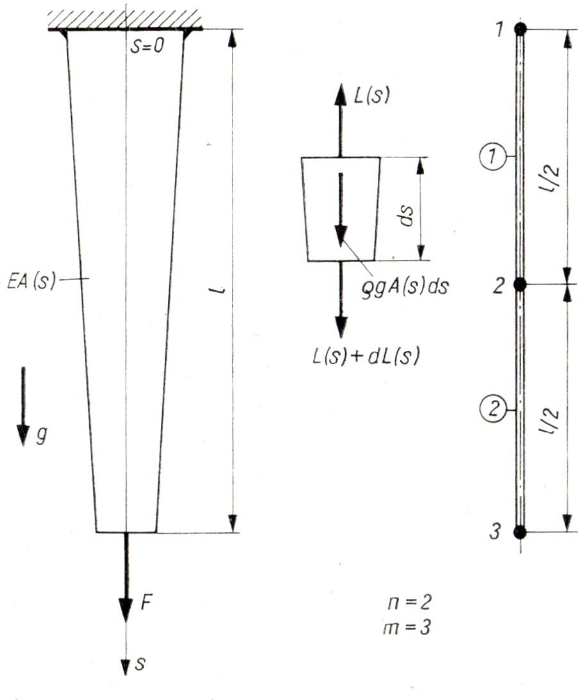

Bild 3.6.1

folgt mit der Ansatzfunktion (3.1.13) und wegen $L(l) = \bar{L}(l) = F$ der Ausdruck

$$\delta\tilde{J} = \sum_{e=1}^{n} \delta\boldsymbol{z}^{(e)\mathrm{T}} \left[\frac{EA_0}{2l} \int_0^1 (k^{(e)} - \xi) \frac{\mathrm{d}\boldsymbol{f}^{(e)}}{\mathrm{d}\xi} \frac{\mathrm{d}\boldsymbol{f}^{(e)\mathrm{T}}}{\mathrm{d}\xi} \,\mathrm{d}\xi \boldsymbol{z}^{(e)} - \frac{\varrho g A_0 l^{(e)2}}{2l} \int_0^1 (k^{(e)} - \xi) \boldsymbol{f}^{(e)} \,\mathrm{d}\xi \right] - \delta\boldsymbol{z}^{(n)} F \boldsymbol{f}^{(e)}(1)$$

$$= \delta\boldsymbol{z}^{(e)\mathrm{T}}(\boldsymbol{K}^{(e)}\boldsymbol{z}^{(e)} - \boldsymbol{r}^{(e)}) = 0; \qquad k^{(e)} = \frac{2l - s_1}{l^{(e)}}, \tag{3.6.12}$$

d. h. die Elementmatrix

$$\boldsymbol{K}^{(e)} = \frac{EA_0}{2l} \int_0^1 (k^{(e)} - \xi) \frac{\mathrm{d}\boldsymbol{f}^{(e)}}{\mathrm{d}\xi} \frac{\mathrm{d}\boldsymbol{f}^{(e)\mathrm{T}}}{\mathrm{d}\xi} \,\mathrm{d}\xi \tag{3.6.13}$$

und der Elementvektor der rechten Seite

$$\boldsymbol{r}^{(e)} = \frac{\varrho g A_0 l^{(e)2}}{2l} \int_0^1 (k^{(e)} - \xi) \boldsymbol{f}^{(e)} \,\mathrm{d}\xi + F^{(e)} f^{(e)}(1),$$

$$F^{(e)} = \begin{cases} F & \text{für } e = n, \\ 0 & \text{für } e \neq n. \end{cases} \tag{3.6.14}$$

Da zur Lösung der Aufgabe C^0-Stetigkeit der Ansatzfunktion genügt, können *Lagrange*sche Interpolationspolynome verwendet werden. Für das Drei-Knoten-Element mit quadratischer Ansatzfunktion (3.1.8) gelten

$$\boldsymbol{K}^{(e)} = \frac{EA_0}{12l} \begin{bmatrix} 14k^{(e)} - 3 & 2k^{(e)} - 1 & -16k^{(e)} + 4 \\ & 14k^{(e)} - 11 & -16k^{(e)} + 12 \\ \text{sym.} & & 32k^{(e)} - 16, \end{bmatrix}, \tag{3.6.15}$$

$$\boldsymbol{r}^{(e)} = \frac{\varrho g A_0 l^{(e)2}}{12l} \begin{bmatrix} k^{(e)} \\ k^{(e)} - 1 \\ 4k^{(e)} - 2 \end{bmatrix} + \begin{bmatrix} 0 \\ F^{(e)} \\ 0 \end{bmatrix}, \tag{3.6.16}$$

und für das Vier-Knoten-Element mit kubischer Ansatzfunktion (3.1.9) berechnet man

$$\boldsymbol{K}^{(e)} = \frac{EA_0}{160l} \begin{bmatrix} 296k^{(e)} - 34 & -26k^{(e)} + 13 & -378k^{(e)} + 51 & 108k^{(e)} - 30 \\ & 296k^{(e)} - 262 & 108k^{(e)} - 78 & -378k^{(e)} + 327 \\ & & 864k^{(e)} - 270 & -594k^{(e)} + 297 \\ \text{sym.} & & & 864k^{(e)} - 594 \end{bmatrix}, \tag{3.6.17}$$

$$\boldsymbol{r}^{(e)} = \frac{\varrho g A_0 l^{(e)2}}{240 l} \begin{bmatrix} 15k^{(e)} - 2 \\ 15k^{(e)} - 13 \\ 45k^{(e)} - 9 \\ 45k^{(e)} - 36 \end{bmatrix} + \begin{bmatrix} 0 \\ F^{(e)} \\ 0 \\ 0 \end{bmatrix}. \tag{3.6.18}$$

Die Kondensation der inneren Knotenwerte liefert bei einer
— quadratischen Ansatzfunktion

$$\hat{\boldsymbol{K}}^{(e)} = \frac{EA_0}{4l} \frac{2(6k^{(e)2} - 6k^{(e)} + 1)}{3(2k^{(e)} - 1)} \begin{bmatrix} 1 & -1 \\ -1 & 1 \end{bmatrix}, \tag{3.6.19}$$

$$\hat{\boldsymbol{r}}^{(e)} = \frac{\varrho g A_0 l^{(e)2}}{24 l} \begin{bmatrix} 6k^{(e)} - 1 \\ 6k^{(e)} - 5 \end{bmatrix} + \begin{bmatrix} 0 \\ F^{(e)} \end{bmatrix}, \tag{3.6.20}$$

— kubischen Ansatzfunktion

$$\hat{\boldsymbol{K}}^{(e)} = \frac{EA_0}{4l} \frac{6(20k^{(e)3} - 30k^{(e)2} + 12k^{(e)} - 1)}{60k^{(e)2} - 60k^{(e)} + 11} \begin{bmatrix} 1 & -1 \\ -1 & 1 \end{bmatrix}, \tag{3.6.21}$$

$$\hat{\boldsymbol{r}}^{(e)} = \frac{\varrho g A_0 l^{(e)2}}{8l} \frac{1}{60k^{(e)2} - 60k^{(e)} + 11} \begin{bmatrix} 120k^{(e)3} - 140k^{(e)2} + 42k^{(e)} - 3 \\ 120k^{(e)3} - 220k^{(e)2} + 122k^{(e)} - 19 \end{bmatrix} + \begin{bmatrix} 0 \\ F^{(e)} \end{bmatrix}. \tag{3.6.22}$$

Es ist ersichtlich, daß sich die kondensierten Elementmatrizen von der Elementmatrix einer linearen Ansatzfunktion (3.1.5)

$$\boldsymbol{K}^{(e)} = \frac{EA_0}{4l} (2k^{(e)} - 1) \begin{bmatrix} 1 & -1 \\ -1 & 1 \end{bmatrix} \tag{3.6.23}$$

nur durch jeweils einen konstanten Faktor unterscheiden.
Zerlegen wir den Stab in zwei gleichlange Elemente, so ergeben sich mit $l^{(1)} = l^{(2)} = l/2$ und $k^{(1)} = 4$, $k^{(2)} = 3$ für die quadratische Ansatzfunktion die beiden kondensierten Elementmatrizen

$$\hat{\boldsymbol{K}}^{(1)} = \frac{365 EA_0}{210 l} \begin{bmatrix} 1 & -1 \\ -1 & 1 \end{bmatrix}; \qquad \hat{\boldsymbol{K}}^{(2)} = \frac{259 EA_0}{210 l} \begin{bmatrix} 1 & -1 \\ -1 & 1 \end{bmatrix} \tag{3.6.24}$$

und die beiden zugehörigen kondensierten Elementvektoren der rechten Seite

$$\hat{\boldsymbol{r}}^{(1)} = \frac{\varrho g A_0 l}{96} \begin{bmatrix} 23 \\ 19 \end{bmatrix}; \qquad \hat{\boldsymbol{r}}^{(2)} = \frac{\varrho g A_0 l}{96} \begin{bmatrix} 17 \\ 13 \end{bmatrix} + \begin{bmatrix} 0 \\ F \end{bmatrix}. \tag{3.6.25}$$

Wie in 3.2. gezeigt, führt die Überlagerung der Elementmatrizen und -vektoren der rechten Seite auf die Systemgleichung. Analog dazu entsteht gemäß Gl. (3.6.5)

$$\delta \tilde{J} = [\delta u_1; \delta u_2; \delta u_3] \left(\frac{EA_0}{210 l} \begin{bmatrix} 365 & -365 & 0 \\ -365 & 624 & -259 \\ 0 & -259 & 259 \end{bmatrix} \begin{bmatrix} u_1 \\ u_2 \\ u_3 \end{bmatrix} - \frac{\varrho g A_0 l}{96} \begin{bmatrix} 23 \\ 36 \\ 13 \end{bmatrix} - \begin{bmatrix} 0 \\ 0 \\ F \end{bmatrix} \right) = 0. \tag{3.6.26}$$

Mit Hilfe der wesentlichen Randbedingung ($u_1 = \overline{u}_1 = 0$, $\delta u_1 = \delta \overline{u}_1 = 0$), erhält man daraus das modifizierte Gleichungssystem

$$\frac{EA_0}{210l}\begin{bmatrix} 624 & -259 \\ -259 & 259 \end{bmatrix}\begin{bmatrix} u_2 \\ u_3 \end{bmatrix} = \frac{\varrho g A_0 l}{96}\begin{bmatrix} 36 \\ 13 \end{bmatrix} + \begin{bmatrix} 0 \\ F \end{bmatrix}. \tag{3.6.27}$$

Die Ergebnisse sind in Tabelle 3.6.1 enthalten und werden dort mit denen der linearen und der kubischen Ansatzfunktion sowie der exakten Lösung verglichen. Es ist ersichtlich, daß mit Hilfe der Kondensation bei gleichbleibender Anzahl von äußeren Knoten und damit Gleichungen eine schnellere Konvergenz erreicht werden kann. Darüber hinaus bereitet es keine Schwierigkeiten, die Knotenwerte der inneren Knoten nachträglich aus Gl. (3.6.4) zu bestimmen.

Tabelle 3.6.1

$u_2 = u_{2\varrho} + u_{2F}$		$u_3 = u_{3\varrho} + u_{3F}$		
$\frac{E}{\varrho g l^2} u_{2\varrho}$	$\frac{EA_0}{Fl} u_{2F}$	$\frac{E}{\varrho g l^2} u_{3\varrho}$	$\frac{EA_0}{Fl} u_{3F}$	Ansatzfunktion
0,297619	0,571429	0,414286	1,371429	linear
0,293664	0,575342	0,403462	1,386153	quadratisch
0,293659	0,575364	0,403427	1,386293	kubisch
0,293659	0,575364	0,403426	1,386294	exakte Lösung

3.7. Substrukturtechnik

Die Methode der statischen Kondensation läßt sich auch auf das Gesamtsystem erweitern, indem die inneren Knotenwerte eliminiert werden und somit eine *kondensierte Systemgleichung* entsteht. Diese Vorgehensweise ist besonders dann vorteilhaft, wenn es sich um verzweigte Probleme handelt, da in diesem Falle die für die FEM charakteristische Bandstruktur weitestgehend verloren geht und die Lösung des Gleichungssystems rechentechnisch unökonomisch wird. Zerlegt man das gegebene Gebiet in geeignete Teilbereiche (*Substrukturen*) und kondensiert deren innere Knotenwerte, so enthält die kondensierte Systemgleichung nur noch die äußeren Knotenwerte der Substrukturen.

Diese *Substrukturtechnik* soll für das in Bild 3.7.1 dargestellte Tragwerk mit verzweigter Balkenachse gezeigt werden. Um die Verschiebungen v und die Drehwinkel $\varphi = v'$ zu berechnen, unterteilen wir das Tragwerk in die beiden Bereiche I und II und bezeichnen die Verschiebungen senkrecht zur jeweiligen Balkenachse mit v_{I} bzw. v_{II}. Die Variationsaufgabe

$$J\{v\} = \int\limits_0^{4l} \left[\frac{1}{2} EIv_{\mathrm{I}}''^2(s_{\mathrm{I}}) - q_0 v_{\mathrm{I}}(s_{\mathrm{I}})\right] \mathrm{d}s_{\mathrm{I}} + \int\limits_0^{3l} \left[\frac{1}{2} EIv_{\mathrm{II}}''^2(s_{\mathrm{II}}) - q_0 v_{\mathrm{II}}(s_{\mathrm{II}})\right] \mathrm{d}s_{\mathrm{II}} = \text{Extremum}, \tag{3.7.1}$$

$v_{\mathrm{I}}(0) = 0; \quad v_{\mathrm{I}}'(0) = 0; \quad v_{\mathrm{I}}(4l) = 0; \quad v_{\mathrm{II}}(0) = v_{\mathrm{I}}(2l) \cos 60°; \quad v_{\mathrm{II}}'(0) = v_{\mathrm{I}}'(2l)$

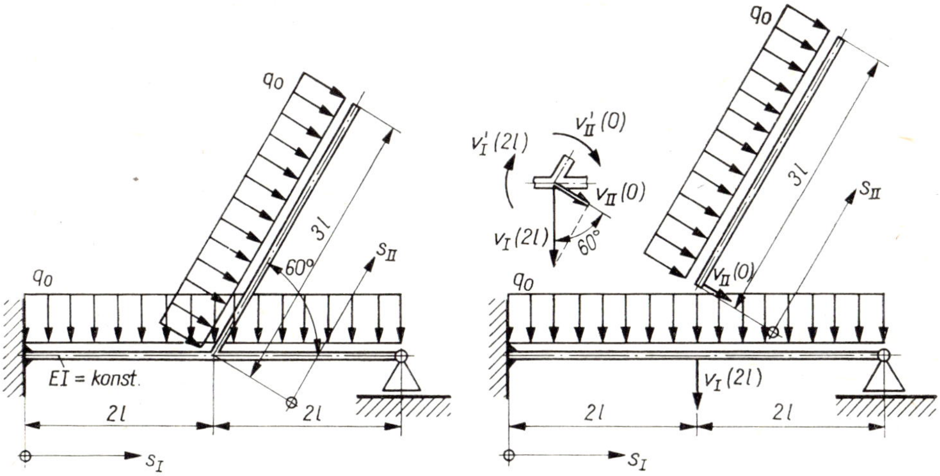

Bild 3.7.1

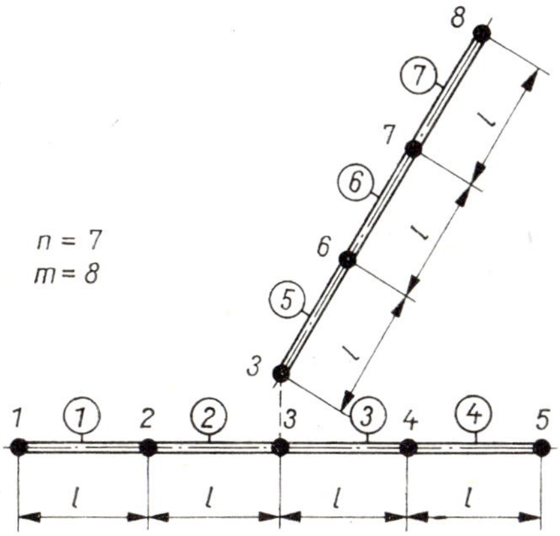

Bild 3.7.2

folgt aus dem Prinzip vom Minimum des elastischen Potentials. Nach Einführen einer Ansatzfunktion $v^{(e)} = \boldsymbol{f}^{(e)\mathrm{T}}(\xi)\, \boldsymbol{z}^{(e)}$ bestimmt man auf bekannte Weise (Bild 3.7.2)

$$\delta\tilde{J} = \sum_{e=1}^{4} \delta \boldsymbol{z}_{\mathrm{I}}^{(e)\mathrm{T}} \left(\frac{EI}{l^{(e)3}} \int_0^1 \frac{\mathrm{d}^2\boldsymbol{f}^{(e)}}{\mathrm{d}\xi^2} \frac{\mathrm{d}^2\boldsymbol{f}^{(e)\mathrm{T}}}{\mathrm{d}\xi^2} \,\mathrm{d}\xi\, \boldsymbol{z}_{\mathrm{I}}^{(e)} - q_0 l^{(e)} \int_0^1 \boldsymbol{f}^{(e)} \,\mathrm{d}\xi \right)$$

$$+ \sum_{e=5}^{7} \delta \boldsymbol{z}_{\mathrm{II}}^{(e)\mathrm{T}} \left(\frac{EI}{l^{(e)3}} \int_0^1 \frac{\mathrm{d}^2\boldsymbol{f}^{(e)}}{\mathrm{d}\xi^2} \frac{\mathrm{d}^2\boldsymbol{f}^{(e)\mathrm{T}}}{\mathrm{d}\xi^2} \,\mathrm{d}\xi\, \boldsymbol{z}_{\mathrm{II}}^{(e)} - q_0 l^{(e)} \int_0^1 \boldsymbol{f}^{(e)} \,\mathrm{d}\xi \right)$$

$$= \delta \boldsymbol{z}_{\mathrm{I}}^{\mathrm{T}} (\boldsymbol{K}_{\mathrm{I}} \boldsymbol{z}_{\mathrm{I}} - \boldsymbol{r}_{\mathrm{I}}) + \delta \boldsymbol{z}_{\mathrm{II}}^{\mathrm{T}} (\boldsymbol{K}_{\mathrm{II}}\, \boldsymbol{z}_{\mathrm{II}} - \boldsymbol{r}_{\mathrm{II}}) = 0. \qquad (3.7.2)$$

Dabei definieren wir analog zur statischen Kondensation [vgl. Gl. (3.6.2)] die *Strukturknotenvektoren*

$$\begin{aligned} z_{\mathrm{I}} &= [z_{\mathrm{I}a}^{\mathrm{T}};\, z_{\mathrm{I}i}^{\mathrm{T}}]^{\mathrm{T}} \\ &= [(v_{\mathrm{I}1};\, v'_{\mathrm{I}1};\, v_{\mathrm{I}5};\, v'_{\mathrm{I}5};\, v_{\mathrm{I}3};\, v'_{\mathrm{I}3});\, (v_{\mathrm{I}2};\, v'_{\mathrm{I}2};\, v_{\mathrm{I}4};\, v'_{\mathrm{I}4})]^{\mathrm{T}}, \\ z_{\mathrm{II}} &= [z_{\mathrm{II}a}^{\mathrm{T}};\, z_{\mathrm{II}i}^{\mathrm{T}}]^{\mathrm{T}} \\ &= [(v_{\mathrm{II}3};\, v'_{\mathrm{II}3};\, v_{\mathrm{II}8};\, v'_{\mathrm{II}8});\, (v_{\mathrm{II}6};\, v'_{\mathrm{II}6};\, v_{\mathrm{II}7};\, v'_{\mathrm{II}7})]^{\mathrm{T}}. \end{aligned} \tag{3.7.3}$$

In unseren weiteren Überlegungen können wir uns unmittelbar auf die Gln. (3.2.26) und (3.2.30) beziehen, verwenden also eine kubische Ansatzfunktion mit C^1-Stetigkeit für die Verschiebungen senkrecht zur jeweiligen Balkenachse. Nach Gl. (3.2.30) stehen die Elementmatrizen

$$\boldsymbol{K}^{(e)} = \frac{2EI}{l^3} \begin{bmatrix} 6 & 3l & -6 & 3l \\ & 2l^2 & -3l & l^2 \\ & & 6 & -3l \\ \text{sym.} & & & 2l^2 \end{bmatrix} \qquad (e = 1, 2, \dots, 7) \tag{3.7.4}$$

zur Verfügung. Die *Strukturmatrizen* und die zugehörigen *Strukturvektoren der rechten Seite* besitzen dann die Form

$$\boldsymbol{K}_{\mathrm{I}} = \frac{2EI}{l^3} \left[\begin{array}{cccccc:cccc} 6 & 3l & 0 & 0 & 0 & 0 & -6 & 3l & 0 & 0 \\ & 2l^2 & 0 & 0 & 0 & 0 & -3l & l^2 & 0 & 0 \\ & & 6 & -3l & 0 & 0 & 0 & 0 & -6 & -3l \\ & & & 2l^2 & 0 & 0 & 0 & 0 & 3l & l^2 \\ & & & & 12 & 0 & -6 & -3l & -6 & 3l \\ & & & & & 4l^2 & 3l & l^2 & -3l & l^2 \\ \hdashline & & & & & & 12 & 0 & 0 & 0 \\ & & & & & & & 4l^2 & 0 & 0 \\ & & & & & & & & 12 & 0 \\ \text{sym.} & & & & & & & & & 4l^2 \end{array}\right];$$

$$\boldsymbol{r}_{\mathrm{I}} = \frac{q_0 l}{12} \left[\begin{array}{c} 6 \\ l \\ 6 \\ -l \\ 12 \\ 0 \\ \hdashline 12 \\ 0 \\ 12 \\ 0 \end{array}\right], \tag{3.7.5}$$

bzw.

$$\boldsymbol{K}_{\mathrm{I}} = \begin{bmatrix} \boldsymbol{K}_{\mathrm{I}aa} & \boldsymbol{K}_{\mathrm{I}ai} \\ \boldsymbol{K}_{\mathrm{I}ia} & \boldsymbol{K}_{\mathrm{I}ii} \end{bmatrix}; \qquad \boldsymbol{r}_{\mathrm{I}} = \begin{bmatrix} \boldsymbol{r}_{\mathrm{I}a} \\ \boldsymbol{r}_{\mathrm{I}i} \end{bmatrix} \tag{3.7.6}$$

und

$$K_{\mathrm{II}} = \frac{2EI}{l^3}\left[\begin{array}{cccc:cccc} 6 & 3l & 0 & 0 & -6 & 3l & 0 & 0 \\ & 2l^2 & 0 & 0 & -3l & l^2 & 0 & 0 \\ & & 6 & -3l & 0 & 0 & -6 & -3l \\ & & & 2l^2 & 0 & 0 & 3l & l^2 \\ \hdashline & & & & 12 & 0 & -6 & 3l \\ & & & & & 4l^2 & -3l & l^2 \\ & & & & & & 12 & 0 \\ \text{sym.} & & & & & & & 4l^2 \end{array}\right];$$

$$r_{\mathrm{II}} = \frac{q_0 l}{12}\left[\begin{array}{c} 6 \\ l \\ 6 \\ -l \\ \hdashline 12 \\ 0 \\ 12 \\ 0 \end{array}\right], \tag{3.7.7}$$

bzw.

$$K_{\mathrm{II}} = \begin{bmatrix} K_{\mathrm{II}aa} & K_{\mathrm{II}ai} \\ K_{\mathrm{II}ia} & K_{\mathrm{II}ii} \end{bmatrix}; \qquad r_{\mathrm{II}} = \begin{bmatrix} r_{\mathrm{II}a} \\ r_{\mathrm{II}i} \end{bmatrix}. \tag{3.7.8}$$

Wir kehren zu Gl. (3.7.2) zurück, fassen die Strukturknotenvektoren nach Gl. (3.7.3) geeignet zusammen und erhalten zunächst

$$\delta\tilde{J} = [\delta z_{\mathrm{I}a}^{\mathrm{T}};\, \delta z_{\mathrm{II}a}^{\mathrm{T}};\, \delta z_{\mathrm{I}i}^{\mathrm{T}};\, \delta z_{\mathrm{II}i}^{\mathrm{T}}]$$

$$\times\left(\left[\begin{array}{cc:cc} K_{\mathrm{I}aa} & O_{6,4} & K_{\mathrm{I}ai} & O_{6,4} \\ O_{4,6} & K_{\mathrm{II}aa} & O_{4,4} & K_{\mathrm{II}ai} \\ \hdashline K_{\mathrm{I}ia} & O_{4,4} & K_{\mathrm{I}ii} & O_{4,4} \\ \hdashline O_{4,6} & K_{\mathrm{II}ia} & O_{4,4} & K_{\mathrm{II}ii} \end{array}\right]\left[\begin{array}{c} z_{\mathrm{I}a} \\ z_{\mathrm{II}a} \\ \hdashline z_{\mathrm{I}i} \\ \hdashline z_{\mathrm{II}i} \end{array}\right] - \left[\begin{array}{c} r_{\mathrm{I}a} \\ r_{\mathrm{II}a} \\ \hdashline r_{\mathrm{I}i} \\ \hdashline r_{\mathrm{II}i} \end{array}\right]\right) = 0 \tag{3.7.9}$$

und somit

$$\delta\tilde{J} = [\delta z_{\mathrm{I}a}^{\mathrm{T}};\, \delta z_{\mathrm{II}a}^{\mathrm{T}}]\left(\begin{bmatrix} K_{\mathrm{I}aa} & O_{6,4} \\ O_{4,6} & K_{\mathrm{II}aa} \end{bmatrix}\begin{bmatrix} z_{\mathrm{I}a} \\ z_{\mathrm{II}a} \end{bmatrix} + \begin{bmatrix} K_{\mathrm{I}ai} & O_{6,4} \\ O_{4,4} & K_{\mathrm{II}ai} \end{bmatrix}\begin{bmatrix} z_{\mathrm{I}i} \\ z_{\mathrm{II}i} \end{bmatrix} - \begin{bmatrix} r_{\mathrm{I}a} \\ r_{\mathrm{II}a} \end{bmatrix}\right)$$

$$+ \delta z_{\mathrm{I}i}^{\mathrm{T}}(K_{\mathrm{I}ia} z_{\mathrm{I}a} + K_{\mathrm{I}ii} z_{\mathrm{I}i} - r_{\mathrm{I}i}) + \delta z_{\mathrm{II}i}^{\mathrm{T}}(K_{\mathrm{II}ia} z_{\mathrm{II}a} + K_{\mathrm{II}ii} z_{\mathrm{II}i} - r_{\mathrm{II}i}) = 0. \tag{3.7.10}$$

Für die Kondensation der inneren Knotenwerte lösen wir die beiden Gleichungen

$$\begin{aligned} K_{\mathrm{I}ii} z_{\mathrm{I}i} &= r_{\mathrm{I}i} - K_{\mathrm{I}ia} z_{\mathrm{I}a}, \\ K_{\mathrm{II}ii} z_{\mathrm{II}i} &= r_{\mathrm{II}i} - K_{\mathrm{II}ia} z_{\mathrm{II}a} \end{aligned} \tag{3.7.11}$$

und finden

$$\begin{aligned} \boldsymbol{z}_{\mathrm{I}i} &= \boldsymbol{K}_{\mathrm{I}ii}^{-1}(\boldsymbol{r}_{\mathrm{I}i} - \boldsymbol{K}_{\mathrm{I}ia}\boldsymbol{z}_{\mathrm{I}a}), \\ \boldsymbol{z}_{\mathrm{II}i} &= \boldsymbol{K}_{\mathrm{II}ii}^{-1}(\boldsymbol{r}_{\mathrm{II}i} - \boldsymbol{K}_{\mathrm{II}ia}\boldsymbol{z}_{\mathrm{II}a}). \end{aligned} \tag{3.7.12}$$

Diese Knotenvektoren werden nun in Gl. (3.7.10) eingesetzt und liefern mit der *kondensierten Systemmatrix*

$$\hat{\boldsymbol{K}} = \begin{bmatrix} \boldsymbol{K}_{\mathrm{I}aa} - \boldsymbol{K}_{\mathrm{I}ai}\boldsymbol{K}_{\mathrm{I}ii}^{-1}\boldsymbol{K}_{\mathrm{I}ia} & \boldsymbol{O}_{6,4} \\ \boldsymbol{O}_{4,6} & \boldsymbol{K}_{\mathrm{II}aa} - \boldsymbol{K}_{\mathrm{II}ai}\boldsymbol{K}_{\mathrm{II}ii}^{-1}\boldsymbol{K}_{\mathrm{II}ia} \end{bmatrix} \tag{3.7.13}$$

und dem *kondensierten Vektor der rechten Seite*

$$\hat{\boldsymbol{r}} = \begin{bmatrix} \boldsymbol{r}_{\mathrm{I}a} - \boldsymbol{K}_{\mathrm{I}ai}\boldsymbol{K}_{\mathrm{I}ii}^{-1}\boldsymbol{r}_{\mathrm{I}i} \\ \boldsymbol{r}_{\mathrm{II}a} - \boldsymbol{K}_{\mathrm{II}ai}\boldsymbol{K}_{\mathrm{II}}^{-1}\boldsymbol{r}_{\mathrm{II}i} \end{bmatrix} \tag{3.7.14}$$

den Ausdruck

$$\delta\tilde{J} = \delta\boldsymbol{z}_a^{\mathrm{T}}(\hat{\boldsymbol{K}}\boldsymbol{z}_a - \hat{\boldsymbol{r}}) = 0; \qquad \boldsymbol{z}_a = [\boldsymbol{z}_{a\mathrm{I}}^{\mathrm{T}}; \boldsymbol{z}_{a\mathrm{II}}^{\mathrm{T}}]^{\mathrm{T}}. \tag{3.7.15}$$

Um daraus die modifizierte Systemgleichung

$$\overset{**}{\boldsymbol{K}}\boldsymbol{z} = \overset{*}{\boldsymbol{r}} \tag{3.7.16}$$

zu gewinnen, berücksichtigen wir die Randbedingungen

$$v_{\mathrm{I1}} = \bar{v}_{\mathrm{I1}} = 0; \qquad v'_{\mathrm{I1}} = \bar{v}'_{\mathrm{I1}} = 0; \qquad v_{\mathrm{I5}} = \bar{v}_{\mathrm{I5}} = 0 \tag{3.7.17}$$

und damit

$$\delta v_{\mathrm{I1}} = \delta\bar{v}_{\mathrm{I}} = 0; \qquad \delta v'_{\mathrm{I1}} = \delta\bar{v}'_{\mathrm{I1}} = 0; \qquad \delta v_{\mathrm{I5}} = \delta\bar{v}_{\mathrm{I5}} = 0, \tag{3.7.18}$$

sowie die Übergangsbedingungen

$$v_{\mathrm{II3}} = v_{\mathrm{I}} \cos 60^\circ; \qquad v'_{\mathrm{II3}} = v'_{\mathrm{I3}} \tag{3.7.19}$$

und folglich

$$\delta v_{\mathrm{II3}} = \delta v_{\mathrm{I3}} \cos 60^\circ; \qquad \delta v'_{\mathrm{II3}} = \delta v'_{\mathrm{I3}}, \tag{3.7.20}$$

Diese Bedingungen treten nur für die äußeren Knotenwerte auf.
In unserem Beispiel ermitteln wir aus Gl. (3.7.11) die beiden Gleichungssysteme

$$\frac{2EI}{l^3}\begin{bmatrix} 12 & 0 & 0 & 0 \\ & 4l^2 & 0 & 0 \\ & & 12 & 0 \\ \text{sym.} & & & 4l^2 \end{bmatrix}\begin{bmatrix} v_{\mathrm{I2}} \\ v'_{\mathrm{I2}} \\ v_{\mathrm{I4}} \\ v'_{\mathrm{I4}} \end{bmatrix}$$

$$= \frac{q_0 l^2}{12}\begin{bmatrix} 12 \\ 0 \\ 12 \\ 0 \end{bmatrix} - \frac{2EI}{l^3}\begin{bmatrix} -6 & -3l & 0 & 0 & -6 & 3l \\ 3l & l^2 & 0 & 0 & -3l & l^2 \\ 0 & 0 & -6 & 3l & -6 & -3l \\ 0 & 0 & -3l & l^2 & 3l & l^2 \end{bmatrix}\begin{bmatrix} v_{\mathrm{I1}} \\ v'_{\mathrm{I1}} \\ v_{\mathrm{I5}} \\ v'_{\mathrm{I5}} \\ v_{\mathrm{I3}} \\ v'_{\mathrm{I3}} \end{bmatrix}, \tag{3.7.21}$$

$$\frac{2EI}{l^3}\begin{bmatrix} 12 & 0 & -6 & 3l \\ & 4l^2 & -3l & l^2 \\ & & 12 & 0 \\ \text{sym.} & & & 4l^2 \end{bmatrix}\begin{bmatrix} v_{II6} \\ v'_{II6} \\ v_{II7} \\ v'_{II7} \end{bmatrix}$$

$$= \frac{q_0 l}{12}\begin{bmatrix} 12 \\ 0 \\ 12 \\ 0 \end{bmatrix} - \frac{2EI}{l^3}\begin{bmatrix} -6 & -3l & 0 & 0 \\ 3l & l^2 & 0 & 0 \\ 0 & 0 & -6 & 3l \\ 0 & 0 & -3l & l^2 \end{bmatrix}\begin{bmatrix} v_{II3} \\ v'_{II3} \\ v_{II8} \\ v'_{II8} \end{bmatrix}$$

mit den Lösungen

$$z_{Ii} = \begin{bmatrix} v_{I2} \\ v'_{I2} \\ v_{I4} \\ v'_{I4} \end{bmatrix} = \frac{q_0 l^3}{24EI}\begin{bmatrix} l \\ 0 \\ l \\ 0 \end{bmatrix} - \frac{1}{12l}\begin{bmatrix} -6l & -3l^2 & 0 & 0 & -6l & 3l^2 \\ 9 & 3l & 0 & 0 & -9 & 3l \\ 0 & 0 & -6l & 3l^2 & -6l & -3l^2 \\ 0 & 0 & -9 & 3l & 9 & 3l \end{bmatrix}\begin{bmatrix} v_{I1} \\ v'_{I1} \\ v_{I5} \\ v'_{I5} \\ v_{I3} \\ v'_{I3} \end{bmatrix}, \tag{3.7.22}$$

$$z_{IIi} = \begin{bmatrix} v_{II6} \\ v'_{II6} \\ v_{II7} \\ v'_{II7} \end{bmatrix} = \frac{q_0 l^3}{6EI}\begin{bmatrix} l \\ 1 \\ l \\ -1 \end{bmatrix} - \frac{1}{54l}\begin{bmatrix} -40l & -24l^2 & -14l & 12l^2 \\ 24 & 0 & -24 & 18l \\ -14l & -12l^2 & -40l & 24l^2 \\ 24 & 18l & -24 & 0 \end{bmatrix}\begin{bmatrix} v_{II3} \\ v'_{II3} \\ v_{II8} \\ v'_{II8} \end{bmatrix}.$$

Damit folgt der Ausdruck

$$\delta\tilde{J} = [\delta v_{I1};\ \delta v'_{I1};\ \delta v_{I5};\ \delta v'_{I5};\ \delta v_{I3};\ \delta v'_{I3};\ \delta v_{II3};\ \delta v'_{II3};\ \delta v_{II8};\ \delta v'_{II8}]$$

$$\times\left\{\frac{2EI}{l^3}\left[\begin{array}{cccccc|cccc} 6 & 3l & 0 & 0 & 0 & 0 & 0 & 0 & 0 & 0 \\ & 2l^2 & 0 & 0 & 0 & 0 & 0 & 0 & 0 & 0 \\ & & 6 & -3l & 0 & 0 & 0 & 0 & 0 & 0 \\ & & & 2l^2 & 0 & 0 & 0 & 0 & 0 & 0 \\ & & & & 12 & 0 & 0 & 0 & 0 & 0 \\ & & & & & 4l^2 & 0 & 0 & 0 & 0 \\ \hline & & & & & & 6 & 3l & 0 & 6 \\ & & & & & & & 2l^2 & 0 & 0 \\ & & & & & & & & 6 & -3l \\ \text{sym.} & & & & & & & & & 2l^2 \end{array}\right]\begin{bmatrix} v_{I1} \\ v'_{I1} \\ v_{I5} \\ v'_{I5} \\ v_{I3} \\ v'_{I3} \\ \hline v_{II3} \\ v'_{II3} \\ v_{II8} \\ v'_{II8} \end{bmatrix} - \frac{q_0 l}{12}\begin{bmatrix} 6 \\ l \\ 6 \\ -l \\ 12 \\ 0 \\ \hline 6 \\ l \\ 6 \\ -l \end{bmatrix}\right\} = 0 \tag{3.7.23}$$

und nach Berücksichtigung der Rand- und Übergangsbedingungen das modifizierte Gleichungssystem

$$\frac{EI}{18l^3}\begin{bmatrix} 36l^2 & 27l & 18l^2 & 0 & 0 \\ & 56 & 6l & -4 & 6l \\ & & 96l^2 & -12l & 12l^2 \\ & & & 8 & -12l \\ \text{sym.} & & & & 24l^2 \end{bmatrix}\begin{bmatrix} v'_{I5} \\ v_{I3} \\ v'_{I3} \\ v_{II8} \\ v'_{II8} \end{bmatrix} = \frac{q_0 l}{12}\begin{bmatrix} -4l \\ 33 \\ 9l \\ 18 \\ -9l \end{bmatrix}, \tag{3.7.24}$$

aus dem wir

$$v_{I3} = \frac{133}{48}\frac{q_0 l^4}{EI}; \qquad v_{II8} = \frac{415}{24}\frac{q_0 l^4}{EI},$$
$$v'_{I3} = \frac{185}{96}\frac{q_0 l^3}{EI}; \qquad v'_{I5} = -\frac{77}{24}\frac{q_0 l^3}{EI}; \qquad v'_{II8} = \frac{617}{96}\frac{q_0 l^3}{EI} \tag{3.7.25}$$

bestimmen. Die restlichen Knotenwerte berechnen wir mit Gl. (3.7.19) und aus Gl. (3.7.22) zu

$$v_{II3} = \frac{133}{96}\frac{q_0 l^4}{EI}; \qquad v'_{II3} = \frac{185}{96}\frac{q_0 l^3}{EI},$$
$$v_{I2} = \frac{121}{128}\frac{q_0 l^4}{EI}; \qquad v'_{I2} = \frac{613}{384}\frac{q_0 l^3}{EI},$$
$$v_{I4} = \frac{347}{128}\frac{q_0 l^4}{EI}; \qquad v'_{I4} = -\frac{225}{128}\frac{q_0 l^3}{EI}, \tag{3.7.26}$$
$$v_{II6} = \frac{245}{48}\frac{q_0 l^4}{EI}; \qquad v'_{II6} = \frac{163}{32}\frac{q_0 l^3}{EI},$$
$$v_{II7} = \frac{349}{32}\frac{q_0 l^4}{EI}; \qquad v'_{II7} = \frac{601}{96}\frac{q_0 l^3}{EI}.$$

Wie wir an diesem Beispiel erkennen, sind statt des ursprünglichen Gleichungssystems mit 13 Unbekannten, drei kleinere Systeme mit vier bzw. fünf Knotenwerten zu lösen. Ein weiterer Vorteil der Substrukturtechnik besteht darin, daß sich Änderungen der Rand- und Übergangsbedingungen nur auf die kondensierte Systemgleichung auswirken.

4. Mathematische Näherungsverfahren bei zweidimensionalen Randwertaufgaben

Nachdem wir im Abschn. 2. einige mathematische Verfahren zur Aufstellung von Näherungslösungen für eindimensionale Randwertprobleme behandelt haben, wollen wir diese Überlegungen nunmehr auf zweidimensionale Aufgaben erweitern.

4.1. Verfahren von *Ritz*

In einem endlichen Gebiet G ist die Funktion u gesucht, die eine bestimmte Differentialgleichung und gewisse Randbedingungen erfüllt. Wir setzen voraus, daß diese Randwertaufgabe wiederum als eine Bedingung für die Lösung einer Variationsaufgabe aufgefaßt werden kann und wollen zunächst annehmen, daß die Grundfunktion nur Ableitungen bis zur ersten Ordnung enthält. Dann gilt

$$J\{u\} = \iint_G F\left(x, y, u, \frac{\partial u}{\partial x}, \frac{\partial u}{\partial y}\right) \mathrm{d}x\, \mathrm{d}y = \text{Extremum}, \qquad (4.1.1)$$

und mit den Abkürzungen

$$\frac{\partial(\ )}{\partial x} = (\ )_{,x}; \quad \frac{\partial(\ )}{\partial y} = (\ )_{,y} \qquad (4.1.2)$$

erscheint das Funktional in der Form

$$J\{u\} = \iint_G F(x, y, u, u_{,x}, u_{,y})\, \mathrm{d}x\, \mathrm{d}y = \text{Extremum}. \qquad (4.1.3)$$

Wir betrachten nunmehr eine im Gebiet G zur exakten Lösung u benachbarte Schar von Vergleichsfunktionen

$$\tilde{u}(x, y) = u(x, y) + \varepsilon\eta(x, y). \qquad (4.1.4)$$

Diese Vergleichsfunktionen müssen stetig differenzierbar sein und die Randbedingungen bezüglich u erfüllen. Damit muß η auf den Randstücken verschwinden, auf denen u vorgegeben ist. Das Funktional für diese benachbarten Funktionen

$$J\{\tilde{u}\} = \iint_G F(x, y, u + \varepsilon\eta, u_{,x} + \varepsilon\eta_{,x}, u_{,y} + \varepsilon\eta_{,y})\, \mathrm{d}x\, \mathrm{d}y = J(\varepsilon) \qquad (4.1.5)$$

stellt bei festgehaltenem η eine stetig differenzierbare Funktion $J(\varepsilon)$ des Parameters ε dar. Die notwendige Bedingung für den Extremwert dieser Funktion

$$\left.\frac{\mathrm{d}J(\varepsilon)}{\mathrm{d}\varepsilon}\right|_{\varepsilon=0} = 0 \qquad (4.1.6)$$

liefert

$$\iint_G \left(\frac{\partial F}{\partial u}\,\eta + \frac{\partial F}{\partial u_{,x}}\,\eta_{,x} + \frac{\partial F}{\partial u_{,y}}\,\eta_{,y}\right) \mathrm{d}x\,\mathrm{d}y = 0. \tag{4.1.7}$$

Verwenden wir wieder die *Lagrange*sche Schreibweise, d. h., führen wir die Variation der Argumentfunktion u

$$\varepsilon\eta(x, y) = \tilde{u}(x, y) - u(x, y) = \delta u(x, y) \tag{4.1.8}$$

ein, so geht diese Gleichung nach Multiplikation mit ε in

$$\varepsilon\,\frac{\mathrm{d}J(\varepsilon)}{\mathrm{d}\varepsilon}\bigg|_{\varepsilon=0} = \delta J = \iint_G \left(\frac{\partial F}{\partial u}\,\delta u + \frac{\partial F}{\partial u_{,x}}\,\delta u_{,x} + \frac{\partial F}{\partial u_{,y}}\,\delta u_{,y}\right) \mathrm{d}x\,\mathrm{d}y = 0 \tag{4.1.9}$$

über.

Mit den Beziehungen

$$\frac{\partial F}{\partial u_{,x}}\,\delta u_{,x} = \left(\frac{\partial F}{\partial u_{,x}}\,\delta u\right)_{,x} - \left(\frac{\partial F}{\partial u_{,x}}\right)_{,x}\delta u; \qquad \frac{\partial F}{\partial u_{,y}}\,\delta u_{,y} = \left(\frac{\partial F}{\partial u_{,y}}\,\delta u\right)_{,y} - \left(\frac{\partial F}{\partial u_{,y}}\right)_{,y}\delta u \tag{4.1.10}$$

erhalten wir

$$\delta J = \iint_G \left[\frac{\partial F}{\partial u} - \left(\frac{\partial F}{\partial u_{,x}}\right)_{,x} - \left(\frac{\partial F}{\partial u_{,y}}\right)_{,y}\right] \delta u\,\mathrm{d}x\,\mathrm{d}y + \iint_G \left[\left(\frac{\partial F}{\partial u_{,x}}\,\delta u\right)_{,x} + \left(\frac{\partial F}{\partial u_{,y}}\,\delta u\right)_{,y}\right] \mathrm{d}x\,\mathrm{d}y = 0. \tag{4.1.11}$$

Der *Gauß*sche Integralsatz

$$\iint_G (P_{,x} + Q_{,y})\,\mathrm{d}x\,\mathrm{d}y = \oint_C (Pn_x + Qn_y)\,\mathrm{d}s, \tag{4.1.12}$$

in dem n_x und n_y die Komponenten des äußeren Normaleneinheitsvektors der Randkurve C sind (Bild 4.1.1), überführt den zweiten Summanden der Gl. (4.1.11) in ein Linienintegral. Man gewinnt

$$\delta J = \iint_G \left[\frac{\partial F}{\partial u} - \left(\frac{\partial F}{\partial u_{,x}}\right)_{,x} - \left(\frac{\partial F}{\partial u_{,y}}\right)_{,y}\right] \delta u\,\mathrm{d}x\,\mathrm{d}y + \oint_C \left(\frac{\partial F}{\partial u_{,x}}\,n_x + \frac{\partial F}{\partial u_{,y}}\,n_y\right) \delta u\,\mathrm{d}s = 0. \tag{4.1.13}$$

Ist auf dem *gesamten* Rand C die Feldgröße u vorgeschrieben, so muß die Vergleichsfunktion diese Randbedingungen erfüllen und demzufolge die Variation δu auf C verschwinden. Damit ist das Randintegral Null, und es verbleibt

$$\delta J = \iint_G \left[\frac{\partial F}{\partial u} - \left(\frac{\partial F}{\partial u_{,x}}\right)_{,x} - \left(\frac{\partial F}{\partial u_{,y}}\right)_{,y}\right] \delta u\,\mathrm{d}x\,\mathrm{d}y = 0. \tag{4.1.14}$$

Wegen der beliebigen Variation δu folgt hieraus schließlich die *Euler*sche Differentialgleichung des zweidimensionalen Variationsproblems (4.1.1)

$$\frac{\partial F}{\partial u} - \left(\frac{\partial F}{\partial u_{,x}}\right)_{,x} - \left(\frac{\partial F}{\partial u_{,y}}\right)_{,y} = 0 \tag{4.1.15}$$

als notwendige Bedingung für das Auftreten eines Extremwertes.
Sind Bedingungen für u nur auf dem Randstück C_1 vorgeschrieben, d. h.

$$[u(x, y) - \bar{u}(s)]|_{C_1} = 0, \tag{4.1.16}$$

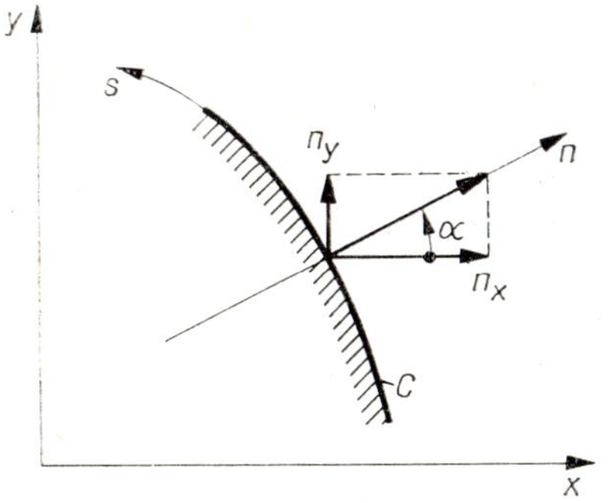

Bild 4.1.1

so braucht die Variation δu nur auf C_1 Null zu werden. Neben Gl. (4.1.15) besteht dann als notwendige Bedingung auf dem Randstück $C_2 = C - C_1$ die natürliche Randbedingung

$$\left[\frac{\partial F}{\partial u_{,x}} n_x(x, y) + \frac{\partial F}{\partial u_{,y}} n_y(x, y)\right]\bigg|_{C_2} = 0, \tag{4.1.17}$$

so daß auch in diesem Fall neben dem Gebietsintegral das Randintegral wegfällt.
Auch bei zweidimensionalen Problemen kann es gelegentlich notwendig sein, das Funktional (4.1.1) durch einen Zusatzterm zu ergänzen. Wir wählen

$$J\{u\} = \iint_G F(x, y, u, u_{,x}, u_{,y})\,\mathrm{d}x\,\mathrm{d}y + \oint_C Z(x, y, u)\,\mathrm{d}s = \text{Extremum}. \tag{4.1.18}$$

Dann gilt mit $C = C_1 + C_2$ und wegen $\delta u|_{C_1} = 0$ für die erste Variation des Funktionals

$$\delta J = \iint_G \left[\frac{\partial F}{\partial u} - \left(\frac{\partial F}{\partial u_{,x}}\right)_{,x} - \left(\frac{\partial F}{\partial u_{,y}}\right)_{,y}\right] \delta u\,\mathrm{d}x\,\mathrm{d}y$$

$$+ \int_{C_2} \left(\frac{\partial F}{\partial u_{,x}} n_x + \frac{\partial F}{\partial u_{,y}} n_y + \frac{\partial Z}{\partial u}\right) \delta u\,\mathrm{d}s = 0. \tag{4.1.19}$$

Der Zusatzterm beeinflußt somit ausschließlich die natürlichen Randbedingungen.
Selbstverständlich können wir all diese Überlegungen auch auf Grundfunktionen anwenden, die zweite Ableitungen enthalten. Dann lauten das entsprechende Funktio-

nal bei Berücksichtigung eines Zusatzgliedes

$$J\{u\} = \iint_G F(x, y, u, u_{,x}, u_{,y}, u_{,xx}, u_{,xy}, u_{,yy})\,\mathrm{d}x\,\mathrm{d}y + \oint_C Z(x, y, u, u_{,x}, u_{,y})\,\mathrm{d}s = \text{Extremum} \tag{4.1.20}$$

und die Extremalforderung

$$\delta J = \iint_G \left(\frac{\partial F}{\partial u}\,\delta u + \frac{\partial F}{\partial u_{,x}}\,\delta u_{,x} + \frac{\partial F}{\partial u_{,y}}\,\delta u_{,y} + \frac{\partial F}{\partial u_{,xx}}\,\delta u_{,xx} + \frac{\partial F}{\partial u_{,xy}}\,\delta u_{,xy} + \frac{\partial F}{\partial u_{,yy}}\,\delta u_{,yy}\right)\mathrm{d}x\,\mathrm{d}y + \oint_C \left(\frac{\partial Z}{\partial u}\,\delta u + \frac{\partial Z}{\partial u_{,x}}\,\delta u_{,x} + \frac{\partial Z}{\partial u_{,y}}\,\delta u_{,y}\right)\mathrm{d}s = 0. \tag{4.1.21}$$

Mit Gl. (4.1.10) und entsprechenden Beziehungen für die Terme $(\partial F/\partial u_{,xx})\,\delta u_{,xx}$, $(\partial F/\partial u_{,xy})\,\delta u_{,xy}$ sowie $(\partial F/\partial u_{,yy})\,\delta u_{,yy}$ erhalten wir unter Benutzung des *Gauß*schen Integralsatzes (4.1.12)

$$\begin{aligned}\delta J = &\iint_G \left[\frac{\partial F}{\partial u} - \left(\frac{\partial F}{\partial u_{,x}}\right)_{,x} - \left(\frac{\partial F}{\partial u_{,y}}\right)_{,y} + \left(\frac{\partial F}{\partial u_{,xx}}\right)_{,xx} + \left(\frac{\partial F}{\partial u_{,xy}}\right)_{,xy} + \left(\frac{\partial F}{\partial u_{,yy}}\right)_{,yy}\right]\delta u\,\mathrm{d}x\,\mathrm{d}y \\ &+ \oint_C \left\{\left[\frac{\partial F}{\partial u_{,x}} - \left(\frac{\partial F}{\partial u_{,xx}}\right)_{,x} - \frac{1}{2}\left(\frac{\partial F}{\partial u_{,xy}}\right)_{,y}\right] n_x \right. \\ &\left. + \left[\frac{\partial F}{\partial u_{,y}} - \left(\frac{\partial F}{\partial u_{,yy}}\right)_{,y} - \frac{1}{2}\left(\frac{\partial F}{\partial u_{,xy}}\right)_{,x}\right] n_y + \frac{\partial Z}{\partial u}\right\}\delta u\,\mathrm{d}s \\ &+ \oint_C \left\{\left[\frac{\partial F}{\partial u_{,xx}}\,n_x + \frac{1}{2}\,\frac{\partial F}{\partial u_{,xy}}\,n_y + \frac{\partial Z}{\partial u_{,x}}\right]\delta u_{,x} \right. \\ &\left. + \left[\frac{\partial F}{\partial u_{,yy}}\,n_y + \frac{1}{2}\,\frac{\partial F}{\partial u_{,xy}}\,n_x + \frac{\partial Z}{\partial u_{,y}}\right]\delta u_{,y}\right\}\mathrm{d}s = 0.\end{aligned} \tag{4.1.22}$$

Ersetzen wir $\delta u_{,x}$ und $\delta u_{,y}$ durch die auf das n, s-Randkoordinatensystem bezogenen Ableitungen $[\partial(\ )/\partial n = (\ )_{,n},\ \partial(\ )/\partial s = (\ )_{,s}]$ gemäß

$$(\ )_{,x} = (\ )_{,n}\,n_x - (\ )_{,s}\,n_y; \qquad (\ )_{,y} = (\ )_{,n}\,n_y + (\ )_{,s}\,n_x, \tag{4.1.23}$$

so folgt unmittelbar

$$\begin{aligned}\delta J = &\iint_G \left[\frac{\partial F}{\partial u} - \left(\frac{\partial F}{\partial u_{,x}}\right)_{,x} - \left(\frac{\partial F}{\partial u_{,y}}\right)_{,y} + \left(\frac{\partial F}{\partial u_{,xx}}\right)_{,xx} + \left(\frac{\partial F}{\partial u_{,xy}}\right)_{,xy} + \left(\frac{\partial F}{\partial u_{,yy}}\right)_{,yy}\right]\delta u\,\mathrm{d}x\,\mathrm{d}y \\ &+ \oint_C \left\{\left[\frac{\partial F}{\partial u_{,x}} - \left(\frac{\partial F}{\partial u_{,xx}}\right)_{,x} - \frac{1}{2}\left(\frac{\partial F}{\partial u_{,xy}}\right)_{,y}\right] n_x \right. \\ &+ \left[\frac{\partial F}{\partial u_{,y}} - \left(\frac{\partial F}{\partial u_{,yy}}\right)_{,y} - \frac{1}{2}\left(\frac{\partial F}{\partial u_{,xy}}\right)_{,x}\right] n_y + \frac{\partial Z}{\partial u}\end{aligned}$$

$$+ \left[\left(\frac{\partial F}{\partial u_{,xx}} - \frac{\partial F}{\partial u_{,yy}} \right) n_x n_y - \frac{1}{2} \frac{\partial F}{\partial u_{,xy}} (n_x^2 - n_y^2) + \frac{\partial Z}{\partial u_{,x}} n_y - \frac{\partial Z}{\partial u_{,y}} n_x \right]_{,s} \Bigg\} \delta u \, \mathrm{d}s$$

$$+ \oint_C \left(\frac{\partial F}{\partial u_{,xx}} n_x^2 + \frac{\partial F}{\partial u_{,yy}} n_y^2 + \frac{\partial F}{\partial u_{,xy}} n_x n_y + \frac{\partial Z}{\partial u_{,x}} n_x + \frac{\partial Z}{\partial u_{,y}} n_y \right) \delta u_{,n} \, \mathrm{d}s$$

$$+ \oint_C \Bigg\{ \Bigg[\left(-\frac{\partial F}{\partial u_{,xx}} + \frac{\partial F}{\partial u_{,yy}} \right) n_x n_y + \frac{1}{2} \frac{\partial F}{\partial u_{,xy}} (n_x^2 - n_y^2)$$

$$- \frac{\partial Z}{\partial u_{,x}} n_y + \frac{\partial Z}{\partial u_{,y}} n_x \Bigg] \delta u \Bigg\}_{,s} \mathrm{d}s = 0. \qquad (4.1.24)$$

Sind auf dem ganzen Rand C die Feldgröße u und deren Normalenableitung $u_{,n}$ vorgeschrieben, so müssen die Vergleichsfunktionen diese Randbedingungen erfüllen und deshalb die Variationen δu und $\delta u_{,n}$ auf dem Rand verschwinden. Dann sind in Gl. (4.1.24) die Randintegrale Null, so daß wir die *Euler*sche Differentialgleichung

$$\frac{\partial F}{\partial u} - \left(\frac{\partial F}{\partial u_{,x}} \right)_{,x} - \left(\frac{\partial F}{\partial u_{,y}} \right)_{,y} + \left(\frac{\partial F}{\partial u_{,xx}} \right)_{,xx} + \left(\frac{\partial F}{\partial u_{,xy}} \right)_{,xy} + \left(\frac{\partial F}{\partial u_{,yy}} \right)_{,yy} = 0 \qquad (4.1.25)$$

erhalten. Sind Bedingungen für u nur auf dem Randstück C_1, solche für $u_{,n}$ nur auf dem Randstück C_1' gestellt, so brauchen die Variationen δu und $\delta u_{,n}$ nur auf diesen betreffenden Randstücken zu verschwinden. Dann gilt Gl. (4.1.25) wiederum, und auf den jeweiligen Randstücken $C_2 = C - C_1$ und $C_2' = C - C_1'$ bestehen die natürlichen Randbedingungen

$$\Bigg\{ \Bigg[\frac{\partial F}{\partial u_{,x}} - \left(\frac{\partial F}{\partial u_{,xx}} \right)_{,x} - \frac{1}{2} \left(\frac{\partial F}{\partial u_{,xy}} \right)_{,y} \Bigg] n_x + \Bigg[\frac{\partial F}{\partial u_{,y}} - \left(\frac{\partial F}{\partial u_{,yy}} \right)_{,y} - \frac{1}{2} \left(\frac{\partial F}{\partial u_{,xy}} \right)_{,x} \Bigg] n_y + \frac{\partial Z}{\partial u}$$

$$+ \left[\left(\frac{\partial F}{\partial u_{,xx}} - \frac{\partial F}{\partial u_{,yy}} \right) n_x n_y - \frac{1}{2} \frac{\partial F}{\partial u_{,xy}} (n_x^2 - n_y^2) + \frac{\partial Z}{\partial u_{,x}} n_y - \frac{\partial Z}{\partial u_{,y}} n_x \right]_{,s} \Bigg\} \Bigg|_{C_2} = 0,$$

$$\left(\frac{\partial F}{\partial u_{,xx}} n_x^2 + \frac{\partial F}{\partial u_{,yy}} n_y^2 + \frac{\partial F}{\partial u_{,xy}} n_x n_y + \frac{\partial Z}{\partial u_{,x}} n_x + \frac{\partial Z}{\partial u_{,y}} n_y \right) \Bigg|_{C_2'} = 0. \qquad (4.1.26)$$

Es muß allerdings noch darauf hingewiesen werden, daß der letzte Summand in Gl. (4.1.24) — eine glatte Berandung des Gebietes G angenommen — Null wird, da für eine stetige Funktion H auf C

$$\oint_C H_{,s} \, \mathrm{d}s = 0 \qquad (4.1.27)$$

ist.

Wenn in der Grundfunktion des Doppelintegrals zwei unbekannte Funktionen u und v auftreten, und wir uns auf erste Ableitungen dieser Funktionen beschränken, so lautet die Forderung für das Funktional

$$J\{u, v\} = \iint_G F(x, y, u, v, u_{,x}, u_{,y}, v_{,x}, v_{,y}) \, \mathrm{d}x \, \mathrm{d}y + \oint_C Z(x, y, u, v) \, \mathrm{d}s = \text{Extremum}. \qquad (4.1.28)$$

Auch hier haben wir ein Randintegral als Zusatzterm angenommen, das für die Berücksichtigung natürlicher Randbedingungen auf $C_2 = C - C_1$ von Vorteil ist. Aus

Tabelle 4.1.1

Problem	vgl. Gleichung	Differentialgleichung	vgl. Gleichung	Funktional
Torsion	(5.4.12)	$\Phi_{,xx}(x, y) + \Phi_{,yy}(x, y) + 1 = 0$	(5.4.13)	$\frac{1}{2}\int\limits_A [\Phi_{,x}{}^2(x, y) + \Phi_{,y}{}^2(x, y) - 2\Phi(x, y)]\,\mathrm{d}A$
ebener Spannungszustand/ebener Verzerrungszustand	(5.4.132)	$\boldsymbol{D}^{\mathrm{T}}\boldsymbol{C}(x, y)\,[\boldsymbol{Du}(x, y) - \boldsymbol{\alpha}(x, y) \times \Delta T(x, y)] + \boldsymbol{p}(x, y) = \boldsymbol{o}_2$	(5.4.136)	$\frac{1}{2}\int\limits_A \{[\boldsymbol{Du}(x, y)]^{\mathrm{T}}\,\boldsymbol{C}(x, y)\,[\boldsymbol{Du}(x, y) - 2\boldsymbol{\alpha}(x, y) \times \Delta T(x, y)] - 2\boldsymbol{u}(x, y)^{\mathrm{T}}\,\boldsymbol{p}(x, y)\}\,\mathrm{d}A - \int\limits_{C_2} \boldsymbol{u}(x, y)^{\mathrm{T}}\,\overline{\boldsymbol{q}}(s)\,\mathrm{d}s$
rotationssymmetrischer Spannungszustand	(5.4.184)	$\frac{1}{r}\,\tilde{\boldsymbol{D}}^{\mathrm{T}}\{r\boldsymbol{C}(r, z)\,[\boldsymbol{Du}[(r, z) - \boldsymbol{\alpha}(r, z)\,\Delta T(r, z)]\} + \boldsymbol{p}(r, z) = \boldsymbol{o}_2$	(5.4.189)	$\frac{1}{2}\int\limits_A \{[\boldsymbol{Du}(r, z)]^{\mathrm{T}}\,\boldsymbol{C}(r, z)\,[\boldsymbol{Du}(r, z) - 2\boldsymbol{\alpha}(r, z) \times \Delta T(r, z)] - 2\boldsymbol{u}(r, z)^{\mathrm{T}}\,\boldsymbol{p}(r, z)\}\,r\,\mathrm{d}A - \int\limits_{C_2} \boldsymbol{u}(r, z)^{\mathrm{T}}\,\overline{\boldsymbol{q}}(s)\,r\,\mathrm{d}s$
freie Scheibenschwingung	(5.5.30)	$\boldsymbol{D}^{\mathrm{T}}\boldsymbol{C}(x, y)\,\boldsymbol{D}\hat{\boldsymbol{u}}(x, y) + \omega^2\varrho(x, y)\,\hat{\boldsymbol{u}}(x, y) = \boldsymbol{o}_2$	(5.5.31)	$\frac{1}{2}\int\limits_A \{[\boldsymbol{D}\hat{\boldsymbol{u}}(x, y)]^{\mathrm{T}}\,\boldsymbol{C}(x, y)\,\boldsymbol{D}\hat{\boldsymbol{u}}(x, y) - \omega^2\varrho(x, y)\,\hat{\boldsymbol{u}}\,(x, y)^{\mathrm{T}}\,\hat{\boldsymbol{u}}(x, y)\}\,\mathrm{d}A$
Plattenbiegung (*Kirchhoff*)	(5.4.255)	$\frac{h^3}{12}\,\boldsymbol{d}^{\mathrm{T}}\boldsymbol{C}(x, y)\,\boldsymbol{d}w(x, y) - p(x, y) = 0$	(5.4.301)	$\frac{1}{2}\int\limits_A \left\{\frac{h^3}{12}\,[\boldsymbol{d}w(x, y)]^{\mathrm{T}}\,\boldsymbol{C}(x, y)\,\boldsymbol{d}w(x, y) - 2w(x, y) \times p(x, y)\right\}\mathrm{d}A - \int\limits_{C_2} w(x, y)\,\bar{q}^*(s)\,\mathrm{d}s + \int\limits_{C_2'} w_{,n}(x, y)\,\overline{m}_n(s)\,\mathrm{d}s - \sum\limits_i w(x_i, y_i)\,F_i$
Plattenbeulen	(5.5.1)	$\frac{h^3}{12}\,\boldsymbol{d}^{\mathrm{T}}\boldsymbol{C}(x, y)\,\boldsymbol{d}w(x, y) - \lambda h[\boldsymbol{d}w(x, y)]^{\mathrm{T}}\,\boldsymbol{\sigma}^*(x, y) = 0$	(5.5.5)	$\frac{1}{2}\int\limits_A \left\{\frac{h^3}{12}\,[\boldsymbol{d}w(x, y)]^{\mathrm{T}}\,\boldsymbol{C}(x, y)\,\boldsymbol{d}w(x, y) + \lambda h\,[\boldsymbol{d}^*w(x,y)]^{\mathrm{T}}\,\boldsymbol{S}^*(x, y)\,\boldsymbol{d}^*w(x, y)\right\}\mathrm{d}A$

freie Platten-schwingung	.	$\frac{h^3}{12}\,\boldsymbol{d}^{\mathrm{T}}\boldsymbol{C}(x,y)\,\boldsymbol{d}\hat{w}(x,y) - \omega^2 h\varrho(x,y)\,\hat{w}(x,y) = 0$	.	$\frac{1}{2}\int_A \left\{\frac{h^3}{12}\,[\boldsymbol{d}\hat{w}(x,y)]^{\mathrm{T}}\,\boldsymbol{C}(x,y)\,\boldsymbol{d}\hat{w}(x,y) - \omega^2 h\varrho(x,y)\,\hat{w}^2(x,y)\right\} \mathrm{d}A$
stationäre Wärmeleitung	(5.3.1)	$[\lambda(x,y)\,T_{,x}(x,y)]_{,x} + [\lambda(x,y) \times T_{,y}(x,y)]_{,y} + W(x,y) = 0$	(5.2.21)	$\frac{1}{2}\int_A \{\lambda(x,y)\,[T_{,x}^2(x,y) + T_{,y}^2(x,y)] - 2T(x,y)\,W(x,y)\}\,\mathrm{d}A + \int_{C_2'} T(x,y)\,\bar{q}(s)\,\mathrm{d}s + \frac{1}{2}\int_{C_2''} \alpha T(x,y)\,[T(x,y) - 2T_0(s)]\,\mathrm{d}s$
rotationssymme-trische stationäre Wärmeleitung	(5.4.37)	$[\lambda(r,z)\,T_{,r}(r,z)]_{,r} + \frac{1}{r}\,\lambda(r,z) \times T_{,r}(r,z) + [\lambda(r,z)\,T_{,z}(r,z)]_{,z} + W(r,z) = 0$	.	$\frac{1}{2}\int_A \{\lambda(r,z)\,[T_{,r}^2(r,z) + T_{,z}^2(r,z)] - 2T(r,z)\,W(r,z)\}\,r\,\mathrm{d}A + \int_{C_2'} T(r,z)\,\bar{q}(s)\,r\,\mathrm{d}s + \frac{1}{2}\int_{C_2''} \alpha T(r,z)\,[T(r,z) - 2T_0(s)]\,r\,\mathrm{d}s$
Potential-strömung	(5.4.72)	$\Psi_{,xx}(x,y) + \Psi_{,yy}(x,y) = 0$	(6.7.5)	$\frac{1}{2}\int_A [\Psi_{,x}^2(x,y) + \Psi_{,y}^2(x,y)]\,\mathrm{d}A - \int_{C_2} \Psi(x,y)\,\overline{\Psi}_{,n}(s)\,\mathrm{d}s$
rotationssymme-trische Strömung einer zähen Flüssigkeit	(5.4.224)	$\tilde{\boldsymbol{D}}^{\mathrm{T}}\{r[\boldsymbol{C}(r,z)\,\boldsymbol{D}\boldsymbol{v}(r,z) - p(r,z)\,\boldsymbol{e}]\} = \boldsymbol{o}_2$	(5.4.225)	$\frac{1}{2}\int_A \{[\boldsymbol{D}\boldsymbol{v}(r,z)]^{\mathrm{T}}\,[\boldsymbol{C}(r,z)\,\boldsymbol{D}\boldsymbol{v}(r,z) - 2p(r,z)\,\boldsymbol{e}]\}\,r\,\mathrm{d}A - \int_{C_2} \boldsymbol{v}_{\mathrm{R}}(r,z)^{\mathrm{T}}\,\overline{\boldsymbol{q}}_{\mathrm{R}}(s)\,r\,\mathrm{d}s$
elektromagnetisches Feld	(5.4.112)	$\left[\frac{\Phi_{,x}(x,y)}{\mu(x,y)}\right]_{,x} + \left[\frac{\Phi_{,y}(x,y)}{\mu(x,y)}\right]_{,y} - G(x,y) = 0$	(5.4.116)	$\frac{1}{2}\int_A \left\{\frac{1}{\mu(x,y)}\,[\Phi_{,x}^2(x,y) + \Phi_{,y}^2(x,y)] + 2\Phi(x,y)\,G(x,y)\right\} \mathrm{d}A$

dem Verschwinden der ersten Variation des Funktionals

$$\delta J = \iint_G \left(\frac{\partial F}{\partial u} \delta u + \frac{\partial F}{\partial u_{,x}} \delta u_{,x} + \frac{\partial F}{\partial u_{,y}} \delta u_{,y} + \frac{\partial F}{\partial v} \delta v + \frac{\partial F}{\partial v_{,x}} \delta v_{,x} + \frac{\partial F}{\partial v_{,y}} \delta v_{,y} \right) \mathrm{d}x \, \mathrm{d}y + \int_{C_2} \left(\frac{\partial Z}{\partial u} \delta u + \frac{\partial Z}{\partial v} \delta v \right) \mathrm{d}s = 0 \tag{4.1.29}$$

erhält man die beiden *Euler*schen Differentialgleichungen

$$\frac{\partial F}{\partial u} - \left(\frac{\partial F}{\partial u_{,x}} \right)_{,x} - \left(\frac{\partial F}{\partial u_{,y}} \right)_{,y} = 0; \qquad \frac{\partial F}{\partial v} - \left(\frac{\partial F}{\partial v_{,x}} \right)_{,x} - \left(\frac{\partial F}{\partial v_{,y}} \right)_{,y} = 0 \tag{4.1.30}$$

und, wenn auf den Randstücken C_{u1} Bedingungen für u und auf C_{v1} solche für v vorliegen, die zugehörigen natürlichen Randbedingungen

$$\begin{aligned} \left(\frac{\partial F}{\partial u_{,x}} n_x + \frac{\partial F}{\partial u_{,y}} n_y + \frac{\partial Z}{\partial u} \right) \Bigg|_{C_{u2}} &= 0; \qquad C_{u2} = C - C_{u1}, \\ \left(\frac{\partial F}{\partial v_{,x}} n_x + \frac{\partial F}{\partial v_{,y}} n_y + \frac{\partial Z}{\partial v} \right) \Bigg|_{C_{v2}} &= 0; \qquad C_{v2} = C - C_{v1}. \end{aligned} \tag{4.1.31}$$

Damit haben wir die erforderlichen mathematischen Grundlagen bereitgestellt, um das *Ritz*sche Verfahren auch auf zweidimensionale Aufgaben anwenden zu können. In Tabelle 4.1.1 sind einige technisch bedeutsame Probleme genannt und deren Differentialgleichungen sowie die zugehörigen Funktionale angegeben.

Als Vergleichsfunktion für eine gesuchte Feldgröße schreiben wir jetzt

$$\tilde{u}(x, y) = \varphi_0(x, y) + \sum_{i=1}^{n} c_i \varphi_i(x, y) \tag{4.1.32}$$

mit den freien Parametern c_i. Die Koordinatenfunktionen müssen linear unabhängig sein. Im Hinblick auf die Konvergenz sei die Folge $\varphi_1, \varphi_2, \ldots, \varphi_n$ vollständig in bezug auf eine bestimmte Funktionenklasse. Die Funktion φ_0 erfüllt alle wesentlichen Randbedingungen und entfällt, wenn diese homogen sind. Da das Funktional (4.1.18) in der erweiterten Formulierung (4.1.20) enthalten ist, wollen wir an letzterer die Vorgehensweise erläutern. Die Funktionen φ_i müssen dann auf C_1, ihre Ableitungen $\partial \varphi_i / \partial n$ auf C_1' verschwinden. Setzen wir u in die sich aus dem Funktional (4.1.20) ergebende Extremalbedingung $\delta J = 0$ ein, so ermitteln wir zunächst

$$\delta \tilde{J} = \iint_G \left(\frac{\partial F}{\partial \tilde{u}} \delta \tilde{u} + \frac{\partial F}{\partial \tilde{u}_{,x}} \delta \tilde{u}_{,x} + \frac{\partial F}{\partial \tilde{u}_{,y}} \delta \tilde{u}_{,y} + \frac{\partial F}{\partial \tilde{u}_{,xx}} \delta \tilde{u}_{,xx} + \frac{\partial F}{\partial \tilde{u}_{,xy}} \delta \tilde{u}_{,xy} + \frac{\partial F}{\partial \tilde{u}_{,yy}} \delta \tilde{u}_{,yy} \right) \mathrm{d}x \, \mathrm{d}y + \oint_C \left(\frac{\partial Z}{\partial \tilde{u}} \delta \tilde{u} + \frac{\partial Z}{\partial \tilde{u}_{,x}} \delta \tilde{u}_{,x} + \frac{\partial Z}{\partial \tilde{u}_{,y}} \delta \tilde{u}_{,y} \right) \mathrm{d}s = 0 \tag{4.1.33}$$

und mit

$$\delta \tilde{u}(x, y) = \sum_{j=1}^{n} \delta c_j \varphi_j(x, y) \tag{4.1.34}$$

die Beziehung

$$\sum_{j=1}^{n}\left[\iint_G\left(\frac{\partial F}{\partial\tilde{u}}\varphi_j+\frac{\partial F}{\partial\tilde{u}_{,x}}\varphi_{j,x}+\frac{\partial F}{\partial\tilde{u}_{,y}}\varphi_{j,y}+\frac{\partial F}{\partial\tilde{u}_{,xx}}\varphi_{j,xx}+\frac{\partial F}{\partial\tilde{u}_{,xy}}\varphi_{j,xy}\right.\right.$$

$$\left.\left.+\frac{\partial F}{\partial\tilde{u}_{,yy}}\varphi_{j,yy}\right)\mathrm{d}x\,\mathrm{d}y+\oint_C\left(\frac{\partial Z}{\partial\tilde{u}}\varphi_j+\frac{\partial Z}{\partial\tilde{u}_{,x}}\varphi_{j,x}+\frac{\partial Z}{\partial\tilde{u}_{,y}}\varphi_{j,y}\right)\mathrm{d}s\right]\delta c_j=0. \tag{4.1.35}$$

Wegen der Willkürlichkeit der δc_j folgt sofort

$$\iint_G\left(\frac{\partial F}{\partial\tilde{u}}\varphi_j+\frac{\partial F}{\partial\tilde{u}_{,x}}\varphi_{j,x}+\frac{\partial F}{\partial\tilde{u}_{,y}}\varphi_{j,y}+\frac{\partial F}{\partial\tilde{u}_{,xx}}\varphi_{j,xx}+\frac{\partial F}{\partial\tilde{u}_{,xy}}\varphi_{j,xy}+\frac{\partial F}{\partial\tilde{u}_{,yy}}\varphi_{j,yy}\right)\mathrm{d}x\,\mathrm{d}y$$

$$+\oint_C\left(\frac{\partial Z}{\partial\tilde{u}}\varphi_j+\frac{\partial Z}{\partial\tilde{u}_{,x}}\varphi_{j,x}+\frac{\partial Z}{\partial\tilde{u}_{,y}}\varphi_{j,y}\right)\mathrm{d}s=0\qquad(j=1,2,\ldots,n), \tag{4.1.36}$$

d. h. ein System von n Gleichungen zur Bestimmung der Parameter c_j. Bei zwei Feldfunktionen benutzen wir auch zwei Vergleichsfunktionen

$$\begin{aligned}\tilde{u}(x,y)&=\varphi_{u0}(x,y)+\sum_{i=1}^{n}c_{ui}\varphi_{ui}(x,y),\\ \tilde{v}(x,y)&=\varphi_{v0}(x,y)+\sum_{i=1}^{n}c_{vi}\varphi_{vi}(x,y),\end{aligned} \tag{4.1.37}$$

in denen φ_{u0} und φ_{v0} die inhomogenen Anteile der wesentlichen Randbedingungen erfüllen. Sonst gilt für die Koordinatenfunktionen φ_{ui} und φ_{vi} das bereits vorher Gesagte, so daß sämtliche wesentlichen Randbedingungen durch den Ansatz (4.1.37) erfüllt werden. Die Gesamtheit der Funktionen φ_{ui} und die Gesamtheit der Funktionen φ_{vi} zusammen können linear abhängig sein. Die Funktionen können sogar gegebenenfalls übereinstimmen. Eingeführt in Gl. (4.1.29), ergibt sich zunächst

$$\delta\tilde{J}=\iint_G\left(\frac{\partial F}{\partial\tilde{u}}\delta\tilde{u}+\frac{\partial F}{\partial\tilde{u}_{,x}}\delta\tilde{u}_{,x}+\frac{\partial F}{\partial\tilde{u}_{,y}}\delta\tilde{u}_{,y}+\frac{\partial F}{\partial\tilde{v}}\delta\tilde{v}+\frac{\partial F}{\partial\tilde{v}_{,x}}\delta\tilde{v}_{,x}\right.$$

$$\left.+\frac{\partial F}{\partial\tilde{v}_{,y}}\delta\tilde{v}_{,y}\right)\mathrm{d}x\,\mathrm{d}y+\int_{C_2}\left(\frac{\partial Z}{\partial\tilde{u}}\delta\tilde{u}+\frac{\partial Z}{\partial\tilde{v}}\delta\tilde{v}\right)\mathrm{d}s=0, \tag{4.1.38}$$

bzw. mit den Variationen

$$\delta\tilde{u}(x,y)=\sum_{j=1}^{n}\delta c_{uj}\varphi_{uj}(x,y);\qquad\delta\tilde{v}(x,y)=\sum_{j=1}^{m}\delta c_{vj}\varphi_{vj}(x,y) \tag{4.1.39}$$

die Beziehung

$$\sum_{j=1}^{n}\left[\iint_G\left(\frac{\partial F}{\partial\tilde{u}}\varphi_{uj}+\frac{\partial F}{\partial\tilde{u}_{,x}}\varphi_{uj,x}+\frac{\partial F}{\partial\tilde{u}_{,y}}\varphi_{uj,y}\right)\mathrm{d}x\,\mathrm{d}y+\int_{C_{u2}}\frac{\partial Z}{\partial\tilde{u}}\varphi_{uj}\,\mathrm{d}s\right]\delta c_{uj}$$

$$+\sum_{j=1}^{m}\left[\iint_G\left(\frac{\partial F}{\partial\tilde{v}}\varphi_{vj}+\frac{\partial F}{\partial\tilde{v}_{,x}}\varphi_{vj,x}+\frac{\partial F}{\partial\tilde{v}_{,y}}\varphi_{vj,y}\right)\mathrm{d}x\,\mathrm{d}y+\int_{C_{v2}}\frac{\partial Z}{\partial\tilde{v}}\varphi_{vj}\,\mathrm{d}s\right]\delta c_{vj}=0. \tag{4.1.40}$$

Wegen der Willkürlichkeit der δc_{uj} und δc_{vj} entstehen die beiden im allgemeinen miteinander verkoppelten Gleichungssysteme

$$\iint\limits_G \left(\frac{\partial F}{\partial \tilde{u}} \varphi_{uj} + \frac{\partial F}{\partial \tilde{u}_{,x}} \varphi_{uj,x} + \frac{\partial F}{\partial \tilde{u}_{,y}} \varphi_{uj,y}\right) \mathrm{d}x\,\mathrm{d}y + \int\limits_{C_{u2}} \frac{\partial Z}{\partial \tilde{u}} \varphi_{uj}\,\mathrm{d}s = 0 \quad (j = 1, 2, \ldots, n),$$

$$\iint\limits_G \left(\frac{\partial F}{\partial \tilde{v}} \varphi_{vj} + \frac{\partial F}{\partial \tilde{v}_{,x}} \varphi_{vj,x} + \frac{\partial F}{\partial \tilde{v}_{,y}} \varphi_{vj,y}\right) \mathrm{d}x\,\mathrm{d}y + \int\limits_{C_{v2}} \frac{\partial Z}{\partial \tilde{v}} \varphi_{vj}\,\mathrm{d}s = 0 \quad (j = 1, 2, \ldots, m).$$

(4.1.41)

4.2. Methode der gewichteten Residuen

Wenn für die zu behandelnde Aufgabe keine Variationsaufgabe zur Verfügung steht, verwenden wir die Methode der gewichteten Residuen. Bereits in 2.2. haben wir den Grundgedanken dieser Methode erläutert. Die Übertragung auf zweidimensionale Problemstellungen verlangt vom Leser nur wenig neue mathematische Überlegungen. Das betreffende Randwertproblem soll durch die partielle Differentialgleichung

$$D_{2k}[u]\,(x, y) + g(x, y) = 0 \tag{4.2.1}$$

und Bedingungen auf dem Rande C des betrachteten Gebietes G beschrieben werden. Dabei stellt $2k$ wiederum die Ordnung des Differentialoperators dar. Wir wählen einen Näherungsansatz

$$\tilde{u}(x, y) = \psi_0(x, y) + \sum_{i=1}^{n} c_i \psi_i(x, y), \tag{4.2.2}$$

der *alle* Randbedingungen erfüllt, wobei die inhomogenen Anteile der Funktion ψ_0 zugewiesen werden. In die Differentialgleichung eingesetzt, wird dieser Ansatz das Residuum

$$\Phi_0(x, y) = D_{2k}[\tilde{u}]\,(x, y) + g(x, y) \tag{4.2.3}$$

ergeben. Die freien Parameter c_i bestimmen wir nun so, daß der Fehler im Gebiet G möglichst klein wird, d. h., der gewichtete Durchschnitt der Funktion Φ_0 verschwindet:

$$\iint\limits_G w_j(x, y)\, \Phi_0(x, y)\,\mathrm{d}x\,\mathrm{d}y = \iint\limits_G w_j(x, y)\,\{D_{2k}[\tilde{u}]\,(x, y) + g(x, y)\}\,\mathrm{d}x\,\mathrm{d}y = 0$$

$$(j = 1, 2, \ldots, n). \tag{4.2.4}$$

Die Gewichtsfunktionen w_j $(j = 1, 2, \ldots, n)$ müssen linear unabhängig und hinreichend oft stetig differenzierbar sein. Dann liegt in Gl. (4.2.4) ein Gleichungssystem zur Berechnung der n freien Parameter c_i $(i = 1, 2, \ldots, n)$ vor. Werden die Koordinatenfunktionen ψ_j selbst zur Wichtung benutzt, so sprechen wir wieder vom Verfahren von *Galerkin*.

Wollen wir z. B. eine Näherungslösung für die Potentialgleichung

$$u_{,xx}(x, y) + u_{,yy}(x, y) + g(x, y) = 0 \tag{4.2.5}$$

mit den Randbedingungen

$$[u(x, y) - \overline{u}(s)]|_{C_1} = 0, \qquad C = C_1 + C_2 \qquad (4.2.6)$$
$$[u_{,n}(x, y) - \overline{u}_{,n}(s)]|_{C_2} = 0;$$

bestimmen, so geht Gl. (4.2.24) in

$$\iint_G \psi_j(x, y) [\tilde{u}_{,xx}(x, y) + \tilde{u}_{,yy}(x, y) + g(x, y)] \,\mathrm{d}x \,\mathrm{d}y = 0 \qquad (4.2.7)$$

$(j = 1, 2, \dots, n)$

über und liefert das Gleichungssystem

$$\sum_{i=1}^{n} c_i \iint_G \psi_j(\psi_{i,xx} + \psi_{i,yy}) \,\mathrm{d}x \,\mathrm{d}y = -\iint_G (\psi_{0,xx} + \psi_{0,yy} + g)\, \psi_j \,\mathrm{d}x \,\mathrm{d}y$$

$(j = 1, 2, \dots, n)$. (4.2.8)

Daß die Vergleichsfunktionen *alle* Randbedingungen erfüllen müssen, wird sich in vielen Fällen nicht realisieren lassen. Ähnlich wie in 2.2. wollen wir deshalb eine Vorgehensweise behandeln, die diese Forderung auf die wesentlichen Randbedingungen reduziert. Erfüllt der Näherungsansatz (4.2.2) nur die wesentlichen Randbedingungen, so wollen wir die Koordinatenfunktionen wieder mit φ_0 bzw. φ_i bezeichnen, und es gilt

$$[\varphi_0(x, y) - \overline{u}(s)]|_{C_1} = 0; \qquad \varphi_i(x, y)|_{C_1} = 0. \qquad (4.2.9)$$

Die Verwendung solcher Vergleichsfunktionen erzeugt neben dem Fehler Φ_0 aus der Differentialgleichung (4.2.3) auch noch einen Fehler

$$\Phi_2(s) = [\tilde{u}_{,n}(x, y) - \overline{u}_{,n}(s)]|_{C_2} \qquad (4.2.10)$$

in der Randbedingung auf dem Randstück C_2. Werden auf dem Randstück C_2 als Gewichtsfunktionen die Randwerte der Gewichtsfunktion φ_j im Gebiet G benutzt, so können wir die Beziehung

$$\iint_G \varphi_j \Phi_0 \,\mathrm{d}x \,\mathrm{d}y + \int_{C_2} (-\varphi_j)\, \Phi_2 \,\mathrm{d}s = 0 \qquad (j = 1, 2, \dots, n) \qquad (4.2.11)$$

als Ausgangsgleichung für die weitere Untersuchung schreiben.
In unserem Beispiel entspricht Gl. (4.2.11)

$$\iint_G \varphi_j(\tilde{u}_{,xx} + \tilde{u}_{,yy} + g) \,\mathrm{d}x \,\mathrm{d}y - \int_{C_2} \varphi_j(\tilde{u}_{,n} - \overline{u}_{,n}) \,\mathrm{d}s = 0 \qquad (j = 1, 2, \dots, n). \qquad (4.2.12)$$

Aus dem *Gauß*schen Integralsatz folgt die *Green*sche Formel

$$\iint_G (P_{,xx} + P_{,yy})\, Q \,\mathrm{d}x \,\mathrm{d}y = \iint_G [(P_{,x}Q)_{,x} + (P_{,y}Q)_{,y} - P_{,x}Q_{,x} - P_{,y}Q_{,y}] \,\mathrm{d}x \,\mathrm{d}y$$
$$= -\iint_G (P_{,x}Q_{,x} + P_{,y}Q_{,y}) \,\mathrm{d}x \,\mathrm{d}y + \oint_C P_{,n}Q \,\mathrm{d}s, \qquad (4.2.13)$$

mit deren Hilfe wir die Beziehung

$$\iint_G \varphi_j(\tilde{u}_{,xx} + \tilde{u}_{,yy}) \,\mathrm{d}x \,\mathrm{d}y = -\iint_G (\varphi_{j,x}\tilde{u}_{,x} + \varphi_{j,y}\tilde{u}_{,y}) \,\mathrm{d}x \,\mathrm{d}y + \oint_C \tilde{u}_{,n}\varphi_j \,\mathrm{d}s \qquad (4.2.14)$$

gewinnen. Da voraussetzungsgemäß alle Koordinatenfunktionen φ_j auf C_1 verschwinden, verbleibt für den zweiten Summanden nur noch das Randstück C_2. Eingesetzt in Gl. (4.2.12) erhält man

$$-\iint\limits_G (\varphi_{j},_x \bar{u},_x + \varphi_{j},_y \bar{u},_y)\,\mathrm{d}x\,\mathrm{d}y = -\iint\limits_G g\varphi_j\,\mathrm{d}x\,\mathrm{d}y - \int\limits_{C_2} \bar{u},_n \varphi_j\,\mathrm{d}s \qquad (j = 1, 2, \ldots, n) \tag{4.2.15}$$

oder

$$\sum_{i=1}^{n} c_i \iint\limits_G (\varphi_{j},_x \varphi_{i},_x + \varphi_{j},_y \varphi_{i},_y)\,\mathrm{d}x\,\mathrm{d}y = -\iint\limits_G (\varphi_{0},_x \varphi_{j},_x + \varphi_{0},_y \varphi_{j},_y - g\varphi_j)\,\mathrm{d}x\,\mathrm{d}y + \int\limits_{C_2} \bar{u},_n \varphi_j\,\mathrm{d}s \qquad (j = 1, 2, \ldots, n) \tag{4.2.16}$$

Vergleichen wir die beiden Systeme (4.2.8) und (4.2.16) miteinander, so stellen wir Unterschiede fest. Neben dem Vorteil, daß in der Fassung (4.2.16) die Ansätze nur die wesentlichen Randbedingungen zu erfüllen haben, treten in Gl. (4.2.16) auch nur erste Ableitungen der Koordinatenfunktionen auf, d. h. letztere müssen stetig sein und beschränkte integrierbare Ableitungen besitzen, während in Gl. (4.2.8) integrierbare zweite Ableitungen existieren müssen. Darüber hinaus besitzt das System (4.2.16) in diesem Fall eine symmetrische Koeffizientenmatrix, was rechentechnische Vorteile bietet.
In vielen praktischen Fällen wird nicht nur eine partielle Differentialgleichung zum Bestimmen einer Feldgröße vorliegen, sondern es besteht ein System von p Differentialgleichungen zur Berechnung von p Feldgrößen. Im Rahmen dieses Buches genügt es, wenn wir uns zunächst auf eine Anwendung mit $p = 2$ beschränken.
Wir wollen die Vorgehensweise am Beispiel des ebenen Spannungszustandes für isotropes elastisches Materialverhalten erläutern. Er ist durch die beiden Gleichgewichtsbedingungen

$$\begin{aligned} &\sigma_{x},_x(x, y) + \tau_{xy},_y(x, y) + p_x(x, y) = 0, \\ &\tau_{yx},_x(x, y) + \sigma_{y},_y(x, y) + p_y(x, y) = 0, \end{aligned} \tag{4.2.17}$$

die Verzerrungs-Verschiebungs-Beziehungen

$$\begin{aligned} &\varepsilon_x(x, y) = u,_x(x, y); \qquad \varepsilon_y(x, y) = v,_y(x, y) \\ &\gamma_{xy}(x, y) = u,_y(x, y) + v,_x(x, y) \end{aligned} \tag{4.2.18}$$

und das Stoffgesetz

$$\begin{aligned} &\sigma_x(x, y) = \frac{E}{1 - \nu^2}\,[\varepsilon_x(x, y) + \nu\varepsilon_y(x, y)], \\ &\sigma_y(x, y) = \frac{E}{1 - \nu^2}\,[\nu\varepsilon_x(x, y) + \varepsilon_y(x, y)], \\ &\tau_{xy}(x, y) = \frac{E}{2(1 + \nu)}\,\gamma_{xy}(x, y) \end{aligned} \tag{4.2.19}$$

beschrieben. Darin sind die Normalspannungen σ_x, σ_y, die Schubspannung $\tau_{xy} = \tau_{yx}$, die Volumenkräfte p_x, p_y, die Dehnungen ε_x, ε_y, die Winkeländerung $\gamma_{xy} = \gamma_{yx}$, die Verschiebungen u, v, der Elastizitätsmodul E und die Querdehnungszahl ν enthalten.

Für die Anwendung der FEM ist es zweckmäßig, die Matrixschreibweise zu verwenden. Dazu bilden wir

— den Vektor der Spannungen

$$\boldsymbol{\sigma}(x, y) = [\sigma_x(x, y); \sigma_y(x, y); \tau_{xy}(x, y)]^{\mathrm{T}}, \tag{4.2.20}$$

— den Vektor der Verzerrungen

$$\boldsymbol{\varepsilon}(x, y) = [\varepsilon_x(x, y); \varepsilon_y(x, y); \gamma_{xy}(x, y)]^{\mathrm{T}}, \tag{4.2.21}$$

— die Differentiationsmatrix

$$\boldsymbol{D} = \begin{bmatrix} \dfrac{\partial}{\partial x} & 0 & \dfrac{\partial}{\partial y} \\ 0 & \dfrac{\partial}{\partial y} & \dfrac{\partial}{\partial x} \end{bmatrix}^{\mathrm{T}} \tag{4.2.22}$$

— den Verschiebungsvektor

$$\boldsymbol{u}(x, y) = [u(x, y); v(x, y)]^{\mathrm{T}}, \tag{4.2.23}$$

— den Volumenkraftvektor

$$\boldsymbol{p}(x, y) = [p_x(x, y); p_y(x, y)]^{\mathrm{T}}, \tag{4.2.24}$$

— die Elastizitätsmatrix

$$\boldsymbol{C} = \frac{E}{1 - \nu^2} \begin{bmatrix} 1 & \nu & 0 \\ & 1 & 0 \\ \text{sym.} & & \dfrac{1 - \nu}{2} \end{bmatrix}, \tag{4.2.25}$$

— den Randverschiebungsvektor

$$\boldsymbol{u}(s) = [u(s); v(s)]^{\mathrm{T}}, \tag{4.2.26}$$

— den Randspannungsvektor (Bild 4.2.1)

$$\boldsymbol{q}(s) = [q_x(s); q_y(s)]^{\mathrm{T}}, \tag{4.2.27}$$

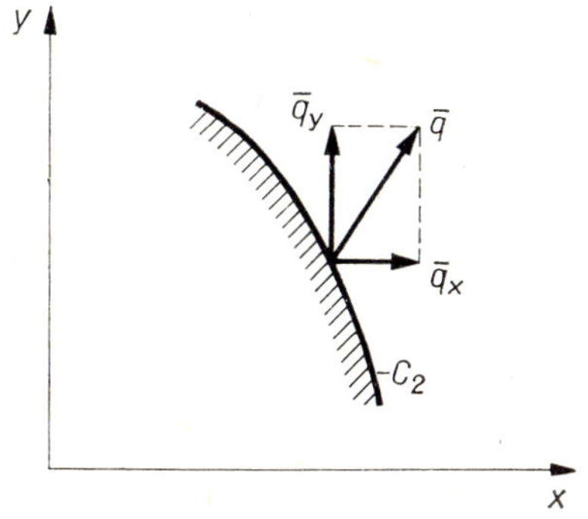

Bild 4.2.1

— und die Transformationsmatrix

$$\boldsymbol{N}(x, y) = \begin{bmatrix} n_x(x, y) & 0 & n_y(x, y) \\ 0 & n_y(x, y) & n_x(x, y) \end{bmatrix}^{\mathrm{T}}. \tag{4.2.28}$$

Mit diesen Größen können die Gleichgewichtsbedingungen (4.2.17), die Verzerrungs-Verschiebungs-Beziehungen (4.2.18) und das Stoffgesetz (4.2.19) als Vektorgleichungen

$$\boldsymbol{D}^{\mathrm{T}}\sigma(x, y) + \boldsymbol{p}(x, y) = \boldsymbol{o}_2, \tag{4.2.29}$$

$$\varepsilon(x, y) = \boldsymbol{D}\boldsymbol{u}(x, y), \tag{4.2.30}$$

$$\sigma(x, y) = \boldsymbol{C}\varepsilon(x, y) \tag{4.2.31}$$

geschrieben werden. Nun gewinnen wir aus den Gleichgewichtsbedingungen (4.2.26) den Zusammenhang

$$\boldsymbol{D}^{\mathrm{T}}\boldsymbol{C}\varepsilon(x, y) + \boldsymbol{p}(x, y) = \boldsymbol{o}_2 \tag{4.2.32}$$

und schließlich mit Gl. (4.2.27) die Vektorgleichung

$$\boldsymbol{D}^{\mathrm{T}}\boldsymbol{C}\boldsymbol{D}\boldsymbol{u}(x, y) + \boldsymbol{p}(x, y) = \boldsymbol{o}_2. \tag{4.2.33}$$

Die Randbedingungen erscheinen in der Form

$$[\boldsymbol{u}(x, y) - \bar{\boldsymbol{u}}(s)]|_{C_1} = \boldsymbol{o}_2 \tag{4.2.34}$$

und

$$[\boldsymbol{N}(x, y)^{\mathrm{T}}\,\sigma(x, y) - \bar{\boldsymbol{q}}(s)]|_{C_2} = [\boldsymbol{N}^{\mathrm{T}}\boldsymbol{C}\boldsymbol{D}\boldsymbol{u} - \bar{\boldsymbol{q}}]|_{C_2} = \boldsymbol{o}_2. \tag{4.2.35}$$

Unter den Randstücken C_1 und C_2 können dabei komponentenweise unterschiedliche Randteile verstanden werden.

Die Näherungsansätze für die beiden Verschiebungen u und v fassen wir in dem Vektor

$$\begin{aligned} \tilde{\boldsymbol{u}}(x, y) &= \boldsymbol{u}_0(x, y) + \sum_{i=1}^{n} \boldsymbol{\Phi}_i(x, y)\, \boldsymbol{c}_i \\ &= \begin{bmatrix} \varphi_{u0}(x, y) \\ \varphi_{v0}(x, y) \end{bmatrix} + \sum_{i=1}^{n} \begin{bmatrix} \varphi_{ui}(x, y) & 0 \\ 0 & \varphi_{vi}(x, y) \end{bmatrix} \begin{bmatrix} c_{ui} \\ c_{vi} \end{bmatrix} \end{aligned} \tag{4.2.36}$$

und die Residuen in den Vektoren der Residuen

$$\begin{aligned} \boldsymbol{\varphi}_0(x, y) &= [\Phi_{u0}(x, y); \Phi_{v0}(x, y)]^{\mathrm{T}} = \boldsymbol{D}^{\mathrm{T}}\boldsymbol{C}\boldsymbol{D}\tilde{\boldsymbol{u}}(x, y) + \boldsymbol{p}(x, y), \\ \boldsymbol{\varphi}_2(s) &= [\Phi_{u2}(s); \Phi_{v2}(s)]^{\mathrm{T}} = [\boldsymbol{N}(x, y)^{\mathrm{T}}\, \boldsymbol{C}\boldsymbol{D}\tilde{\boldsymbol{u}}(x, y) - \bar{\boldsymbol{q}}(s)]|_{C_2} \end{aligned} \tag{4.2.37}$$

zusammen. Ausgangspunkt der Näherungslösung ist jetzt die Vektorgleichung

$$\int_A \boldsymbol{\Phi}_j \boldsymbol{\varphi}_0 \,\mathrm{d}A + \int_{C_2} (-\boldsymbol{\Phi}_j)\, \boldsymbol{\varphi}_2 \,\mathrm{d}s = \boldsymbol{o}_2 \qquad (j = 1, 2, \dots, n), \tag{4.2.38}$$

wobei die Gewichtsfunktionen φ_{uj} und φ_{vj} entsprechend Gl. (4.2.36) in der Diagonalmatrix $\boldsymbol{\Phi}_j$ enthalten sind. Nun bilden wir die Integrale

$$\int_A \boldsymbol{\Phi}_j \boldsymbol{\varphi}_0 \,\mathrm{d}A = \int_A \boldsymbol{\Phi}_j(\boldsymbol{D}^{\mathrm{T}}\boldsymbol{C}\boldsymbol{D}\tilde{\boldsymbol{u}} + \boldsymbol{p}) \,\mathrm{d}A, \qquad \int_{C_2} \boldsymbol{\Phi}_j \boldsymbol{\varphi}_2 \,\mathrm{d}s = \int_{C_2} \boldsymbol{\Phi}_j(\boldsymbol{N}^{\mathrm{T}}\boldsymbol{C}\boldsymbol{D}\tilde{\boldsymbol{u}} - \bar{\boldsymbol{q}}) \,\mathrm{d}s \tag{4.2.39}$$

und gewinnen unter Verwendung des *Gaußschen* Integralsatzes für das erste Integral

$$\int_A \boldsymbol{\Phi}_j \boldsymbol{\varphi}_0 \, \mathrm{d}A = -\int_A (\boldsymbol{D}\boldsymbol{\Phi}_j)^{\mathrm{T}} \boldsymbol{C}\boldsymbol{D}\tilde{\boldsymbol{u}} \, \mathrm{d}A + \oint_C \boldsymbol{\Phi}_j \boldsymbol{N}^{\mathrm{T}} \boldsymbol{C}\boldsymbol{D}\tilde{\boldsymbol{u}} \, \mathrm{d}s = \int_A \boldsymbol{\Phi}_j \boldsymbol{p} \, \mathrm{d}A \,. \tag{4.2.40}$$

Berücksichtigen wir noch, daß die Koordinatenfunktionen $\boldsymbol{\Phi}_j$ auf dem Randstück C_1 verschwinden, führt die Forderung (4.2.38) auf das Gleichungssystem

$$\int_A (\boldsymbol{D}\boldsymbol{\Phi}_j)^{\mathrm{T}} \boldsymbol{C}\boldsymbol{D}\tilde{\boldsymbol{u}} \, \mathrm{d}A = \int_A \boldsymbol{\Phi}_j \boldsymbol{p} \, \mathrm{d}A + \int_{C_2} \boldsymbol{\Phi}_j \bar{\boldsymbol{q}} \, \mathrm{d}s \qquad (j = 1, 2, \ldots, n) \,. \tag{4.2.41}$$

Mit dem Näherungsansatz (4.2.36) folgt dann

$$\sum_{i=1}^{n} \int_A (\boldsymbol{D}\boldsymbol{\Phi}_j)^{\mathrm{T}} \boldsymbol{C}\boldsymbol{D}\boldsymbol{\Phi}_i \, \mathrm{d}A \boldsymbol{c}_i = \int_A [\boldsymbol{\Phi}_j \boldsymbol{p} - (\boldsymbol{D}\boldsymbol{\Phi}_j)^{\mathrm{T}} \boldsymbol{C}\boldsymbol{D}\boldsymbol{u}_0] \, \mathrm{d}A + \int_{C_2} \boldsymbol{\Phi}_j \bar{\boldsymbol{q}} \, \mathrm{d}s$$

$$(j = 1, 2, \ldots, n) \tag{4.2.42}$$

als Gleichungssystem mit $2n$ Gleichungen zur Berechnung der $2n$ Komponenten der Vektoren $\boldsymbol{c}_i$ $(i = 1, 2, \ldots, n)$.

5. Methode der finiten Elemente bei zweidimensionalen Randwertaufgaben

Im voranstehenden Abschnitt hatten wir gesehen, welche Probleme auftreten, wenn Näherungslösungen zweidimensionaler Randwertaufgaben entwickelt werden sollen. Besonders das Auffinden geeigneter Ansatzfunktionen stößt bei unregelmäßig begrenzten Gebieten i. allg. auf unüberwindliche Schwierigkeiten. Sind darüber hinaus die Koeffizienten der Differentialgleichung bzw. des Differentialgleichungssystems im betrachteten Gebiet unstetig, so ergeben sich Probleme, die mit den bisher vorgestellten Näherungsverfahren nur in Sonderfällen lösbar sind. Deshalb ist es nur folgerichtig, die Methode der finiten Elemente auch auf zweidimensionale Problemstellungen anzuwenden. Dabei muß man jedoch, verglichen mit eindimensionalen Aufgaben, auf einige neue Gesichtspunkte hinweisen. Zum Beispiel führte die Einteilung in finite Elemente im Eindimensionalen immer im verallgemeinerten Sinne auf Linienelemente. Bei der Unterteilung eines zweidimensionalen Gebietes entstehen jedoch finite *Flächenelemente*. Diese *Vernetzung* kann vollkommen willkürlich geschehen, jedoch wird man sich auf einfache geometrische Figuren (Dreieck, Rechteck, allgemeines Viereck) beschränken, wobei durchaus auch unterschiedliche Elemente nebeneinander zum Einsatz kommen können (Bild 5.0.1).

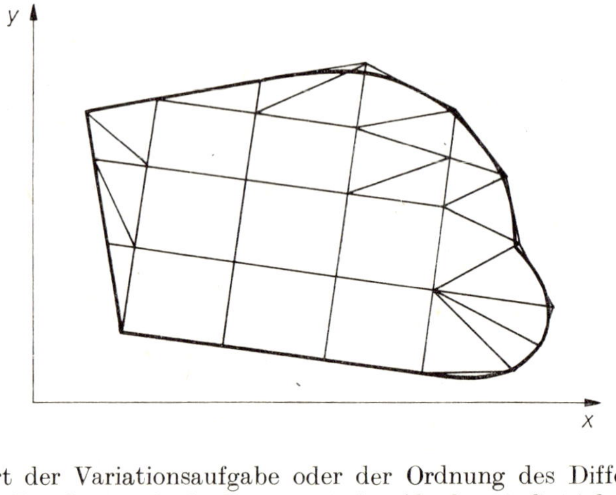

Bild 5.0.1

Je nach Art der Variationsaufgabe oder der Ordnung des Differentialgleichungssystems der Randwertaufgabe hatten wir im Abschn. 4. Stetigkeitsforderungen an die Näherungslösung bzw. ihre Ableitungen gestellt. Diese verlieren auch bei der Unterteilung in finite Elemente nicht ihre Gültigkeit und beziehen sich demzufolge auch auf die ganze Kontaktlinie zwischen zwei Elementen. Unter C^0-Stetigkeit verstehen wir wieder die Stetigkeit der Feldgröße. Bei C^1-Stetigkeit sind die Feldgröße und deren erste Ableitungen stetig. Im allgemeinen bestätigt man die Erfüllung dieser

Forderung mit den Normalenableitungen senkrecht zu den Kontaktlinien, da bei Stetigkeit der (glatten) Feldgröße auf der Kontaktlinie auch deren Tangentialableitungen in Richtung der Kontaktlinie stetig sind.
Geradlinig berandete Elemente sind mathematisch besonders einfach, haben jedoch den Nachteil, daß sich krummlinig begrenzte Gebiete nicht exakt abbilden lassen (Bild 5.0.1). Trotzdem werden viele technische Probleme mit solchen Elementen behandelt, zumal dies für polygonal begrenzte Rechenmodelle durchaus sinnvoll sein kann. Eckpunkte finiter Elemente sind immer Knotenpunkte, jedoch können auch weitere Punkte auf dem Elementrand oder im Inneren des Elementes als Knotenpunkte gewählt werden (Bild 5.0.2). Man spricht dann wieder von *inneren* und *äußeren Knoten*. Bei letzteren werden *primäre Knoten* (Eckknoten) und *sekundäre Knoten* unterschieden. Als Ansatzfunktionen für die Feldgrößen benutzen wir wiederum Polynome.

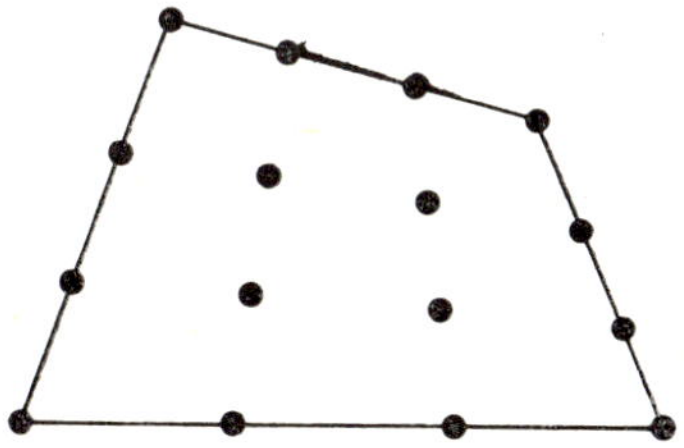

Bild 5.0.2

5.1. Ansatzfunktionen

Zunächst wollen wir uns erinnern, welcher Zusammenhang bei einem eindimensionalen Element zwischen dem Grad des Ansatzpolynoms und der Anzahl der erforderlichen Knotenpunkte besteht. Zur eindeutigen Festlegung eines Polynoms r-ten Grades existieren $r + 1$ freie Parameter, die wir durch die $r + 1$ Knotenwerte des Elementes ersetzt haben. So benötigen wir für einen linearen Verlauf der Feldgröße zwei Knotenpunkte (Bild 3.1.1) und für eine quadratische Ansatzfunktion drei Knotenpunkte mit je einem Knotenwert (Bild 3.1.2). In dieser Weise läßt sich an den Elementgrenzen nur C^0-Stetigkeit erreichen. Mit einer Ansatzfunktion dritten Grades können wir zwei verschiedene Elemente entwickeln: Verwenden wir zwei innere Knoten (Bild 3.1.3), dann erzielen wir wiederum C^0-Stetigkeit, während ein Zwei-Knoten-Element mit der Feldgröße und ihrer ersten Ableitung als Knotenwerte C^1-Stetigkeit an den äußeren Knoten gewährleistet. Die Konvergenz der Näherungslösung gegen die exakte Lösung verlangt, daß vollständige Ansatzfunktionen verwendet werden, d. h., daß in der Ansatzfunktion das allgemeine Polynom des entsprechenden Grades enthalten ist.
Diese Vorgehensweise ist für zweidimensionale Elemente die gleiche. Dem *Pascal*schen Dreieck

$$\begin{array}{ccccccccccc} & & & & & 1 & & & & & \\ & & & & x & & y & & & & \\ & & & x^2 & & xy & & y^2 & & & \\ & & x^3 & & x^2y & & xy^2 & & y^3 & & \\ & x^4 & & x^3y & & x^2y^2 & & xy^3 & & y^4 & \\ x^5 & & x^4y & & x^3y^2 & & x^2y^3 & & xy^4 & & y^5 \\ & & & & & \text{usw.} & & & & & \end{array} \qquad (5.1.1)$$

ist zu entnehmen, daß in einer vollständigen Ansatzfunktion das allgemeine Polynom zweiten Grades 6 Terme, ein solches dritten Grades 10 Terme usw. besitzt. Das allgemeine Polynom r-ten Grades besteht aus $\frac{1}{2}(r + 1)(r + 2)$ Termen. Ist das allgemeine Polynom des höchsten benutzten Grades in die Ansatzfunktion nicht einzubauen, so sollte man zumindest darauf achten, daß die allgemeinen Polynome der niedrigeren Ordnung in der Ansatzfunktion enthalten sind. Vorteilhaft ist es darüber hinaus, die höheren Potenzen so auszuwählen, daß zueinander symmetrische Terme vorhanden sind und für konstantes x das allgemeine Polynom in y enthalten ist und umgekehrt. In diesem Falle bezeichnet man die Ansatzfunktionen als *geometrisch isotrop*.

Neben dem globalen Koordinatensystem (x, y), in dem das Gesamtgebiet beschrieben wird, definieren wir für jedes finite Flächenelement ein lokales (elementeigenes) Koordinatensystem mit i. allg. dimensionslosen bzw. natürlichen Koordinaten. Im Gegensatz zu den entsprechenden eindimensionalen Untersuchungen wollen wir im folgenden bei allen indizierten elementeigenen geometrischen Größen auf die Elementkennzeichnung (e) verzichten.

5.1.1. Dreieckelemente

Ein Dreieck mit den drei Eckpunkten 1, 2, 3 und der Fläche $A^{(e)}$ (Bild 5.1.1) wird durch Angabe der Koordinaten x_i, y_i $(i = 1, 2, 3)$ eindeutig im globalen Koordinatensystem erfaßt. Als natürliche Koordinaten verwenden wir *Dreieckkoordinaten*. Verbinden wir einen beliebigen Punkt P des Dreiecks geradlinig mit den Eckpunkten, so erscheinen die drei Teilflächen A_1, A_2 und A_3. Wir bilden mit $A^{(e)} = A_1 + A_2 + A_3$ die drei Quotienten

$$\xi_1 = \frac{A_1}{A^{(e)}}; \qquad \xi_2 = \frac{A_2}{A^{(e)}}; \qquad \xi_3 = \frac{A_3}{A^{(e)}} \tag{5.1.2}$$

und bezeichnen diese als die drei Dreieckkoordinaten des Punktes P. Dabei gilt die Bedingung

$$\xi_1 + \xi_2 + \xi_3 = 1. \tag{5.1.3}$$

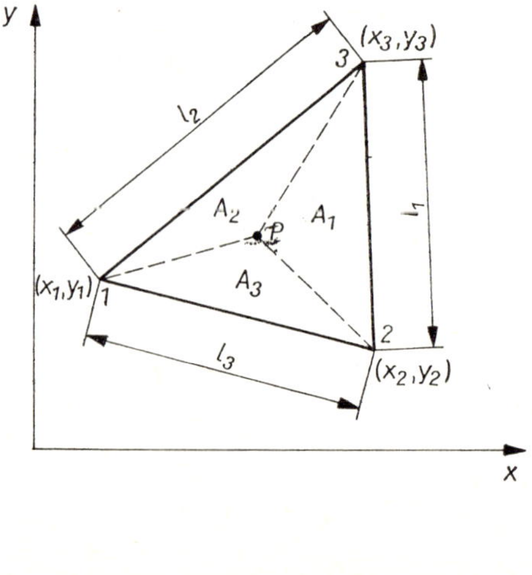

Bild 5.1.1

Die Koordinatenlinien $\xi_k = \text{konst}$ ($k = 1, 2, 3$) verlaufen parallel zu der dem Punkte k gegenüber liegenden Dreieckseite (Bild 5.1.2). Im Punkt k selbst ist $\xi_k = 1$. Greifen wir auf die bekannte Tatsache zurück, daß man den Flächeninhalt eines Dreiecks aus

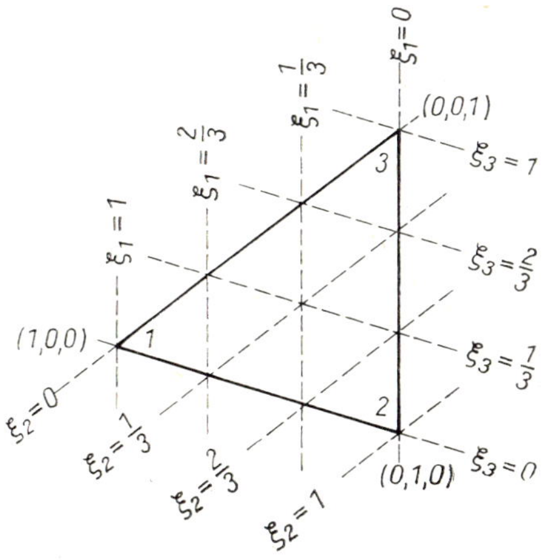

Bild 5.1.2

einer dreireihigen Determinante berechnen kann, so gilt bei einer Numerierung der Eckpunkte entgegen dem Uhrzeigersinn

$$A^{(e)} = \frac{1}{2} \begin{vmatrix} 1 & x_1 & y_1 \\ 1 & x_2 & y_2 \\ 1 & x_3 & y_3 \end{vmatrix}. \tag{5.1.4}$$

Analog gewinnen wir

$$A_1 = \frac{1}{2} \begin{vmatrix} 1 & x & y \\ 1 & x_2 & y_2 \\ 1 & x_3 & y_3 \end{vmatrix}; \qquad A_2 = \frac{1}{2} \begin{vmatrix} 1 & x_1 & y_1 \\ 1 & x & y \\ 1 & x_3 & y_3 \end{vmatrix}; \qquad A_3 = \frac{1}{2} \begin{vmatrix} 1 & x_1 & y_1 \\ 1 & x_2 & y_2 \\ 1 & x & y \end{vmatrix}. \tag{5.1.5}$$

Mit Gl. (5.1.2) ist der Zusammenhang zwischen den Dreieckkoordinaten und dem globalen kartesischen System hergestellt. Wir erhalten

$$\left.\begin{aligned} \xi_1 &= \frac{1}{2A^{(e)}} \left[(x_2 y_3 - x_3 y_2) + (y_2 - y_3)\, x + (x_3 - x_2)\, y\right], \\ \xi_2 &= \frac{1}{2A^{(e)}} \left[(x_3 y_1 - x_1 y_3) + (y_3 - y_1)\, x + (x_1 - x_3)\, y\right], \\ \xi_3 &= \frac{1}{2A^{(e)}} \left[(x_1 y_2 - x_2 y_1) + (y_1 - y_2)\, x + (x_2 - x_1)\, y\right], \end{aligned}\right\} \tag{5.1.6}$$

und daraus bei Berücksichtigung von Gl. (5.1.3)

$$\begin{aligned} x &= x_1 \xi_1 + x_2 \xi_2 + x_3 \xi_3, \\ y &= y_1 \xi_1 + y_2 \xi_2 + y_3 \xi_3. \end{aligned} \tag{5.1.7}$$

Zur Vereinfachung führen wir als Abkürzungen die Koordinatendifferenzen am Element e

$$\begin{aligned} b_1 &= -x_2 + x_3; \quad & b_2 &= -x_3 + x_1; \quad & b_3 &= -x_1 + x_2, \\ c_1 &= y_2 - y_3; & c_2 &= y_3 - y_1; & c_3 &= y_1 - y_2 \end{aligned} \tag{5.1.8}$$

ein. Man kann sich leicht überzeugen, daß die Beziehungen

$$b_1 + b_2 + b_3 = 0; \qquad c_1 + c_2 + c_3 = 0, \tag{5.1.9}$$

$$b_1c_3 - b_3c_1 = b_2c_1 - b_1c_2 = b_3c_2 - b_2c_3 = 2A^{(e)}$$

existieren. Mit den Ableitungen der Dreieckkoordinaten (5.1.6)

$$\left.\begin{aligned} \xi_{1,x} &= \frac{y_2 - y_3}{2A^{(e)}} = \frac{c_1}{2A^{(e)}}; \qquad & \xi_{1,y} &= \frac{x_3 - x_2}{2A^{(e)}} = \frac{b_1}{2A^{(e)}} \\ \xi_{2,x} &= \frac{y_3 - y_1}{2A^{(e)}} = \frac{c_2}{2A^{(e)}}; & \xi_{2,y} &= \frac{x_1 - x_3}{2A^{(e)}} = \frac{b_2}{2A^{(e)}} \\ \xi_{3,x} &= \frac{y_1 - y_2}{2A^{(e)}} = \frac{c_3}{2A^{(e)}}; & \xi_{3,y} &= \frac{x_2 - x_1}{2A^{(e)}} = \frac{b_3}{2A^{(e)}} \end{aligned}\right\} \tag{5.1.10}$$

folgen die Differentiationsregeln

$$\begin{aligned} (\xi_1^p\xi_2^q\xi_3^r)_{,x} &= \frac{1}{2A^{(e)}}\,(pc_1\xi_1^{p-1}\xi_2^q\xi_3^r + qc_2\xi_1^p\xi_2^{q-1}\xi_3^r + rc_3\xi_1^p\xi_2^q\xi_3^{r-1}), \\ (\xi_1^p\xi_2^q\xi_3^r)_{,y} &= \frac{1}{2A^{(e)}}\,(pb_1\xi_1^{p-1}\xi_2^q\xi_3^r + qb_2\xi_1^p\xi_2^{q-1}\xi_3^r + rb_3\xi_1^p\xi_2^q\xi_3^{r-1}). \end{aligned} \tag{5.1.11}$$

Für Integrationen über die Dreieckfläche $A^{(e)}$ bzw. eine Dreieckseite l_1 stehen die Beziehungen

$$\int\limits_{A^{(e)}} \xi_1^p\xi_2^q\xi_3^r \,\mathrm{d}A = \frac{2A^{(e)}p!q!r!}{(p+q+r+2)!}; \qquad \int\limits_{l_1} \xi_2^p\xi_3^q \,\mathrm{d}s = \frac{l_1p!q!}{(p+q+1)!} \tag{5.1.12}$$

zur Verfügung, auf deren Ableitung wir jedoch verzichten wollen. Die Integrationsformeln über die Dreieckseiten l_2 bzw. l_3 erhält man durch zyklische Vertauschung. Nachstehend geben wir noch die allgemeinen Polynome bis zum fünften Grad in Dreieckkoordinaten an. Für praktische Belange ist es von Vorteil, alle Terme des Polynoms n-ten Grades in der Form $\xi_1^p\xi_2^q\xi_3^r$ mit $(p+q+r) = n$ darzustellen. Also gilt mit

$$\left.\begin{aligned} \boldsymbol{w}_3 &= [\xi_1; \xi_2; \xi_3]^{\mathrm{T}} \\ \boldsymbol{w}_6 &= [\xi_1^2; \xi_2^2; \xi_3^2; \xi_1\xi_2; \xi_2\xi_3; \xi_3\xi_1]^{\mathrm{T}} \\ \boldsymbol{w}_{10} &= [\xi_1^3; \xi_2^3; \xi_3^3; \xi_1^2\xi_2; \xi_2^2\xi_3; \xi_3^2\xi_1; \xi_1\xi_2^2; \xi_2\xi_3^2; \xi_3\xi_1^2; \xi_1\xi_2\xi_3]^{\mathrm{T}} \\ \boldsymbol{w}_{15} &= [\xi_1^4; \xi_2^4; \xi_3^4; \xi_1^3\xi_2; \xi_2^3\xi_3; \xi_3^3\xi_1; \xi_1\xi_2^3; \xi_2\xi_3^3; \xi_3\xi_1^3; \\ &\quad\ \xi_1^2\xi_2^2; \xi_2^2\xi_3^2; \xi_3^2\xi_1^2; \xi_1^2\xi_2\xi_3; \xi_2^2\xi_3\xi_1; \xi_3^2\xi_1\xi_2]^{\mathrm{T}} \\ \boldsymbol{w}_{21} &= [\xi_1^5; \xi_2^5; \xi_3^5; \xi_1^4\xi_2; \xi_2^4\xi_3; \xi_3^4\xi_1; \xi_1\xi_2^4; \xi_2\xi_3^4; \xi_3\xi_1^4; \xi_1^3\xi_2^2; \xi_2^3\xi_3^2; \\ &\quad\ \xi_3^3\xi_1^2; \xi_1^2\xi_2^3; \xi_2^2\xi_3^3; \xi_3^2\xi_1^3; \xi_1^3\xi_2\xi_3; \xi_2^3\xi_3\xi_1; \xi_3^3\xi_1\xi_2; \xi_1^2\xi_2^2\xi_3; \\ &\quad\ \xi_2^2\xi_3^2\xi_1; \xi_3^2\xi_1^2\xi_2]^{\mathrm{T}} \end{aligned}\right\} \tag{5.1.13}$$

und

$$\boldsymbol{k}_m = [k_1; k_2; \ldots; k_m]^{\mathrm{T}}; \qquad m = \frac{(n+1)(n+2)}{2} \tag{5.1.14}$$

für die Polynome

$$\begin{aligned}
P_1(\xi_1, \xi_2, \xi_3) &= \boldsymbol{k}_3{}^{\mathrm{T}}\boldsymbol{w}_3 = \boldsymbol{w}_3{}^{\mathrm{T}}\boldsymbol{k}_3, \\
P_2(\xi_1, \xi_2, \xi_3) &= \boldsymbol{k}_6{}^{\mathrm{T}}\boldsymbol{w}_6 = \boldsymbol{w}_6{}^{\mathrm{T}}\boldsymbol{k}_6, \\
P_3(\xi_1, \xi_2, \xi_3) &= \boldsymbol{k}_{10}^{\mathrm{T}}\boldsymbol{w}_{10} = \boldsymbol{w}_{10}^{\mathrm{T}}\boldsymbol{k}_{10}, \\
P_4(\xi_1, \xi_2, \xi_3) &= \boldsymbol{k}_{15}^{\mathrm{T}}\boldsymbol{w}_{15} = \boldsymbol{w}_{15}^{\mathrm{T}}\boldsymbol{k}_{15}, \\
P_5(\xi_1, \xi_2, \xi_3) &= \boldsymbol{k}_{21}^{\mathrm{T}}\boldsymbol{w}_{21} = \boldsymbol{w}_{21}^{\mathrm{T}}\boldsymbol{k}_{21}.
\end{aligned} \tag{5.1.15}$$

Zunächst wollen wir *Dreieckelemente* mit C^0-Stetigkeit behandeln. Die einfachste Ansatzfunktion zur Beschreibung einer Feldgröße im Innern eines Dreieckelementes e (Bild 5.1.3) ist die lineare Funktion

$$u^{(e)}(x, y) = a_1 + a_2 x + a_3 y. \tag{5.1.16}$$

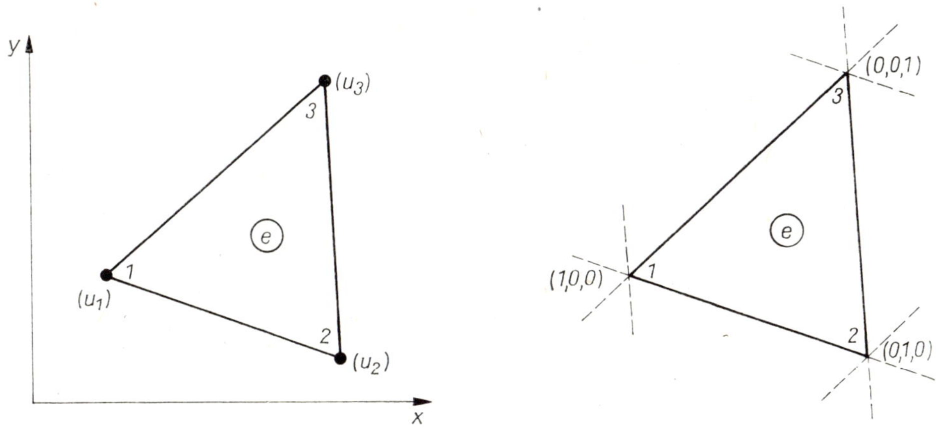

Bild 5.1.3

Wir ersetzen die drei Konstanten a_1, a_2 und a_3 durch die an den drei Eckknotenpunkten vorhandenen Knotenwerte u_1, u_2 und u_3 und gelangen zu

$$\begin{aligned}
a_1 &= \frac{1}{2A^{(e)}} [(x_2 y_3 - x_3 y_2) u_1 + (x_3 y_1 - x_1 y_3) u_2 + (x_1 y_2 - x_2 y_1) u_3], \\
a_2 &= \frac{1}{2A^{(e)}} (c_1 u_1 + c_2 u_2 + c_3 u_3), \\
a_3 &= \frac{1}{2A^{(e)}} (b_1 u_1 + b_2 u_2 + b_3 u_3).
\end{aligned} \tag{5.1.17}$$

Es ist ersichtlich, daß damit die ursprünglich sehr einfache Form (5.1.16) eine recht aufwendige Fassung bekommt. Führen wir dagegen mit Gl. (5.1.7) die Dreieckkoordinaten in Gl. (5.1.16) ein, so erhalten wir eine wesentlich übersichtlichere Darstellung:

$$\begin{aligned} u^{(e)}(\xi_1, \xi_2, \xi_3) &= a_1 + a_2(x_1\xi_1 + x_2\xi_2 + x_3\xi_3) + a_3(y_1\xi_1 + y_2\xi_2 + y_3\xi_3) \\ &= (a_1 + a_2x_1 + a_3y_1)\,\xi_1 + (a_1 + a_2x_2 + a_3y_2)\,\xi_2 + (a_1 + a_2x_3 + a_3y_3)\,\xi_3 \\ &= u_1\xi_1 + u_2\xi_2 + u_3\xi_3. \end{aligned} \tag{5.1.18}$$

Selbstverständlich können wir die Ansatzfunktion auch direkt in natürlichen Koordinaten wählen. Dann folgt aus

$$u^{(e)}(\xi_1, \xi_2, \xi_3) = k_1\xi_1 + k_2\xi_2 + k_3\xi_3 \tag{5.1.19}$$

wegen der Eigenschaften der Dreieckkoordinaten (im Eckpunkt k ist $\xi_k = 1$, während die beiden anderen Dreieckkoordinaten verschwinden) unmittelbar

$$u_1 = k_1; \qquad u_2 = k_2; \qquad u_3 = k_3 \tag{5.1.20}$$

und somit wieder Gl. (5.1.18). Bei Verwendung der in 3.1. eingeführten Vektorschreibweise entsteht

$$\begin{aligned} u^{(e)}(\xi_1, \xi_2, \xi_3) &= [\xi_1; \xi_2; \xi_3] \begin{bmatrix} u_1 \\ u_2 \\ u_3 \end{bmatrix} = \boldsymbol{w}_3(\xi_1, \xi_2, \xi_3)^{\mathrm{T}}\, \boldsymbol{z}^{(e)} \\ &= \boldsymbol{f}^{(e)}(\xi_1, \xi_2, \xi_3)^{\mathrm{T}}\, \boldsymbol{z}^{(e)}. \end{aligned} \tag{5.1.21}$$

Der Vektor der Formfunktionen

$$\begin{aligned} \boldsymbol{f}^{(e)}(\xi_1, \xi_2, \xi_3) &= [f_1(\xi_1); f_2(\xi_2); f_3(\xi_3)]^{\mathrm{T}} = [\xi_1; \xi_2; \xi_3]^{\mathrm{T}} \\ &= \boldsymbol{w}_3(\xi_1, \xi_2, \xi_3) \end{aligned} \tag{5.1.22}$$

ist hier besonders einfach aufgebaut. Die drei linearen Interpolationsfunktionen f_k ($k = 1, 2, 3$) (Bild 5.1.4) besitzen im Punkt k den Wert 1, in den restlichen Knoten den Wert 0.

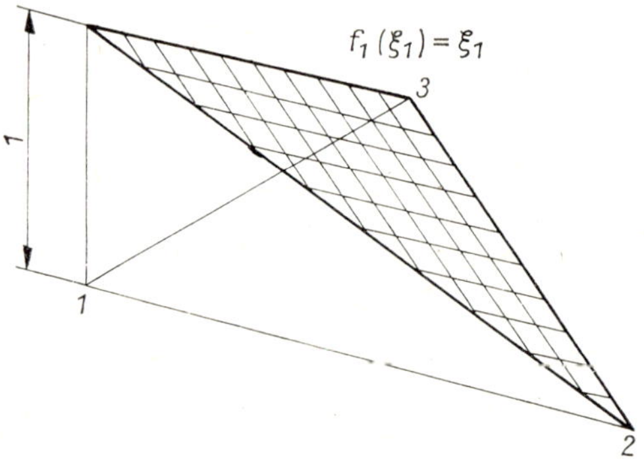

Bild 5.1.4

Untersuchen wir nun, ob eine Ansatzfunktion der Form (5.1.21) längs einer Kontaktlinie zwischen zwei Elementen C^0-Stetigkeit erzielt. Wir betrachten den Rand zwischen den Knotenpunkten 1 und 2. Auf ihm ist die Koordinate $\xi_3 = 0$, also

$$u^{(e)}(\xi_1, \xi_2, 0) = \xi_1 u_1 + \xi_2 u_2. \tag{5.1.23}$$

Der lineare Verlauf der Feldgröße längs einer Dreieckseite hängt also nur von den Knotenwerten der beiden Eckpunkte ab, die dieser Dreieckseite angehören. Da diese Größen für zwei benachbarte Elemente aber übereinstimmen, ist längs des gesamten Randes die Stetigkeit der Feldgröße, also C^0-Stetigkeit, gesichert.

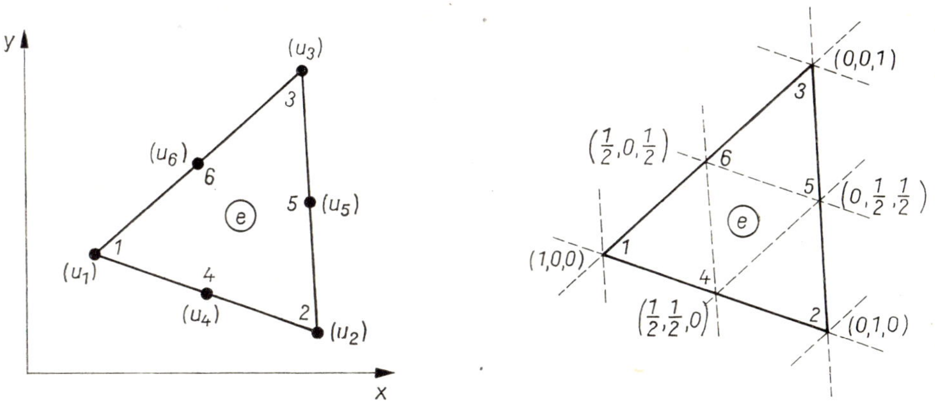

Bild 5.1.5

Wie wir in Gl. (5.1.1) gesehen haben, besteht das allgemeine *quadratische* Polynom aus insgesamt 6 Termen. Bei Verwendung der Vektorschreibweise gemäß Gl. (5.1.15) sind die 6 Koeffizienten dieses Polynoms im Vektor $\boldsymbol{k}_6$ zusammengefaßt. Zur eindeutigen Bestimmung dieser 6 freien Parameter müssen 6 Knotenwerte vorliegen. Wir wählen dafür die Feldgrößen in den drei Eckpunkten 1, 2, 3 und den drei Seitenmittelpunkten 4, 5, 6 des Dreiecks (Bild 5.1.5). Als Elementknotenvektor verwenden wir

$$\boldsymbol{z}^{(e)} = [u_1\,;\, u_2\,;\, u_3\,;\, u_4\,;\, u_5\,;\, u_6]^{\mathrm{T}}. \tag{5.1.24}$$

Die allgemeine Ansatzfunktion

$$u^{(e)}(\xi_1, \xi_2, \xi_3) = \boldsymbol{k}_6^{\mathrm{T}} \boldsymbol{w}_6(\xi_1, \xi_2, \xi_3) = \boldsymbol{w}_6(\xi_1, \xi_2, \xi_3)^{\mathrm{T}}\, \boldsymbol{k}_6 \tag{5.1.25}$$

liefert zunächst für die 6 Knotenwerte

$$\left.\begin{aligned} &u_1 = k_1\,; \qquad u_2 = k_2\,; \qquad u_3 = k_3 \\ &u_4 = \frac{1}{4}\,(k_1 + k_2 + k_4)\,; \qquad u_5 = \frac{1}{4}\,(k_2 + k_3 + k_5) \\ &u_6 = \frac{1}{4}\,(k_1 + k_3 + k_6) \end{aligned}\right\} \tag{5.1.26}$$

woraus unmittelbar die Konstanten

$$\left.\begin{aligned} &k_1 = u_1\,; \qquad k_2 = u_2\,; \qquad k_3 = u_3 \\ &k_4 = -u_1 - u_2 + 4u_4\,; \qquad k_5 = -u_2 - u_3 + 4u_5 \\ &k_6 = -u_1 - u_3 + 4u_6 \end{aligned}\right\} \tag{5.1.27}$$

folgen. Damit erscheint nach entsprechender Umordnung Gl. (5.1.25) in der Form

$$\begin{aligned} u^{(e)}(\xi_1, \xi_2, \xi_3) &= \boldsymbol{f}^{(e)}(\xi_1, \xi_2, \xi_3)^{\mathrm{T}} \boldsymbol{z}^{(e)} \\ &= [f_1(\xi_1, \xi_2, \xi_3); f_2(\xi_1, \xi_2, \xi_3); \ldots; f_6(\xi_1, \xi_2, \xi_3)] \boldsymbol{z}^{(e)}. \end{aligned} \tag{5.1.28}$$

Für die dabei eingeführten Formfunktionen gilt

$$\left.\begin{aligned} f_1(\xi_1, \xi_2, \xi_3) &= \xi_1(\xi_1 - \xi_2 - \xi_3), \\ f_2(\xi_1, \xi_2, \xi_3) &= \xi_2(\xi_2 - \xi_3 - \xi_1), \\ f_3(\xi_1, \xi_2, \xi_3) &= \xi_3(\xi_3 - \xi_1 - \xi_2), \\ f_4(\xi_1, \xi_2, \xi_3) &= 4\xi_1\xi_2, \\ f_5(\xi_1, \xi_2, \xi_3) &= 4\xi_2\xi_3, \\ f_6(\xi_1, \xi_2, \xi_3) &= 4\xi_3\xi_1. \end{aligned}\right\} \tag{5.1.29}$$

Das Ermitteln der Formfunktionen kann mit Hilfe der Matrixschreibweise auch etwas übersichtlicher erfolgen. Schreiben wir Gl. (5.1.26) in der Form

$$\boldsymbol{z}^{(e)} = \frac{1}{4}\begin{bmatrix} 4 & 0 & 0 & 0 & 0 & 0 \\ 0 & 4 & 0 & 0 & 0 & 0 \\ 0 & 0 & 4 & 0 & 0 & 0 \\ 1 & 1 & 0 & 1 & 0 & 0 \\ 0 & 1 & 1 & 0 & 1 & 0 \\ 1 & 0 & 1 & 0 & 0 & 1 \end{bmatrix} \boldsymbol{k}_6 = \boldsymbol{F}_6 \boldsymbol{k}_6, \tag{5.1.30}$$

so erhalten wir

$$\boldsymbol{k}_6 = \boldsymbol{F}_6^{-1} \boldsymbol{z}^{(e)} \tag{5.1.31}$$

und aus (5.1.25) schließlich

$$u^{(e)}(\xi_1, \xi_2, \xi_3) = \boldsymbol{w}_6(\xi_1, \xi_2, \xi_3)^{\mathrm{T}} \boldsymbol{F}_6^{-1} \boldsymbol{z}^{(e)} = \boldsymbol{f}^{(e)}(\xi_1, \xi_2, \xi_3)^{\mathrm{T}} \boldsymbol{z}^{(e)}. \tag{5.1.32}$$

Da sich die *Interpolationsmatrix* $\boldsymbol{F}_6$ leicht invertieren läßt,

$$\boldsymbol{F}_6^{-1} = \begin{bmatrix} 1 & 0 & 0 & 0 & 0 & 0 \\ 0 & 1 & 0 & 0 & 0 & 0 \\ 0 & 0 & 1 & 0 & 0 & 0 \\ -1 & -1 & 0 & 4 & 0 & 0 \\ 0 & -1 & -1 & 0 & 4 & 0 \\ -1 & 0 & -1 & 0 & 0 & 4 \end{bmatrix}, \tag{5.1.33}$$

sind mit Gl. (5.1.32) die Formfunktionen (5.1.29) direkt zu bestimmen. Sie nehmen im Knoten k den Wert 1 an und verschwinden in allen anderen Knotenpunkten. Zwei von ihnen sind im Bild 5.1.6 wiedergegeben.

Zur Kontrolle, ob Ansatzfunktionen nach Gl. (5.1.32) zwischen zwei Elementen C^0-Stetigkeit aufweisen, betrachten wir wieder die Dreieckseite zwischen den Eckknoten

1 und 2. Auf ihr wird

$$u^{(e)}(\xi_1, \xi_2, 0) = \xi_1(\xi_1 - \xi_2)\, u_1 + \xi_2(\xi_2 - \xi_1)\, u_2 + 4\xi_1\xi_2 u_4 . \tag{5.1.34}$$

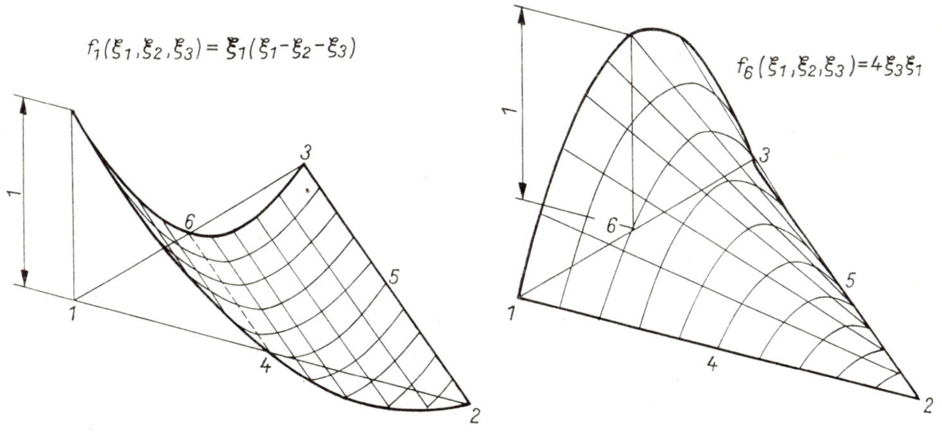

Bild 5.1.6

Der quadratische Verlauf der Feldgröße längs dieser Linie enthält nur Knotenwerte der drei Punkte, die dieser Seite angehören, so daß also C^0-Stetigkeit garantiert ist. Durch Hinzunahme weiterer Knotenpunkte können Elemente mit höhergradigen Ansatzfunktionen entwickelt werden, die sämtlich C^0-Stetigkeit erzielen. Dabei werden neben gleichmäßig angeordneten äußeren Knoten auch solche im Inneren des Dreiecks erforderlich (Bild 5.1.7). Allerdings ist dieser Weg nicht der einzig mögliche. Bereits für eindimensionale Probleme hatten wir gesehen, daß man nicht nur den Funktionswert als Knotenwert verwenden kann, sondern auch gewisse Ableitungen der Feldgröße. Wichtig ist nur, daß der Freiheitsgrad des Elementes mit der Anzahl der Konstanten des Polynoms übereinstimmt.

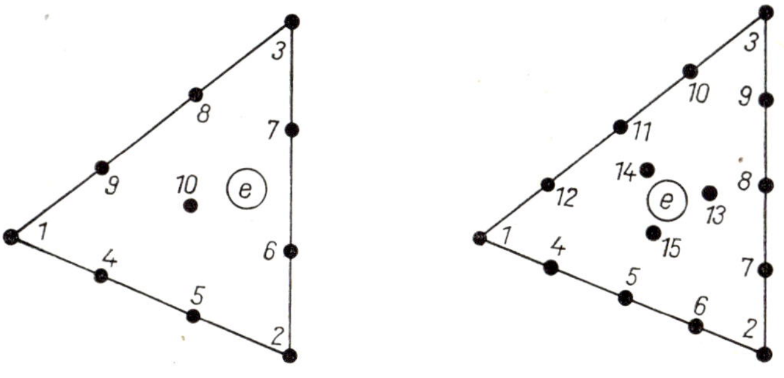

Bild 5.1.7

Die 10 freien Parameter, die für ein kubisches Polynom erforderlich sind, können durch jeweils 3 Knotenwerte (Funktionswert u und die beiden Ableitungen $u_{,x}$ und $u_{,y}$) in den Eckknoten 1, 2, 3 und einem Knotenwert (Funktionswert u) im Elementschwerpunkt (Knoten 4) realisiert werden (Bild 5.1.8). Sie bilden den Elementknotenvektor

$$z^{(e)} = [u_1\,;\, u_{,x1}\,;\, u_{,y1}\,;\, u_2\,;\, u_{,x2}\,;\, u_{,y2}\,;\, u_3\,;\, u_{,x3}\,;\, u_{,y3}\,;\, u_4]^{\mathrm{T}} . \tag{5.1.35}$$

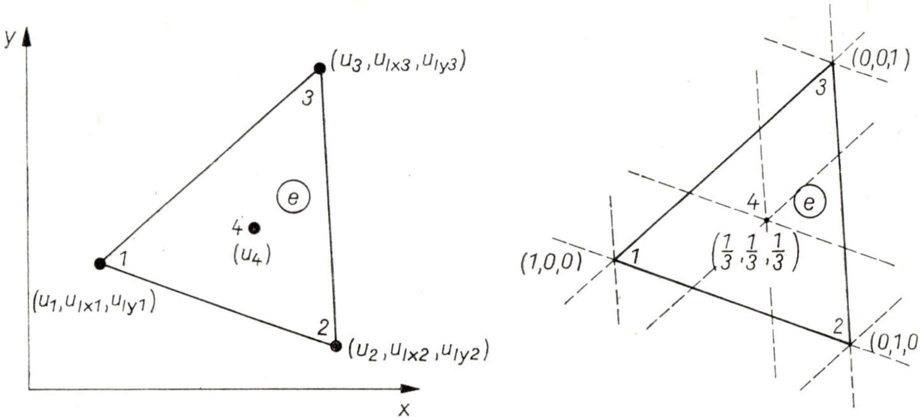

Bild 5.1.8

Entsprechend Gl. (5.1.15) lautet die Ansatzfunktion

$$u^{(e)}(\xi_1, \xi_2, \xi_3) = \boldsymbol{k}_{10}^{\mathrm{T}} \boldsymbol{w}_{10}(\xi_1, \xi_2, \xi_3) = \boldsymbol{w}_{10}(\xi_1, \xi_2, \xi_3)^{\mathrm{T}} \boldsymbol{k}_{10}. \tag{5.1.36}$$

Nach Beachten der Differentiationsregeln (5.1.11) folgen die Ableitungen

$$\left.\begin{aligned} u^{(e)}{}_{,x}(\xi_1, \xi_2, \xi_3) &= \frac{1}{2A^{(e)}} \left[\frac{\partial \boldsymbol{w}_{10}^{\mathrm{T}}}{\partial \xi_1} c_1 + \frac{\partial \boldsymbol{w}_{10}^{\mathrm{T}}}{\partial \xi_2} c_2 + \frac{\partial \boldsymbol{w}_{10}^{\mathrm{T}}}{\partial \xi_3} c_3 \right] \boldsymbol{k}_{10}, \\ u^{(e)}{}_{,y}(\xi_1, \xi_2, \xi_3) &= \frac{1}{2A^{(e)}} \left[\frac{\partial \boldsymbol{w}_{10}^{\mathrm{T}}}{\partial \xi_1} b_1 + \frac{\partial \boldsymbol{w}_{10}^{\mathrm{T}}}{\partial \xi_2} b_2 + \frac{\partial \boldsymbol{w}_{10}^{\mathrm{T}}}{\partial \xi_3} b_3 \right] \boldsymbol{k}_{10}. \end{aligned}\right\} \tag{5.1.37}$$

Dann ergibt sich für den Elementknotenvektor

$$\boldsymbol{z}^{(e)} = \frac{1}{2A^{(e)}} \begin{bmatrix} 2A^{(e)} & 0 & 0 & 0 & 0 & 0 & 0 & 0 & 0 & 0 \\ 3c_1 & 0 & 0 & c_2 & 0 & 0 & 0 & 0 & c_3 & 0 \\ 3b_1 & 0 & 0 & b_2 & 0 & 0 & 0 & 0 & b_3 & 0 \\ 0 & 2A^{(e)} & 0 & 0 & 0 & 0 & 0 & 0 & 0 & 0 \\ 0 & 3c_2 & 0 & 0 & c_3 & 0 & c_1 & 0 & 0 & 0 \\ 0 & 3b_2 & 0 & 0 & b_3 & 0 & b_1 & 0 & 0 & 0 \\ 0 & 0 & 2A^{(e)} & 0 & 0 & 0 & 0 & 0 & 0 & 0 \\ 0 & 0 & 3c_3 & 0 & 0 & c_1 & 0 & c_2 & 0 & 0 \\ 0 & 0 & 3b_3 & 0 & 0 & b_1 & 0 & b_2 & 0 & 0 \\ \frac{2A^{(e)}}{27} & \frac{2A^{(e)}}{27} & \frac{2A^{(e)}}{27} & \frac{2A^{(e)}}{27} & \frac{2A^{(e)}}{27} & \frac{2A^{(e)}}{27} & \frac{2A^{(e)}}{27} & \frac{2A^{(e)}}{27} & \frac{2A^{(e)}}{27} & \frac{2A^{(e)}}{27} \end{bmatrix} \boldsymbol{k}_{10}$$

$$= \boldsymbol{F}_{10} \boldsymbol{k}_{10}, \tag{5.1.38}$$

aus dem unmittelbar der Vektor

$$\boldsymbol{k}_{10} = \boldsymbol{F}_{10}{}^{-1} \boldsymbol{z}^{(e)} \tag{5.1.39}$$

berechnet werden kann. Die Gl. (5.1.36) geht dann in

$$u^{(e)}(\xi_1, \xi_2, \xi_3) = \boldsymbol{w}_{10}(\xi_1, \xi_2, \xi_3)^{\mathrm{T}} \boldsymbol{F}_{10}^{-1} \boldsymbol{z}^{(e)} = \boldsymbol{f}^{(e)}(\xi_1, \xi_2, \xi_3)^{\mathrm{T}} \boldsymbol{z}^{(e)} \tag{5.1.40}$$

über. Die erforderliche Inversion der Interpolationsmatrix $\boldsymbol{F}_{10}$ läßt sich relativ einfach vornehmen, da sie schwach besetzt ist, und nur Gleichungssysteme mit maximal zwei Unbekannten zu lösen sind. Die 10 Formfunktionen lauten

$$\left.\begin{aligned}
f_1(\xi_1, \xi_2, \xi_3) &= \xi_1^3 + 3\xi_1^2\xi_2 + 3\xi_3\xi_1^2 - 7\xi_1\xi_2\xi_3,\\
f_2(\xi_1, \xi_2, \xi_3) &= b_3\xi_1^2\xi_2 - b_2\xi_3\xi_1^2 + (b_2 - b_3)\,\xi_1\xi_2\xi_3,\\
f_3(\xi_1, \xi_2, \xi_3) &= -c_3\xi_1^2\xi_2 + c_2\xi_3\xi_1^2 - (c_2 - c_3)\,\xi_1\xi_2\xi_3,\\
f_4(\xi_1, \xi_2, \xi_3) &= \xi_2^3 + 3\xi_2^2\xi_3 + 3\xi_1\xi_2^2 - 7\xi_1\xi_2\xi_3,\\
f_5(\xi_1, \xi_2, \xi_3) &= b_1\xi_2^2\xi_3 - b_3\xi_1\xi_2^2 + (b_3 - b_1)\,\xi_1\xi_2\xi_3,\\
f_6(\xi_1, \xi_2, \xi_3) &= -c_1\xi_2^2\xi_3 + c_3\xi_1\xi_2^2 - (c_3 - c_1)\,\xi_1\xi_2\xi_3,\\
f_7(\xi_1, \xi_2, \xi_3) &= \xi_3^3 + 3\xi_3^2\xi_1 + 3\xi_2\xi_3^2 - 7\xi_1\xi_2\xi_3,\\
f_8(\xi_1, \xi_2, \xi_3) &= b_2\xi_3^2\xi_1 - b_1\xi_2\xi_3^2 + (b_1 - b_2)\,\xi_1\xi_2\xi_3,\\
f_9(\xi_1, \xi_2, \xi_3) &= -c_2\xi_3^2\xi_1 + c_1\xi_2\xi_3^2 - (c_1 - c_2)\,\xi_1\xi_2\xi_3,\\
f_{10}(\xi_1, \xi_2, \xi_3) &= 27\xi_1\xi_2\xi_3.
\end{aligned}\right\} \tag{5.1.41}$$

Ein solches Element gewährleistet ebenfalls C^0-Stetigkeit, da auf der Dreieckseite mit den Eckknoten 1 und 2 für den Verlauf der Feldgröße

$$\begin{aligned}
u^{(e)}(\xi_1, \xi_2, 0) = {} & (\xi_1^3 + 3\xi_1^2\xi_2)\, u_1 + \xi_1^2\xi_2(b_3 u_{,x1} - c_3 u_{,y1})\\
& + (\xi_2^3 + 3\xi_1\xi_2^2)\, u_2 - \xi_1\xi_2^2(b_3 u_{,x2} - c_3 u_{,y2})
\end{aligned} \tag{5.1.42}$$

gilt, die dabei auftretenden 6 Knotenwerte aber für zwei benachbarte Elemente denselben Wert annehmen. Daß in den Eckpunkten benachbarter Elemente auch die ersten Ableitungen übereinstimmen, hat keine C^1-Stetigkeit längs der Kontaktlinie zur Folge. Wir weisen an dieser Stelle ganz besonders noch einmal darauf hin: Die Komponenten des Knotenvektors müssen immer auf das globale Koordinatensystem bezogene Größen sein. Deshalb wurden zur Interpolation der kubischen Funktion in den Eckpunkten die Ableitungen nach x und y (d. h. $u_{,x}$ und $u_{,y}$) verwendet, nicht aber solche nach den natürlichen Koordinaten.

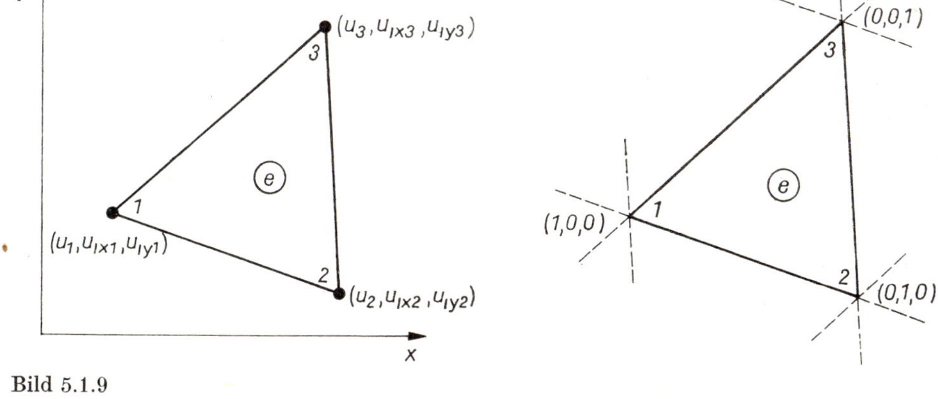

Bild 5.1.9

Für den Knotenpunkt 4 existiert eine gewisse Sonderstellung, er ist ein innerer Knoten, der nur den Freiheitsgrad 1 hat. Dies wirkt sich bei der rechentechnischen Umsetzung solcher Elemente nachteilig aus. Wir wissen jedoch, daß sich dieser Knotenwert im Zuge der Rechnung analog zu 3.6. durch statische Kondensation aus der Elementmatrix eliminieren läßt (vgl. auch 5.6.).
Andererseits kann man durch *Kondensation am Ansatz* mit einer speziellen Klasse des Polynoms dritten Grades (das aber zumindest das allgemeine quadratische Polynom enthält) ein Element aufbauen, das nur 9 freie Parameter besitzt (Bild 5.1.9). Dies geschieht, indem wir aus der vollständigen Ansatzfunktion zweiten Grades (5.1.28) den Wert im Schwerpunkt

$$\begin{aligned} u^{(e)}\left(\frac{1}{3},\frac{1}{3},\frac{1}{3}\right) &= -\frac{1}{9}(u_1+u_2+u_3)+\frac{4}{9}(u_4+u_5+u_6) \\ &= -\frac{1}{9}\left[u^{(e)}(1,0,0)+u^{(e)}(0,1,0)+u^{(e)}(0,0,1)\right] \\ &\quad +\frac{4}{9}\left[u^{(e)}\left(\frac{1}{2},\frac{1}{2},0\right)+u^{(e)}\left(0,\frac{1}{2},\frac{1}{2}\right)+u^{(e)}\left(\frac{1}{2},0,\frac{1}{2}\right)\right] \end{aligned} \tag{5.1.43}$$

ermitteln und daraus mit Gl. (5.1.40) die Funktionswerte in den Seitenmittelpunkten

$$\begin{aligned} u^{(e)}\left(\frac{1}{2},\frac{1}{2},0\right) &= \frac{1}{2}(u_1+u_2)+\frac{b_3}{8}(u_{,x1}-u_{,x2})-\frac{c_3}{8}(u_{,y1}-u_{,y2}), \\ u^{(e)}\left(0,\frac{1}{2},\frac{1}{2}\right) &= \frac{1}{2}(u_2+u_3)+\frac{b_1}{8}(u_{,x2}-u_{,x3})-\frac{c_1}{8}(u_{,y2}-u_{,y3}), \\ u^{(e)}\left(\frac{1}{2},0,\frac{1}{2}\right) &= \frac{1}{2}(u_3+u_1)+\frac{b_2}{8}(u_{,x3}-u_{,x1})-\frac{c_2}{8}(u_{,y3}-u_{,y1}) \end{aligned} \tag{5.1.44}$$

eliminieren. Dann folgt also

$$\begin{aligned} u^{(e)}\left(\frac{1}{3},\frac{1}{3},\frac{1}{3}\right) &= \frac{1}{3}(u_1+u_2+u_3)+\frac{1}{18}\left[(b_3-b_2)\,u_{,x1}+(b_1-b_3)\,u_{,x2}\right. \\ &\quad \left.+(b_2-b_1)\,u_{,x3}-(c_3-c_2)\,u_{,y1}-(c_1-c_3)\,u_{,y2}-(c_2-c_1)\,u_{,y3}\right], \end{aligned} \tag{5.1.45}$$

und der zum Schwerpunkt des Dreiecks e gehörende Anteil der Ansatzfunktion (5.1.40) lautet

$$\begin{aligned} f_{10}(\xi_1\xi_2\xi_3)\,u_4 &= 27\xi_1\xi_2\xi_3 u^{(e)}\left(\frac{1}{3},\frac{1}{3},\frac{1}{3}\right) = \left\{9(u_1+u_2+u_3)+\frac{3}{2}\left[(b_3-b_2)\,u_{,x1}\right.\right. \\ &\quad +(b_1-b_3)\,u_{,x2}+(b_2-b_1)\,u_{,x3}-(c_3-c_2)\,u_{,y1} \\ &\quad \left.\left.-(c_1-c_3)\,u_{,y2}-(c_2-c_1)\,u_{,y3}\right]\right\}\xi_1\xi_2\xi_3, \end{aligned} \tag{5.1.46}$$

so daß wir für den Elementknotenvektor

$$z^{(e)} = [u_1;\,u_{,x1};\,u_{,y1};\,u_2;\,u_{,x2};\,u_{,y2};\,u_3;\,u_{,x3};\,u_{,y3}]^{\mathrm{T}} \tag{5.1.47}$$

die 9 Formfunktionen

$$\left.\begin{aligned}
f_1(\xi_1, \xi_2, \xi_3) &= \xi_1^3 + 3\xi_1^2\xi_2 + 3\xi_3\xi_1^2 + 2\xi_1\xi_2\xi_3, \\
f_2(\xi_1, \xi_2, \xi_3) &= b_3\xi_1^2\xi_2 - b_2\xi_3\xi_1^2 - \frac{1}{2}(b_2 - b_3)\,\xi_1\xi_2\xi_3, \\
f_3(\xi_1, \xi_2, \xi_3) &= -c_3\xi_1^2\xi_2 + c_2\xi_3\xi_1^2 + \frac{1}{2}(c_2 - c_3)\,\xi_1\xi_2\xi_3, \\
f_4(\xi_1, \xi_2, \xi_3) &= \xi_2^3 + 3\xi_2^2\xi_3 + 3\xi_1\xi_2^2 + 2\xi_1\xi_2\xi_3, \\
f_5(\xi_1, \xi_2, \xi_3) &= b_1\xi_2^2\xi_3 - b_3\xi_1\xi_2^2 - \frac{1}{2}(b_3 - b_1)\,\xi_1\xi_2\xi_3, \\
f_6(\xi_1, \xi_2, \xi_3) &= -c_1\xi_2^2\xi_3 + c_3\xi_1\xi_2^2 + \frac{1}{2}(c_3 - c_1)\,\xi_1\xi_2\xi_3, \\
f_7(\xi_1, \xi_2, \xi_3) &= \xi_3^3 + 3\xi_3^2\xi_1 + 3\xi_2\xi_3^2 + 2\xi_1\xi_2\xi_3, \\
f_8(\xi_1, \xi_2, \xi_3) &= b_2\xi_3^2\xi_1 - b_1\xi_2\xi_3^2 - \frac{1}{2}(b_1 - b_2)\,\xi_1\xi_2\xi_3, \\
f_9(\xi_1, \xi_2, \xi_3) &= -c_2\xi_3^2\xi_1 + c_1\xi_2\xi_3^2 + \frac{1}{2}(c_1 - c_2)\,\xi_1\xi_2\xi_3
\end{aligned}\right\} \tag{5.1.48}$$

erhalten.

Wesentlich aufwendiger ist die Vorgehensweise, wenn ein Dreieckelement mit C^1-Stetigkeit entwickelt werden soll. Wie bereits erwähnt, bedeutet jetzt C^1-Stetigkeit Übereinstimmung der Feldgröße u und deren Normalenableitung $u_{,n}$ längs der *gesamten* Kontaktlinie zwischen zwei Elementen. Es läßt sich zeigen, daß dafür ein Polynom mit mindestens 18 Koeffizienten erforderlich ist. Wir müssen also ein Polynom fünften Grades mit 21 Termen vorsehen. Ein solches Element mit 21 freien Parametern ist in Bild 5.1.10 dargestellt. Die drei Eckknoten besitzen jeder 6 freie Parameter, während in den Seitenmittelpunkten jeweils 1 freier Parameter, die Normalenableitung $u_{,n}$, verwendet wird. Auf die Angabe der 21 Interpolationsfunktionen wollen wir verzichten.

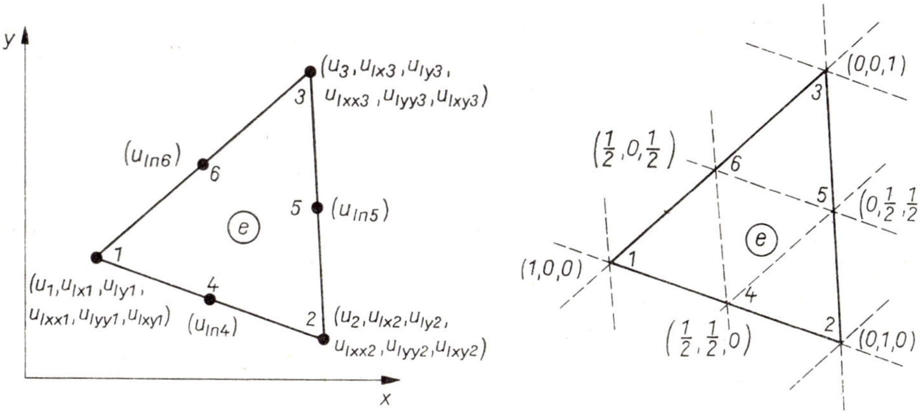

Bild 5.1.10

Die unterschiedliche Anzahl der freien Parameter in den Knotenpunkten hat wiederum rechentechnische Nachteile. Durch Elimination der Knotenwerte in den Seitenmittelpunkten wird jedoch in ähnlicher Weise wie beim kubischen C^0-Element eine Konden-

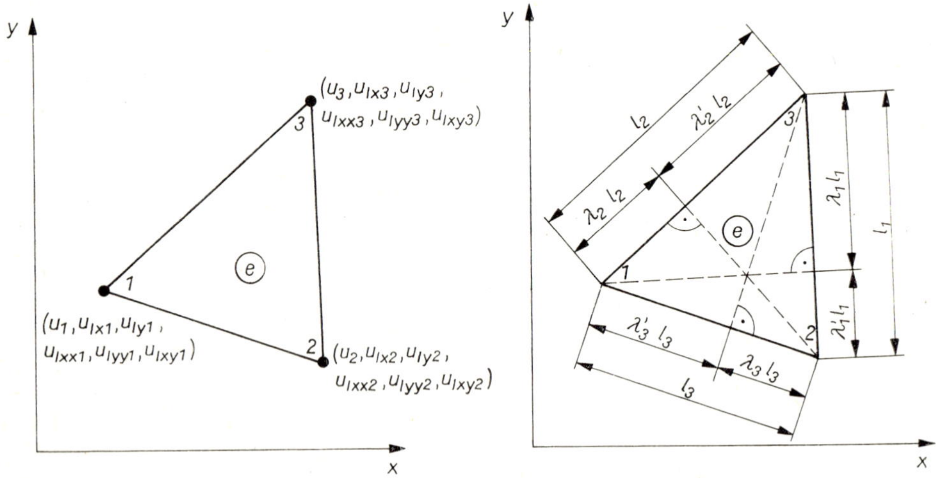

Bild 5.1.11

sation des Ansatzes auf den Freiheitsgrad 18 vorgenommen (Bild 5.1.11). Nach einigen Zwischenrechnungen gewinnen wir die Formfunktionen

$$\left.\begin{aligned}
f_1(\xi_1, \xi_2, \xi_3) &= \xi_1^5 + 5\xi_1^4(\xi_2 + \xi_3) + 10\xi_1^3(\xi_2 + \xi_3)^2 \\
&\quad + 30\xi_1^2\xi_2\xi_3(\lambda_3\xi_2 + \lambda_2'\xi_3), \\
f_2(\xi_1, \xi_2, \xi_3) &= 3b_1\xi_1^2\xi_2\xi_3(\xi_2 - \xi_3) + \xi_1^3(b_3\xi_2 - b_2\xi_3)\,(\xi_1 + 4\xi_2 + 4\xi_3) \\
&\quad + 15\xi_1^2\xi_2\xi_3(b_3\lambda_3\xi_2 - b_2\lambda_2'\xi_3), \\
f_3(\xi_1, \xi_2, \xi_3) &= -3c_1\xi_1^2\xi_2\xi_3(\xi_2 - \xi_3) - \xi_1^3(c_3\xi_2 - c_2\xi_3)\,(\xi_1 + 4\xi_2 + 4\xi_3) \\
&\quad - 15\xi_1^2\xi_2\xi_3(c_3\lambda_3\xi_2 - c_2\lambda_2'\xi_3), \\
f_4(\xi_1, \xi_2, \xi_3) &= \frac{1}{2}\,\xi_1^3(b_3^2\xi_2^2 + b_2^2\xi_3^2) + \xi_1^2\xi_2\xi_3(-b_2b_3\xi_1 + b_3b_1\xi_2 + b_1b_2\xi_3) \\
&\quad + \frac{5}{2}\,\xi_1^2\xi_2\xi_3(b_3^2\lambda_3\xi_2 + b_2^2\lambda_2'\xi_3), \\
f_5(\xi_1, \xi_2, \xi_3) &= \frac{1}{2}\,\xi_1^3(c_3^2\xi_2^2 + c_2^2\xi_3^2) + \xi_1^2\xi_2\xi_3(-c_2c_3\xi_1 + c_3c_1\xi_2 + c_1c_2\xi_3) \\
&\quad + \frac{5}{2}\,\xi_1^2\xi_2\xi_3(c_3^2\lambda_3\xi_2 + c_2^2\lambda_2'\xi_3), \\
f_6(\xi_1, \xi_2, \xi_3) &= b_1c_1\xi_1^2\xi_2\xi_3(\xi_1 + \xi_2 + \xi_3) + b_2c_2\xi_1^2\xi_3(\xi_2\xi_3 - \xi_3\xi_1 \\
&\quad - \xi_1\xi_2 - \xi_2^2) + b_3c_3\xi_1^2\xi_2(\xi_2\xi_3 - \xi_3\xi_1 - \xi_1\xi_2 - \xi_3^2) \\
&\quad - 5\xi_1^2\xi_2\xi_3(b_2c_2\lambda_2'\xi_3 + b_3c_3\lambda_3\xi_2)
\end{aligned}\right\} \quad (5.1.49)$$

usw. (durch zyklische Vertauschung).

Dieses nunmehr spezielle Polynom fünften Grades enthält jedoch das allgemeine Polynom vierten Grades. Der zugehörige Elementknotenvektor lautet

$$\boldsymbol{z}^{(e)} = [u_1\,;\, u_{,x1}\,;\, u_{,y1}\,;\, u_{,xx1}\,;\, u_{,yy1}\,;\, u_{,xy1}\,;\, \ldots\,;\, u_{,xy3}]^{\mathrm{T}}. \tag{5.1.50}$$

5.1.2. Rechteckelemente

Bei Benutzung von *Rechteckelementen* (Bild 5.1.12) wollen wir die dimensionslosen Koordinaten

$$\xi = \frac{1}{a^{(e)}}\,(x - x_s); \qquad \eta = \frac{1}{b^{(e)}}\,(y - y_s); \qquad -1 \leqq \xi, \eta \leqq 1 \tag{5.1.51}$$

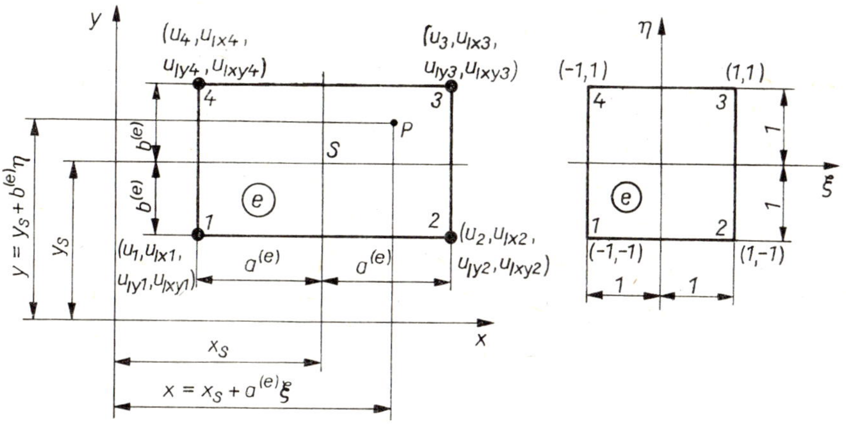

Bild 5.1.12

verwenden. Dabei ist vorausgesetzt, daß die Rechteckseiten parallel zu den globalen Koordinatenachsen verlaufen. Für die folgenden Betrachtungen werden die Beziehungen

$$x = a^{(e)}\xi + x_s; \qquad y = b^{(e)}\eta + y_s \tag{5.1.52}$$

und die Ableitungen

$$\frac{\mathrm{d}}{\mathrm{d}x} = \frac{1}{a^{(e)}}\,\frac{\mathrm{d}}{\mathrm{d}\xi}; \qquad \frac{\mathrm{d}}{\mathrm{d}y} = \frac{1}{b^{(e)}}\,\frac{\mathrm{d}}{\mathrm{d}\eta} \tag{5.1.53}$$

bereitgestellt.

Wir wollen zunächst wieder Ansatzfunktionen mit C^0-Stetigkeit entwickeln. Das einfachste Rechteckelement besitzt 4 Knotenpunkte (Bild 5.1.12). Die *bilineare* Funktion

$$u^{(e)}(\xi, \eta) = a_1 + a_2\xi + a_3\eta + a_4\xi\eta \tag{5.1.54}$$

hat die Eigenschaft, längs der Koordinatenlinien $\xi = \text{konst}$ und $\eta = \text{konst}$ einen linearen Verlauf zu beschreiben. Wir definieren die Vektoren

$$\left.\begin{aligned} \boldsymbol{z}^{(e)} &= [u_1\,;\, u_2\,;\, u_3\,;\, u_4]^{\mathrm{T}} \\ \boldsymbol{a}_4 &= [a_1\,;\, a_2\,;\, a_3\,;\, a_4]^{\mathrm{T}} \\ \boldsymbol{w}_4(\xi, \eta) &= [1\,;\, \xi\,;\, \eta\,;\, \xi\eta]^{\mathrm{T}} \end{aligned}\right\} \tag{5.1.55}$$

und erhalten aus

$$u^{(e)}(\xi, \eta) = \boldsymbol{a}_4^{\mathrm{T}} \boldsymbol{w}_4(\xi, \eta) = \boldsymbol{w}_4(\xi, \eta)^{\mathrm{T}} \boldsymbol{a}_4 \tag{5.1.56}$$

zunächst die Beziehung

$$\boldsymbol{z}^{(e)} = \begin{bmatrix} u_1 \\ u_2 \\ u_3 \\ u_4 \end{bmatrix} = \begin{bmatrix} 1 & -1 & -1 & 1 \\ 1 & 1 & -1 & -1 \\ 1 & 1 & 1 & 1 \\ 1 & -1 & 1 & -1 \end{bmatrix} \begin{bmatrix} a_1 \\ a_2 \\ a_3 \\ a_4 \end{bmatrix} = \boldsymbol{F}_4 \boldsymbol{a}_4 \tag{5.1.57}$$

und somit über deren Umkehrung

$$\boldsymbol{a}_4 = \boldsymbol{F}_4^{-1} \boldsymbol{z}^{(e)} \tag{5.1.58}$$

schließlich die endgültige Form

$$u^{(e)}(\xi, \eta) = \boldsymbol{w}_4(\xi, \eta)^{\mathrm{T}} \boldsymbol{F}_4^{-1} \boldsymbol{z}^{(e)} = \boldsymbol{f}^{(e)}(\xi, \eta)^{\mathrm{T}} \boldsymbol{z}^{(e)}. \tag{5.1.59}$$

Die Interpolationsmatrix $\boldsymbol{F}_4$ ist wiederum leicht zu invertieren, so daß wir mit

$$\boldsymbol{F}_4^{-1} = \frac{1}{4} \begin{bmatrix} 1 & 1 & 1 & 1 \\ -1 & 1 & 1 & -1 \\ -1 & -1 & 1 & 1 \\ 1 & -1 & 1 & -1 \end{bmatrix} \tag{5.1.60}$$

die Formfunktionen

$$\left.\begin{aligned} f_1(\xi, \eta) &= \frac{1}{4}(1 - \xi - \eta + \xi\eta) = \frac{1}{4}(1 - \xi)(1 - \eta) \\ f_2(\xi, \eta) &= \frac{1}{4}(1 + \xi - \eta - \xi\eta) = \frac{1}{4}(1 + \xi)(1 - \eta) \\ f_3(\xi, \eta) &= \frac{1}{4}(1 + \xi + \eta + \xi\eta) = \frac{1}{4}(1 + \xi)(1 + \eta) \\ f_4(\xi, \eta) &= \frac{1}{4}(1 - \xi + \eta - \xi\eta) = \frac{1}{4}(1 - \xi)(1 + \eta) \end{aligned}\right\} \tag{5.1.61}$$

ermitteln. Diese Funktionen (Bild 5.1.13) lassen sich somit als Produkte *Lagrange*scher Interpolationspolynome ersten Grades in ξ bzw. η darstellen. Alle Elemente,

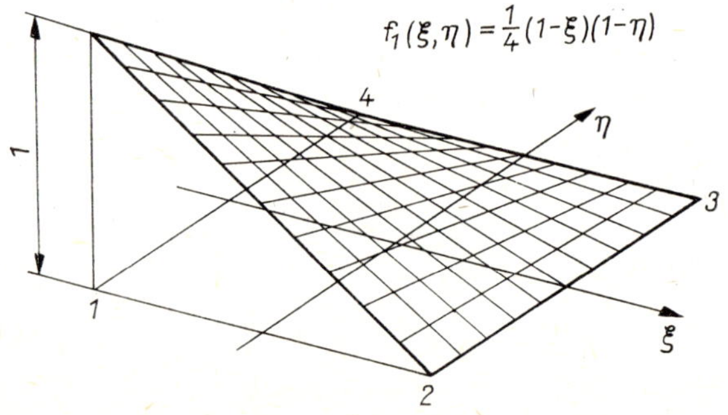

Bild 5.1.13

deren Formfunktionen solche Eigenschaft aufweisen, werden als Elemente der *Lagrange*-Klasse bezeichnet.
Natürlich muß an dieser Stelle darauf hingewiesen werden, daß im Gegensatz zu den Dreieckelementen die Interpolationsfunktionen nicht mehr zyklisch sind. Dies muß beim Zuordnen der Systemknotennummern zu den Elementknotennummern beachtet werden.

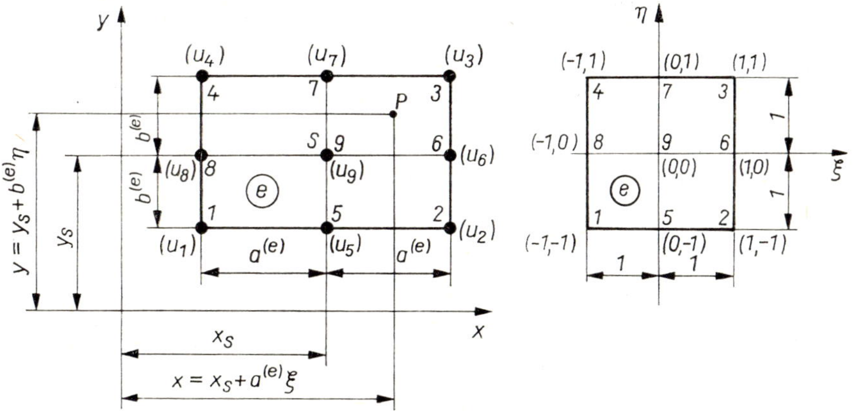

Bild 5.1.14

Zum Formulieren einer *biquadratischen* Ansatzfunktion wollen wir die *Lagrange*schen Interpolationspolynome für die Bestimmung der Formfunktionen direkt benutzen. Die Seitenmittelpunkte und der Schwerpunkt werden zusätzlich zu den vier Eckpunkten als Knotenpunkte verwendet (Bild 5.1.14). Dann erhält man für den Elementknotenvektor

$$z^{(e)} = [u_1; u_2; u_3; u_4; u_5; u_6; u_7; u_8; u_9]^T \tag{5.1.62}$$

und nach Anwenden der Gl. (3.1.11) zur Festlegung von L_1, L_2 und L_3 die 9 Formfunktionen

$$\left.\begin{aligned}
f_1(\xi, \eta) &= L_1(\xi)\, L_1(\eta) = \frac{1}{4}\,(-\xi + \xi^2)\,(-\eta + \eta^2)\\
f_2(\xi, \eta) &= L_2(\xi)\, L_1(\eta) = \frac{1}{4}\,(\xi + \xi^2)\,(-\eta + \eta^2)\\
f_3(\xi, \eta) &= L_2(\xi)\, L_2(\eta) = \frac{1}{4}\,(\xi + \xi^2)\,(\eta + \eta^2)\\
f_4(\xi, \eta) &= L_1(\xi)\, L_2(\eta) = \frac{1}{4}\,(-\xi + \xi^2)\,(\eta + \eta^2)\\
f_5(\xi, \eta) &= L_3(\xi)\, L_1(\eta) = \frac{1}{2}\,(1 - \xi^2)\,(-\eta + \eta^2)\\
f_6(\xi, \eta) &= L_2(\xi)\, L_3(\eta) = \frac{1}{2}\,(\xi + \xi^2)\,(1 - \eta^2)\\
f_7(\xi, \eta) &= L_3(\xi)\, L_2(\eta) = \frac{1}{2}\,(1 - \xi^2)\,(\eta + \eta^2)
\end{aligned}\right\} \tag{5.1.63}$$

$$f_8(\xi, \eta) = L_1(\xi)\, L_3(\eta) = \frac{1}{2}(-\xi + \xi^2)(1 - \eta^2)$$

$$f_9(\xi, \eta) = L_3(\xi)\, L_3(\eta) = (1 - \xi^2)(1 - \eta^2)$$

Diese Interpolationsfunktionen hätten wir natürlich auch auf dem für das Vier-Knoten-Element eingeschlagenen Weg finden können, das wäre jedoch wesentlich aufwendiger gewesen. Die Funktionen (5.1.63) stellen ein spezielles Polynom vierten Grades dar, das ein allgemeines biquadratisches Polynom enthält. Die entsprechende Ansatzfunktion lautet

$$u^{(e)}(\xi, \eta) = a_1 + a_2\xi + a_3\eta + a_4\xi^2 + a_5\xi\eta + a_6\eta^2 + a_7\xi^2\eta + a_8\xi\eta^2 + a_9\xi^2\eta^2. \tag{5.1.64}$$

Auf den neunten Knotenwert im Schwerpunkt des Rechtecks können wir übrigens verzichten, da die Form (5.1.64) auch dann geometrisch isotrop bleibt und längs der Elementränder einen quadratischen Funktionsverlauf beschreibt, wenn a_9 verschwindet. Die Formfunktionen für dieses Rechteckelement mit 8 Knoten (Bild 5.1.15), die

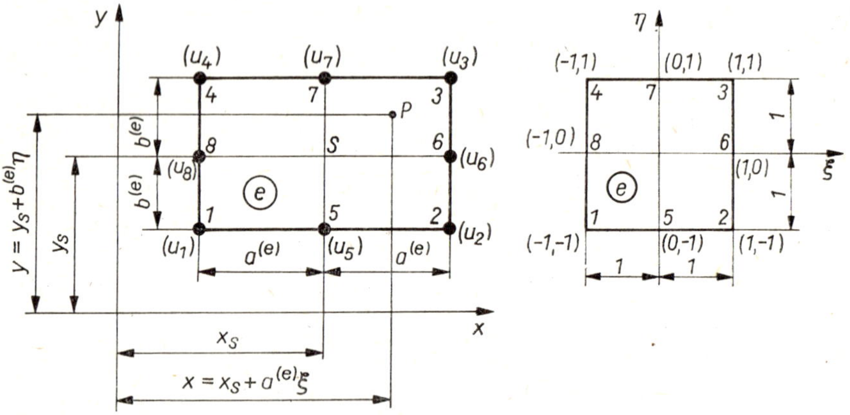

Bild 5.1.15

nach beiden Richtungen einen vollständigen quadratischen Verlauf der Feldgröße garantieren, müssen dann allerdings über die invertierte Interpolationsmatrix berechnet werden. Zunächst ergibt sich aus

$$u^{(e)}(\xi, \eta) = a_1 + a_2\xi + a_3\eta + a_4\xi^2 + a_5\xi\eta + a_6\eta^2 + a_7\xi^2\eta + a_8\xi\eta^2$$
$$= \boldsymbol{a}_8^{\mathrm{T}}\boldsymbol{w}_8(\xi, \eta) = \boldsymbol{w}_8(\xi, \eta)^{\mathrm{T}}\,\boldsymbol{a}_8 \tag{5.1.65}$$

der Elementknotenvektor

$$\boldsymbol{z}^{(e)} = \begin{bmatrix} u_1 \\ u_2 \\ u_3 \\ u_4 \\ u_5 \\ u_6 \\ u_7 \\ u_8 \end{bmatrix} = \begin{bmatrix} 1 & -1 & -1 & 1 & 1 & 1 & -1 & -1 \\ 1 & 1 & -1 & 1 & -1 & 1 & -1 & 1 \\ 1 & 1 & 1 & 1 & 1 & 1 & 1 & 1 \\ 1 & -1 & 1 & 1 & -1 & 1 & 1 & -1 \\ 1 & 0 & -1 & 0 & 0 & 1 & 0 & 0 \\ 1 & 1 & 0 & 1 & 0 & 0 & 0 & 0 \\ 1 & 0 & 1 & 0 & 0 & 1 & 0 & 0 \\ 1 & -1 & 0 & 1 & 0 & 0 & 0 & 0 \end{bmatrix} \begin{bmatrix} a_1 \\ a_2 \\ a_3 \\ a_4 \\ a_5 \\ a_6 \\ a_7 \\ a_8 \end{bmatrix} = \boldsymbol{F}_8\boldsymbol{a}_8, \tag{5.1.66}$$

und mit

$$u^{(e)}(\xi, \eta) = \boldsymbol{w}_8(\xi, \eta)^{\mathrm{T}} \boldsymbol{F}_8^{-1} \boldsymbol{z}^{(e)} = \boldsymbol{f}^{(e)}(\xi, \eta)^{\mathrm{T}} \boldsymbol{z}^{(e)} \tag{5.1.67}$$

folgen die 8 Formfunktionen (Bild 5.1.16)

$$\left.\begin{aligned}
f_1(\xi, \eta) &= -\frac{1}{4}(1-\xi)(1-\eta)(1+\xi+\eta),\\
f_2(\xi, \eta) &= -\frac{1}{4}(1+\xi)(1-\eta)(1-\xi+\eta),\\
f_3(\xi, \eta) &= -\frac{1}{4}(1+\xi)(1+\eta)(1-\xi-\eta),\\
f_4(\xi, \eta) &= -\frac{1}{4}(1-\xi)(1+\eta)(1+\xi-\eta),\\
f_5(\xi, \eta) &= \frac{1}{2}(1-\xi^2)(1-\eta),\\
f_6(\xi, \eta) &= \frac{1}{2}(1+\xi)(1-\eta^2),\\
f_7(\xi, \eta) &= \frac{1}{2}(1-\xi^2)(1+\eta),\\
f_8(\xi, \eta) &= \frac{1}{2}(1-\xi)(1-\eta^2).
\end{aligned}\right\} \tag{5.1.68}$$

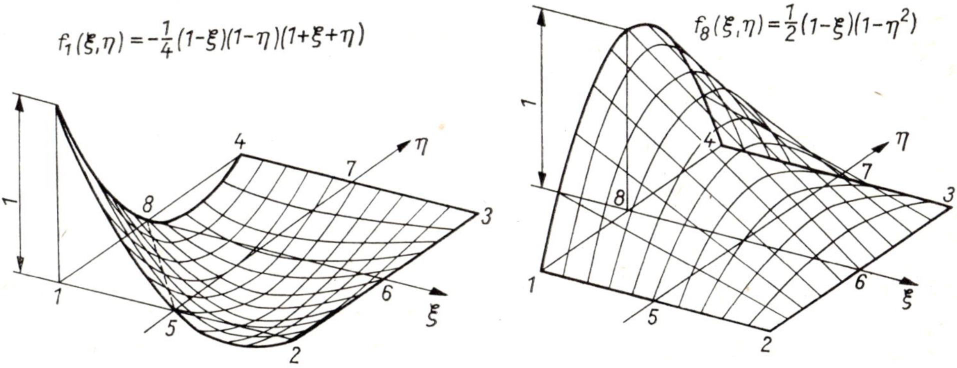

Bild 5.1.16

Zum Nachweis der C^0-Stetigkeit betrachten wir den Rand $\eta = -1$, auf dem

$$u^{(e)}(\xi, -1) = -\frac{\xi}{2}(1-\xi)\,u_1 + \frac{\xi}{2}(1+\xi)\,u_2 + (1-\xi^2)\,u_5 \tag{5.1.69}$$

gilt. Dieser Verlauf hängt nur von den freien Parametern *der* Knoten ab, die diesem Rand angehören. Da dies für die anderen drei Ränder ebenfalls gezeigt werden kann, ist C^0-Stetigkeit an den Elementgrenzen gewährleistet.

Zur Entwicklung eines Rechteckelementes mit C^1-Stetigkeit (Bild 5.1.17) wählen wir im Knoten k einen Knotenvektor mit den vier Komponenten u_k, $u_{,xk}$, $u_{,yk}$, $u_{,xyk}$. Bei vier Knotenpunkten in den Ecken wird also ein Polynom mit 16 Konstanten be-

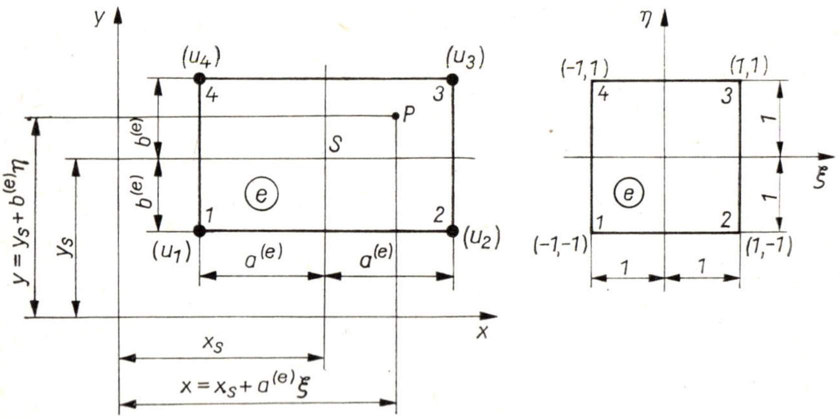

Bild 5.1.17

nötigt. Als brauchbar hat sich die *bikubische* Ansatzfunktion

$$\begin{aligned} u^{(e)}(\xi, \eta) = {} & a_1 + a_2\xi + a_3\eta + a_4\xi^2 + a_5\xi\eta + a_6\xi^2 \\ & + a_7\xi^3 + a_8\xi^2\eta + a_9\xi\eta^2 + a_{10}\eta^3 + a_{11}\xi^3\eta + a_{12}\xi^2\eta^2 \\ & + a_{13}\xi\eta^3 + a_{14}\xi^3\eta^2 + a_{15}\xi^2\eta^3 + a_{16}\xi^3\eta^3 \end{aligned} \tag{5.1.70}$$

erwiesen. Sie stellt ein unvollständiges Polynom sechsten Grades dar. Dieses Polynom enthält das allgemeine Polynom dritten Grades und ist geometrisch isotrop. Zum Elementknotenvektor

$$z^{(e)} = [u_1; u_{,x1}; u_{,y1}; u_{,xy1}; \ldots; u_4; u_{,x4}; u_{,y4}; u_{,xy4}]^T \tag{5.1.71}$$

gehören dann die Formfunktionen

$$f_1(\xi, \eta) = \frac{1}{16}(2 + \xi)(1 - \xi)^2(2 + \eta)(1 - \eta)^2,$$

$$f_2(\xi, \eta) = \frac{a^{(e)}}{16}(1 + \xi)(1 - \xi)^2(2 + \eta)(1 - \eta)^2,$$

$$f_3(\xi, \eta) = \frac{b^{(e)}}{16}(2 + \xi)(1 - \xi)^2(1 + \eta)(1 - \eta)^2,$$

$$f_4(\xi, \eta) = \frac{a^{(e)}b^{(e)}}{16}(1 + \xi)(1 - \xi)^2(1 + \eta)(1 - \eta)^2,$$

$$f_5(\xi, \eta) = \frac{1}{16}(2 - \xi)(1 + \xi)^2(2 + \eta)(1 - \eta)^2,$$

$$f_6(\xi, \eta) = -\frac{a^{(e)}}{16}(1 - \xi)(1 + \xi)^2(2 + \eta)(1 - \eta)^2,$$

$$f_7(\xi, \eta) = \frac{b^{(e)}}{16}(2 - \xi)(1 + \xi)^2(1 + \eta)(1 - \eta)^2,$$

$$
\left.\begin{aligned}
f_8(\xi, \eta) &= -\frac{a^{(e)}b^{(e)}}{16}(1-\xi)(1+\xi)^2(1+\eta)(1-\eta)^2,\\
f_9(\xi, \eta) &= \frac{1}{16}(2-\xi)(1+\xi)^2(2-\eta)(1+\eta)^2\\
f_{10}(\xi, \eta) &= -\frac{a^{(e)}}{16}(1-\xi)(1+\xi)^2(2-\eta)(1+\eta)^2,\\
f_{11}(\xi, \eta) &= -\frac{b^{(e)}}{16}(2-\xi)(1+\xi)^2(1-\eta)(1+\eta)^2,\\
f_{12}(\xi, \eta) &= \frac{a^{(e)}b^{(e)}}{16}(1-\xi)(1+\xi)^2(1-\eta)(1+\eta)^2,\\
f_{13}(\xi, \eta) &= \frac{1}{16}(2+\xi)(1-\xi)^2(2-\eta)(1+\eta)^2,\\
f_{14}(\xi, \eta) &= \frac{a^{(e)}}{16}(1+\xi)(1-\xi)^2(2-\eta)(1+\eta)^2,\\
f_{15}(\xi, \eta) &= -\frac{b^{(e)}}{16}(2+\xi)(1-\xi)^2(1-\eta)(1+\eta)^2,\\
f_{16}(\xi, \eta) &= -\frac{a^{(e)}b^{(e)}}{16}(1+\xi)(1-\xi)^2(1-\eta)(1+\eta).
\end{aligned}\right\} \qquad (5.1.72)
$$

5.1.3. Isoparametrische Elemente

Bei vielen physikalischen und technischen Problemen wird das zu untersuchende Gebiet nicht polygonal, sondern krummlinig begrenzt sein. Die Vernetzung in finite Dreieck- und Rechteckelemente kann daher die Randkontur nicht exakt wiedergeben (Bild 5.0.1). Obwohl dieser Fehler durch genügend kleine Elemente beliebig klein gehalten werden kann, ist eine Annäherung an den gekrümmten Rand durch krummlinig begrenzte Elemente besser möglich.

Zur Vorbereitung sind jedoch erst einige spezielle Bemerkungen erforderlich. In 5.1.1. hatten wir als elementeigene Koordinaten Dreieckkoordinaten (5.1.2) verwendet. Wir können aber auch mittels der Transformation

$$
\left.\begin{aligned}
x &= x_1 + (x_2 - x_1)\,\bar{\xi} + (x_3 - x_1)\,\bar{\eta}\\
y &= y_1 + (y_2 - y_1)\,\bar{\xi} + (y_3 - y_1)\,\bar{\eta}
\end{aligned}\right\} \qquad (5.1.73)
$$

ein beliebiges Dreieck auf das Einheitsdreieck im lokalen Koordinatensystem mit den dimensionslosen Koordinaten $\bar{\xi}$, $\bar{\eta}$ abbilden (Bild 5.1.18). Zunächst schreiben wir diese Transformationsbeziehung in der Form

$$
\left.\begin{aligned}
x &= [(1 - \bar{\xi} - \bar{\eta});\, \bar{\xi};\, \bar{\eta}]\, \boldsymbol{x}_3,\\
y &= [(1 - \bar{\xi} - \bar{\eta});\, \bar{\xi};\, \bar{\eta}]\, \boldsymbol{y}_3,
\end{aligned}\right\} \qquad (5.1.74)
$$

wobei die Vektoren

$$
\boldsymbol{x}_3 = [x_1;\, x_2;\, x_3]^{\mathrm{T}}; \qquad \boldsymbol{y}_3 = [y_1;\, y_2;\, y_3]^{\mathrm{T}} \qquad (5.1.75)
$$

die globalen Koordinaten der drei Eckpunkte zusammenfassen. Stellen wir Gl. (5.1.73) nach $\bar{\xi}$ und $\bar{\eta}$ um, so finden wir mit der Gl. (5.1.4)

$$\bar{\xi} = \frac{1}{2A^{(e)}}\left[(y_3 - y_1)(x - x_1) + (x_1 - x_3)(y - y_1)\right],$$
$$\bar{\eta} = \frac{1}{2A^{(e)}}\left[(y_1 - y_2)(x - x_1) + (x_2 - x_1)(y - y_1)\right]. \qquad (5.1.76)$$

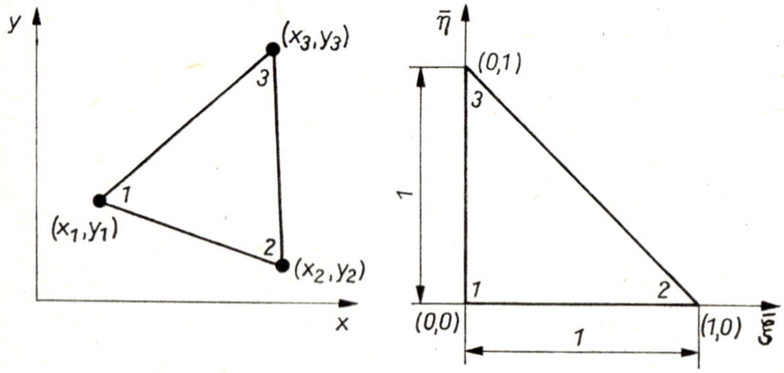

Bild 5.1.18

Da dieser Zusammenhang zwischen den Koordinaten x, y und $\bar{\xi}$, $\bar{\eta}$ linear ist, wird jede Gerade im x, y-System auf eine Gerade im $\bar{\xi}, \bar{\eta}$-System abgebildet. Die drei Eckpunkte $1(x_1, y_1)$, $2(x_2, y_2)$ und $3(x_3, y_3)$ entsprechen den drei Eckpunkten $1(0, 0)$, $2(1, 0)$ und $3(0, 1)$ des $\bar{\xi}, \bar{\eta}$-Systems. Eine Funktion $u^{(e)}(\bar{\xi}, \bar{\eta})$ wird also mit Gl. (5.1.76) unmittelbar in das x, y-System als $u^{(e)}(x, y)$ übertragen. Wir müssen jedoch daran denken, daß die Transformationsbeziehungen (5.1.74) und (5.1.76) nur bei Existenz eines realen Dreiecks sinnvoll sind, d. h., die drei Punkte 1, 2 und 3 dürfen nicht auf einer Geraden liegen.

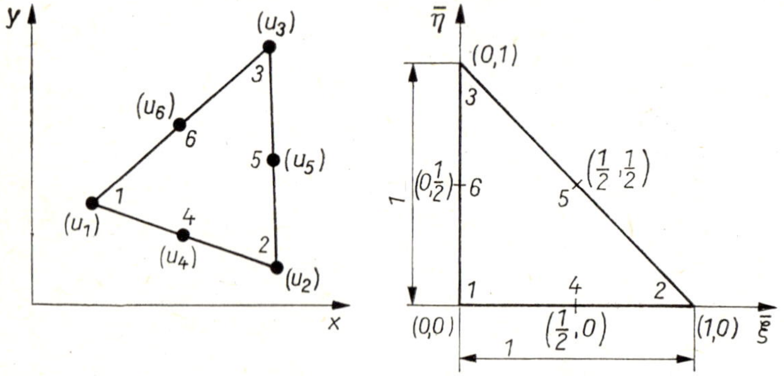

Bild 5.1.19

Die bereits in Dreieckkoordinaten ermittelte quadratische Ansatzfunktion (5.1.28) enthält im Elementknotenvektor die 6 Knotenwerte der Knoten 1 bis 6. Sie folgt im Koordinatensystem $\bar{\xi}, \bar{\eta}$ am Einheitsdreieck (Bild 5.1.19) aus

$$u^{(e)}(\bar{\xi}, \bar{\eta}) = a_1 + a_2\bar{\xi} + a_3\bar{\eta} + a_4\bar{\xi}^2 + a_5\bar{\xi}\bar{\eta} + a_6\bar{\eta}^2$$
$$= \boldsymbol{a}_6^{\mathrm{T}}\bar{\boldsymbol{w}}_6(\bar{\xi}, \bar{\eta}) = \bar{\boldsymbol{w}}_6(\bar{\xi}, \bar{\eta})^{\mathrm{T}}\,\boldsymbol{a}_6. \qquad (5.1.77)$$

Hierin sind der Vektor

$$\overline{\boldsymbol{w}}_6(\bar{\xi}, \bar{\eta}) = [1\,;\,\bar{\xi}\,;\,\bar{\eta}\,;\,\bar{\xi}^2\,;\,\bar{\xi}\bar{\eta}\,;\,\bar{\eta}^2]^{\mathrm{T}} \tag{5.1.78}$$

und der Vektor der Konstanten

$$\boldsymbol{a}_6 = [a_1\,;\,a_2\,;\,a_3\,;\,a_4\,;\,a_5\,;\,a_6]^{\mathrm{T}} \tag{5.1.79}$$

enthalten. Mit dem Elementknotenvektor

$$\boldsymbol{z}^{(e)} = [u_1\,;\,u_2\,;\,u_3\,;\,u_4\,;\,u_5\,;\,u_6]^{\mathrm{T}} \tag{5.1.80}$$

und der Interpolationsmatrix

$$\overline{\boldsymbol{F}}_6 = \frac{1}{4}\begin{bmatrix} 4 & 0 & 0 & 0 & 0 & 0 \\ 4 & 4 & 0 & 4 & 0 & 0 \\ 4 & 0 & 4 & 0 & 0 & 4 \\ 4 & 2 & 0 & 1 & 0 & 0 \\ 4 & 2 & 2 & 1 & 1 & 1 \\ 4 & 0 & 2 & 0 & 0 & 1 \end{bmatrix} \tag{5.1.81}$$

gilt zunächst

$$\boldsymbol{z}^{(e)} = \overline{\boldsymbol{F}}_6 \boldsymbol{a}_6\,, \tag{5.1.82}$$

und wir erhalten endgültig

$$u^{(e)}(\bar{\xi}, \bar{\eta}) = \overline{\boldsymbol{w}}_6(\bar{\xi}, \bar{\eta})^{\mathrm{T}}\, \overline{\boldsymbol{F}}_6^{-1} \boldsymbol{z}^{(e)} = \boldsymbol{f}^{(e)}(\bar{\xi}, \bar{\eta})^{\mathrm{T}}\, \boldsymbol{z}^{(e)}. \tag{5.1.83}$$

Dabei lauten die Interpolationsfunktionen

$$\left.\begin{aligned} f_1(\bar{\xi}, \bar{\eta}) &= (1 - \bar{\xi} - \bar{\eta})\,(1 - 2\bar{\xi} - 2\bar{\eta}), \\ f_2(\bar{\xi}, \bar{\eta}) &= \bar{\xi}(2\bar{\xi} - 1), \\ f_3(\bar{\xi}, \bar{\eta}) &= \bar{\eta}(2\bar{\eta} - 1), \\ f_4(\bar{\xi}, \bar{\eta}) &= 4\bar{\xi}(1 - \bar{\xi} - \bar{\eta}), \\ f_5(\bar{\xi}, \bar{\eta}) &= 4\bar{\xi}\bar{\eta}, \\ f_6(\bar{\xi}, \bar{\eta}) &= 4\bar{\eta}(1 - \bar{\xi} - \bar{\eta}). \end{aligned}\right\} \tag{5.1.84}$$

Sie gewährleisten C^0-Stetigkeit zwischen zwei benachbarten Elementen im $\bar{\xi}, \bar{\eta}$-System. Diese Eigenschaft bleibt nach Transformation entsprechend Gl. (5.1.73) in das globale Koordinatensystem x, y bestehen.
Nach diesen Vorbetrachtungen kommen wir nun zu unserer eigentlichen Aufgabe. Handelt es sich um ein krummlinig begrenztes Dreieck, so sind bei Verwendung der Koordinaten von 6 Knotenpunkten die Dreieckseiten quadratische Parabeln, die bei Vorgabe von jeweils drei Punkten eindeutig bestimmt sind (Bild 5.1.20). In diesem Falle bildet die quadratische Transformation

$$\begin{aligned} x &= \alpha_1 + \alpha_2\bar{\xi} + \alpha_3\bar{\eta} + \alpha_4\bar{\xi}^2 + \alpha_5\bar{\xi}\bar{\eta} + \alpha_6\bar{\eta}^2, \\ y &= \beta_1 + \beta_2\bar{\xi} + \beta_3\bar{\eta} + \beta_4\bar{\xi}^2 + \beta_5\bar{\xi}\bar{\eta} + \beta_6\bar{\eta}^2 \end{aligned} \tag{5.1.85}$$

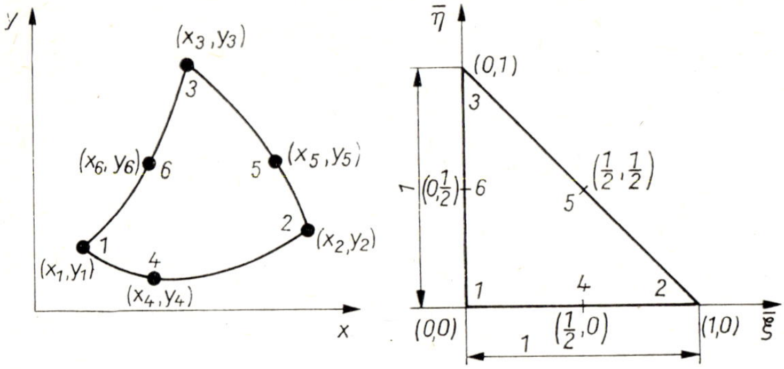

Bild 5.1.20

das krummlinig berandete Element auf das Einheitsdreieck ab, wobei die Koeffizienten α_i und β_i ($i = 1, 2, \ldots, 6$) aus den Knotenkoordinaten berechnet werden. Mit den Vektoren

$$\begin{aligned} \boldsymbol{x}_6 &= [x_1; x_2; x_3; x_4; x_5; x_6]^{\mathrm{T}}, \\ \boldsymbol{y}_6 &= [y_1; y_2; y_3; y_4; y_5; y_6]^{\mathrm{T}}, \\ \boldsymbol{\alpha}_6 &= [\alpha_1; \alpha_2; \alpha_3; \alpha_4; \alpha_5; \alpha_6]^{\mathrm{T}}, \\ \boldsymbol{\beta}_6 &= [\beta_1; \beta_2; \beta_3; \beta_4; \beta_5; \beta_6]^{\mathrm{T}} \end{aligned} \tag{5.1.86}$$

folgen unmittelbar

$$\boldsymbol{x}_6 = \overline{\boldsymbol{F}}_6 \boldsymbol{\alpha}_6; \qquad \boldsymbol{y}_6 = \overline{\boldsymbol{F}}_6 \boldsymbol{\beta}_6, \tag{5.1.87}$$

also

$$\boldsymbol{\alpha}_6 = \overline{\boldsymbol{F}}_6^{-1} \boldsymbol{x}_6; \qquad \boldsymbol{\beta}_6 = \overline{\boldsymbol{F}}_6^{-1} \boldsymbol{y}_6 \tag{5.1.88}$$

und damit die Transformationsbeziehungen

$$\begin{aligned} x &= \overline{\boldsymbol{w}}_6(\bar{\xi}, \bar{\eta})^{\mathrm{T}} \, \overline{\boldsymbol{F}}_6^{-1} \boldsymbol{x}_6 = \boldsymbol{f}^{(e)}(\bar{\xi}, \bar{\eta})^{\mathrm{T}} \, \boldsymbol{x}_6, \\ y &= \overline{\boldsymbol{w}}_6(\bar{\xi}, \bar{\eta})^{\mathrm{T}} \, \overline{\boldsymbol{F}}_6^{-1} \boldsymbol{y}_6 = \boldsymbol{f}^{(e)}(\bar{\xi}, \bar{\eta})^{\mathrm{T}} \, \boldsymbol{y}_6. \end{aligned} \tag{5.1.89}$$

Allerdings muß noch die Frage beantwortet werden: »Wohin legt man zur optimalen Annäherung an eine vorgegebene krummlinige Kontur im globalen System die Punkte 4, 5 und 6?«. Wir fordern lediglich, daß sie im Einheitsdreieck als Seitenmittelpunkte erscheinen. Deshalb werden wir bestrebt sein, ihre Lage so anzuordnen, daß die Randparabel der wahren Randkurve möglichst nahekommt.

In Gl. (5.1.89) tritt dieselbe Matrix $\overline{\boldsymbol{F}}_6$ auf, die wir bereits in Gl. (5.1.81) definiert hatten. Deshalb kann man schlußfolgern, daß die bei der Abbildung auf das Einheitsdreieck entstehenden Funktionen mit den Formfunktionen (5.1.84) übereinstimmen, die man bei der Interpolation der Feldgröße erhält.

Elemente, deren Abbildung auf das Einheitsdreieck mit denselben Funktionen erfolgt, die auch für die Feldgröße verwendet werden, nennt man *isoparametrische Elemente*. Im Gegensatz dazu werden auch *super-* bzw. *subparametrische Elemente* entwickelt, die hier jedoch nur erwähnt werden sollen.

Es läßt sich zeigen, daß bei einer im Einheitsdreieck formulierten Ansatzfunktion die dort erzielte C^p-Stetigkeit auch im zugehörigen Dreieck des globalen Koordinatensystems vorhanden ist. Werden die anfallenden Rechenoperationen (z. B. Integration über die Dreieckfläche oder ein Randstück) nicht im globalen System, sondern im $\bar{\xi}, \bar{\eta}$-System vorgenommen, so tritt bekanntlich die *Jacobi*-Determinante

$$J = \begin{vmatrix} \dfrac{\partial x}{\partial \bar{\xi}} & \dfrac{\partial y}{\partial \bar{\xi}} \\ \dfrac{\partial x}{\partial \bar{\eta}} & \dfrac{\partial y}{\partial \bar{\eta}} \end{vmatrix} \tag{5.1.90}$$

auf, von der wir fordern müssen, daß im gesamten Gebiet $J > 0$ gilt. Für krummlinig begrenzte Dreiecke im Sinne einer ingenieurmäßigen Vorgehensweise wird dies aber immer der Fall sein. Da weiterhin die Zusammenhänge

$$x_{,\bar{\xi}} = J\bar{\eta}_{,y}; \qquad y_{,\bar{\xi}} = -J\bar{\eta}_{,x}; \qquad x_{,\bar{\eta}} = -J\bar{\xi}_{,y}; \qquad y_{,\bar{\eta}} = J\bar{\xi}_{,x} \tag{5.1.91}$$

bekannt sind, kann man für Gl. (5.1.90) auch

$$\frac{1}{J} = \begin{vmatrix} \bar{\xi}_{,x} & \bar{\xi}_{,y} \\ \bar{\eta}_{,x} & \bar{\eta}_{,y} \end{vmatrix} \tag{5.1.92}$$

schreiben. Bei der Berechnung von Flächenintegralen lautet das Flächendifferential

$$\mathrm{d}A = \mathrm{d}x\,\mathrm{d}y = J\,\mathrm{d}\bar{\xi}\,\mathrm{d}\bar{\eta}\,. \tag{5.1.93}$$

Obwohl die *Jacobi*-Determinante selbst i. allg. nur Polynomausdrücke enthält, werden sich die Integrale z. B. zur Ermittlung der Elementmatrizen nur in den seltensten Fällen mit normalem Aufwand geschlossen lösen lassen. Dies gilt in gleichem Maße für Randintegrale. Beim Einsatz isoparametrischer Elemente sollte deshalb immer numerisch integriert werden. Dabei haben sich bei der numerischen Integration über das Einheitsdreieck (Bild 5.1.18) die zweidimensionale Integrationsformel

$$\int_0^1 \int_0^{1-\bar{\eta}} g(\bar{\xi}, \bar{\eta})\,\mathrm{d}\bar{\xi}\,\mathrm{d}\bar{\eta} = \sum_{i=1}^{m} w_i g(\bar{\xi}_i, \bar{\eta}_i) \tag{5.1.94}$$

und für die Integration längs einer Elementseite die Integrationsformel

$$\int_0^1 g(\tau)\,\mathrm{d}\tau = \sum_{i=1}^{m} w_i g(\tau_i) \tag{5.1.95}$$

bewährt. In den Tabellen 5.1.1 und 5.1.2 sind die Lage der Integrationsstützstellen und die Gewichte w_i angegeben. Darüber hinaus finden wir in diesen Tabellen den Grad q des Polynoms, das mit der zugehörigen Anzahl m der Stützstellen exakt integriert werden kann.

Die Übertragung dieser Gedankengänge auf *Viereckelemente* ist selbstverständlich auch möglich. Bei Bezugnahme auf ein krummlinig begrenztes Viereck nach Bild 5.1.21 bildet die Transformation

$$\left.\begin{aligned} x &= \alpha_1 + \alpha_2\bar{\xi} + \alpha_3\bar{\eta} + \alpha_4\bar{\xi}^2 + \alpha_5\bar{\xi}\bar{\eta} + \alpha_6\bar{\eta}^2 + \alpha_7\bar{\xi}^2\bar{\eta} + \alpha_8\bar{\xi}\bar{\eta}^2 \\ y &= \beta_1 + \beta_2\bar{\xi} + \beta_3\bar{\eta} + \beta_4\bar{\xi}^2 + \beta_5\bar{\xi}\bar{\eta} + \beta_6\bar{\eta}^2 + \beta_7\bar{\xi}^2\bar{\eta} + \beta_8\bar{\xi}\bar{\eta}^2 \end{aligned}\right\} \tag{5.1.96}$$

dieses Gebiet auf das Einheitsquadrat ab. Dabei wurden die Elementränder wiederum als quadratische Parabeln interpretiert. Bezüglich der Lage der »Seitenmittelpunkte«

Tabelle 5.1.1

m	q		Integrationsstelle			
			Pkt.	$\bar{\xi}_i$	$\bar{\eta}_i$	w_i
1	1	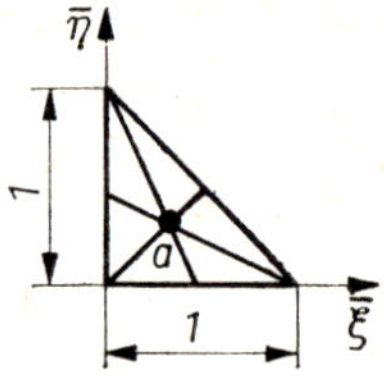	a	$\frac{1}{3}$	$\frac{1}{3}$	$\frac{1}{2}$
3	2	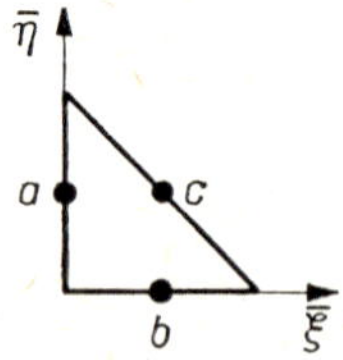	a	0	$\frac{1}{2}$	$\frac{1}{6}$
			b	$\frac{1}{2}$	0	$\frac{1}{6}$
			c	$\frac{1}{2}$	$\frac{1}{2}$	$\frac{1}{6}$
4	3	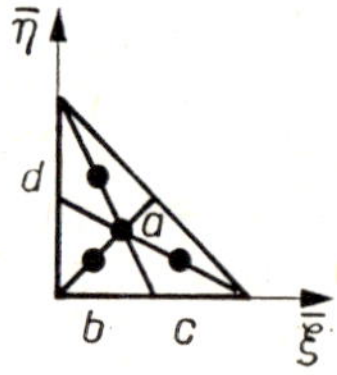	a	$\frac{1}{3}$	$\frac{1}{3}$	$-\frac{9}{32}$
			b	$\frac{1}{5}$	$\frac{1}{5}$	$\frac{25}{96}$
			c	$\frac{3}{5}$	$\frac{1}{5}$	$\frac{25}{96}$
			d	$\frac{1}{5}$	$\frac{3}{5}$	$\frac{25}{96}$
7	5	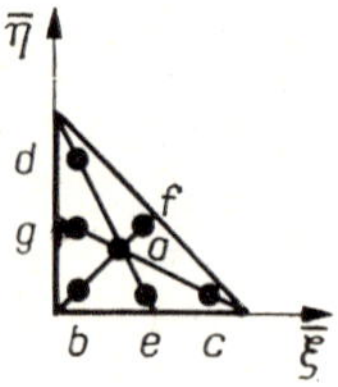	a	$\frac{1}{3}$	$\frac{1}{3}$	$\frac{9}{80}$
			b	$\frac{1}{21}(6-\sqrt{15})$	$\frac{1}{21}(6-\sqrt{15})$	$\frac{155-\sqrt{15}}{2400}$
			c	$\frac{1}{21}(9+2\sqrt{15})$	$\frac{1}{21}(6-\sqrt{15})$	$\frac{155-\sqrt{15}}{2400}$
			d	$\frac{1}{21}(6-\sqrt{15})$	$\frac{1}{21}(9+2\sqrt{15})$	$\frac{155-\sqrt{15}}{2400}$
			e	$\frac{1}{21}(6+\sqrt{15})$	$\frac{1}{21}(9-2\sqrt{15})$	$\frac{155+\sqrt{15}}{2400}$
			f	$\frac{1}{21}(6+\sqrt{15})$	$\frac{1}{21}(6+\sqrt{15})$	$\frac{155+\sqrt{15}}{2400}$
			g	$\frac{1}{21}(9-2\sqrt{15})$	$\frac{1}{21}(6+\sqrt{15})$	$\frac{155+\sqrt{15}}{2400}$

Tabelle 5.1.2

m	q		Integrationsstelle		
			Pkt.	τ_i	w_i
1	1	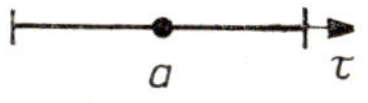	a	$\frac{1}{2}$	1
2	3		a	$\frac{1}{2}\left(1-\frac{1}{3}\sqrt{3}\right)$	$\frac{1}{2}$
			b	$\frac{1}{2}\left(1+\frac{1}{3}\sqrt{3}\right)$	$\frac{1}{2}$
3	5	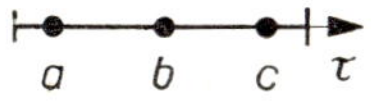	a	$\frac{1}{2}\left(1-\sqrt{\frac{3}{5}}\right)$	$\frac{5}{18}$
			b	$\frac{1}{2}$	$\frac{4}{9}$
			c	$\frac{1}{2}\left(1+\sqrt{\frac{3}{5}}\right)$	$\frac{5}{18}$
4	7		a	$\frac{1}{2}\left(1-\sqrt{\frac{15+2\sqrt{30}}{35}}\right)$	$\frac{1}{4}\left(1-\frac{\sqrt{30}}{18}\right)$
			b	$\frac{1}{2}\left(1-\sqrt{\frac{15-2\sqrt{30}}{35}}\right)$	$\frac{1}{4}\left(1+\frac{\sqrt{30}}{18}\right)$
			c	$\frac{1}{2}\left(1+\sqrt{\frac{15-2\sqrt{30}}{35}}\right)$	$\frac{1}{4}\left(1+\frac{\sqrt{30}}{18}\right)$
			d	$\frac{1}{2}\left(1+\sqrt{\frac{15+2\sqrt{30}}{35}}\right)$	$\frac{1}{4}\left(1-\frac{\sqrt{30}}{18}\right)$
5	9	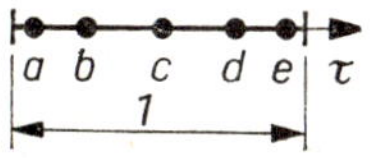	a	$\frac{1}{2}\left(1-\frac{1}{3}\sqrt{5+4\sqrt{\frac{5}{14}}}\right)$	$\frac{1}{1800}\left(322-13\sqrt{70}\right)$
			b	$\frac{1}{2}\left(1-\frac{1}{3}\sqrt{5-4\sqrt{\frac{5}{14}}}\right)$	$\frac{1}{1800}\left(322+13\sqrt{70}\right)$
			c	$\frac{1}{2}$	$\frac{64}{225}$
			d	$\frac{1}{2}\left(1+\frac{1}{3}\sqrt{5-4\sqrt{\frac{5}{14}}}\right)$	$\frac{1}{1800}\left(322+13\sqrt{70}\right)$
			e	$\frac{1}{2}\left(1+\frac{1}{3}\sqrt{5+4\sqrt{\frac{5}{14}}}\right)$	$\frac{1}{1800}\left(322-13\sqrt{70}\right)$

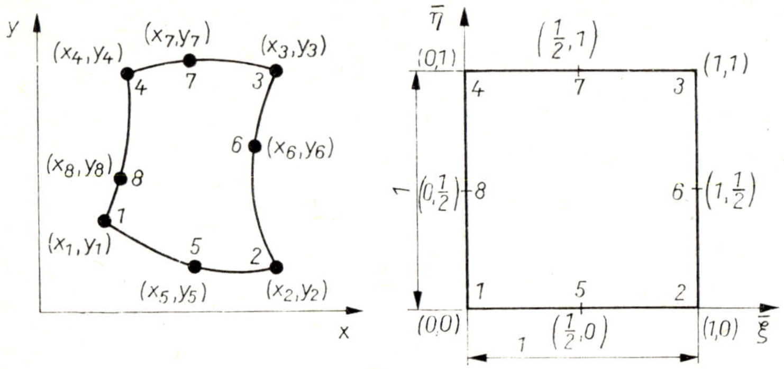

Bild 5.1.21

kann auf das oben Gesagte verwiesen werden. Mit den Vektoren

$$\begin{aligned}
\boldsymbol{x}_8 &= [x_1; x_2; x_3; x_4; x_5; x_6; x_7; x_8]^{\mathrm{T}}, \\
\boldsymbol{y}_8 &= [y_1; y_2; y_3; y_4; y_5; y_6; y_7; y_8]^{\mathrm{T}}, \\
\boldsymbol{\alpha}_8 &= [\alpha_1; \alpha_2; \alpha_3; \alpha_4; \alpha_5; \alpha_6; \alpha_7; \alpha_8]^{\mathrm{T}}, \\
\boldsymbol{\beta}_8 &= [\beta_1; \beta_2; \beta_3; \beta_4; \beta_5; \beta_6; \beta_7; \beta_8]^{\mathrm{T}}
\end{aligned} \tag{5.1.97}$$

und der Interpolationsmatrix

$$\overline{\boldsymbol{F}}_8 = \frac{1}{4} \begin{bmatrix} 4 & 0 & 0 & 0 & 0 & 0 & 0 & 0 \\ 4 & 4 & 0 & 4 & 0 & 0 & 0 & 0 \\ 4 & 4 & 4 & 4 & 4 & 4 & 4 & 4 \\ 4 & 0 & 4 & 0 & 0 & 4 & 0 & 0 \\ 4 & 2 & 0 & 1 & 0 & 0 & 0 & 0 \\ 4 & 4 & 2 & 4 & 2 & 1 & 2 & 1 \\ 4 & 2 & 4 & 1 & 2 & 4 & 1 & 2 \\ 4 & 0 & 2 & 0 & 0 & 1 & 0 & 0 \end{bmatrix} \tag{5.1.98}$$

gilt

$$\boldsymbol{x}_8 = \overline{\boldsymbol{F}}_8 \boldsymbol{\alpha}_8; \qquad \boldsymbol{y}_8 = \overline{\boldsymbol{F}}_8 \boldsymbol{\beta}_8, \tag{5.1.99}$$

bzw. nach Inversion

$$\boldsymbol{\alpha}_8 = \overline{\boldsymbol{F}}_8^{-1} \boldsymbol{x}_8; \qquad \boldsymbol{\beta}_8 = \overline{\boldsymbol{F}}_8^{-1} \boldsymbol{y}_8. \tag{5.1.100}$$

Unter Verwendung des Vektors

$$\overline{\boldsymbol{w}}_8(\bar{\xi}, \bar{\eta}) = [1; \bar{\xi}; \bar{\eta}; \bar{\xi}^2; \bar{\xi}\bar{\eta}; \bar{\eta}^2; \bar{\xi}^2\bar{\eta}; \bar{\eta}\bar{\xi}^2]^{\mathrm{T}} \tag{5.1.101}$$

gewinnen wir die Transformation

$$\begin{aligned}
x &= \overline{\boldsymbol{w}}_8(\bar{\xi}, \bar{\eta})^{\mathrm{T}} \, \overline{\boldsymbol{F}}_8^{-1} \boldsymbol{x}_8 = \boldsymbol{f}^{(e)}(\bar{\xi}, \bar{\eta})^{\mathrm{T}} \, \boldsymbol{x}_8, \\
y &= \overline{\boldsymbol{w}}_8(\bar{\xi}, \bar{\eta})^{\mathrm{T}} \, \overline{\boldsymbol{F}}_8^{-1} \boldsymbol{y}_8 = \boldsymbol{f}^{(e)}(\bar{\xi}, \bar{\eta})^{\mathrm{T}} \, \boldsymbol{y}_8.
\end{aligned} \tag{5.1.102}$$

Sie enthält die Formfunktionen

$$\left.\begin{aligned} f_1(\bar\xi, \bar\eta) &= (1 - \bar\xi)\,(1 - \bar\eta)\,(1 - 2\bar\xi - 2\bar\eta), \\ f_2(\bar\xi, \bar\eta) &= -\bar\xi(1 - \bar\eta)\,(1 - 2\bar\xi + 2\bar\eta), \\ f_3(\bar\xi, \bar\eta) &= -\bar\xi\bar\eta(3 - 2\bar\xi - 2\bar\eta), \\ f_4(\bar\xi, \bar\eta) &= -\bar\eta(1 - \bar\xi)\,(1 + 2\bar\xi - 2\bar\eta), \\ f_5(\bar\xi, \bar\eta) &= 4\bar\xi(1 - \bar\xi)\,(1 - \bar\eta), \\ f_6(\bar\xi, \bar\eta) &= 4\bar\xi\bar\eta(1 - \bar\eta), \\ f_7(\bar\xi, \bar\eta) &= 4\bar\xi\bar\eta(1 - \bar\xi), \\ f_8(\bar\xi, \bar\eta) &= 4\bar\eta(1 - \bar\xi)\,(1 - \bar\eta), \end{aligned}\right\} \tag{5.1.103}$$

die somit auch für die Interpolation der Feldgröße

$$u^{(e)}(\bar\xi, \bar\eta) = \bar{\boldsymbol{w}}_8(\bar\xi, \bar\eta)^{\mathrm T}\, \bar{\boldsymbol{F}}_8^{-1} \boldsymbol{z}^{(e)} = \boldsymbol{f}^{(e)}(\bar\xi, \bar\eta)^{\mathrm T}\, \boldsymbol{z}^{(e)} \tag{5.1.104}$$

mit dem Elementknotenvektor

$$\boldsymbol{z}^{(e)} = [u_1; u_2; \ldots; u_8]^{\mathrm T} \tag{5.1.105}$$

zur Verfügung stehen. Auf Grund des isoparametrischen Konzepts stimmen sie für $\bar\xi = \frac{1}{2}(1 + \xi)$, $\bar\eta = \frac{1}{2}(1 + \eta)$ mit den Formfunktionen (5.1.68) überein. Da wir in 5.1.2. nur Rechteckelemente behandelt hatten, kann an dieser Stelle darauf hingewiesen werden, daß natürlich mit

$$\left.\begin{aligned} x_5 &= \frac{1}{2}(x_1 + x_2); & y_5 &= \frac{1}{2}(y_1 + y_2), \\ x_6 &= \frac{1}{2}(x_2 + x_3); & y_6 &= \frac{1}{2}(y_2 + y_3), \\ x_7 &= \frac{1}{2}(x_3 + x_4); & y_7 &= \frac{1}{2}(y_3 + y_4), \\ x_8 &= \frac{1}{2}(x_4 + x_1); & y_8 &= \frac{1}{2}(y_4 + y_1) \end{aligned}\right\} \tag{5.1.106}$$

ein geradlinig begrenztes, allgemeines Viereckelement als Sonderfall mit erfaßt ist. Streng genommen ist der Begriff »isoparametrisch« dann allerdings unkorrekt, weil sich die Feldgröße längs eines geraden Raumes quadratisch ändert.

Dagegen läßt sich das allgemeine Viereckelement mit vier Knoten (Bild 5.1.22) und linearem Feldgrößenverlauf an dieser Stelle als isoparametrisches Element einordnen. In diesem Falle lautet die bilineare Transformation

$$\begin{aligned} x &= \alpha_1 + \alpha_2\bar\xi + \alpha_3\bar\eta + \alpha_4\bar\xi\bar\eta, \\ y &= \beta_1 + \beta_2\bar\xi + \beta_3\bar\eta + \beta_4\bar\xi\bar\eta. \end{aligned} \tag{5.1.107}$$

Sie führt mit den Vektoren

$$\begin{aligned} \boldsymbol{x}_4 &= [x_1; x_2; x_3; x_4]^{\mathrm{T}}, \\ \boldsymbol{y}_4 &= [y_1; y_2; y_3; y_4]^{\mathrm{T}}, \\ \boldsymbol{\alpha}_4 &= [\alpha_1; \alpha_2; \alpha_3; \alpha_4]^{\mathrm{T}}, \\ \boldsymbol{\beta}_4 &= [\beta_1; \beta_2; \beta_3; \beta_4]^{\mathrm{T}} \end{aligned} \tag{5.1.108}$$

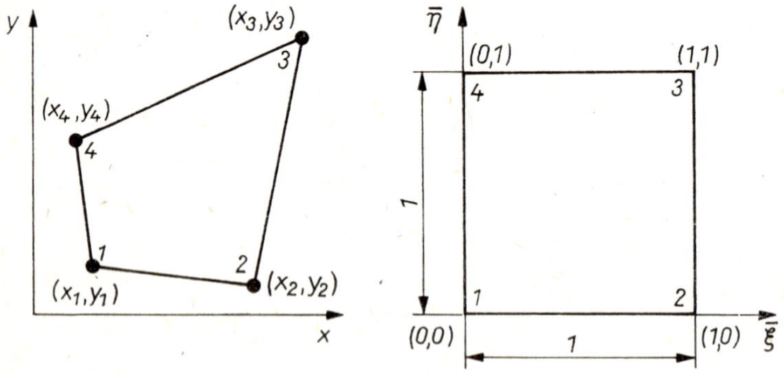

Bild 5.1.22

sowie der Interpolationsmatrix

$$\overline{\boldsymbol{F}}_4 = \begin{bmatrix} 1 & 0 & 0 & 0 \\ 1 & 1 & 0 & 0 \\ 1 & 1 & 1 & 1 \\ 1 & 0 & 1 & 0 \end{bmatrix} \tag{5.1.109}$$

zunächst auf

$$\boldsymbol{x}_4 = \overline{\boldsymbol{F}}_4 \boldsymbol{\alpha}_4; \qquad \boldsymbol{y}_4 = \overline{\boldsymbol{F}}_4 \boldsymbol{\beta}_4. \tag{5.1.110}$$

Nach Inversion erhält man

$$\boldsymbol{\alpha}_4 = \overline{\boldsymbol{F}}_4^{-1} \boldsymbol{x}_4; \qquad \boldsymbol{\beta}_4 = \overline{\boldsymbol{F}}_4^{-1} \boldsymbol{y}_4 \tag{5.1.111}$$

und mit dem Vektor

$$\overline{\boldsymbol{w}}_4(\bar{\xi}, \bar{\eta}) = [1; \bar{\xi}; \bar{\eta}; \bar{\xi}\bar{\eta}]^{\mathrm{T}} \tag{5.1.112}$$

die Transformationsbeziehungen

$$\begin{aligned} x &= \overline{\boldsymbol{w}}_4(\bar{\xi}, \bar{\eta})^{\mathrm{T}} \, \overline{\boldsymbol{F}}_4^{-1} \boldsymbol{x}_4 = \boldsymbol{f}^{(e)}(\bar{\xi}, \bar{\eta})^{\mathrm{T}} \, \boldsymbol{x}_4, \\ y &= \overline{\boldsymbol{w}}_4(\bar{\xi}, \bar{\eta})^{\mathrm{T}} \, \overline{\boldsymbol{F}}_4^{-1} \boldsymbol{y}_4 = \boldsymbol{f}^{(e)}(\bar{\xi}, \bar{\eta})^{\mathrm{T}} \, \boldsymbol{y}_4. \end{aligned} \tag{5.1.113}$$

Daraus folgen die Formfunktionen

$$\begin{aligned} f_1(\bar{\xi}, \bar{\eta}) &= (1 - \bar{\xi})\,(1 - \bar{\eta}), \\ f_2(\bar{\xi}, \bar{\eta}) &= \bar{\xi}(1 - \bar{\eta}), \\ f_3(\bar{\xi}, \bar{\eta}) &= \bar{\xi}\bar{\eta}, \\ f_4(\bar{\xi}, \bar{\eta}) &= \bar{\eta}(1 - \bar{\xi}), \end{aligned} \tag{5.1.114}$$

Tabelle 5.1.3

m	q	Integrationsstelle			
		Pkt.	$\bar{\xi}_i$	$\bar{\eta}_i$	w_i
1	1	a	$\frac{1}{2}$	$\frac{1}{2}$	1
			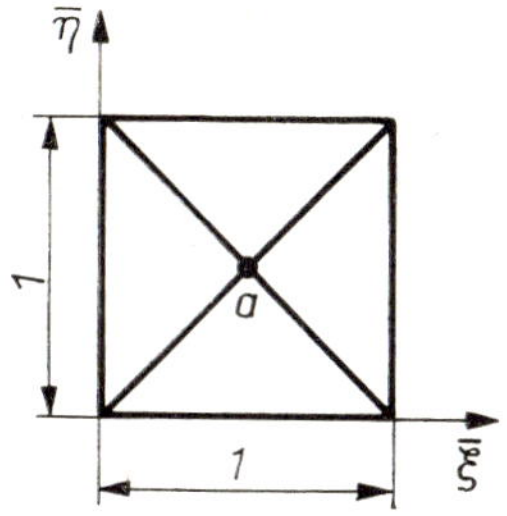		
4	3	a	$\frac{1}{2}\left(1-\frac{1}{3}\sqrt{3}\right)$	$\frac{1}{2}\left(1-\frac{1}{3}\sqrt{3}\right)$	$\frac{1}{4}$
		b	$\frac{1}{2}\left(1+\frac{1}{3}\sqrt{3}\right)$	$\frac{1}{2}\left(1-\frac{1}{3}\sqrt{3}\right)$	$\frac{1}{4}$
		c	$\frac{1}{2}\left(1-\frac{1}{3}\sqrt{3}\right)$	$\frac{1}{2}\left(1+\frac{1}{3}\sqrt{3}\right)$	$\frac{1}{4}$
		d	$\frac{1}{2}\left(1+\frac{1}{3}\sqrt{3}\right)$	$\frac{1}{2}\left(1+\frac{1}{3}\sqrt{3}\right)$	$\frac{1}{4}$
			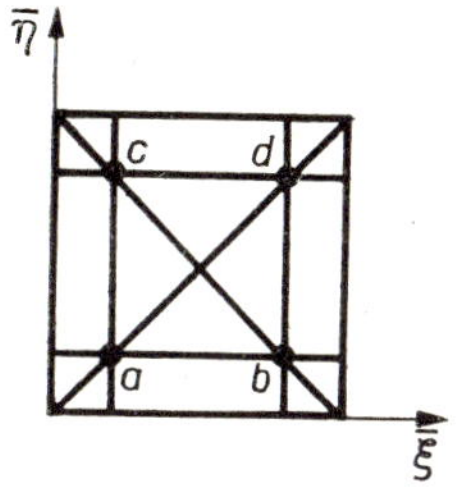		
9	5	a	$\frac{1}{2}\left(1-\sqrt{\frac{3}{5}}\right)$	$\frac{1}{2}\left(1-\sqrt{\frac{3}{5}}\right)$	$\frac{25}{324}$
		b	$\frac{1}{2}$	$\frac{1}{2}\left(1-\sqrt{\frac{3}{5}}\right)$	$\frac{10}{81}$
		c	$\frac{1}{2}\left(1+\sqrt{\frac{3}{5}}\right)$	$\frac{1}{2}\left(1-\sqrt{\frac{3}{5}}\right)$	$\frac{25}{324}$
		d	$\frac{1}{2}\left(1-\sqrt{\frac{3}{5}}\right)$	$\frac{1}{2}$	$\frac{10}{81}$

Tabelle 5.1.3 (Fortsetzung)

m	q	Integrationsstelle Pkt.	$\bar{\xi}_i$	$\bar{\eta}_i$	w_i
		e	$\frac{1}{2}$	$\frac{1}{2}$	$\frac{16}{81}$
		f	$\frac{1}{2}\left(1+\sqrt{\frac{3}{5}}\right)$	$\frac{1}{2}$	$\frac{10}{81}$
		g	$\frac{1}{2}\left(1-\sqrt{\frac{3}{5}}\right)$	$\frac{1}{2}\left(1+\sqrt{\frac{3}{5}}\right)$	$\frac{25}{324}$
		h	$\frac{1}{2}$	$\frac{1}{2}\left(1+\sqrt{\frac{3}{5}}\right)$	$\frac{10}{81}$
		i	$\frac{1}{2}\left(1+\sqrt{\frac{3}{5}}\right)$	$\frac{1}{2}\left(1+\sqrt{\frac{3}{5}}\right)$	$\frac{25}{324}$

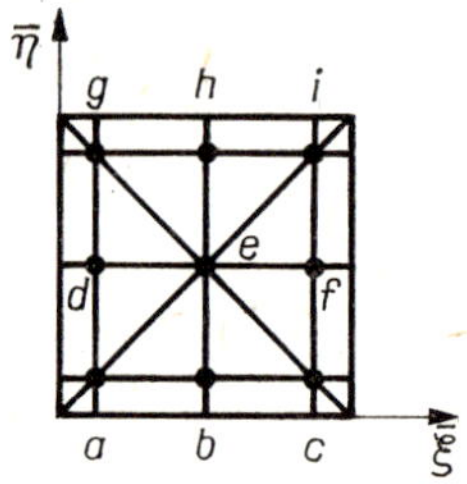

m	q	Pkt.	$\bar{\xi}_i$	$\bar{\eta}_i$	w_i
16	7	a	$\frac{1}{2}\left(1-\sqrt{\frac{15+2\sqrt{30}}{35}}\right)$	$\frac{1}{2}\left(1-\sqrt{\frac{15+2\sqrt{30}}{35}}\right)$	$\frac{59}{864}\left(1-\frac{6}{59}\sqrt{30}\right)$
		b	$\frac{1}{2}\left(1-\sqrt{\frac{15-2\sqrt{30}}{35}}\right)$	$\frac{1}{2}\left(1-\sqrt{\frac{15+2\sqrt{30}}{35}}\right)$	$\frac{49}{864}$
		c	$\frac{1}{2}\left(1+\sqrt{\frac{15-2\sqrt{30}}{35}}\right)$	$\frac{1}{2}\left(1-\sqrt{\frac{15+2\sqrt{30}}{35}}\right)$	$\frac{49}{864}$
		d	$\frac{1}{2}\left(1+\sqrt{\frac{15+2\sqrt{30}}{35}}\right)$	$\frac{1}{2}\left(1-\sqrt{\frac{15+2\sqrt{30}}{35}}\right)$	$\frac{59}{864}\left(1-\frac{6}{59}\sqrt{30}\right)$
		e	$\frac{1}{2}\left(1-\sqrt{\frac{15+2\sqrt{30}}{35}}\right)$	$\frac{1}{2}\left(1-\sqrt{\frac{15-2\sqrt{30}}{35}}\right)$	$\frac{49}{864}$
		f	$\frac{1}{2}\left(1-\sqrt{\frac{15-2\sqrt{30}}{35}}\right)$	$\frac{1}{2}\left(1-\sqrt{\frac{15-2\sqrt{30}}{35}}\right)$	$\frac{59}{864}\left(1+\frac{6}{59}\sqrt{30}\right)$
		g	$\frac{1}{2}\left(1+\sqrt{\frac{15-2\sqrt{30}}{35}}\right)$	$\frac{1}{2}\left(1-\sqrt{\frac{15-2\sqrt{30}}{35}}\right)$	$\frac{59}{864}\left(1+\frac{6}{59}\sqrt{30}\right)$

Tabelle 5.1.3 (Fortsetzung)

m	q	Integrationsstelle			
		Pkt.	$\bar{\xi}_i$	$\bar{\eta}_i$	w_i
		h	$\frac{1}{2}\left(1+\sqrt{\frac{15+2\sqrt{30}}{35}}\right)$	$\frac{1}{2}\left(1-\sqrt{\frac{15-2\sqrt{30}}{35}}\right)$	$\frac{49}{864}$
		i	$\frac{1}{2}\left(1-\sqrt{\frac{15+2\sqrt{30}}{35}}\right)$	$\frac{1}{2}\left(1+\sqrt{\frac{15-2\sqrt{30}}{35}}\right)$	$\frac{49}{864}$
		j	$\frac{1}{2}\left(1-\sqrt{\frac{15-2\sqrt{30}}{35}}\right)$	$\frac{1}{2}\left(1+\sqrt{\frac{15-2\sqrt{30}}{35}}\right)$	$\frac{59}{864}\left(1+\frac{6}{59}\sqrt{30}\right)$
		k	$\frac{1}{2}\left(1+\sqrt{\frac{15-2\sqrt{30}}{35}}\right)$	$\frac{1}{2}\left(1+\sqrt{\frac{15-2\sqrt{30}}{35}}\right)$	$\frac{59}{864}\left(1+\frac{6}{59}\sqrt{30}\right)$
		l	$\frac{1}{2}\left(1+\sqrt{\frac{15+2\sqrt{30}}{35}}\right)$	$\frac{1}{2}\left(1+\sqrt{\frac{15-2\sqrt{30}}{35}}\right)$	$\frac{49}{864}$
		m	$\frac{1}{2}\left(1-\sqrt{\frac{15+2\sqrt{30}}{35}}\right)$	$\frac{1}{2}\left(1+\sqrt{\frac{15+2\sqrt{30}}{35}}\right)$	$\frac{59}{864}\left(1-\frac{6}{59}\sqrt{30}\right)$
		n	$\frac{1}{2}\left(1-\sqrt{\frac{15-2\sqrt{30}}{35}}\right)$	$\frac{1}{2}\left(1+\sqrt{\frac{15+2\sqrt{30}}{35}}\right)$	$\frac{49}{864}$
		o	$\frac{1}{2}\left(1+\sqrt{\frac{15-2\sqrt{30}}{35}}\right)$	$\frac{1}{2}\left(1+\sqrt{\frac{15+2\sqrt{30}}{35}}\right)$	$\frac{49}{864}$
		p	$\frac{1}{2}\left(1+\sqrt{\frac{15+2\sqrt{30}}{35}}\right)$	$\frac{1}{2}\left(1+\sqrt{\frac{15+2\sqrt{30}}{35}}\right)$	$\frac{59}{864}\left(1-\frac{6}{59}\sqrt{30}\right)$

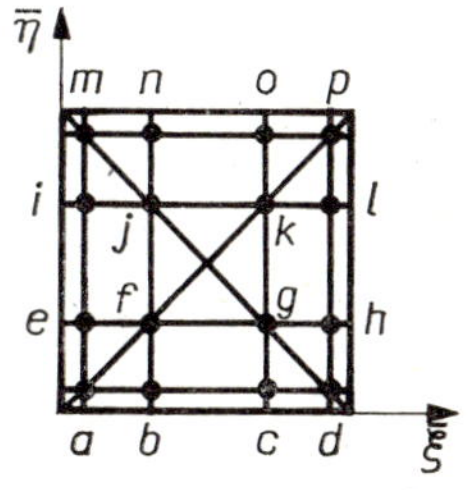

die für $\bar{\xi} = \frac{1}{2}(1 + \xi)$, $\bar{\eta} = \frac{1}{2}(1 + \eta)$ mit Gl. (5.1.61) übereinstimmen. Wir gewinnen den Ansatz

$$u^{(e)}(\bar{\xi}, \bar{\eta}) = \bar{\boldsymbol{w}}_4(\bar{\xi}, \bar{\eta})^{\mathrm{T}}\, \bar{\boldsymbol{F}}_4^{-1} \boldsymbol{z}^{(e)} = \boldsymbol{f}^{(e)}(\bar{\xi}, \bar{\eta})^{\mathrm{T}}\, \boldsymbol{z}^{(e)} \tag{5.1.115}$$

mit dem Elementknotenvektor

$$\boldsymbol{z}^{(e)} = [u_1; u_2; u_3; u_4]^{\mathrm{T}}. \tag{5.1.116}$$

Für die numerische Integration über das Einheitsquadrat benutzen wir die Integrationsformel

$$\int_0^1 \int_0^1 g(\bar{\xi}, \bar{\eta})\, \mathrm{d}\bar{\xi}\, \mathrm{d}\bar{\eta} = \sum_{i=1}^{m} w_i g(\bar{\xi}_i, \bar{\eta}_i) \tag{5.1.117}$$

mit den entsprechenden Angaben in Tabelle 5.1.3. Dabei ist q wiederum der Grad des Polynoms, das mit der zugehörigen Anzahl m der Stützstellen exakt integriert werden kann.

Für Dreieck- oder Viereckelemente, deren Knotenvektoren auch Ableitungen enthalten, läßt sich das isoparametrische Konzept ebenfalls verwirklichen.

5.2. Herleitung der Finite-Elemente-Gleichungen mit der Variationsmethode

Wir wollen nun das Verfahren von *Ritz* zur Herleitung der Finite-Elemente-Gleichungen verwenden und dabei eine ähnliche Vorgehensweise wie im Eindimensionalen wählen. Dazu zerlegen wir das vorgegebene Gebiet G in n Teilbereiche, für die wir zunächst ohne Einschränkung der Allgemeinheit Dreieckelemente annehmen (Bild 5.2.1). Die Untersuchung erfolgt an einem beliebigen Element e, wobei wir zunächst

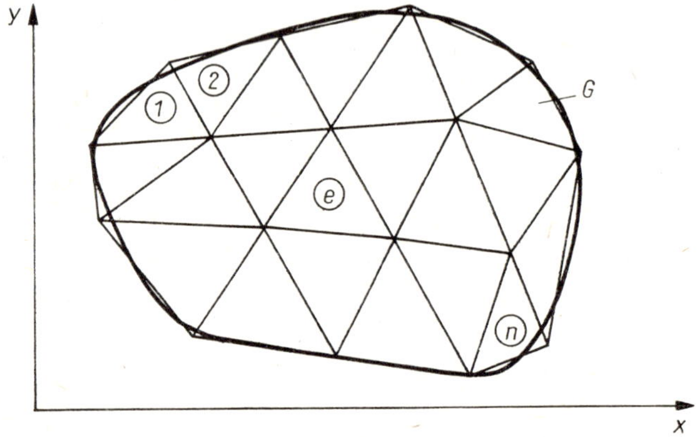

Bild 5.2.1

voraussetzen, daß die Interpolationsfunktionen im globalen Koordinatensystem definiert vorliegen. Durch den Übergang auf ein lokales, dimensionsloses Koordinatensystem läßt sich die Berechnung aller auf das Element e bezogenen Größen vereinheitlichen.

Wie bei den eindimensionalen Aufgaben müssen wir beachten, daß beim Herauslösen des finiten Elementes e aus dem Gebiet G am Elementrand $C^{(e)}$ wiederum bestimmte innere Größen »freigelegt« werden, die jetzt als äußere Randwerte die lokale Finite-Elemente-Gleichung beeinflussen und durch Zusatzterme im Funktional zu berücksichtigen sind.

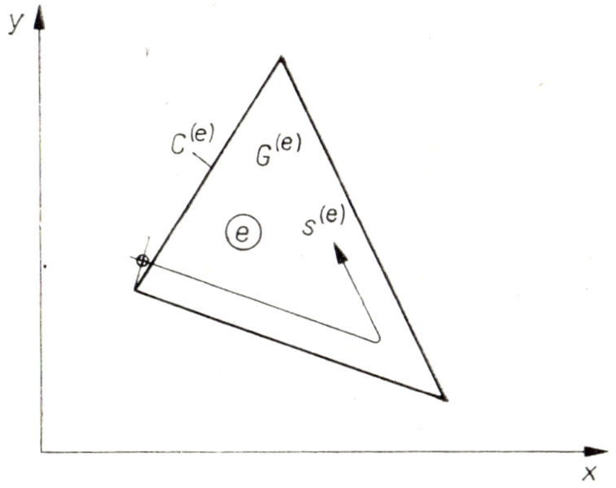

Bild 5.2.2

Betrachten wir zunächst Probleme mit C^0-Stetigkeit und nur einer Feldgröße u, so lautet das Funktional für das Element e (Bild 5.2.2)

$$J^{(e)}\{u\} = \iint\limits_{G^{(e)}} F(x, y, u, u_{,x}, u_{,y}) \,\mathrm{d}x \,\mathrm{d}y + \oint\limits_{C^{(e)}} Z^{(e)}(x, y, u) \,\mathrm{d}s^{(e)} = \text{Extremum}. \tag{5.2.1}$$

Die Grundfunktion des Funktionals kann dabei gebietsweise verschieden sein. Wie wir wissen, ist das Verschwinden der ersten Variation des Funktionals

$$\delta J^{(e)} = \iint\limits_{G^{(e)}} \left(\frac{\partial F}{\partial u}\,\delta u + \frac{\partial F}{\partial u_{,x}}\,\delta u_{,x} + \frac{\partial F}{\partial u_{,y}}\,\delta u_{,y}\right) \mathrm{d}x \,\mathrm{d}y + \oint\limits_{C^{(e)}} \frac{\partial Z^{(e)}}{\partial u}\,\delta u \,\mathrm{d}s^{(e)} = 0 \tag{5.2.2}$$

eine notwendige Bedingung für das Erreichen eines Extremums. Beschränken wir uns auch bei zweidimensionalen Aufgaben auf solche quadratischen Funktionale, die auf selbstadjungierte lineare Randwertprobleme führen, erhalten wir mit der Ansatzfunktion

$$u^{(e)}(x, y) = \boldsymbol{f}^{(e)}(x, y)^{\mathrm{T}}\,\boldsymbol{z}^{(e)} = \boldsymbol{z}^{(e)\mathrm{T}}\boldsymbol{f}^{(e)}(x, y) \tag{5.2.3}$$

daraus den algebraischen Ausdruck

$$\delta J^{(e)}\{u^{(e)}\} = \delta\tilde{J}^{(e)} = \delta\boldsymbol{z}^{(e)\mathrm{T}}(\boldsymbol{K}^{(e)}\boldsymbol{z}^{(e)} - \mathring{\boldsymbol{r}}^{(e)}) = 0. \tag{5.2.4}$$

Bei vorläufiger Vernachlässigung der wesentlichen Randbedingungen ist die Variation $\delta\boldsymbol{z}^{(e)}$ des Elementknotenvektors beliebig, so daß wir für jedes Element die lokale Finite-Elemente-Gleichung oder Elementgleichung

$$\boldsymbol{K}^{(e)}\boldsymbol{z}^{(e)} = \mathring{\boldsymbol{r}}^{(e)} \tag{5.2.5}$$

finden.

An einem quadratischen Funktional der Form

$$J^{(e)}\{u\} = \iint\limits_{G^{(e)}} \left\{a_0(x, y)\, u(x, y) + \frac{1}{2}\, a_1(x, y)\, [u,_x{}^2(x, y) + u,_y{}^2(x, y)]\right\} \mathrm{d}x\, \mathrm{d}y$$

$$+ \oint\limits_{C^{(e)}} b_0{}^{(e)}(x, y)\, u(x, y)\, \mathrm{d}s^{(e)} = \text{Extremum} \tag{5.2.6}$$

sollen die vorstehenden Überlegungen verdeutlicht werden. Die Extremalbedingung (5.2.2)

$$\delta J^{(e)} = \iint\limits_{G^{(e)}} [a_0 \delta u + a_1(u,_x \delta u,_x + u,_y \delta u,_y)]\, \mathrm{d}x\, \mathrm{d}y + \oint\limits_{C^{(e)}} b_0{}^{(e)} \delta u\, \mathrm{d}s^{(e)} = 0 \tag{5.2.7}$$

liefert mit der Ansatzfunktion (5.2.3) den Ausdruck

$$\delta \tilde{J}^{(e)} = \delta \boldsymbol{z}^{(e)\mathrm{T}} \left[\iint\limits_{G^{(e)}} a_1(\boldsymbol{f}^{(e)},_x \boldsymbol{f}^{(e)},_x{}^{\mathrm{T}} + \boldsymbol{f}^{(e)},_y \boldsymbol{f}^{(e)},_y{}^{\mathrm{T}})\, \mathrm{d}x\, \mathrm{d}y\, \boldsymbol{z}^{(e)} + \iint\limits_{G^{(e)}} a_0 \boldsymbol{f}^{(e)}\, \mathrm{d}x\, \mathrm{d}y\right.$$

$$\left. + \oint\limits_{C^{(e)}} b_0{}^{(e)} \boldsymbol{f}^{(e)}\, \mathrm{d}s^{(e)}\right] = 0. \tag{5.2.8}$$

Verglichen mit Gl. (5.2.4) gilt für die symmetrische Elementmatrix

$$\boldsymbol{K}^{(e)} = \iint\limits_{G^{(e)}} a_1(\boldsymbol{f}^{(e)},_x \boldsymbol{f}^{(e)},_x{}^{\mathrm{T}} + \boldsymbol{f}^{(e)},_y \boldsymbol{f}^{(e)},_y{}^{\mathrm{T}})\, \mathrm{d}x\, \mathrm{d}y \tag{5.2.9}$$

und den Vektor der rechten Seite der Elementgleichung

$$\mathring{\boldsymbol{r}}^{(e)} = -\iint\limits_{G^{(e)}} a_0 \boldsymbol{f}^{(e)}\, \mathrm{d}x\, \mathrm{d}y - \int\limits_{C^{(e)}} b_0{}^{(e)} \boldsymbol{f}^{(e)}\, \mathrm{d}s^{(e)}. \tag{5.2.10}$$

Wir kehren zum Gesamtsystem zurück und addieren die Funktionale $J^{(e)}$ aller Elemente zum Gesamtfunktional

$$J\{u\} = \sum_{e=1}^{n} J^{(e)}\{u(x, y)\} = \sum_{e=1}^{n} \left[\iint\limits_{G^{(e)}} F(x, y, u, u,_x, u,_y)\, \mathrm{d}x\, \mathrm{d}y + \oint\limits_{C^{(e)}} Z^{(e)}(x, y, u)\, \mathrm{d}s^{(e)}\right]$$

$$= \text{Extremum} \tag{5.2.11}$$

Bevor wir die Extremalbedingung formulieren, wenden wir uns dem Randintegral zu. Man erkennt, daß alle Dreieckseiten, die im Inneren des Gebietes G liegen, zweimal durchlaufen werden (Bild 5.2.3). Dabei existieren für das Randstück C_i zwischen den beiden Elementen e und e' die Beziehungen

$$\mathrm{d}s^{(e)} = \mathrm{d}s_i; \qquad \mathrm{d}s^{(e')} = -\mathrm{d}s_i, \tag{5.2.12}$$

so daß wir für die Summe aller Randintegrale auch

$$\sum_{e=1}^{n} \oint\limits_{C^{(e)}} Z^{(e)}(x, y, u)\, \mathrm{d}s^{(e)}$$

$$= \sum_{e=1}^{n} \oint\limits_{C} Z^{(e)}(x, y, u)\, \mathrm{d}s + \sum_{i} \int\limits_{C_i} [Z^{(e)}(x, y, u) + Z^{(e')}(x, y, u)]\, \mathrm{d}s_i$$

$$= \sum_{e=1}^{n} \left(\int\limits_{C_1{}^{(e)}} Z(x, y, u)\, \mathrm{d}s + \int\limits_{C_2{}^{(e)}} Z(x, y, u)\, \mathrm{d}s\right) + \sum_{i} \int\limits_{C_i} \Delta\, Z_i(x, y, u)\, \mathrm{d}s_i \tag{5.2.13}$$

schreiben können. Wenn wir voraussetzen, daß an der Kontaktlinie zweier benachbarter Elemente $Z^{(e')}(x, y, u) = -Z^{(e)}(x, y, u)$ ist, dann verschwindet der zweite Summand. Der erste Summand enthält nur Beiträge von Elementen, die am Rande des Gebietes G liegen, weshalb entsprechend Gl. (4.1.18) dort $Z^{(e)}$ in Z übergeht. Somit nimmt das Gesamtfunktional die Form

$$J\{u\} = \sum_{e=1}^{n} \left[\iint_{G^{(e)}} F(x, y, u, u_{,x}, u_{,y}) \, \mathrm{d}x \, \mathrm{d}y + \int_{C_1^{(e)}} Z(x, y, u) \, \mathrm{d}s + \int_{C_2^{(e)}} Z(x, y, u) \, \mathrm{d}s \right]$$
$$= \text{Extremum} \tag{5.2.14}$$

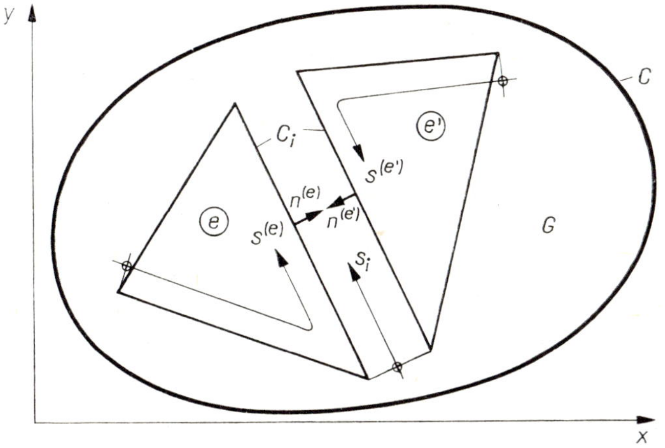

Bild 5.2.3

an, und die notwendige Bedingung $\delta J = 0$ für das Auftreten des Extremums kann nach Anwendung des *Gauß*schen Integralsatzes in die Beziehung

$$\delta J = \sum_{e=1}^{n} \iint_{G^{(e)}} \left[\frac{\partial F}{\partial u} - \left(\frac{\partial F}{\partial u_{,x}} \right)_{,x} - \left(\frac{\partial F}{\partial u_{,y}} \right)_{,y} \right] \delta u \, \mathrm{d}x \, \mathrm{d}y$$
$$+ \sum_{i} \int_{C_i} \left[\left(\frac{\partial F}{\partial u_{,x}} n_x^{(e)} + \frac{\partial F}{\partial u_{,y}} n_y^{(e)} \right)^- + \left(\frac{\partial F}{\partial u_{,x}} n_x^{(e')} + \frac{\partial F}{\partial u_{,y}} n_y^{(e')} \right)^+ \right] \delta u \, \mathrm{d}s_i$$
$$+ \sum_{e=1}^{n} \int_{C_1^{(e)}} \left[\left(\frac{\partial F}{\partial u_{,x}} n_x + \frac{\partial F}{\partial u_{,y}} n_y \right) + \frac{\partial Z}{\partial u} \right] \delta u \, \mathrm{d}s$$
$$+ \sum_{e=1}^{n} \int_{C_2^{(e)}} \left[\left(\frac{\partial F}{\partial u_{,x}} n_x + \frac{\partial F}{\partial u_{,y}} n_y \right) + \frac{\partial Z}{\partial u} \right] \delta u \, \mathrm{d}s = 0 \tag{5.2.15}$$

umgeformt werden. Wir wollen dabei unter $(\ )^+$ bzw. $(\ )^-$ Ausdrücke verstehen, die rechts bzw. links vom Randstück C_i zwischen den beiden Elementen e bzw. e' (Bild 5.2.3) zu bilden sind. Aus dem ersten Summanden folgt für jedes Element die *Euler*sche Differentialgleichung, während der zweite Summand die Übergangsbedingungen für zwei benachbarte Elemente enthält. Sie lauten für alle inneren Randstücke C_i

$$\left[\left(\frac{\partial F}{\partial u_{,x}} n_x^{(e)} + \frac{\partial F}{\partial u_{,y}} n_y^{(e)} \right)^- + \left(\frac{\partial F}{\partial u_{,x}} n_x^{(e')} + \frac{\partial F}{\partial u_{,y}} n_y^{(e')} \right)^+ \right] \Bigg|_{C_i} = 0. \tag{5.2.16}$$

Der dritte Summand verschwindet auf dem äußeren Randstück $C_1 = \sum_{e=1}^{n} C_1^{(e)}$ wegen $\delta u|_{C_1^{(e)}} = 0$ und der letzte Term auf dem Randstück $C - C_1 = C_2 = \sum_{e=1}^{n} C_2^{(e)}$ wegen der natürlichen Randbedingung

$$\left[\left(\frac{\partial F}{\partial u_{,x}} n_x + \frac{\partial F}{\partial u_{,y}} n_y\right) + \frac{\partial Z}{\partial u}\right]\Bigg|_{C_2^{(e)}} = 0. \tag{5.2.17}$$

Letztere wird ebenso wie die Übergangsbedingungen für einen Näherungsansatz um so besser erfüllt sein, je genauer dieser ist, bzw. je feiner man die Elementeinteilung wählt.
Um zu einer Lösung des Gesamtproblems zu gelangen, addieren wir die Ausdrücke (5.2.4) zu der Beziehung

$$\delta \tilde{J} = \sum_{e=1}^{n} \delta \tilde{J}^{(e)} = \sum_{e=1}^{n} \delta \boldsymbol{z}^{(e)\mathrm{T}}(\boldsymbol{K}^{(e)}\boldsymbol{z}^{(e)} - \mathring{\boldsymbol{r}}^{(e)}) = \delta \boldsymbol{z}^{\mathrm{T}}(\boldsymbol{K}\boldsymbol{z} - \boldsymbol{r}) = 0. \tag{5.2.18}$$

Bei vorläufiger Vernachlässigung der Randbedingungen ermitteln wir daraus die globale Finite-Elemente-Gleichung oder Systemgleichung

$$\boldsymbol{K}\boldsymbol{z} = \boldsymbol{r}. \tag{5.2.19}$$

Auch bei zweidimensionalen Aufgaben kann die Systemgleichung unmittelbar aus der Variationsaufgabe des Gesamtproblems abgeleitet werden. Wir verweisen hierzu auf die Ausführungen in 3.2.
Nach Berücksichtigen der wesentlichen Randbedingungen ergibt sich die modifizierte Systemgleichung

$$\overset{*}{\boldsymbol{K}}\overset{*}{\boldsymbol{z}} = \overset{*}{\boldsymbol{r}}. \tag{5.2.20}$$

Am Beispiel der stationären Wärmeleitung wollen wir die vorstehenden Untersuchungen verdeutlichen. Auf dem Rand des betrachteten ebenen Gebietes mit der Wärmeleitfähigkeit λ sind dabei entweder die Temperatur T oder die in Richtung der äußeren Randnormalen fließende Wärmestromdichte $\dot{q}$ vorgegeben (Bild 5.2.4).

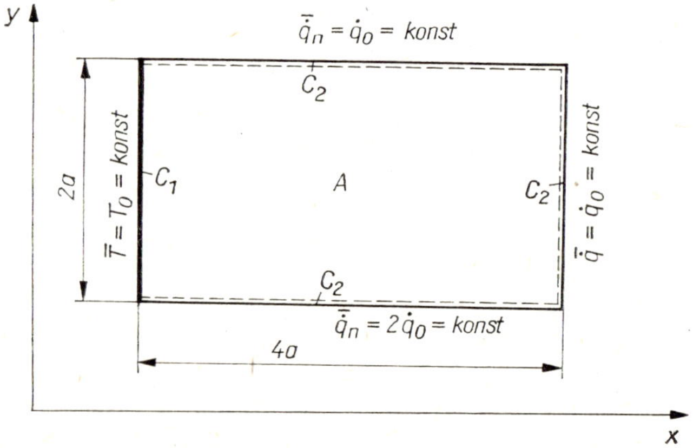

Bild 5.2.4

Aus dem Funktional

$$J\{T\} = \frac{\lambda}{2} \int\limits_A [T_{,x}^2(x, y) + T_{,y}^2(x, y)] \,\mathrm{d}A + \int\limits_{C_2} \bar{q}_n(s)\, T(x, y)\, \mathrm{d}s = \text{Extremum} \tag{5.2.21}$$

gewinnt man

$$\delta J = \lambda \int\limits_A (T_{,x}\delta T_{,x} + T_{,y}\delta T_{,y})\,\mathrm{d}A + \int\limits_{C_2} \bar{q}_n \delta T\, \mathrm{d}s = 0. \tag{5.2.22}$$

Vernetzen wir den Gesamtbereich und wählen für den Temperaturverlauf in jedem Element eine Ansatzfunktion $T^{(e)}$, die gemäß den in der Grundfunktion enthaltenen ersten Ableitungen C^0-Stetigkeit besitzen muß, dann bilden wir zunächst den Summenausdruck

$$\delta \tilde{J} = \sum_{e=1}^{n} \left[\lambda \int\limits_{A^{(e)}} (T^{(e)}{}_{,x}\delta T^{(e)}{}_{,x} + T^{(e)}{}_{,y}\delta T^{(e)}{}_{,y})\,\mathrm{d}A + \int\limits_{C_2^{(e)}} \bar{q}_n \delta T^{(e)}\, \mathrm{d}s \right] = 0 \tag{5.2.23}$$

und mit

$$T^{(e)}(x, y) = \boldsymbol{f}^{(e)\mathrm{T}}(x, y)\, \boldsymbol{z}^{(e)} = \boldsymbol{z}^{(e)\mathrm{T}} \boldsymbol{f}^{(e)}(x, y) \tag{5.2.24}$$

analog Gl. (5.2.18) die Beziehung

$$\begin{aligned} \delta \tilde{J} &= \sum_{e=1}^{n} \delta \boldsymbol{z}^{(e)\mathrm{T}} \left[\lambda \int\limits_{A^{(e)}} (\boldsymbol{f}^{(e)}{}_{,x} \boldsymbol{f}^{(e)}{}_{,x}{}^{\mathrm{T}} + \boldsymbol{f}^{(e)}{}_{,y} \boldsymbol{f}^{(e)}{}_{,y}{}^{\mathrm{T}})\,\mathrm{d}A\, \boldsymbol{z}^{(e)} + \int\limits_{C_2^{(e)}} \bar{q}_n \boldsymbol{f}^{(e)}\, \mathrm{d}s \right] \\ &= \sum_{e=1}^{n} \delta \boldsymbol{z}^{(e)\mathrm{T}} (\boldsymbol{K}^{(e)} \boldsymbol{z}^{(e)} - \boldsymbol{r}^{(e)}) = 0. \end{aligned} \tag{5.2.25}$$

Für die Berechnung der Flächen- und Linienintegrale können wir nun die bereitgestellten Formfunktionen in lokalen, dimensionslosen Koordinaten benutzen, da sich alle Integrale jeweils nur über Elementbereiche erstrecken. Wir verwenden Dreieckelemente mit linearem Temperaturverlauf (Bild 5.1.3), setzen also $\boldsymbol{z}^{(e)} = [T_1; T_2; T_3]^{\mathrm{T}}$ und nach Gl. (5.1.21) $T^{(e)} = \boldsymbol{w}_3{}^{\mathrm{T}} \boldsymbol{z}^{(e)}$. Mit den Differentiationsregeln (5.1.11) erhalten wir

$$\begin{aligned} \boldsymbol{f}^{(e)}{}_{,x} &= \boldsymbol{w}_{3,x} = \frac{1}{2A^{(e)}} [c_1; c_2; c_3]^{\mathrm{T}}, \\ \boldsymbol{f}^{(e)}{}_{,y} &= \boldsymbol{w}_{3,y} = \frac{1}{2A^{(e)}} [b_1; b_2; b_3]^{\mathrm{T}} \end{aligned} \tag{5.2.26}$$

und schließlich die Elementmatrix

$$\boldsymbol{K}^{(e)} = \frac{\lambda}{4A^{(e)}} \begin{bmatrix} (c_1c_1 + b_1b_1) & (c_1c_2 + b_1b_2) & (c_1c_3 + b_1b_3) \\ & (c_2c_2 + b_2b_2) & (c_2c_3 + b_2b_3) \\ \text{sym.} & & (c_3c_3 + b_3b_3) \end{bmatrix}. \tag{5.2.27}$$

Ohne Einschränkung der Allgemeinheit nehmen wir an, daß ein Außenrand des Elementes e der Rand $\xi_3 = 0$ ist. Die dort vorhandene Wärmestromdichte $\bar{q}_n{}^{(e)}(\xi_1, \xi_2)$ soll durch eine lineare Funktion

$$\bar{q}_n{}^{(e)}(\xi_1, \xi_2) = \left(\bar{q}_{n31}\xi_1 + \bar{q}_{n32}\xi_2\right) \tag{5.2.28}$$

angenähert werden (Bild 5.2.5). Dann gilt mit der Integrationsregel (5.1.12) für den Elementvektor der rechten Seite

$$\boldsymbol{r}^{(e)}|_{\xi_3=0} = -\int_{l_3} (\bar{\dot{q}}_{n31}\xi_1 + \bar{\dot{q}}_{n32}\xi_2) \begin{bmatrix} \xi_1 \\ \xi_2 \\ 0 \end{bmatrix} \mathrm{d}s = -\frac{l_3}{6} \begin{bmatrix} 2 & 1 \\ 1 & 2 \\ 0 & 0 \end{bmatrix} \begin{bmatrix} \bar{\dot{q}}_{n31} \\ \bar{\dot{q}}_{n32} \end{bmatrix}, \tag{5.2.29}$$

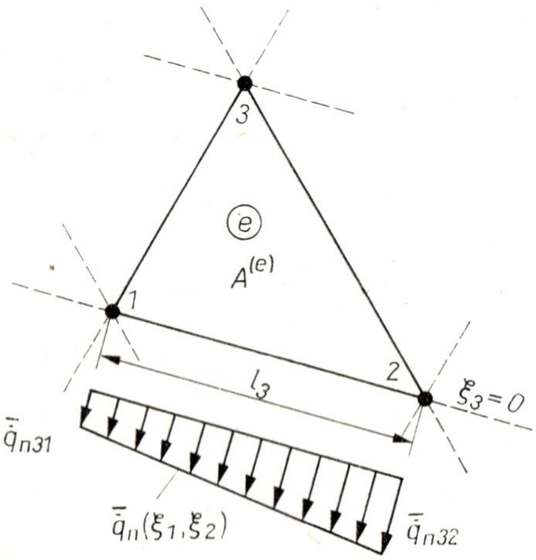

Bild 5.2.5

wobei dieser Vektor nur bei Elementen gebildet werden darf, die dem Rand C_2 angehören. Für Außenränder $\xi_1 = 0$ bzw. $\xi_2 = 0$ findet man durch zyklisches Vertauschen

$$\boldsymbol{r}^{(e)}|_{\xi_1=0} = -\int_{l_1} (\bar{\dot{q}}_{n12}\xi_2 + \bar{\dot{q}}_{n13}\xi_3) \begin{bmatrix} 0 \\ \xi_2 \\ \xi_3 \end{bmatrix} \mathrm{d}s = -\frac{l_1}{6} \begin{bmatrix} 0 & 0 \\ 2 & 1 \\ 1 & 2 \end{bmatrix} \begin{bmatrix} \bar{\dot{q}}_{n12} \\ \bar{\dot{q}}_{n13} \end{bmatrix},$$

$$\boldsymbol{r}^{(e)}|_{\xi_2=0} = -\int_{l_2} (\bar{\dot{q}}_{n23}\xi_3 + \bar{\dot{q}}_{n21}\xi_1) \begin{bmatrix} \xi_1 \\ 0 \\ \xi_3 \end{bmatrix} \mathrm{d}s = -\frac{l_2}{6} \begin{bmatrix} 1 & 2 \\ 0 & 0 \\ 2 & 1 \end{bmatrix} \begin{bmatrix} \bar{\dot{q}}_{n23} \\ \bar{\dot{q}}_{n21} \end{bmatrix}. \tag{5.2.30}$$

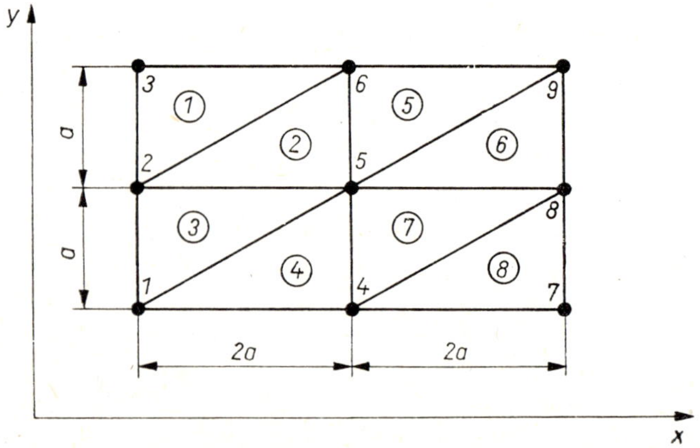

Bild 5.2.6

Unter Verwendung der in Bild 5.2.6 dargestellten Vernetzung erhält man die Zuordnung der Elementknotennummern 1, 2, 3 zu den Systemknotennummern (Tabelle 5.2.1). Damit ergeben sich an den Elementen 1, 3, 5, 7 und an den Elementen 2, 4, 6, 8 die in Tabelle 5.2.2 zusammengefaßten Werte.

Tabelle 5.2.1

Element-knoten-nummer	Systemknotennummer							
	Element							
	1	2	3	4	5	6	7	8
1	2	2	1	1	5	5	4	4
2	6	5	5	4	9	8	8	7
3	3	6	2	5	6	9	5	8

Tabelle 5.2.2

Element	b_1	b_2	b_3	c_1	c_2	c_3	l_1	l_2	l_3	$A^{(e)}$
1, 3, 5, 7	$-2a$	0	$2a$	0	a	$-a$	$2a$	a	$\sqrt{5}\,a$	a^2
2, 4, 6, 8	0	$-2a$	$2a$	$-a$	a	0	a	$\sqrt{5}\,a$	$2a$	a^2

Nach Gl. (5.2.27) berechnen wir die Elementmatrizen

$$\boldsymbol{K}^{(1)} = \boldsymbol{K}^{(3)} = \boldsymbol{K}^{(5)} = \boldsymbol{K}^{(7)} = \frac{\lambda}{4}\begin{bmatrix} 4 & 0 & -4 \\ & 1 & -1 \\ \text{sym.} & & 5 \end{bmatrix},$$
$$\boldsymbol{K}^{(2)} = \boldsymbol{K}^{(4)} = \boldsymbol{K}^{(6)} = \boldsymbol{K}^{(8)} = \frac{\lambda}{4}\begin{bmatrix} 1 & -1 & 0 \\ & 5 & -4 \\ \text{sym.} & & 4 \end{bmatrix} \qquad (5.2.31)$$

und mit den Gln. (5.2.29) und (5.2.30) die Elementvektoren der rechten Seite

$$\boldsymbol{r}^{(1)}|_{\xi_1=0} = \boldsymbol{r}^{(5)}|_{\xi_1=0} = -\dot{q}_0 a \begin{bmatrix} 0 \\ 1 \\ 1 \end{bmatrix}; \qquad \boldsymbol{r}^{(6)}|_{\xi_1=0} = \boldsymbol{r}^{(8)}|_{\xi_1=0} = -\frac{\dot{q}_0 a}{2}\begin{bmatrix} 0 \\ 1 \\ 1 \end{bmatrix},$$
$$\boldsymbol{r}^{(4)}|_{\xi_3=0} = \boldsymbol{r}^{(8)}|_{\xi_3=0} = -2\dot{q}_0 a \begin{bmatrix} 1 \\ 1 \\ 0 \end{bmatrix}. \qquad (5.2.32)$$

Wir wollen nun den Aufbau der Systemmatrix und des Vektors der rechten Seite zeigen. Dazu ermitteln wir zunächst den Beitrag des Elements 5 in der Gl. (5.2.18):

$$\delta\tilde{J} = \cdots + [\delta T_5;\ \delta T_9;\ \delta T_6]\left(\frac{\lambda}{4}\begin{bmatrix} 4 & 0 & -4 \\ 0 & 1 & -1 \\ -4 & -1 & 5 \end{bmatrix}\begin{bmatrix} T_5 \\ T_9 \\ T_6 \end{bmatrix} + \dot{q}_0 a \begin{bmatrix} 0 \\ 1 \\ 1 \end{bmatrix}\right) + \cdots$$
$$= [\delta T_1;\ \delta T_2;\ \delta T_3;\ \delta T_4;\ \delta T_5;\ \delta T_6;\ \delta T_7;\ \delta T_8;\ \delta T_9] \qquad (5.2.33)$$

$$\left\{\frac{\lambda}{4}\begin{bmatrix} \cdots & \cdots & \cdots & \cdots & \cdots & \cdots & \cdots & \cdots & \cdots \\ \cdots & \cdots & \cdots & \cdots & \cdots & \cdots & \cdots & \cdots & \cdots \\ \cdots & \cdots & \cdots & \cdots & \cdots & \cdots & \cdots & \cdots & \cdots \\ \cdots & \cdots & \cdots & \cdots & \cdots & \cdots & \cdots & \cdots & \cdots \\ \cdots & \cdots & \cdots & \cdots & \cdots +4 & \cdots -4 & \cdots & \cdots & \cdots +0 \\ \cdots & \cdots & \cdots & \cdots & \cdots -4 & \cdots +5 & \cdots & \cdots & \cdots -1 \\ \cdots & \cdots & \cdots & \cdots & \cdots & \cdots & \cdots & \cdots & \cdots \\ \cdots & \cdots & \cdots & \cdots & \cdots & \cdots & \cdots & \cdots & \cdots \\ \cdots & \cdots & \cdots & \cdots & \cdots +0 & \cdots -1 & \cdots & \cdots & \cdots +1 \end{bmatrix}\begin{bmatrix} T_1 \\ T_2 \\ T_3 \\ T_4 \\ T_5 \\ T_6 \\ T_7 \\ T_8 \\ T_9 \end{bmatrix} + \dot{q}_0 a \begin{bmatrix} \cdots \\ \cdots \\ \cdots \\ \cdots \\ \cdots +0 \\ \cdots +1 \\ \cdots \\ \cdots \\ \cdots +1 \end{bmatrix}\right\} = 0.$$

Unter Berücksichtigung aller acht Elemente findet man schließlich die Systemmatrix

$$\boldsymbol{K} = \frac{\lambda}{4}\begin{bmatrix} 5 & -4 & 0 & -1 & 0 & 0 & 0 & 0 & 0 \\ & 10 & -4 & 0 & -2 & 0 & 0 & 0 & 0 \\ & & 5 & 0 & 0 & -1 & 0 & 0 & 0 \\ & & & 10 & -8 & 0 & -1 & 0 & 0 \\ & & & & 20 & -8 & 0 & -2 & 0 \\ & & & & & 10 & 0 & 0 & -1 \\ & & & & & & 5 & -4 & 0 \\ & & & & & & & 10 & -4 \\ \text{sym.} & & & & & & & & 5 \end{bmatrix} \tag{5.2.34}$$

und den Vektor der rechten Seite

$$\boldsymbol{r} = \frac{1}{2}\,\dot{q}_0 a[4;\,0;\,2;\,8;\,0;\,4;\,5;\,2;\,3]^{\mathrm{T}}. \tag{5.2.35}$$

Wegen der vorgeschriebenen wesentlichen Randbedingungen $T_1 = T_2 = T_3 = T_0$ sind $\delta T_1 = \delta T_2 = \delta T_3 = 0$, und man erkennt, daß in Gl. (5.2.33) die damit gebildeten Produkte verschwinden. Somit ergibt sich das modifizierte Gleichungssystem

$$\frac{\lambda}{4}\begin{bmatrix} 10 & -8 & 0 & -1 & 0 & 0 \\ & 20 & -8 & 0 & -2 & 0 \\ & & 10 & 0 & 0 & -1 \\ & & & 5 & -4 & 0 \\ & & & & 10 & -4 \\ \text{sym.} & & & & & 5 \end{bmatrix}\begin{bmatrix} T_4 \\ T_5 \\ T_6 \\ T_7 \\ T_8 \\ T_9 \end{bmatrix} = -\frac{\dot{q}_0 a}{2}\begin{bmatrix} 8 \\ 0 \\ 4 \\ 5 \\ 2 \\ 3 \end{bmatrix} + \frac{\lambda T_0}{4}\begin{bmatrix} 1 \\ 2 \\ 1 \\ 0 \\ 0 \\ 0 \end{bmatrix} \tag{5.2.36}$$

mit den Lösungen

$$\left.\begin{aligned} T_4 &= T_0 - 11{,}803\,\frac{\dot{q}_0 a}{\lambda}; \qquad & T_5 &= T_0 - 10{,}646\,\frac{\dot{q}_0 a}{\lambda},\\ T_6 &= T_0 - 10{,}905\,\frac{\dot{q}_0 a}{\lambda}; \qquad & T_7 &= T_0 - 16{,}862\,\frac{\dot{q}_0 a}{\lambda},\\ T_8 &= T_0 - 15{,}627\,\frac{\dot{q}_0 a}{\lambda}; \qquad & T_9 &= T_0 - 15{,}883\,\frac{\dot{q}_0 a}{\lambda}. \end{aligned}\right\} \tag{5.2.37}$$

Sind die Randstücke C_2 so stark isoliert, daß dort kein Wärmefluß stattfinden kann ($\dot{q}_0 = 0$), so stellt sich selbstverständlich im gesamten Gebiet die konstante Temperatur T_0 ein.
Wir wenden uns nun Problemen mit C^0-Stetigkeit und zwei Feldgrößen u und v zu, die wir in dem Vektor

$$\boldsymbol{u}(x, y) = [u(x, y); v(x, y)]^{\mathrm{T}} \tag{5.2.38}$$

zusammenfassen. Beschränken wir uns wieder auf das Funktional (4.1.28), so lautet dieses für das Element e

$$\begin{aligned} J^{(e)}\{u, v\} = &\iint\limits_{G^{(e)}} F(x, y, u, v, u_{,x}, v_{,x}, u_{,y}, v_{,y})\,\mathrm{d}x\,\mathrm{d}y\\ &+ \oint\limits_{C^{(e)}} Z^{(e)}(x, y, u, v)\,\mathrm{d}s^{(e)} = \text{Extremum}, \end{aligned} \tag{5.2.39}$$

und das Verschwinden der ersten Variation des Funktionals

$$\begin{aligned} \delta J^{(e)} = &\iint\limits_{G^{(e)}} \left(\left[\frac{\partial F}{\partial u}; \frac{\partial F}{\partial v}\right] \delta\boldsymbol{u} + \left[\frac{\partial F}{\partial u_{,x}}; \frac{\partial F}{\partial v_{,x}}\right] \delta\boldsymbol{u}_{,x}\right.\\ &+ \left.\left[\frac{\partial F}{\partial u_{,y}}; \frac{\partial F}{\partial v_{,y}}\right] \delta\boldsymbol{u}_{,y}\right) \mathrm{d}x\,\mathrm{d}y + \oint\limits_{C^{(e)}} \left[\frac{\partial Z^{(e)}}{\partial u}; \frac{\partial Z^{(e)}}{\partial v}\right] \delta\boldsymbol{u}\,\mathrm{d}s^{(e)} = 0 \end{aligned} \tag{5.2.40}$$

ist wiederum eine notwendige Bedingung für das Erreichen eines Extremwertes. Nach gleicher Vorgehensweise wie für Probleme mit einer Feldgröße erhält man neben den beiden *Euler*schen Differentialgleichungen für jedes Element

$$\begin{aligned} &\frac{\partial F}{\partial u} - \left(\frac{\partial F}{\partial u_{,x}}\right)_{,x} - \left(\frac{\partial F}{\partial u_{,y}}\right)_{,y} = 0,\\ &\frac{\partial F}{\partial v} - \left(\frac{\partial F}{\partial v_{,x}}\right)_{,x} - \left(\frac{\partial F}{\partial v_{,y}}\right)_{,y} = 0 \end{aligned} \tag{5.2.41}$$

analog zu Gl. (5.2.16) für alle inneren Elementränder die Übergangsbedingungen

$$\left.\begin{aligned} &\left[\left(\frac{\partial F}{\partial u_{,x}} n_x^{(e)} + \frac{\partial F}{\partial u_{,y}} n_y^{(e)}\right)^- + \left(\frac{\partial F}{\partial u_{,x}} n_x^{(e')} + \frac{\partial F}{\partial u_{,y}} n_y^{(e')}\right)^+\right]\Bigg|_{C_i} = 0,\\ &\left[\left(\frac{\partial F}{\partial v_{,x}} n_x^{(e)} + \frac{\partial F}{\partial v_{,y}} n_y^{(e)}\right)^- + \left(\frac{\partial F}{\partial v_{,x}} n_x^{(e')} + \frac{\partial F}{\partial v_{,y}} n_y^{(e')}\right)^+\right]\Bigg|_{C_i} = 0 \end{aligned}\right\} \tag{5.2.42}$$

und auf den Außenrändern die natürlichen Randbedingungen

$$\left.\begin{aligned}\left.\left(\frac{\partial F}{\partial u_{,x}}\,n_x + \frac{\partial F}{\partial u_{,y}}\,n_y + \frac{\partial Z}{\partial u}\right)\right|_{C_{u2}^{(e)}} &= 0,\\ \left.\left(\frac{\partial F}{\partial v_{,x}}\,n_x + \frac{\partial F}{\partial v_{,y}}\,n_y + \frac{\partial Z}{\partial v}\right)\right|_{C_{v2}^{(e)}} &= 0.\end{aligned}\right\} \tag{5.2.43}$$

Im allgemeinen ist es möglich, die Feldgrößen u und v durch gleiche Interpolationsfunktionen f_i anzunähern. Die beiden Ansatzfunktionen

$$u^{(e)}(x, y) = \boldsymbol{f}^{(e)}(x, y)^{\mathrm{T}}\, \boldsymbol{z}_u^{(e)}; \qquad v^{(e)}(x, y) = \boldsymbol{f}^{(e)}(x, y)^{\mathrm{T}}\, \boldsymbol{z}_v^{(e)} \tag{5.2.44}$$

ergeben dann den *Vektor der Ansatzfunktionen*

$$\begin{aligned}\boldsymbol{u}^{(e)}(x, y) &= \begin{bmatrix} u^{(e)}(x, y) \\ v^{(e)}(x, y) \end{bmatrix} = \left[\begin{array}{cc|cc|c} f_1(x, y) & 0 & f_2(x, y) & 0 & \cdots \\ 0 & f_1(x, y) & 0 & f_2(x, y) & \cdots \end{array}\right] \boldsymbol{z}^{(e)} \\ &= [\boldsymbol{F}_1^{(e)}(x, y) \,\vdots\, \boldsymbol{F}_2^{(e)}(x, y) \,\vdots\, \cdots\,]\, \boldsymbol{z}^{(e)} = \boldsymbol{F}^{(e)}(x, y)^{\mathrm{T}}\, \boldsymbol{z}^{(e)}.\end{aligned} \tag{5.2.45}$$

Dabei sind die von Null verschiedenen Elemente der *Matrix der Formfunktionen* $\boldsymbol{F}^{(e)}$ die in den Vektoren $\boldsymbol{f}^{(e)}$ auftretenden Formfunktionen. Der Elementknotenvektor

$$\boldsymbol{z}^{(e)} = [\boldsymbol{z}_1^{\mathrm{T}}; \boldsymbol{z}_2^{\mathrm{T}}; \cdots; \boldsymbol{z}_i^{\mathrm{T}}; \cdots]^{\mathrm{T}} \tag{5.2.46}$$

besteht aus den Knotenvektoren

$$\boldsymbol{z}_i = [z_{ui}; z_{vi}]^{\mathrm{T}} = [u_i; v_i]^{\mathrm{T}} \tag{5.2.47}$$

des Elementes e. Mit der Ansatzfunktion (5.2.45) bestimmen wir aus Gl. (5.2.40) die Beziehung

$$\delta J^{(e)}\{\boldsymbol{u}^{(e)}\} = \delta \tilde{J}^{(e)} = \delta \boldsymbol{z}^{(e)\mathrm{T}}(\boldsymbol{K}^{(e)}\, \boldsymbol{z}^{(e)} - \mathring{\boldsymbol{r}}^{(e)}) = 0. \tag{5.2.48}$$

So finden wir z. B. aus dem quadratischen Funktional

$$\begin{aligned}J^{(e)}\{u, v\} = \frac{1}{2} \iint\limits_{G^{(e)}} &\{a_1 u_{,x}^2(x, y) + 2a_2 u_{,x}(x, y)\, v_{,y}(x, y) \\ &+ a_3 v_{,y}^2(x, y) + a_4[u_{,y}(x, y) + v_{,x}(x, y)]^2\}\, \mathrm{d}x\, \mathrm{d}y \\ &+ \oint\limits_{C^{(e)}} [b_1^{(e)} u(x, y) + b_2^{(e)} v(x, y)]\, \mathrm{d}s^{(e)} = \text{Extremum}\end{aligned} \tag{5.2.49}$$

die Extremalbedingung

$$\delta J^{(e)} = \iint\limits_{G^{(e)}} [\delta \boldsymbol{u}_{,x}^{\mathrm{T}}; \delta \boldsymbol{u}_{,y}^{\mathrm{T}}] \begin{bmatrix} a_1 & 0 & 0 & a_2 \\ 0 & a_4 & a_4 & 0 \\ 0 & a_4 & a_4 & 0 \\ a_2 & 0 & 0 & a_3 \end{bmatrix} \begin{bmatrix} \boldsymbol{u}_{,x} \\ \boldsymbol{u}_{,y} \end{bmatrix} \mathrm{d}x\, \mathrm{d}y + \oint\limits_{C^{(e)}} \delta \boldsymbol{u}^{\mathrm{T}} \begin{bmatrix} b_1^{(e)} \\ b_2^{(e)} \end{bmatrix} \mathrm{d}s^{(e)} = 0. \tag{5.2.50}$$

Mittels der Ansatzfunktionen (5.2.45) berechnen wir zunächst

$$\begin{bmatrix} \boldsymbol{u}^{(e)}{}_{,x} \\ \boldsymbol{u}^{(e)}{}_{,y} \end{bmatrix} = \begin{bmatrix} \boldsymbol{F}^{(e)}{}_{,x}{}^{\mathrm{T}} \\ \boldsymbol{F}^{(e)}{}_{,y}{}^{\mathrm{T}} \end{bmatrix} \boldsymbol{z}^{(e)} = \boldsymbol{B}^{(e)\mathrm{T}} \boldsymbol{z}^{(e)} \tag{5.2.51}$$

und erhalten mit den Definitionen

$$\boldsymbol{A} = \begin{bmatrix} a_1 & 0 & 0 & a_2 \\ 0 & a_4 & a_4 & 0 \\ 0 & a_4 & a_4 & 0 \\ a_2 & 0 & 0 & a_3 \end{bmatrix}; \qquad \boldsymbol{b}^{(e)} = \begin{bmatrix} b_1{}^{(e)} \\ b_2{}^{(e)} \end{bmatrix} \tag{5.2.52}$$

schließlich

$$\delta \tilde{\boldsymbol{J}}^{(e)} = \delta \boldsymbol{z}^{(e)\mathrm{T}} \left(\iint\limits_{G^{(e)}} \boldsymbol{B}^{(e)} \boldsymbol{A} \boldsymbol{B}^{(e)\mathrm{T}} \, \mathrm{d}x \, \mathrm{d}y \, \boldsymbol{z}^{(e)} + \oint\limits_{C^{(e)}} \boldsymbol{F}^{(e)} \boldsymbol{b}^{(e)} \, \mathrm{d}s^{(e)} \right) = 0, \tag{5.2.53}$$

woraus die symmetrische Elementmatrix

$$\boldsymbol{K}^{(e)} = \iint\limits_{G^{(e)}} \boldsymbol{B}^{(e)} \boldsymbol{A} \boldsymbol{B}^{(e)\mathrm{T}} \, \mathrm{d}x \, \mathrm{d}y \tag{5.2.54}$$

und der Vektor der rechten Seite der Elementgleichung

$$\mathring{\boldsymbol{r}}^{(e)} = - \oint\limits_{C^{(e)}} \boldsymbol{F}^{(e)} \boldsymbol{b}^{(e)} \, \mathrm{d}s^{(e)} \tag{5.2.55}$$

folgen.

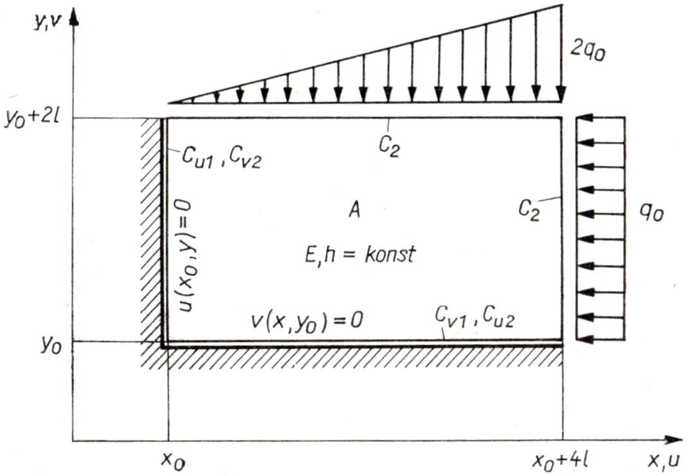

Bild 5.2.7

Als Beispiel für eine FEM-Aufgabe mit zwei Feldgrößen wollen wir den ebenen Spannungszustand der in Bild (5.2.7) dargestellten Scheibe untersuchen. Wir gehen vom Prinzip vom Minimum des elastischen Potentials

$$J\{\boldsymbol{u}\} = \frac{1}{2} \int\limits_{A} [\boldsymbol{D}\boldsymbol{u}(x, y)]^{\mathrm{T}} \, \boldsymbol{C}\boldsymbol{D}\boldsymbol{u}(x, y) \, \mathrm{d}A - \int\limits_{C_2} \boldsymbol{u}(x, y)^{\mathrm{T}} \, \bar{\boldsymbol{q}}(s) \, \mathrm{d}s = \text{Extremum} \tag{5.2.56}$$

des Gesamtgebietes aus, wobei Volumenkräfte vernachlässigt werden. In der benutzten Grundfunktion stehen neben dem Verschiebungsvektor $\boldsymbol{u}$ die Differentiationsmatrix $\boldsymbol{D}$, die symmetrische Elastizitätsmatrix $\boldsymbol{C}$ und der vorgegebene Randspannungsvektor $\bar{\boldsymbol{q}}$ nach den Gln. (4.2.22) bis (4.2.27). Bilden wir nun die Extremalbedingung

$$\delta J = \frac{1}{2} \int\limits_A [(\boldsymbol{D}\delta\boldsymbol{u})^{\mathrm{T}} \boldsymbol{C}\boldsymbol{D}\boldsymbol{u} + (\boldsymbol{D}\boldsymbol{u})^{\mathrm{T}} \boldsymbol{C}\boldsymbol{D}\,\delta\boldsymbol{u}]\,\mathrm{d}A - \int\limits_{C_2} \delta\boldsymbol{u}^{\mathrm{T}}\overline{\boldsymbol{q}}\,\mathrm{d}s$$

$$= \int\limits_A (\boldsymbol{D}\delta\boldsymbol{u})^{\mathrm{T}} \boldsymbol{C}\boldsymbol{D}\boldsymbol{u}\,\mathrm{d}A - \int\limits_{C_2} \delta\boldsymbol{u}^{\mathrm{T}}\overline{\boldsymbol{q}}\,\mathrm{d}s = 0, \tag{5.2.57}$$

so läßt sich diese mit Hilfe der Ansatzfunktionen (5.2.45) unter Beachtung von

$$\boldsymbol{\varepsilon}^{(e)} = \boldsymbol{D}\boldsymbol{u}^{(e)} = \begin{bmatrix} 1 & 0 & 0 & 0 \\ 0 & 0 & 0 & 1 \\ 0 & 1 & 1 & 0 \end{bmatrix} \begin{bmatrix} \boldsymbol{u}^{(e)},_x \\ \boldsymbol{u}^{(e)},_y \end{bmatrix} = \boldsymbol{L}^{\mathrm{T}}\boldsymbol{B}^{(e)\mathrm{T}}\boldsymbol{z}^{(e)} \tag{5.2.58}$$

in den algebraischen Ausdruck

$$\delta\tilde{J} = \sum_{e=1}^{n} \delta\boldsymbol{z}^{(e)\mathrm{T}} \left(\int\limits_{A^{(e)}} \boldsymbol{B}^{(e)}\boldsymbol{L}\boldsymbol{C}\boldsymbol{L}^{\mathrm{T}}\boldsymbol{B}^{(e)\mathrm{T}}\,\mathrm{d}A\,\boldsymbol{z}^{(e)} - \int\limits_{C_2^{(e)}} \boldsymbol{F}^{(e)}\overline{\boldsymbol{q}}\,\mathrm{d}s \right)$$

$$= \sum_{e=1}^{n} \delta\boldsymbol{z}^{(e)\mathrm{T}}(\boldsymbol{K}^{(e)}\boldsymbol{z}^{(e)} - \boldsymbol{r}^{(e)}) = \delta\boldsymbol{z}^{\mathrm{T}}(\boldsymbol{K}\boldsymbol{z} - \boldsymbol{r}) = 0 \tag{5.2.59}$$

umformen.

Für die weitere Bearbeitung der Aufgabe können wir Formfunktionen in lokalen, dimensionslosen Koordinaten verwenden. Zur Diskretisierung der Fläche A wählen wir das Rechteckelement mit bilinearen Ansatzfunktionen für beide Feldgrößen (Bild 5.2.8) und dem Elementknotenvektor

$$\boldsymbol{z}^{(e)} = [u_1;\, v_1;\, u_2;\, v_2;\, u_3;\, v_3;\, u_4;\, v_4]^{\mathrm{T}}. \tag{5.2.60}$$

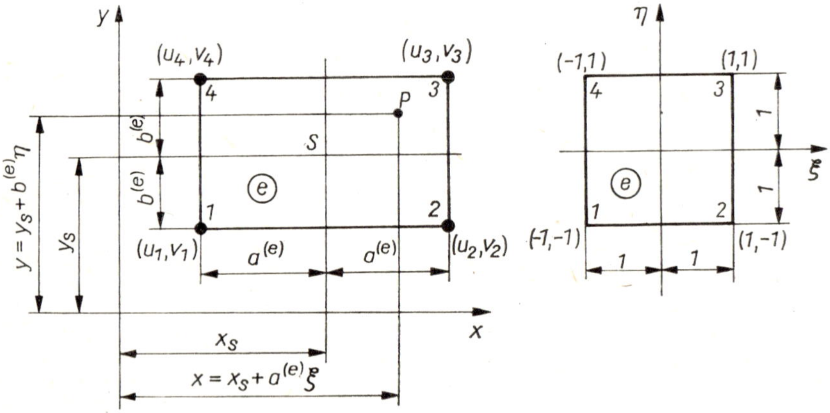

Bild 5.2.8

Dann bestimmt man mit den in Gl. (5.1.61) enthaltenen Interpolationsfunktionen entsprechend Gl. (5.2.45) die Ansatzfunktionen für den Verschiebungsvektor $\boldsymbol{u}$

$$\boldsymbol{u}^{(e)}(\xi,\eta) = \left[\begin{array}{cc|cc|cc|cc} f_1(\xi,\eta) & 0 & f_2(\xi,\eta) & 0 & f_3(\xi,\eta) & 0 & f_4(\xi,\eta) & 0 \\ 0 & f_1(\xi,\eta) & 0 & f_2(\xi,\eta) & 0 & f_3(\xi,\eta) & 0 & f_4(\xi,\eta) \end{array}\right] \boldsymbol{z}^{(e)}$$

$$= \boldsymbol{F}^{(e)}(\xi,\eta)\,\boldsymbol{z}^{(e)}. \tag{5.2.61}$$

Zur Berechnung der in Gl. (5.2.51) definierten Matrix $\boldsymbol{B}^{(e)}$ stellen wir die partiellen Ableitungen der Matrix $\boldsymbol{F}^{(e)}$

$$\boldsymbol{F}^{(e)}{}_{,x}{}^{\mathrm{T}} = \frac{1}{4a^{(e)}} \left[\begin{array}{cc:cc:cc:cc} -(1-\eta) & 0 & (1-\eta) & 0 & (1+\eta) & 0 & -(1+\eta) & 0 \\ 0 & -(1-\eta) & 0 & (1-\eta) & 0 & (1+\eta) & 0 & -(1+\eta) \end{array}\right],$$

$$\boldsymbol{F}^{(e)}{}_{,y}{}^{\mathrm{T}} = \frac{1}{4b^{(e)}} \left[\begin{array}{cc:cc:cc:cc} -(1-\xi) & 0 & -(1+\xi) & 0 & (1+\xi) & 0 & (1-\xi) & 0 \\ 0 & -(1-\xi) & 0 & -(1+\xi) & 0 & (1+\xi) & 0 & (1-\xi) \end{array}\right] \tag{5.2.62}$$

bereit. Damit liegen alle für die Elementmatrix

$$\boldsymbol{K}^{(e)} = a^{(e)} b^{(e)} \int_{-1}^{1} \int_{-1}^{1} \boldsymbol{B}^{(e)}(\xi, \eta)\, \boldsymbol{LCL}^{\mathrm{T}} \boldsymbol{B}^{(e)}(\xi, \eta)^{\mathrm{T}}\, \mathrm{d}\xi\, \mathrm{d}\eta \tag{5.2.63}$$

benötigten Matrizen vor, und mit $k = a^{(e)}/b^{(e)}$ folgt nach Ausführung der Integration die Elementsteifigkeitsmatrix des in Bild 5.2.8 dargestellten *Scheibenelementes*:

$$\boldsymbol{K}^{(e)} = \begin{bmatrix} \boldsymbol{K}_{11} & \boldsymbol{K}_{12} \\ \boldsymbol{K}_{21} & \boldsymbol{K}_{22} \end{bmatrix} \tag{5.2.64}$$

mit

$$\boldsymbol{K}_{11} = \boldsymbol{K}_{22} = \frac{E}{24k(1-\nu^2)} \times \begin{bmatrix} 8 + 4(1-\nu)\,k^2 & 3(1+\nu)\,k & -8 + 2(1-\nu)\,k^2 & -3(1-3\nu)\,k \\ & 4(1-\nu) + 8k^2 & 3(1-3\nu)\,k & -4(1-\nu) + 4k^2 \\ & & 8 + 4(1-\nu)\,k^2 & -3(1+\nu)\,k \\ \text{sym.} & & & 4(1-\nu) + 8k^2 \end{bmatrix},$$

$$\boldsymbol{K}_{12} = \boldsymbol{K}_{21} = \frac{E}{24k(1-\nu^2)} \times \begin{bmatrix} -4 - 2(1-\nu)\,k^2 & -3(1+\nu)\,k & 4 - 4(1-\nu)\,k^2 & 3(1-3\nu)\,k \\ & -2(1-\nu) - 4k^2 & -3(1-3\nu)\,k & 2(1-\nu) - 8k^2 \\ & & -4 - 2(1-\nu)\,k^2 & 3(1+\nu)\,k \\ \text{sym.} & & & -2(1-\nu) - 4k^2 \end{bmatrix}. \tag{5.2.65}$$

Als Anteile für den Elementvektor der rechten Seite $\boldsymbol{r}^{(e)}$ ergeben sich an den Außenrändern $\xi = 1$ bzw. $\eta = 1$

$$\begin{aligned} \boldsymbol{r}^{(e)}|_{\xi=1} &= b^{(e)} \int_{-1}^{1} \boldsymbol{F}^{(e)}(1, \eta)\, \bar{\boldsymbol{q}}(\eta)\, \mathrm{d}\eta, \\ \boldsymbol{r}^{(e)}|_{\eta=1} &= a^{(e)} \int_{-1}^{1} \boldsymbol{F}^{(e)}(\xi, 1)\, \bar{\boldsymbol{q}}(\xi)\, \mathrm{d}\xi. \end{aligned} \tag{5.2.66}$$

Mit dem aus Bild (5.2.9) ersichtlichen linearen Verlauf der Randnormalbelastung erhält man die Randspannungsvektoren

$$\bar{\boldsymbol{q}}(\eta)|_{\xi=1} = \left[\bar{q}_{x2}\,\frac{1-\eta}{2} + \bar{q}_{x3}\,\frac{1+\eta}{2};\ 0\right]^{\mathrm{T}},$$
$$\bar{\boldsymbol{q}}(\xi)|_{\eta=1} = \left[0;\ \bar{q}_{y3}\,\frac{1+\xi}{2} + \bar{q}_{y4}\,\frac{1-\xi}{2}\right]^{\mathrm{T}} \tag{5.2.67}$$

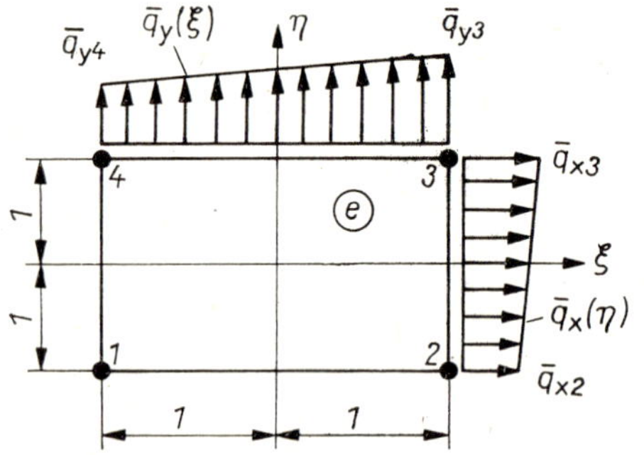

Bild 5.2.9

und nach Integration die Vektoren

$$\boldsymbol{r}^{(e)}|_{\xi=1} = \frac{b^{(e)}}{3}\begin{bmatrix}0 & 0\\0 & 0\\2 & 1\\0 & 0\\1 & 2\\0 & 0\\0 & 0\\0 & 0\end{bmatrix}\begin{bmatrix}\bar{q}_{x2}\\\bar{q}_{x3}\end{bmatrix};\qquad \boldsymbol{r}^{(e)}|_{\eta=1} = \frac{a^{(e)}}{3}\begin{bmatrix}0 & 0\\0 & 0\\0 & 0\\0 & 0\\0 & 0\\2 & 1\\0 & 0\\1 & 2\end{bmatrix}\begin{bmatrix}\bar{q}_{y3}\\\bar{q}_{y4}\end{bmatrix}. \tag{5.2.68}$$

Wir teilen nun die in Bild 5.2.7 wiedergegebene Rechteckscheibe in vier Elemente ein (Bild 5.2.10) und ordnen die Systemknotennummern gemäß Tabelle 5.2.3 den

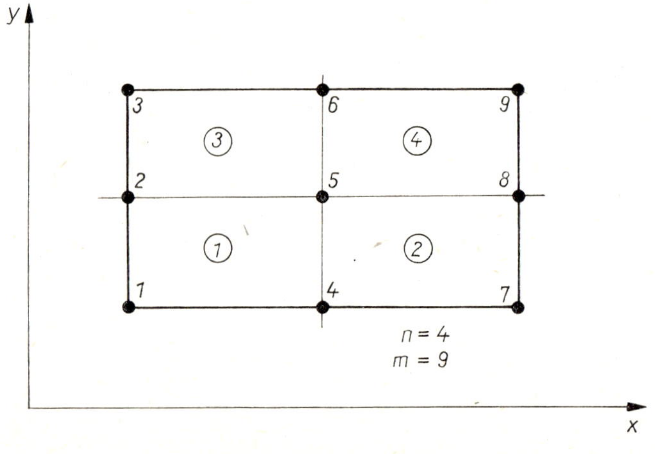

Bild 5.2.10

Tabelle 5.2.3

Elementknotennummer	Systemknotennummer			
	Element			
	1	2	3	4
1	1	4	2	5
2	4	7	5	8
3	5	8	6	9
4	2	5	3	6

Elementknotennummern 1, 2, 3, 4 des Rechteckelements zu. Für alle vier Elemente gilt $a^{(e)} = l$ und $b^{(e)} = \frac{l}{2}$, so daß mit der Querdehnungszahl $\nu = 0{,}3$ die Elementsteifigkeitsmatrizen (5.2.64) die Form

$$\boldsymbol{K}^{(1)} = \boldsymbol{K}^{(2)} = \boldsymbol{K}^{(3)} = \boldsymbol{K}^{(4)} = \frac{E}{43{,}68} \times \begin{bmatrix} 19{,}2 & 7{,}8 & -2{,}4 & -0{,}6 & -9{,}6 & -7{,}8 & -7{,}2 & 0{,}6 \\ & 34{,}8 & 0{,}6 & 13{,}2 & -7{,}8 & -17{,}4 & -0{,}6 & -30{,}6 \\ & & 19{,}2 & -7{,}8 & -7{,}2 & -0{,}6 & -9{,}6 & 7{,}8 \\ & & & 34{,}8 & 0{,}6 & -30{,}6 & 7{,}8 & -17{,}4 \\ & & & & 19{,}2 & 7{,}8 & -2{,}4 & -0{,}6 \\ & & & & & 34{,}8 & 0{,}6 & 13{,}2 \\ & & & & & & 19{,}2 & -7{,}8 \\ \text{sym.} & & & & & & & 34{,}8 \end{bmatrix} \qquad (5.2.69)$$

annehmen.
Als Randbedingungen sind vorgeschrieben (Bild 5.2.7)

- auf dem Randstück $x = x_0;\ y_0 \leqq y \leqq y_0 + 2l$

  $u = \bar{u} = 0;\ \tau_{xy} = -\bar{q}_y = 0,$

- auf dem Randstück $x = x_0 + 4l;\ y_0 \leqq y \leqq y_0 + 2l$

  $\sigma_{xx} = \bar{q}_x = -q_0;\ \tau_{xy} = \bar{q}_y = 0,$

- auf dem Randstück $x_0 \leqq x \leqq x_0 + 4l;\ y = y_0$

  $\tau_{yx} = -\bar{q}_x = 0;\ v = \bar{v} = 0,$

- auf dem Randstück $x_0 \leqq x \leqq x_0 + 4l;\ y = y_0 + 2l$

  $\tau_{yx} = \bar{q}_x = 0;\ \sigma_{yy} = \bar{q}_y = -q_0\,\dfrac{x - x_0}{4l}.$

Die Beiträge der Elemente 2, 3 und 4 zum Vektor der rechten Seite bestimmt man mit den in Bild 5.2.7 eingetragenen Randspannungen aus Gl. (5.2.68) zu

$$\begin{aligned}
\boldsymbol{r}^{(2)}|_{\xi=1} = \boldsymbol{r}^{(4)}|_{\xi=1} &= -\frac{1}{2}\,q_0 l[0;\ 0;\ 1;\ 0;\ 1;\ 0;\ 0;\ 0]^{\mathrm{T}}, \\
\boldsymbol{r}^{(3)}|_{\eta=1} &= -\frac{1}{3}\,q_0 l[0;\ 0;\ 0;\ 0;\ 0;\ 2;\ 0;\ 1]^{\mathrm{T}}, \\
\boldsymbol{r}^{(4)}|_{\eta=1} &= -\frac{1}{3}\,q_0 l[0;\ 0;\ 0;\ 0;\ 0;\ 5;\ 0;\ 4]^{\mathrm{T}}.
\end{aligned} \tag{5.2.70}$$

Wir stellen fest, daß die Elementvektoren der rechten Seite der Elemente 2 bzw. 3 die Vektoren $\boldsymbol{r}^{(2)}|_{\xi=1}$ bzw. $\boldsymbol{r}^{(3)}|_{\eta=1}$ sind, während der Elementvektor der rechten Seite des Elements 4 durch Addition der Anteile $\boldsymbol{r}^{(4)}|_{\xi=1}$ und $\boldsymbol{r}^{(4)}|_{\eta=1}$ entsteht.
Mit Hilfe der Tabelle 5.2.3 werden die Systemmatrix $\boldsymbol{K}$ und der Vektor der rechten Seite $\boldsymbol{r}$ durch Superposition der Elementsteifigkeitsmatrizen (5.2.69) und der Elementvektoren (5.2.70) gebildet. Die wesentlichen Randbedingungen $u(x_0, y) = 0$ und $v(x, y_0) = 0$ sind infolge der linearen Ansatzfunktion erfüllt, wenn die Knotenwerte $u_1 = u_2 = u_3 = v_1 = v_4 = v_7 = 0$ sind. Dann erhält man das modifizierte Gleichungssystem

$$\frac{E}{43{,}68} \times \begin{bmatrix}
69{,}6 & -30{,}6 & 7{,}8 & 0 & 26{,}4 & -7{,}8 & -17{,}4 & 0 & 0 & 0 & 0 & 0 \\
 & 34{,}8 & 0 & 7{,}8 & -17{,}4 & -0{,}6 & 13{,}2 & 0 & 0 & 0 & 0 & 0 \\
 & & 38{,}4 & -14{,}4 & 0 & 0 & 0 & -2{,}4 & -9{,}6 & -7{,}8 & 0 & 0 \\
 & & & 76{,}8 & 0 & -14{,}4 & 0 & -9{,}6 & -4{,}8 & 0 & -9{,}6 & -7{,}8 \\
 & & & & 139{,}2 & 0 & -61{,}2 & 7{,}8 & 0 & 26{,}4 & -7{,}8 & -17{,}4 \\
 & & & & & 38{,}4 & 0 & 0 & -9{,}6 & 7{,}8 & -2{,}4 & 0{,}6 \\
 & & & & & & 69{,}6 & 0 & 7{,}8 & -17{,}4 & -0{,}6 & 13{,}2 \\
 & & & & & & & 19{,}2 & -7{,}2 & -0{,}6 & 0 & 0 \\
 & & & & & & & & 38{,}4 & 0 & -7{,}2 & -0{,}6 \\
 & & & & & & & & & 69{,}6 & 0{,}6 & -30{,}6 \\
 & & & & & & & & & & 19{,}2 & 7{,}8 \\
\text{sym.} & & & & & & & & & & & 34{,}8
\end{bmatrix}$$

$$\times \begin{bmatrix} v_2 \\ v_3 \\ u_4 \\ u_5 \\ v_5 \\ u_6 \\ v_6 \\ u_7 \\ u_8 \\ v_8 \\ u_9 \\ v_9 \end{bmatrix} = -\frac{q_0 l}{6} \begin{bmatrix} 0 \\ 2 \\ 0 \\ 0 \\ 0 \\ 0 \\ 12 \\ 3 \\ 6 \\ 0 \\ 3 \\ 10 \end{bmatrix} \tag{5.2.71}$$

mit den Lösungen

$$\left.\begin{aligned}
u_4 &= -1{,}9588\,\frac{q_0 l}{E}; & u_5 &= -1{,}7897\,\frac{q_0 l}{E}; & u_6 &= -1{,}1260\,\frac{q_0 l}{E},\\
u_7 &= -3{,}1866\,\frac{q_0 l}{E}; & u_8 &= -2{,}9280\,\frac{q_0 l}{E}; & u_9 &= -2{,}1574\,\frac{q_0 l}{E},\\
v_2 &= 0{,}1072\,\frac{q_0 l}{E}; & v_3 &= 0{,}2439\,\frac{q_0 l}{E}; & v_5 &= -0{,}5910\,\frac{q_0 l}{E},\\
v_6 &= -1{,}2703\,\frac{q_0 l}{E}; & v_8 &= -1{,}6479\,\frac{q_0 l}{E}; & v_9 &= -3{,}3033\,\frac{q_0 l}{E}.
\end{aligned}\right\} \tag{5.2.72}$$

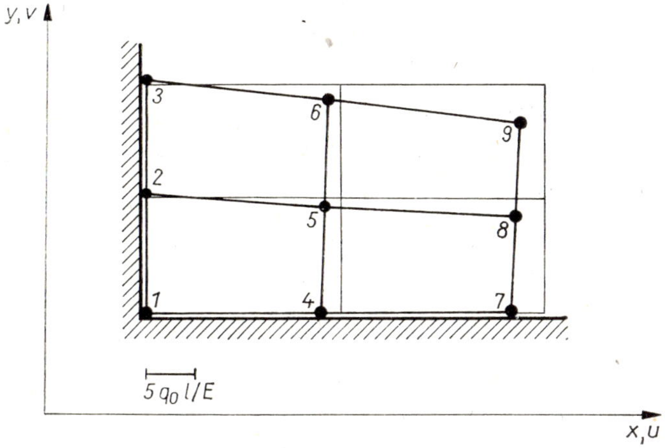

Bild 5.2.11

In Bild 5.2.11 ist die Verformung der Scheibe stark vergrößert dargestellt. Infolge der linearen Ansatzfunktionen bleiben die Elementseiten auch nach der Verformung gerade.

Schließlich wollen wir noch überprüfen, wie genau die natürlichen Randbedingungen erfüllt sind. Dazu klären wir zunächst erst einmal, welche Bedeutung die Beziehungen (5.2.43) für unser Beispiel haben. Wir ermitteln aus

$$F = \frac{1}{2}\,(\boldsymbol{Du})^{\mathrm{T}}\,\boldsymbol{CDu}; \qquad Z = -\boldsymbol{u}^{\mathrm{T}}\overline{\boldsymbol{q}} \tag{5.2.73}$$

und Gl. (4.2.30) die Ableitungen

$$\left.\begin{aligned}
&\frac{\partial(\boldsymbol{Du})}{\partial u_{,x}} = [1;0;0]^{\mathrm{T}}; \qquad \frac{\partial(\boldsymbol{Du})}{\partial v_{,y}} = [0;1;0]^{\mathrm{T}},\\
&\frac{\partial(\boldsymbol{Du})}{\partial u_{,y}} = \frac{\partial(\boldsymbol{Du})}{\partial v_{,x}} = [0;0;1]^{\mathrm{T}},\\
&\frac{\partial F}{\partial u_{,x}} = [1;0;0]\,\boldsymbol{CDu} = [1;0;0]\,\boldsymbol{\sigma}^{\mathrm{T}} = \sigma_x,\\
&\frac{\partial F}{\partial u_{,y}} = \frac{\partial F}{\partial v_{,x}} = [0;0;1]\,\boldsymbol{CDu} = [0;0;1]\,\boldsymbol{\sigma}^{\mathrm{T}} = \tau_{xy},\\
&\frac{\partial F}{\partial v_{,y}} = [0;1;0]\,\boldsymbol{CDu} = [0;1;0]\,\boldsymbol{\sigma}^{\mathrm{T}} = \sigma_y
\end{aligned}\right\} \tag{5.2.74}$$

und stellen fest, daß die natürlichen Randbedingungen die Spannungsrandbedingungen (4.2.35)

$$\left.\begin{aligned}&(\sigma_x n_x + \tau_{xy} n_y - \bar{q}_x)\Big|_{C_{u2}^{(e)}} = 0,\\ &(\tau_{xy} n_x + \sigma_y n_y - \bar{q}_y)\Big|_{C_{v2}^{(e)}} = 0\end{aligned}\right\} \tag{5.2.75}$$

sind. Für die Spannungen gilt allgemein mit Gl. (4.2.31) und Gl. (5.2.58)

$$\sigma^{(e)}(\xi, \eta) = \frac{E}{8(1-\nu^2)\, a^{(e)}}$$

$$\times \left[\begin{array}{llll} -2(1-\eta) & -2\nu k(1-\xi) & 2(1-\eta) & -2\nu k(1+\xi) \\ -2\nu(1-\eta) & -2k(1-\xi) & 2\nu(1-\eta) & -2k(1-\xi) \\ -(1-\nu)\, k(1-\xi) & -(1-\nu)\,(1-\eta) & -(1-\nu)\, k(1+\xi) & (1-\nu)\,(1-\eta) \end{array}\right|$$

$$\times \left|\begin{array}{llll} 2(1+\eta) & 2\nu k(1+\xi) & -2(1+\eta) & 2\nu k(1-\xi) \\ 2\nu(1+\eta) & 2k(1+\xi) & -2\nu(1+\eta) & 2k(1-\xi) \\ (1-\nu)\, k(1+\xi) & (1-\nu)\,(1+\eta) & (1-\nu)\, k(1-\xi) & -(1-\nu)\,(1+\eta) \end{array}\right] z^{(e)} \tag{5.2.76}$$

und speziell für $a^{(e)} = l$, $k = 2$ und $\nu = 0{,}3$

$$\sigma^{(e)}(\xi, \eta) = \frac{E}{7{,}28 l}$$

$$\times \left[\begin{array}{llll} -2(1-\eta) & -1{,}2(1-\xi) & 2(1-\eta) & -1{,}2(1+\xi) \\ -0{,}6(1-\eta) & -4(1-\xi) & 0{,}6(1-\eta) & -4(1+\xi) \\ -1{,}4(1-\xi) & -0{,}7(1-\eta) & -1{,}4(1+\xi) & 0{,}7(1-\eta) \end{array}\right|$$

$$\times \left|\begin{array}{llll} 2(1+\eta) & 1{,}2(1+\xi) & -2(1+\eta) & 1{,}2(1-\xi) \\ 0{,}6(1+\eta) & 4(1+\xi) & -0{,}6(1+\eta) & 4(1+\xi) \\ 1{,}4(1+\xi) & 0{,}7(1+\eta) & 1{,}4(1-\xi) & -0{,}7(1+\eta) \end{array}\right] z^{(e)}. \tag{5.2.77}$$

Damit sind die Spannungen in jedem Element bekannt. Für die durch vorgegebene Normalspannungen belasteten Randstücke finden wir den in Bild 5.2.12 bzw. Tabelle 5.2.4 wiedergegebenen Verlauf und in letzterer ebenfalls die im Rahmen der Nähe-

Tabelle 5.2.4

Element	Knoten i	$\frac{1}{q_0}\sigma_{xxi}$	$\frac{1}{q_0}\sigma_{yyi}$	$\frac{10}{q_0}\tau_{xyi}$
3	3	−0,574	−0,035	−2,912
	6	−0,843	−0,932	−7,243
4	6	−0,791	−0,917	−1,912
	9	−1,112	−1,989	−0,946
	8	−1,171	−2,007	0,931
2	8	−1,169	−1,999	−1,038
	7	−1,218	−2,013	0,995

rungslösung entstehenden Randschubspannungen. Trotz dieser groben Elementeinteilung stimmen die Ergebnisse gut mit den vorgeschriebenen Randspannungen überein. Durch eine feinere Unterteilung verringern sich die vorhandenen Fehler weiter.

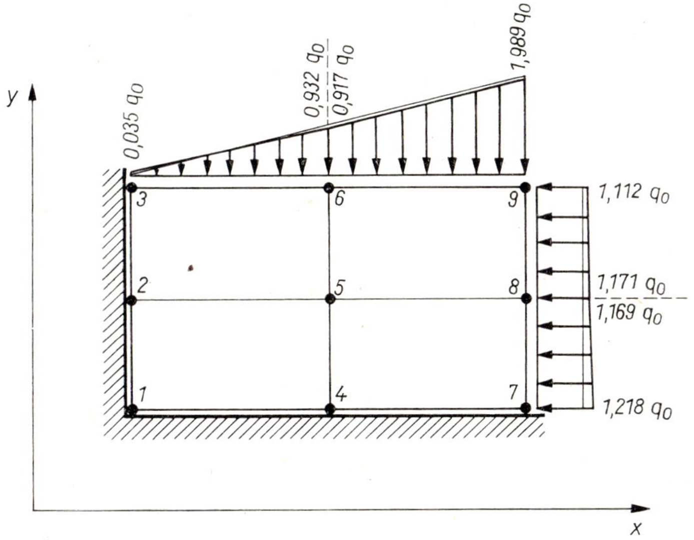

Bild 5.2.12

5.3. Herleitung der Finite-Elemente-Gleichungen mit der Methode der gewichteten Residuen

Wie wir wissen, lassen sich die Finite-Elemente-Gleichungen direkt aus einem gegebenen Randwertproblem herleiten. Diese Methode hat den Vorteil, daß eine zugehörige Variationsaufgabe nicht zu existieren braucht. Sie wird nur deshalb nicht ausschließlich angewendet, weil bei dem *Ritz*schen Verfahren das Konvergenzverhalten der Näherungslösung besser eingeschätzt werden kann.
Um den Unterschied zum vorigen Abschnitt zu demonstrieren, gehen wir wiederum von den dort vorgestellten Beispielen aus. Auch hier wollen wir zunächst annehmen, daß die Interpolationsfunktionen im globalen Koordinatensystem definiert vorliegen und — wie beim Verfahren von *Ritz* gezeigt — erst dann Formfunktionen in lokalen, dimensionslosen Koordinaten benutzen, wenn Größen am Element e zu berechnen sind.
Für das Randwertproblem der stationären, zweidimensionalen Wärmeleitung

$$\lambda[T_{,xx}(x, y) + T_{,yy}(x, y)] = 0,$$

$$[T(x, y) - \overline{T}(s)]|_{C_1} = 0; \qquad [\lambda T_{,n}(x, y) + \bar{q}_n(s)]|_{C_2} = 0; \qquad C = C_1 + C_2 \tag{5.3.1}$$

wählen wir einen Näherungsansatz, der sich aus jeweils nur in einem Element geltenden Ansatzfunktionen

$$\tilde{T}(x, y) = \begin{cases} T^{(1)}(x, y) & \text{im Element 1} \\ T^{(2)}(x, y) & \text{im Element 2} \\ \cdots & \cdots \\ T^{(e)}(x, y) & \text{im Element } e \\ \cdots & \cdots \\ T^{(n)}(x, y) & \text{im Element } n \end{cases} \tag{5.3.2}$$

zusammensetzt. Diese sollen die wesentliche Randbedingung auf den Randstücken $C_1^{(e)}$ erfüllen. Aus der Differentialgleichung und der natürlichen Randbedingung folgen dann die Fehler

$$\Phi_0(x, y) = \begin{cases} \Phi_0^{(1)}(x, y) & \text{im Element 1} \\ \Phi_0^{(2)}(x, y) & \text{im Element 2} \\ \cdots & \cdots \\ \Phi_0^{(e)}(x, y) & \text{im Element } e \\ \cdots & \cdots \\ \Phi_0^{(n)}(x, y) & \text{im Element } n \end{cases} \tag{5.3.3}$$

mit

$$\Phi_0^{(e)}(x, y) = \lambda[T_{,xx}^{(e)}(x, y) + T_{,yy}^{(e)}(x, y)] \tag{5.3.4}$$

und

$$\Phi_2^{(e)}(s) = [\lambda T^{(e)}{}_{,n}(x, y) + \bar{\dot{q}}_n(s)]|_{C_2^{(e)}}, \tag{5.3.5}$$

wobei in Gl. (5.3.5) nur solche Elemente Berücksichtigung finden, die am Rand C_2 liegen. Ansatzfunktionen mit C^0-Stetigkeit liefern auch auf den inneren Elementrändern C_i Residuen, da dort die Übergangsbedingungen nicht erfüllt sind. Mit den in Bild 5.3.1 enthaltenen Bezeichnungen ergibt die Bilanz der Wärmestromdichten den Fehler

$$\Phi_{2,i}(s_i) = \left[\lambda \frac{\partial T^{(e)}(x, y)}{\partial n^{(e)}} + \lambda \frac{\partial T^{(e')}(x, y)}{\partial n^{(e')}}\right]\Bigg|_{C_i}. \tag{5.3.6}$$

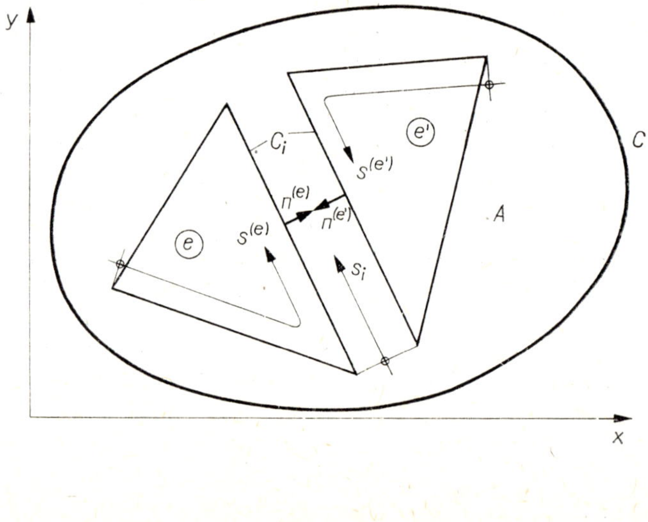

Bild 5.3.1

Verlangen wir wieder, daß die Summe der gewichteten Residuen über das Gesamtgebiet verschwindet, so gilt mit den linear unabhängigen Gewichtsfunktionen $w_j(x, y)$; $j = 1, 2, \ldots$ der Zusammenhang

$$\sum_{e=1}^{n} \left\{ \int_A \int w_j(x, y)\, \Phi_0^{(e)}(x, y)\, \mathrm{d}A + \int_{C_2^{(e)}} [-w_j(s)]\, \Phi_2^{(e)}(s)\, \mathrm{d}s \right\}$$

$$+ \sum_i \int_{C_i} [-w_j(s_i)]\, \Phi_{2,i}(s_i)\, \mathrm{d}s_i = 0 \qquad (j = 1, 2, \ldots), \tag{5.3.7}$$

wobei die Anzahl der Gewichtsfunktionen gleich der Anzahl der freien Parameter im Näherungsansatz (5.3.2) sein muß. Die Vorzeichen der Gewichtsfunktionen wurden den bisherigen Überlegungen entsprechend passend gewählt. Besitzen die Gewichtsfunktionen im Gesamtgebiet A integrierbare erste Ableitungen, so können wir Gl. (5.3.7) mit Hilfe des *Gauß*schen Integralsatzes in die Beziehung

$$\sum_{e=1}^{n} \left[-\lambda \int_{A^{(e)}} (w_{j,x} T^{(e)}{}_{,x} + w_{j,y} T^{(e)}{}_{,y})\, \mathrm{d}A + \lambda \oint_{C^{(e)}} w_j \frac{\partial T^{(e)}}{\partial n^{(e)}}\, \mathrm{d}s^{(e)} - \int_{C_2^{(e)}} w_j(\lambda T^{(e)}{}_{,n} + \bar{q}_n)\, \mathrm{d}s \right]$$

$$- \sum_i \lambda \int_{C_i} w_j \left(\frac{\partial T^{(e)}}{\partial n^{(e)}} + \frac{\partial T^{(e')}}{\partial n^{(e')}} \right) \mathrm{d}s_i = 0 \qquad (j = 1, 2, \ldots) \tag{5.3.8}$$

umformen.

Wir betrachten zunächst nur das Umlaufintegral. Man sieht, daß alle Elementseiten, die im Inneren des Gebietes A liegen, zweimal durchlaufen werden (Bild 5.3.1). Es folgt

$$\sum_{e=1}^{n} \lambda \oint_{C^{(e)}} w_j \frac{\partial T^{(e)}}{\partial n^{(e)}}\, \mathrm{d}s^{(e)}$$

$$= \sum_{e=1}^{n} \left(\lambda \int_{C_1^{(e)}} w_j T^{(e)}{}_{,n}\, \mathrm{d}s + \lambda \int_{C_2^{(e)}} w_j T^{(e)}{}_{,n}\, \mathrm{d}s \right) + \sum_i \lambda \int_{C_i} w_j \left(\frac{\partial T^{(e)}}{\partial n^{(e)}} + \frac{\partial T^{(e')}}{\partial n^{(e')}} \right) \mathrm{d}s_i, \tag{5.3.9}$$

wobei der erste Term der rechten Seite nur Beiträge solcher Elemente enthält, die dem Rand $C = C_1 + C_2$ des Gesamtgebietes A angehören. Mit der Abkürzung

$$\lambda T^{(e)}{}_{,n} = -\dot{q}_n{}^{(e)} \tag{5.3.10}$$

reduziert sich Gl. (5.3.8) auf

$$\sum_{e=1}^{n} \left[\lambda \int_{A^{(e)}} (w_{j,x} T^{(e)}{}_{,x} + w_{j,y} T^{(e)}{}_{,y})\, \mathrm{d}A + \int_{C_1^{(e)}} w_j \dot{q}_n{}^{(e)}\, \mathrm{d}s + \int_{C_2^{(e)}} w_j \bar{q}_n\, \mathrm{d}s \right] = 0$$

$$(j = 1, 2, \ldots). \tag{5.3.11}$$

Für die Berechnung der Integrale können wir nun wieder zu lokalen, dimensionslosen Koordinaten übergehen. Dabei müssen neben den Formfunktionen auch die Gewichtsfunktionen in diesen Koordinaten formuliert sein. Die vorgegebene Wärmestromdichte $\bar{q}_n$ ist gemäß Gl. (5.2.28) durch eine am Element e lineare Funktion $\bar{q}_n{}^{(e)}$ anzunähern. Die notwendige C^0-Stetigkeit besitzt z. B. das Dreieckelement (Bild 5.1.3) mit linearem Verlauf der Feldgröße. Nach Gl. (5.1.21) ist

$$T^{(e)}(\xi_1, \xi_2, \xi_3) = \boldsymbol{f}^{(e)}(\xi_1, \xi_2, \xi_3)^{\mathrm{T}} \boldsymbol{z}^{(e)} = \boldsymbol{z}^{(e)\mathrm{T}} \boldsymbol{f}^{(e)}(\xi_1, \xi_2, \xi_3), \tag{5.3.12}$$

wobei für den Elementknotenvektor und den Vektor der Formfunktionen

$$\begin{aligned} \boldsymbol{z}^{(e)} &= [z_1; z_2; z_3]^{\mathrm{T}} = [T_1; T_2; T_3]^{\mathrm{T}}, \\ \boldsymbol{f}^{(e)} &= [f_1; f_2; f_3]^{\mathrm{T}} = [\xi_1; \xi_2; \xi_3]^{\mathrm{T}} = \boldsymbol{w}_3 \end{aligned} \tag{5.3.13}$$

gelten. Damit folgt aus Gl. (5.3.11) die Beziehung

$$\sum_{e=1}^{n} \lambda \int_{A^{(e)}} (w_{j,x} \boldsymbol{f}^{(e)}{}_{,x}{}^{\mathrm{T}} + w_{j,y} \boldsymbol{f}^{(e)}{}_{,y}{}^{\mathrm{T}})\, \mathrm{d}A\, \boldsymbol{z}^{(e)} = -\sum_{e=1}^{n} \left(\int_{C_1^{(e)}} w_j \dot{q}_n^{(e)}\, \mathrm{d}s^{(e)} + \int_{C_2^{(e)}} w_j \bar{\dot{q}}_n^{(e)}\, \mathrm{d}s^{(e)} \right)$$

$$(j = 1, 2, \ldots, m), \tag{5.3.14}$$

die wiederum die Systemgleichung

$$\boldsymbol{K}\boldsymbol{z} = \boldsymbol{r} \tag{5.3.15}$$

zur Ermittlung der unbekannten Knotentemperaturen darstellt. Die für die FEM charakteristische Bandstruktur der Systemmatrix erzeugen wir, indem wir uns auf Gewichtsfunktionen beschränken, die ähnlich wie die Ansatzfunktionen nur in einem bestimmten Gebiet von Null verschieden sind. Besonders einfach wird diese Vorgehensweise beim Verfahren von *Galerkin*. Hier setzen sich die Gewichtsfunktionen aus denselben Interpolationsfunktionen zusammen, die auch für den Näherungsansatz (5.3.12) verwendet wurden. Damit existieren in der Gewichtsfunktion w_i

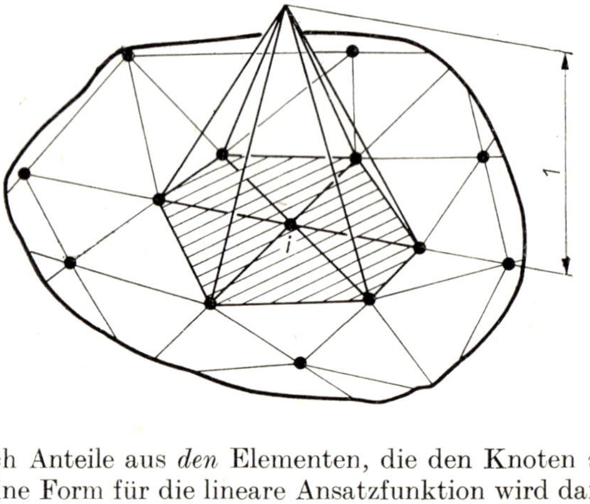

Bild 5.3.2

ausschließlich Anteile aus *den* Elementen, die den Knoten i enthalten (Bild 5.3.2). Die allgemeine Form für die lineare Ansatzfunktion wird dann

$$w_i(\xi_1, \xi_2, \xi_3) = \begin{cases} f_k(\xi_1, \xi_2, \xi_3) = \xi_k; & \text{für alle Elemente, die den} \\ k = 1, 2, 3 & \text{Knoten } i \text{ enthalten,} \\ 0 & \text{in allen anderen Elementen.} \end{cases} \tag{5.3.16}$$

Somit liefert Gl. (5.3.14) für das Element e nur Beiträge zum Gleichungssystem wenn eine der drei Systemknotennummern des Elements mit der Zahl i der Gewichtsfunktion w_i übereinstimmt. Dies ist in jeweils drei Gleichungen der Fall. Die Beiträge des Elementes e zu den linken Seiten dieser Gleichungen lauten

$$\cdots + \lambda \int_{A^{(e)}} (f_{1},_{x} \boldsymbol{f}^{(e)},_{x}{}^{\mathrm{T}} + f_{1},_{y} \boldsymbol{f}^{(e)},_{y}{}^{\mathrm{T}}) \,\mathrm{d}A \; \boldsymbol{z}^{(e)} + \cdots = \cdots,$$

$$\cdots + \lambda \int_{A^{(e)}} (f_{2},_{x} \boldsymbol{f}^{(e)},_{x}{}^{\mathrm{T}} + f_{2},_{y} \boldsymbol{f}^{(e)},_{y}{}^{\mathrm{T}}) \,\mathrm{d}A \; \boldsymbol{z}^{(e)} + \cdots = \cdots,$$

$$\cdots + \lambda \int_{A^{(e)}} (f_{3},_{x} \boldsymbol{f}^{(e)},_{x}{}^{\mathrm{T}} + f_{3},_{y} \boldsymbol{f}^{(e)},_{y}{}^{\mathrm{T}}) \,\mathrm{d}A \; \boldsymbol{z}^{(e)} + \cdots = \cdots \tag{5.3.17}$$

und lassen sich mit den symmetrischen Koeffizienten

$$k_{ij}^{(e)} = k_{ji}^{(e)} = \lambda \int_{A^{(e)}} (f_{i},_{x} f_{j},_{x} + f_{i},_{y} f_{j},_{y}) \,\mathrm{d}A \qquad (i, j = 1, 2, 3) \tag{5.3.18}$$

in

$$\left.\begin{aligned} \cdots + [k_{11}^{(e)}; k_{12}^{(e)}; k_{13}^{(e)}]\, \boldsymbol{z}^{(e)} + \cdots &= \cdots, \\ \cdots + [k_{21}^{(e)}; k_{22}^{(e)}; k_{23}^{(e)}]\, \boldsymbol{z}^{(e)} + \cdots &= \cdots, \\ \cdots + [k_{31}^{(e)}; k_{32}^{(e)}; k_{33}^{(e)}]\, \boldsymbol{z}^{(e)} + \cdots &= \cdots \end{aligned}\right\} \tag{5.3.19}$$

umformen. Die aus den Koeffizienten $k_{ij}^{(e)}$ gebildete symmetrische Elementmatrix

$$\boldsymbol{K}^{(e)} = \lambda \int_{A^{(e)}} (\boldsymbol{f}^{(e)},_{x} \boldsymbol{f}^{(e)},_{x}{}^{\mathrm{T}} + \boldsymbol{f}^{(e)},_{y} \boldsymbol{f}^{(e)},_{y}{}^{\mathrm{T}}) \,\mathrm{d}A \tag{5.3.20}$$

ist mit der aus Gl. (5.2.25) bzw. Gl. (5.2.27) ermittelten identisch. Der Aufbau der Systemmatrix aus den Elementmatrizen geschieht mit Hilfe einer Tabelle, die den Elementknotennummern 1, 2, 3 die Systemknotennummern nach Aufteilung des Gesamtgebietes in finite Elemente zuordnet.

Die rechten Seiten des Gleichungssystems entstehen einerseits aus Anteilen, die aus der bekannten Wärmestromdichte auf C_2 folgen, andererseits aus Anteilen, die den Wärmestrom auf C_1 enthalten. An einem Element e soll die Dreieckseite mit den Eckknoten 1 und 2, d. h. $\xi_3 = 0$, dem Rand C_2 angehören (Bild 5.1.2). Das Element e liefert für diese beiden Knoten aus dem Randintegral nur mit den Gewichtsfunktionen $f_1 = \xi_1$ und $f_2 = \xi_2$ Beiträge zur rechten Seite. Der lineare Ansatz (5.2.28) ergibt die Größen

$$\left.\begin{aligned} r_1|_{\xi_3=0} &= -\int_{l_3} \left(\bar{\dot{q}}_{n31}\xi_1 + \bar{\dot{q}}_{n32}\xi_2\right) \xi_1 \,\mathrm{d}s^{(e)}, \\ r_2|_{\xi_3=0} &= -\int_{l_3} \left(\bar{\dot{q}}_{n31}\xi_1 + \bar{\dot{q}}_{n32}\xi_2\right) \xi_2 \,\mathrm{d}s^{(e)}, \end{aligned}\right\} \tag{5.3.21}$$

die entsprechend Gl. (5.2.29) die von Null verschiedenen Komponenten des Elementvektors der rechten Seite

$$\boldsymbol{r}^{(e)}|_{\xi_3=0} = -\frac{l_3}{6} \begin{bmatrix} 2 & 1 \\ 1 & 2 \\ 0 & 0 \end{bmatrix} \begin{bmatrix} \bar{\dot{q}}_{n31} \\ \bar{\dot{q}}_{n32} \end{bmatrix} \tag{5.3.22}$$

sind. Analoge Ausdrücke für die Randstücke $\xi_1 = 0$ bzw. $\xi_2 = 0$ findet man durch zyklisches Vertauschen [vgl. Gl. (5.2.30)].

Beim Aufbau des Gleichungssystems haben wir noch nicht berücksichtigt, daß die Gewichtsfunktionen auf den Randstücken C_1 verschwinden müssen, wo die wesentlichen Randbedingungen vorgeschrieben sind. Dies bedeutet, daß sie demzufolge in den r Knoten, die diesen Randstücken angehören, Null sind. Damit entfallen die diesen r Randknoten entsprechenden Gleichungen [d. h. auch die sich über C_1 erstreckenden Integrale der Gl. (5.2.14) treten nicht mehr auf]. Es verbleiben $m - r$ Gleichungen zur Berechnung der $m - r$ unbekannten Knotentemperaturen. Die in den r Randknoten bekannten Temperaturwerte bilden im modifizierten System einen Beitrag zur rechten Seite.

Wir stellen fest, daß trotz unterschiedlicher Vorgehensweise die Methode von *Galerkin* zu denselben FEM-Gleichungen wie das *Ritz*sche Verfahren führt. Bezüglich der weiteren numerischen Behandlung verweisen wir deshalb auf 5.2.

Im zweiten Beispiel wenden wir uns wieder dem ebenen Spannungszustand als einem Problem mit C^0-Stetigkeit und zwei Feldgrößen u und v zu. Die dazu notwendigen Beziehungen entnehmen wir den Gln. (4.2.20) bis (4.2.35) in 4.2. Wir wählen einen die wesentlichen Randbedingungen auf C_1 erfüllenden Näherungsansatz

$$\hat{\boldsymbol{u}}(x, y) = \begin{cases} \boldsymbol{u}^{(1)}(x, y) & \text{im Element } 1 \\ \boldsymbol{u}^{(2)}(x, y) & \text{im Element } 2 \\ \cdots & \cdots \\ \boldsymbol{u}^{(e)}(x, y) & \text{im Element } e \\ \cdots & \cdots \\ \boldsymbol{u}^{(n)}(x, y) & \text{im Element } n, \end{cases} \tag{5.3.23}$$

der für die beiden Gleichgewichtsbedingungen (4.2.33) im Element e die im Vektor $\boldsymbol{\varphi}_0^{(e)}$ zusammengefaßten Fehler

$$\boldsymbol{\varphi}_0^{(e)}(x, y) = \boldsymbol{D}^{\mathrm{T}}\boldsymbol{C}\boldsymbol{D}\boldsymbol{u}^{(e)}(x, y) + \boldsymbol{p}(x, y) \tag{5.3.24}$$

liefert. Aus den natürlichen Randbedingungen (4.2.35) erhalten wir für alle am Rand C_2 liegenden Elemente die Fehler

$$\boldsymbol{\varphi}_2^{(e)}(s) = [\boldsymbol{N}(x, y)^{\mathrm{T}}\, \boldsymbol{\sigma}^{(e)}(x, y) - \bar{\boldsymbol{q}}(s)]|_{C_2^{(e)}} = [\boldsymbol{N}(x, y)^{\mathrm{T}}\, \boldsymbol{C}\boldsymbol{D}\boldsymbol{u}^{(e)}(x, y) - \bar{\boldsymbol{q}}(s)]|_{C_2^{(e)}}. \tag{5.3.25}$$

Ansatzfunktionen mit C^0-Stetigkeit erfüllen die Übergangsbedingungen an den inneren Elementrändern nicht und ergeben dort mit $\boldsymbol{N}^{(e')} = -\boldsymbol{N}^{(e)}$ die Residuen

$$\boldsymbol{\varphi}_{2,i}(s_i) = \{\boldsymbol{N}^{(e)\mathrm{T}}\boldsymbol{C}[\boldsymbol{D}\boldsymbol{u}^{(e)}(x, y) - \boldsymbol{D}\boldsymbol{u}^{(e')}(x, y)]\}|_{C_i}. \tag{5.3.26}$$

Bei der Wichtung der so entstandenen Fehler kann man die Fehlersummierung in jeder der beiden Koordinatenrichtungen x und y mit zunächst unterschiedlichen, jeweils linear unabhängigen Gewichtsfunktionen w_{xj} und w_{yj} erreichen. Beide Gewichtsfunktionen verknüpfen wir in der Diagonalmatrix

$$\boldsymbol{W}_j(x, y) = \begin{bmatrix} w_{xj}(x, y) & 0 \\ 0 & w_{yj}(x, y) \end{bmatrix} \qquad (j = 1, 2, \ldots). \tag{5.3.27}$$

Die Wichtung führt auf das lineare System

$$\sum_{e=1}^{n} \left\{ \int_{A^{(e)}}\!\!\int \boldsymbol{W}_j(x, y)\, \boldsymbol{\varphi}_0^{(e)}(x, y)\, \mathrm{d}A + \int_{C_2^{(e)}} [-\boldsymbol{W}_j(s)]\, \boldsymbol{\varphi}_2^{(e)}(s)\, \mathrm{d}s \right\}$$
$$+ \sum_i \int_{C_i} [-\boldsymbol{W}_j(s_i)]\, \boldsymbol{\varphi}_{2,i}(s_i)\, \mathrm{d}s_i = \boldsymbol{o}_2 \qquad (j = 1, 2, \ldots), \tag{5.3.28}$$

wobei die Anzahl der Gewichtsfunktionen gleich der Anzahl der in den Näherungsansätzen enthaltenen freien Parameter sein muß. Das erste Integral läßt sich unter der Voraussetzung, daß die Gewichtsfunktionen im Gesamtgebiet A beschränkte und integrierbare Ableitungen besitzen, mit Hilfe des *Gauß*schen Integralsatzes umformen. Aus der Beziehung

$$\int_{A^{(e)}} \boldsymbol{W}_j(\boldsymbol{D}^{\mathrm{T}}\boldsymbol{C}\boldsymbol{D}\boldsymbol{u}^{(e)} + \boldsymbol{p})\,\mathrm{d}A$$

$$= -\int_{A^{(e)}} (\boldsymbol{D}\boldsymbol{W}_j)^{\mathrm{T}}\,\boldsymbol{C}\boldsymbol{D}\boldsymbol{u}^{(e)}\,\mathrm{d}A + \oint_{C^{(e)}} \boldsymbol{W}_j\boldsymbol{N}^{(e)\mathrm{T}}\boldsymbol{C}\boldsymbol{D}\boldsymbol{u}^{(e)}\,\mathrm{d}s^{(e)} + \int_{A^{(e)}} \boldsymbol{W}_j\boldsymbol{p}^{(e)}\,\mathrm{d}A \qquad (5.3.29)$$

und den Gln. (5.3.25) und (5.3.26) folgt zunächst

$$\sum_{e=1}^{n}\left[-\int_{A^{(e)}} (\boldsymbol{D}\boldsymbol{W}_j)^{\mathrm{T}}\,\boldsymbol{C}\boldsymbol{D}\boldsymbol{u}^{(e)}\,\mathrm{d}A + \oint_{C^{(e)}} \boldsymbol{W}_j\boldsymbol{N}^{(e)\mathrm{T}}\boldsymbol{C}\boldsymbol{D}\boldsymbol{u}^{(e)}\,\mathrm{d}s^{(e)} + \int_{A^{(e)}} \boldsymbol{W}_j\boldsymbol{p}\,\mathrm{d}A\right.$$
$$\left. - \int_{C_2^{(e)}} \boldsymbol{W}_j(\boldsymbol{N}^{\mathrm{T}}\boldsymbol{C}\boldsymbol{D}\boldsymbol{u}^{(e)} - \bar{\boldsymbol{q}})\,\mathrm{d}s\right] - \sum_i \int_{C_i} \boldsymbol{W}_j\boldsymbol{N}^{(e)\mathrm{T}}\boldsymbol{C}(\boldsymbol{D}\boldsymbol{u}^{(e')} - \boldsymbol{D}\boldsymbol{u}^{(e')})\,\mathrm{d}s_i = \boldsymbol{o}_2$$

$$(j = 1, 2, \ldots). \qquad (5.3.30)$$

Das Umlaufintegral wird für alle Elementseiten im Inneren des Gebietes A zweimal durchlaufen. Es gilt

$$\sum_{e=1}^{n} \oint_{C^{(e)}} \boldsymbol{W}_j\boldsymbol{N}^{(e)\mathrm{T}}\boldsymbol{C}\boldsymbol{D}\boldsymbol{u}^{(e)}\,\mathrm{d}s^{(e)}$$

$$= \sum_{e=1}^{n}\left(\int_{C_1^{(e)}} \boldsymbol{W}_j\boldsymbol{N}^{\mathrm{T}}\boldsymbol{C}\boldsymbol{D}\boldsymbol{u}^{(e)}\,\mathrm{d}s + \int_{C_2^{(e)}} \boldsymbol{W}_j\boldsymbol{N}^{\mathrm{T}}\boldsymbol{C}\boldsymbol{D}\boldsymbol{u}^{(e)}\,\mathrm{d}s\right) + \sum_i \int_{C_i} \boldsymbol{W}_j\boldsymbol{N}^{(e)\mathrm{T}}\boldsymbol{C}(\boldsymbol{D}\boldsymbol{u}^{(e)} - \boldsymbol{D}\boldsymbol{u}^{(e')})\,\mathrm{d}s_i. \qquad (5.3.31)$$

Bei Berücksichtigung dieses Zusammenhangs findet man schließlich mit

$$\boldsymbol{N}^{\mathrm{T}}\boldsymbol{C}\boldsymbol{D}\boldsymbol{u}^{(e)} = \boldsymbol{q}^{(e)} \qquad (5.3.32)$$

den Ausdruck

$$\sum_{e=1}^{n}\left[\int_{A^{(e)}} (\boldsymbol{D}\boldsymbol{W}_j)^{\mathrm{T}}\,\boldsymbol{C}\boldsymbol{D}\boldsymbol{u}^{(e)}\,\mathrm{d}A - \int_{A^{(e)}} \boldsymbol{W}_j\boldsymbol{p}\,\mathrm{d}A - \int_{C_1^{(e)}} \boldsymbol{W}_j\boldsymbol{q}^{(e)}\,\mathrm{d}s - \int_{C_2^{(e)}} \boldsymbol{W}_j\bar{\boldsymbol{q}}\,\mathrm{d}s\right] = \boldsymbol{o}_2$$

$$(j = 1, 2, \ldots). \qquad (5.3.33)$$

Für einen Ansatz mit C^0-Stetigkeit gemäß Gl. (5.2.45)

$$\boldsymbol{u}^{(e)}(x, y) = \boldsymbol{F}^{(e)}(x, y)^{\mathrm{T}}\,\boldsymbol{z}^{(e)} \qquad (5.3.34)$$

berechnen wir nach Gl. (5.2.58) den Vektor der Verzerrungen am Element

$$\boldsymbol{\varepsilon}^{(e)} = \boldsymbol{D}\boldsymbol{u}^{(e)} = \boldsymbol{D}\boldsymbol{F}^{(e)\mathrm{T}}\boldsymbol{z}^{(e)} = \boldsymbol{L}^{\mathrm{T}}\boldsymbol{B}^{(e)\mathrm{T}}\boldsymbol{z}^{(e)}. \qquad (5.3.35)$$

Setzt man diese Gleichung in Gl. (5.3.33) ein, so folgt die Beziehung

$$\sum_{e=1}^{n} \int_{A^{(e)}} (\boldsymbol{D}\boldsymbol{W}_j)^{\mathrm{T}}\,\boldsymbol{C}\boldsymbol{L}^{\mathrm{T}}\boldsymbol{B}^{(e)\mathrm{T}}\,\mathrm{d}A\,\boldsymbol{z}^{(e)} = \sum_{e=1}^{n}\left(\int_{A^{(e)}} \boldsymbol{W}_j\boldsymbol{p}\,\mathrm{d}A + \int_{C_1^{(e)}} \boldsymbol{W}_j\boldsymbol{q}^{(e)}\,\mathrm{d}s + \int_{C_2^{(e)}} \boldsymbol{W}_j\bar{\boldsymbol{q}}\,\mathrm{d}s\right)$$

$$(j = 1, 2, \ldots, m), \qquad (5.3.36)$$

d. h.

$$\boldsymbol{K}\boldsymbol{z} = \boldsymbol{r}, \tag{5.3.37}$$

die die $2m$-dimensionale Systemgleichung darstellt. Um eine Bandstruktur der Systemmatrix $\boldsymbol{K}$ zu erzielen, müssen wir wieder Gewichtsfunktionen verwenden, die nur in bestimmten Gebieten existieren.

Wir beschränken uns auf das Verfahren von *Galerkin* und bilden die Gewichtsfunktionen aus *den* Interpolationsfunktionen, die auch für die Ansatzfunktion verwendet werden. Da gleiche Ansatzfunktionen für beide Verschiebungsfelder u und v benutzt werden sollen, gilt

$$w_{xi} = w_{yi} = \begin{cases} f_k;\ k = 1, 2, \ldots & \text{für alle Elemente,} \\ & \text{die den Knoten } i \text{ enthalten,} \\ 0 & \text{in allen anderen Elementen.} \end{cases} \tag{5.3.38}$$

Somit entstehen Beiträge aus dem Element e für die Systemmatrix nur dann, wenn eine der Systemknotennummern des Elements mit dem Index i der Gewichtsfunktion w_i übereinstimmt. Definiert man für die am Element e auftretenden von Null verschiedenen Gewichtsfunktionen eine Matrix, so ist diese für das Element e mit den Elementknotennummern $i = 1, 2, \ldots$ [vgl. Gl. (5.2.45)] mit der Matrix der Formfunktionen identisch:

$$[\boldsymbol{W}_1 \mid \boldsymbol{W}_2 \mid \ldots] = \left[\begin{array}{cc|cc|c} w_{x1} & 0 & w_{x2} & 0 & \cdots \\ 0 & w_{y1} & 0 & w_{y2} & \cdots \end{array}\right] = \left[\begin{array}{cc|cc|c} f_1 & 0 & f_2 & 0 & \cdots \\ 0 & f_1 & 0 & f_2 & \cdots \end{array}\right] = \boldsymbol{F}^{(e)\mathrm{T}}. \tag{5.3.39}$$

Die in Gl. (5.3.36) für das Element e enthaltenen Matrizen $\boldsymbol{D}\boldsymbol{W}_1, \boldsymbol{D}\boldsymbol{W}_2, \ldots$ können dann in der Form $\boldsymbol{D}\boldsymbol{F}^{(e)\mathrm{T}}$ zusammengefaßt werden und liefern wegen

$$\boldsymbol{D}\boldsymbol{F}^{(e)\mathrm{T}} = \boldsymbol{L}^{\mathrm{T}}\boldsymbol{B}^{(e)\mathrm{T}} \tag{5.3.40}$$

die symmetrische Elementmatrix

$$\boldsymbol{K}^{(e)} = \int_{A^{(e)}} \boldsymbol{B}^{(e)}\boldsymbol{L}\boldsymbol{C}\boldsymbol{L}^{\mathrm{T}}\boldsymbol{B}^{(e)\mathrm{T}}\,\mathrm{d}A, \tag{5.3.41}$$

die mit der Elementmatrix aus Gl. (5.2.59) identisch ist. Anteile zum Elementvektor der rechten Seite entstehen aufgrund von Volumenkräften

$$\boldsymbol{r}_p^{(e)} = \int_{A^{(e)}} \boldsymbol{F}^{(e)}\boldsymbol{p}\,\mathrm{d}A \tag{5.3.42}$$

und Randlasten

$$\boldsymbol{r}_q^{(e)} = \int_{C_1^{(e)}} \boldsymbol{F}^{(e)}\boldsymbol{u}^{(e)}\,\mathrm{d}s + \int_{C_2^{(e)}} \boldsymbol{F}^{(e)}\bar{\boldsymbol{q}}\,\mathrm{d}s. \tag{5.3.43}$$

Nach Aufbau des Gleichungssystems müssen wir wieder berücksichtigen, daß die Gewichtsfunktionen auf C_1 und damit in den auf C_1 liegenden r Randknoten verschwinden. Demzufolge existiert das erste Integral der Gl. (5.3.43) nicht. Beachtet man, daß mit C_1 symbolisch die Randstücke C_{u1} bzw. C_{v1} zusammengefaßt sind, so entfallen $(r_u + r_v)$-Gleichungen, wenn in r_u bzw. r_v Randknoten die entsprechenden Verschiebungskomponenten bekannt sind. Es verbleiben dann $(2m - r_u - r_v)$-Gleichungen zur Berechnung derselben Anzahl von Unbekannten. Die rechte Seite des modifizierten Gleichungssystems enthält neben den aus Volumenkräften und Randlasten entstehenden Anteilen auch Beiträge aus vorgeschriebenen Randverschiebungen, falls diese von Null verschieden sind.

5.4. Anwendungen

Die in den voranstehenden Abschnitten abgeleiteten FEM-Gleichungen wollen wir nun auf verschiedene Probleme anwenden. Dabei wird es zum Verständnis der unterschiedlichen physikalischen Aufgaben notwendig sein, zunächst einige Grundlagen anzugeben. Dies geschieht jedoch i. allg. nur in einem solchen Umfang, wie es zur Formulierung der FEM-Gleichungen unbedingt erforderlich ist. In jedem Falle setzen wir voraus, daß die benötigten physikalischen Zusammenhänge bereits bekannt sind. Anschließend stellen wir die Näherungslösung mit Hilfe der FEM auf. Dabei werden sowohl die Variationsmethode (*Ritz*) als auch die Methode der gewichteten Residuen (*Galerkin*) benutzt. Die Vorgehensweise orientiert sich an den bereits in 3.4. festgelegten Schritten. Dies bedeutet jedoch nicht, daß wir immer auf bereits vorliegende Gleichungen zurückgreifen wollen, selbst wenn dies möglich gewesen wäre.
In einigen Aufgaben wird die Näherungslösung mit exakten Ergebnissen verglichen.

5.4.1. *St.-Venant*sche Torsion

Zur Untersuchung der Torsion prismatischer Stäbe mit Vollquerschnitt (Bild 5.4.1) stehen bei Fehlen jeglicher Wölbbehinderung die Gleichgewichtsbedingung für die Schubspannungen τ_{zx} und τ_{zy}

$$\tau_{zx},_x(x, y) + \tau_{zy},_y(x, y) = 0, \tag{5.4.1}$$

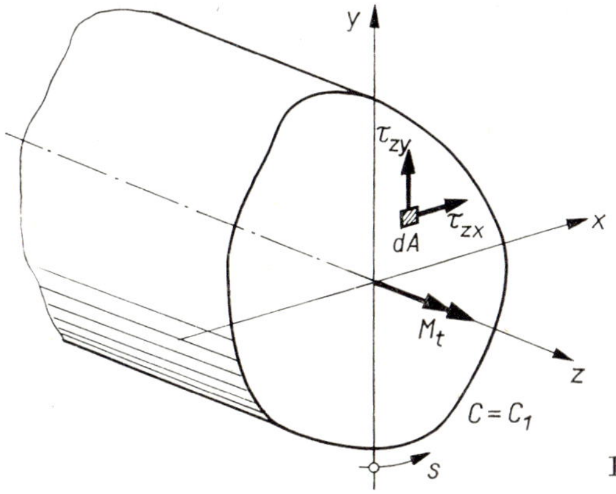

Bild 5.4.1

der Zusammenhang zwischen den Winkeländerungen γ_{zx}, γ_{zy}, der Verwindung ϑ und der Verwölbungsfunktion ω

$$\begin{aligned} \gamma_{zx}(x, y) &= \vartheta[\omega,_x(x, y) - y], \\ \gamma_{zy}(x, y) &= \vartheta[\omega,_y(x, y) + x] \end{aligned} \tag{5.4.2}$$

und das *Hooke*sche Gesetz mit dem Schubmodul G

$$\tau_{zx}(x, y) = G\gamma_{zx}(x, y); \qquad \tau_{zy}(x, y) = G\gamma_{zy}(x, y) \tag{5.4.3}$$

zur Verfügung. Führt man gemäß

$$\tau_{zx}(x, y) = 2G\vartheta\Phi_{,y}(x, y)\,; \qquad \tau_{zy}(x, y) = -2G\vartheta\Phi_{,x}(x, y) \tag{5.4.4}$$

die *Prandtl*sche Spannungsfunktion Φ ein, so wird die Gleichgewichtsbedingung identisch erfüllt, und Gl. (5.4.2) liefert nach Elimination der Verwölbungsfunktion die *Poisson*sche Differentialgleichung

$$\Phi_{,xx}(x, y) + \Phi_{,yy}(x, y) = -1\,. \tag{5.4.5}$$

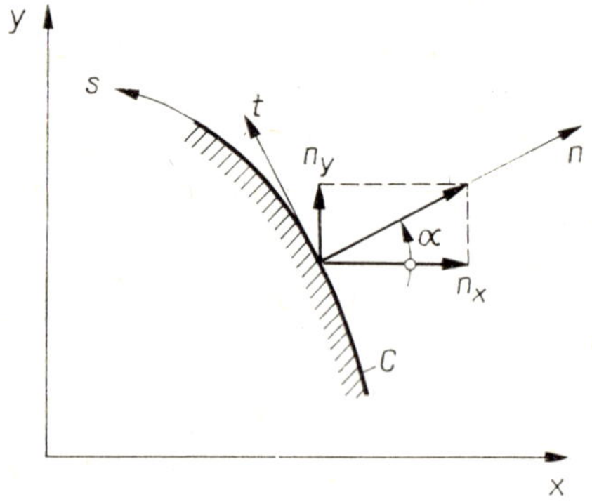

Bild 5.4.2

Zur Formulierung von Randbedingungen werden die Schubspannungen in ein Randkoordinatensystem (Bild 5.4.2) transformiert. Wir erhalten mit Gl. (4.1.23)

$$\left.\begin{aligned} \tau_{zn}(x, y) &= \tau_{zx}\cos\alpha + \tau_{zy}\sin\alpha \\ &= 2G\vartheta[\Phi_{,y}(x, y)\, n_x(x, y) - \Phi_{,x}(x, y)\, n_y(x, y)] = 2G\vartheta\Phi_{,s}(x, y)\,, \\ \tau_{zt}(x, y) &= \tau_{zx}\sin\alpha - \tau_{zy}\cos\alpha \\ &= 2G\vartheta[\Phi_{,y}(x, y)\, n_y(x, y) + \Phi_{,x}(x, y)\, n_x(x, y)] = 2G\vartheta\Phi_{,n}(x, y)\,. \end{aligned}\right\} \tag{5.4.6}$$

Die Randbedingung des Problems, das Verschwinden der Schubspannung senkrecht zum Rand, lautet also

$$\Phi_{,s}(x, y)|_C = 0\,, \tag{5.4.7}$$

d. h.

$$\Phi(x, y)|_C = \Phi_0 = \text{konst.} \tag{5.4.8}$$

Für einfach zusammenhängende Bereiche ist es zulässig, die Konstante $\Phi_0 = 0$ zu setzen.
Besitzt die Querschnittsfläche des Stabes Symmetrieachsen, so ist es vorteilhaft, nur einen Teilbereich der Gesamtfläche zur Berechnung heranzuziehen. Da die Schubspannung grundsätzlich senkrecht zu Symmetrieachsen verläuft, gilt auf den Randstücken, die Symmetrieachsen des Gesamtquerschnitts sind,

$$\Phi_{,n}(x, y)|_{C_2} = 0\,. \tag{5.4.9}$$

Bei bekannter Spannungsfunktion können das Torsionsträgheitsmoment

$$I_t = 4 \int_A \Phi(x, y)\, \mathrm{d}A \tag{5.4.10}$$

und mit dem Torsionsmoment M_t die Verwindung

$$\vartheta = \frac{M_t}{GI_t} \tag{5.4.11}$$

berechnet werden. Zunächst ist jedoch das Randwertproblem

$$\begin{aligned} &\Phi_{,xx}(x, y) + \Phi_{,yy}(x, y) = -1, \\ &\Phi(x, y)|_{C_1} = 0; \qquad \Phi_{,n}(x, y)|_{C_2} = 0; \qquad C = C_1 + C_2 \end{aligned} \tag{5.4.12}$$

zu lösen. Die Variationsaufgabe

$$J\{\Phi\} = \frac{1}{2} \int\limits_A [\Phi_{,x}{}^2(x, y) + \Phi_{,y}{}^2(x, y) - 2\Phi(x, y)] \,\mathrm{d}A = \text{Extremum},$$

$$\Phi(x, y)|_{C_1} = 0 \tag{5.4.13}$$

enthält Gl. (5.4.5) als *Euler*sche Differentialgleichung und nach Gl. (4.1.17) die Forderung (5.4.9) als natürliche Randbedingung. Letzteres ist mit der Grundfunktion

$$F(\Phi, \Phi_{,x}, \Phi_{,y}) = \frac{1}{2} (\Phi_{,x}{}^2 + \Phi_{,y}{}^2 - 2\Phi), \tag{5.4.14}$$

den daraus gebildeten partiellen Ableitungen

$$\frac{\partial F}{\partial \Phi_{,x}} = \Phi_{,x}; \qquad \frac{\partial F}{\partial \Phi_{,y}} = \Phi_{,y} \tag{5.4.15}$$

und Gl. (5.4.6) leicht zu zeigen. Eine Lösung des Variationsproblems (5.4.13) ist somit auch eine Lösung der Randwertaufgabe (5.4.12).
Aus der Bedingung

$$\delta J = \int\limits_A (\Phi_{,x}\delta\Phi_{,x} + \Phi_{,y}\delta\Phi_{,y} - \delta\Phi) \,\mathrm{d}A = 0 \tag{5.4.16}$$

gewinnen wir mit der Ansatzfunktion für die Spannungsfunktion in jedem Element

$$\Phi^{(e)}(x, y) = \boldsymbol{f}^{(e)}(x, y)^{\mathrm{T}} \boldsymbol{z}^{(e)} = \boldsymbol{z}^{(e)\mathrm{T}} \boldsymbol{f}^{(e)}(x, y) \tag{5.4.17}$$

die Beziehung

$$\delta \tilde{J} = \sum_{e=1}^{n} \delta \boldsymbol{z}^{(e)\mathrm{T}} \left[\int\limits_{A^{(e)}} (\boldsymbol{f}^{(e)}{}_{,x} \boldsymbol{f}^{(e)}{}_{,x}{}^{\mathrm{T}} + \boldsymbol{f}^{(e)}{}_{,y} \boldsymbol{f}^{(e)}{}_{,y}{}^{\mathrm{T}}) \,\mathrm{d}A \, \boldsymbol{z}^{(e)} - \int\limits_{A^{(e)}} \boldsymbol{f}^{(e)} \,\mathrm{d}A \right] = 0. \tag{5.4.18}$$

Darin entspricht das erste Integral der Elementmatrix

$$\boldsymbol{K}^{(e)} = \int\limits_{A^{(e)}} (\boldsymbol{f}^{(e)}{}_{,x} \boldsymbol{f}^{(e)}{}_{,x}{}^{\mathrm{T}} + \boldsymbol{f}^{(e)}{}_{,y} \boldsymbol{f}^{(e)}{}_{,y}{}^{\mathrm{T}}) \,\mathrm{d}A, \tag{5.4.19}$$

und das zweite Integral liefert den Elementvektor der rechten Seite

$$\boldsymbol{r}^{(e)} = \int\limits_{A^{(e)}} \boldsymbol{f}^{(e)} \,\mathrm{d}A. \tag{5.4.20}$$

Aus der Grundfunktion (5.4.14) erkennen wir, daß die Ansatzfunktion C^0-Stetigkeit gewährleisten muß.

Für einen Stab mit Rechteckquerschnitt (Bild 5.4.3) wollen wir die *Prandtl*sche Spannungsfunktion bestimmen und daraus die Schubspannungen ermitteln. Dazu verwenden wir Rechteckelemente mit einer biquadratischen Ansatzfunktion (Bild 5.1.14) und den zugehörigen Interpolationsfunktionen (5.1.63). Wir bilden die partiellen Ableitungen des Vektors der Formfunktionen

$$\boldsymbol{f}^{(e)}{}_{,x} = \frac{1}{4a^{(e)}} [(-1 + 2\xi)(-\eta + \eta^2); (1 + 2\xi)(-\eta + \eta^2); (1 + 2\xi)(\eta + \eta^2);$$

$$(-1 + 2\xi)(\eta + \eta^2); -4\xi(-\eta + \eta^2); 2(1 + 2\xi)(1 - \eta^2);$$

$$-4\xi(\eta + \eta^2); 2(-1 + 2\xi)(1 - \eta^2); -8\xi(1 - \eta^2)]^{\mathrm{T}}, \tag{5.4.21}$$

$$\boldsymbol{f}^{(e)}{}_{,y} = \frac{1}{4b^{(e)}} [(-\xi + \xi^2)(-1 + 2\eta); (\xi + \xi^2)(-1 + 2\eta); (\xi + \xi^2)(1 + 2\eta);$$

$$(-\xi + \xi^2)(1 + 2\eta); 2(1 - \xi^2)(-1 + 2\eta); -4(\xi + \xi^2)\eta;$$

$$2(1 - \xi^2)(1 + 2\eta); -4(-\xi + \xi^2)\eta; -8(1 - \xi^2)\eta]^{\mathrm{T}},$$

führen die Abkürzung $k = a^{(e)}/b^{(e)}$ ein und erhalten damit nach der Integration die Elementmatrix

$$\boldsymbol{K}^{(e)} = \frac{1}{90k} \times \left[\begin{array}{ccccc} 28(1+k^2) & 4-7k^2 & -(1+k^2) & -7+4k^2 & -32+14k^2 \\ & 28(1+k^2) & -7+4k^2 & -(1+k^2) & -32+14k^2 \\ & & 28(1+k^2) & 4-7k^2 & 8+2k^2 \\ & & & 28(1+k^2) & 8+2k^2 \\ & & & & 64+112k^2 \\ & & & & \\ & & & & \\ & & & & \\ \text{sym.} & & & & \end{array}\right. \cdots$$

$$\cdots \left.\begin{array}{cccc} 2+8k^2 & 8+2k^2 & 14-32k^2 & -16(1+k^2) \\ 14-32k^2 & 8+2k^2 & 2+8k^2 & -16(1+k^2) \\ 14-32k^2 & -32+14k^2 & 2+8k^2 & -16(1+k^2) \\ 2+8k^2 & -32+14k^2 & 14-32k^2 & -16(1+k^2) \\ -16(1+k^2) & -16(1-k^2) & -16(1+k^2) & 32(1-4k^2) \\ 112+64k^2 & -16(1-k^2) & 16(1-k^2) & 32(-4+k^2) \\ & 64+112k^2 & -16(1+k^2) & 32(1-4k^2) \\ & & 112+64k^2 & 32(-4+k^2) \\ & & & 256(1+k^2) \end{array}\right] \tag{5.4.22}$$

sowie den Elementvektor der rechten Seite

$$\boldsymbol{r}^{(e)} = \frac{kb^{(e)2}}{9}\,[1;\ 1;\ 1;\ 1;\ 4;\ 4;\ 4;\ 4;\ 16]^{\mathrm{T}}. \tag{5.4.23}$$

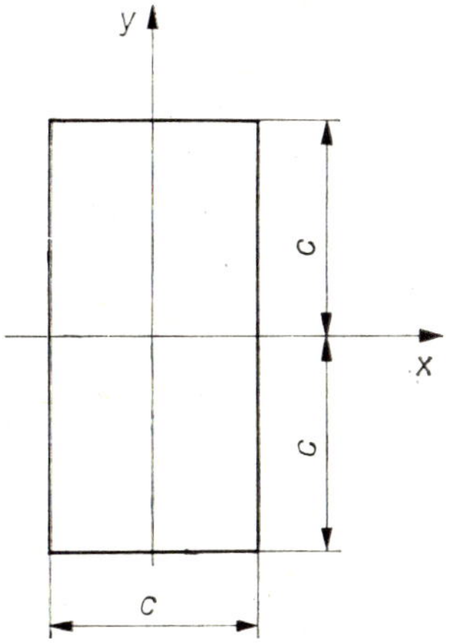

Bild 5.4.3

Speziell für das Seitenverhältnis $k = 0{,}5$ gilt also

$$\boldsymbol{K}^{(e)} = \frac{1}{180}\begin{bmatrix} 140 & 9 & -5 & -24 & -114 & 16 & 34 & 24 & -80 \\ & 140 & -24 & -5 & -114 & 24 & 34 & 16 & -80 \\ & & 140 & 9 & 34 & 24 & -114 & 16 & -80 \\ & & & 140 & 34 & 16 & -114 & 24 & -80 \\ & & & & 368 & -80 & -48 & -80 & 0 \\ & & & & & 512 & -80 & 48 & -480 \\ & & & & & & 368 & -80 & 0 \\ & & & & & & & 512 & -480 \\ \text{sym.} & & & & & & & & 1280 \end{bmatrix},$$

$$\boldsymbol{r}^{(e)} = \frac{b^{(e)2}}{18}\begin{bmatrix} 1 \\ 1 \\ 1 \\ 1 \\ 4 \\ 4 \\ 4 \\ 4 \\ 16 \end{bmatrix}. \tag{5.4.24}$$

Fassen wir den ganzen Querschnitt als *ein* Element auf (Bild 5.4.4a), so sind in diesem Falle die beiden Vektoren $\boldsymbol{r}^{(e)}$ und $\mathring{\boldsymbol{r}}^{(e)}$ identisch, und die Elementgleichung

$$\boldsymbol{K}^{(e)}\boldsymbol{z}^{(e)} = \mathring{\boldsymbol{r}}^{(e)} \tag{5.4.25}$$

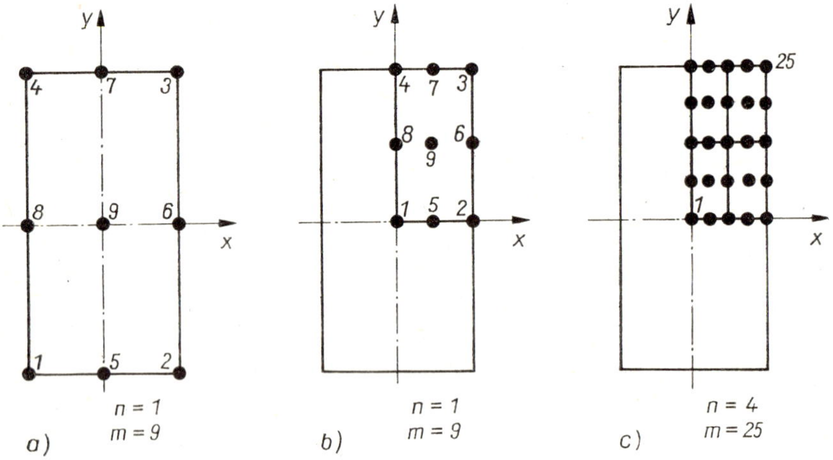

Bild 5.4.4

mit $\boldsymbol{K}^{(e)}$ und $\mathring{\boldsymbol{r}}^{(e)} = \boldsymbol{r}^{(e)}$ nach Gl. (5.4.24) stellt sofort die Systemgleichung dar. Das Verschwinden der Spannungsfunktion auf der Randkontur nach Gl. (5.4.13) bedeutet

$$\Phi_1 = \Phi_2 = \Phi_3 = \Phi_4 = \Phi_5 = \Phi_6 = \Phi_7 = \Phi_8 = 0, \tag{5.4.26}$$

und das modifizierte System besteht mit $b^{(e)} = c$ nur aus der Gleichung

$$\frac{1}{180}\,1280\Phi_9 = \frac{c^2}{18}\,16 \tag{5.4.27}$$

mit dem Ergebnis

$$\Phi_9 = \frac{c^2}{8} = 0{,}1250c^2. \tag{5.4.28}$$

Das Torsionsträgheitsmoment berechnet man zu

$$I_t = 4\int_A \boldsymbol{f}^{(e)\mathrm{T}}\boldsymbol{z}^{(e)}\,\mathrm{d}A = 4\boldsymbol{r}^{(e)\mathrm{T}}\boldsymbol{z}^{(e)} = 4\,\frac{16}{18}\,c^2\Phi_9 = \frac{4}{9}\,c^4 = 0{,}4444c^4. \tag{5.4.29}$$

Da beide Koordinatenachsen Symmetrielinien sind, genügt es für die Untersuchung, wenn ein Viertel des Gesamtquerschnittes vernetzt wird. Auch hierfür verwenden wir zunächst nur ein Element (Bild 5.4.4b). Dann sind auf den beiden Randstücken $x = \frac{c}{2}$, $y = c$ die wesentliche Randbedingung $\Phi = 0$ und auf den beiden Symmetrierändern $x = 0$, $y = 0$ die natürliche Randbedingung $\Phi_{,n} = 0$ zu erfüllen.
Mit den bekannten Knotenwerten

$$\Phi_2 = \Phi_3 = \Phi_4 = \Phi_6 = \Phi_7 = 0 \tag{5.4.30}$$

kann man das modifizierte System wiederum aus der Elementgleichung (5.4.25) gewinnen. Es folgt für $b^{(e)} = \frac{c}{2}$ und Gl. (5.4.24)

$$\frac{1}{180}\begin{bmatrix} 140 & -114 & 24 & -80 \\ & 368 & -80 & 0 \\ & & 512 & -480 \\ \text{sym.} & & & 1280 \end{bmatrix}\begin{bmatrix} \Phi_1 \\ \Phi_5 \\ \Phi_8 \\ \Phi_9 \end{bmatrix} = \frac{c^2}{72}\begin{bmatrix} 1 \\ 4 \\ 4 \\ 16 \end{bmatrix}. \tag{5.4.31}$$

Die Lösungen dieses Gleichungssystems lauten

$$\begin{aligned} \Phi_1 &= 0{,}1113c^2; & \Phi_5 &= 0{,}0828c^2, \\ \Phi_8 &= 0{,}0973c^2; & \Phi_9 &= 0{,}0747c^2. \end{aligned} \tag{5.4.32}$$

Der Beitrag

$$I_t{}^{(e)} = 4\boldsymbol{r}^{(e)\mathrm{T}}\boldsymbol{z}^{(e)} = 4\,\frac{c^2}{72}\,(\Phi_1 + 4\Phi_5 + 4\Phi_8 + 16\Phi_9) = 0{,}1126c^4 \tag{5.4.33}$$

dieses Elements zum Torsionsträgheitsmoment führt auf

$$I_t = 4I_t{}^{(e)} = 0{,}4503c^4. \tag{5.4.34}$$

Schließlich bestimmt man nach Gl. (5.4.3) die Schubspannungen

$$\tau_{zx}^{(e)}(\xi, \eta) = 2G\vartheta \boldsymbol{f}^{(e)}{}_{,y}(\xi, \eta)^{\mathrm{T}}\,\boldsymbol{z}^{(e)}; \qquad \tau_{zy}^{(e)}(\xi, \eta) = -2G\vartheta \boldsymbol{f}^{(e)}{}_{,x}(\xi, \eta)^{\mathrm{T}}\,\boldsymbol{z}^{(e)}. \tag{5.4.35}$$

In Tabelle 5.4.1 werden die erhaltenen Zahlen mit denjenigen, die sich aus einer Vernetzung der Viertelfläche (Bild 5.4.4c) in vier Elemente ergeben, und den exakten Werten verglichen. Letztere wurden aus der analytischen Lösung für das Rechteck (Breite c, Höhe h)

$$\begin{aligned}
\Phi(x, y) &= \frac{c^2}{8}\left(1 - 4\,\frac{x^2}{c^2}\right) - \frac{4c^2}{\pi^3}\sum_{n=1,3,5}^{\infty}\frac{(-1)^{\frac{n-1}{2}}\cosh\dfrac{n\pi y}{c}}{n^3\cosh\dfrac{n\pi h}{2c}}\cos\frac{n\pi x}{c}, \\
I_t &= \frac{hc^3}{3}\left(1 - \frac{192}{\pi^5}\,\frac{c}{h}\sum_{n=1,3,5}^{\infty}\frac{1}{n^5}\tanh\frac{n\pi h}{2c}\right), \\
\tau_{zx}(x, y) &= -\frac{8G\vartheta c}{\pi^2}\sum_{n=1,3,5}^{\infty}\frac{(-1)^{\frac{n-1}{2}}\sinh\dfrac{n\pi y}{c}}{n^2\cosh\dfrac{n\pi h}{2c}}\cos\frac{n\pi x}{c}, \\
\tau_{zy}(x, y) &= \frac{8G\vartheta c}{\pi^2}\left(\frac{\pi^2 x}{4c} - \sum_{n=1,3,5}^{\infty}\frac{(-1)^{\frac{n-1}{2}}\cosh\dfrac{n\pi y}{c}}{n^2\cosh\dfrac{n\pi h}{c}}\sin\frac{n\pi x}{c}\right)
\end{aligned} \tag{5.4.36}$$

ermittelt. Die Spannungsverläufe stimmen auf der Kontaktlinie zweier benachbarter Elemente nicht überein. In diesem Falle wird man in den Knoten das arithmetische Mittel zur Beurteilung verwenden. Die Verbesserung der Lösung für die feinere Unterteilung ist gut zu erkennen, wobei selbst für nur ein Element bereits ein recht gutes Ergebnis vorliegt.

Tabelle 5.4.1

Vernetzung	$\frac{10}{c^2}\Phi(x, y)$					
	$\frac{y}{c}$	$\frac{x}{c} = 0{,}0$	$\frac{x}{c} = 0{,}25$	$\frac{y}{c}$	$\frac{x}{c} = 0{,}0$	$\frac{x}{c} = 0{,}25$
$n = 1$ Element in der Gesamtfläche		1,250	0,938		0,938	0,703
$n = 1$ Element in der Viertelfläche	0,0	1,113	0,828	0,5	0,973	0,747
$n = 4$ Elemente in der Viertelfläche		1,137	0,858		0,970	0,738
exakte Lösung	0,0	1,139	0,859	0,5	0,971	0,740

Vernetzung	$\frac{c^3}{M_t}\tau_{zx}(x, y)$				$\frac{c^3}{M_t}\tau_{zy}(x, y)$				$\frac{10}{c^4} I_t$
	$\frac{y}{c}$	$\frac{x}{c} = 0{,}0$	$\frac{y}{c}$	$\frac{x}{c} = 0{,}25$	$\frac{y}{c}$	$\frac{x}{c} = 0{,}5$	$\frac{y}{c}$	$\frac{x}{c} = 0{,}25$	
$n = 1$ in der Gesamtfläche		−1,125		−0,422		2,250		0,844	4,444
$n = 1$ in der Viertelfläche	1,0	−1,234	0,5	−0,368	0,0	1,953	0,5	0,864	4,503
$n = 4$ in der Viertelfläche		−1,470		−0,182		2,025		0,820	4,566
exakte Lösung	1,0	−1,617	0,5	−0,250	0,0	2,034	0,5	0,823	4,574

5.4.2. Rotationssymmetrische stationäre Wärmeleitung

Zur Berechnung eines rotationssymmetrischen Temperaturfeldes in einem Rotationskörper ist die *Laplace*sche Differentialgleichung in Zylinderkoordinaten

$$\lambda\left[T_{,rr}(r, z) + \frac{1}{r}\,T_{,r}(r, z) + T_{,zz}(r, z)\right] = 0 \tag{5.4.37}$$

zu lösen. Wegen der Rotationssymmetrie des Problems hängen alle Größen nicht von der Koordinate φ ab, und die Randbedingungen für die Oberfläche können auf ihre Erzeugende als Funktionen der Randkoordinate s bezogen werden (Bild 5.4.5). Somit lauten bei vorgegebener Oberflächentemperatur T die wesentliche Randbedingung

$$[T(r, z) - \overline{T}(s)]|_{C_1} = 0 \tag{5.4.38}$$

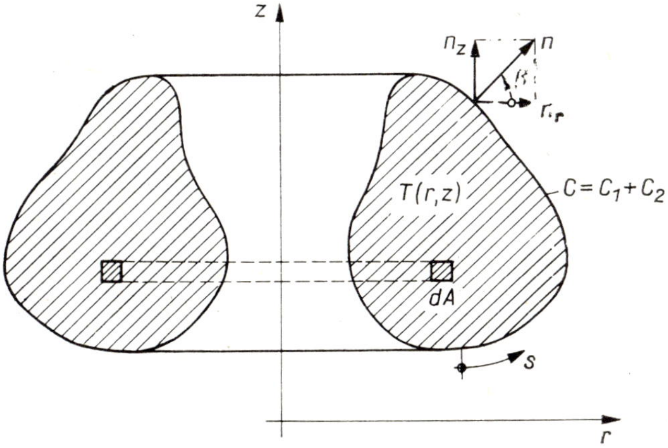

Bild 5.4.5

und bei bekannter Wärmestromdichte $\bar{q}_n$ bzw. vorgeschriebener Umgebungstemperatur T_0 die restlichen Randbedingungen

$$\begin{aligned} &[\lambda T_{,n}(r, z) + \bar{q}_n(s)]\big|_{C_{2'}} = 0, \\ &[\lambda T_{,n}(r, z) + \alpha T(r, z) - \alpha T_0(s)]|_{C_{2''}} = 0. \end{aligned} \qquad C_2 = C_{2'} + C_{2''} \tag{5.4.39}$$

In Erweiterung der Randwertaufgabe (5.3.1) tritt dabei ein Wärmeübergang mit dem Wärmeübergangskoeffizient α auf. Obgleich für dieses Problem eine Variationsaufgabe existiert, wollen wir die Lösung mit Hilfe des Verfahrens von *Galerkin* durchführen.

Bei der Einteilung des Rotationskörpers in finite Elemente entstehen Ringelemente. Die eigentliche Vernetzung erfolgt dann in der erzeugenden Fläche (Bild 5.4.5). Die zunächst im globalen Koordinatensystem für die Querschnittsfläche eines Ringelementes definierte Ansatzfunktionen $T^{(e)}$ liefert für jedes Element e den Fehler

$$\Phi_0{}^{(e)}(r, z) = \lambda \left[T^{(e)}{}_{,rr}(r, z) + \frac{1}{r}\, T^{(e)}{}_{,r}(r, z) + T^{(e)}{}_{,zz}(r, z) \right], \tag{5.4.40}$$

am Außenrand $C_2 = C_{2'} + C_{2''}$ die Fehler

$$\begin{aligned} \Phi_{2'}^{(e)}(s) &= [\lambda T^{(e)}{}_{,n}(r, z) + \bar{q}_n(s)]\big|_{C_{2'}^{(e)}}, \\ \Phi_{2''}^{(e)}(s) &= [\lambda T^{(e)}{}_{,n}(r, z) + \alpha T^{(e)}(r, z) - \alpha T_0(s)]|_{C_{2''}^{(e)}} \end{aligned} \tag{5.4.41}$$

und auf den inneren Elementrändern C_i zwischen benachbarten Elementen die Fehler

$$\Phi_{2,i}(s_i) = \lambda \left[\frac{\partial T^{(e)}(r, z)}{\partial n^{(e)}} + \frac{\partial T^{(e')}(r, z)}{\partial n^{(e')}} \right] \Bigg|_{C_i}. \tag{5.4.42}$$

Entsprechend dem gewählten Lösungsverfahren muß die Summe der über das Gesamtvolumen $V = \sum_e V^{(e)}$ gewichteten Residuen verschwinden, und es gilt mit $dV = 2\pi r\, dA$ und $dO = 2\pi r\, ds$ die Forderung

$$\sum_{e=1}^{n} 2\pi \left\{ \int_{A^{(e)}} w_j(r, z)\, \Phi_0^{(e)}(r, z)\, r\, dA + \int_{C_{2'}^{(e)}} [-w_j(s)]\, \Phi_{2'}^{(e)}(s)\, r\, ds + \int_{C_{2''}^{(e)}} [-w_j(s)]\, \Phi_{2''}^{(e)}(s)\, r\, ds \right\}$$
$$+ \sum_i 2\pi \int_{C_i} [-w_j(s_i)]\, \Phi_{2,i}(s_i)\, r\, ds_i = 0 \qquad (j = 1, 2, \ldots), \tag{5.4.43}$$

wobei die Anzahl der Gewichtsfunktionen gleich der Anzahl der freien Parameter sein muß. Unter der Voraussetzung, daß die Gewichtsfunktionen im Gesamtgebiet integrierbare erste Ableitungen besitzen, folgt für das erste Integral mit Hilfe des *Gauß*schen Integralsatzes

$$\int_{A^{(e)}} w_j \Phi_0^{(e)}\, r\, dA = \lambda \int_{A^{(e)}} w_j \left(T_{,rr}^{(e)} + \frac{1}{r} T^{(e)}{}_{,r} + T_{,zz}^{(e)} \right) r\, dA$$
$$= -\lambda \int_{A^{(e)}} (w_{j,r} T^{(e)}{}_{,r} + w_{j,z} T^{(e)})_{,z}\, r\, dA + \lambda \oint_{C^{(e)}} w_j \frac{\partial T^{(e)}}{\partial n^{(e)}}\, r\, ds^{(e)}. \tag{5.4.44}$$

Nach Summierung des Umlaufintegrals über alle Elemente gewinnt man

$$\sum_{e=1}^{n} \lambda \oint_{C^{(e)}} w_j \frac{\partial T^{(e)}}{\partial n^{(e)}}\, r\, ds^{(e)} = \sum_{e=1}^{n} \lambda \left(\int_{C_1^{(e)}} w_j T^{(e)}{}_{,n}\, r\, ds + \int_{C_{2'}^{(e)}} w_j T^{(e)}{}_{,n}\, r\, ds + \int_{C_{2''}^{(e)}} w_j T^{(e)}{}_{,n}\, r\, ds \right)$$
$$+ \sum_i \lambda \int_{C_i} w_j \left(\frac{\partial T^{(e)}}{\partial n^{(e)}} + \frac{\partial T^{(e')}}{\partial n^{(e')}} \right) r\, ds_i, \tag{5.4.45}$$

und wir erhalten schließlich die Bedingung

$$\sum_{e=1}^{n} \left[\lambda \int_{A^{(e)}} (w_{j,r} T^{(e)}{}_{,r} + w_{j,z} T^{(e)}{}_{,z})\, r\, dA + \alpha \int_{C_{2''}^{(e)}} w_j T^{(e)}\, r\, ds + \int_{C_1^{(e)}} w_j \dot{q}_n^{(e)} r\, ds \right.$$
$$\left. + \int_{C_{2'}^{(e)}} w_j \bar{\dot{q}}_n r\, ds - \alpha \int_{C_{2''}^{(e)}} w_j \bar{T}_0 r\, ds \right] = 0 \qquad (j = 1, 2, \ldots). \tag{5.4.46}$$

Da hierin für den Temperaturverlauf nur erste Ableitungen vorhanden sind, genügt eine Ansatzfunktion mit C^0-Stetigkeit. Alle Integrale erstrecken sich über die Fläche und u. U. über ein Randstück eines Elementes e.

Wir verwenden das Dreieckelement mit 6 Knotenpunkten (Bild 5.1.5) und die quadratischen Formfunktionen (5.1.29) in Dreieckkoordinaten. Damit stellen in der Ansatzfunktion

$$T^{(e)}(\xi_1, \xi_2, \xi_3) = \boldsymbol{f}^{(e)}(\xi_1, \xi_2, \xi_3)^{\mathrm{T}}\, \boldsymbol{z}^{(e)} \tag{5.4.47}$$

die Komponenten des Elementknotenvektors $\boldsymbol{z}^{(e)}$ die Temperaturen in den 6 Knotenpunkten des Elementes e dar. Beim Verfahren von *Galerkin* bilden die Interpolationsfunktionen $f_k(\xi_1, \xi_2, \xi_3)$ die Gewichtsfunktionen. Diese enthalten im Knoten i Anteile *der* Elemente, die den Knoten i besitzen. Im Element e wird die Gewichtsfunktion w_i durch *die* Formfunktion f_k beschrieben, die im Knoten i den Wert 1 hat.

Die Systemmatrix $\boldsymbol{K}$ wird nicht nur aus den Elementmatrizen

$$\boldsymbol{K}^{(e)} = \lambda \int\limits_{A^{(e)}} (\boldsymbol{f}^{(e)}{}_{,r}\boldsymbol{f}^{(e)}{}_{,r}{}^{\mathrm{T}} + \boldsymbol{f}^{(e)}{}_{,z}\boldsymbol{f}^{(e)}{}_{,z}{}^{\mathrm{T}})\, r \,\mathrm{d}A\,, \tag{5.4.48}$$

sondern auch aus Beiträgen

$$\boldsymbol{K}_k{}^{(e)} = \alpha \int\limits_{l_k} (\boldsymbol{f}^{(e)}\boldsymbol{f}^{(e)\mathrm{T}} r)|_{\xi_k=0}\, \mathrm{d}s^{(e)} \qquad (k = 1, 2, 3) \tag{5.4.49}$$

der Wärmeübergangsbedingung auf dem Randstück $C_{2''}$ aufgebaut. Die benötigten Ableitungen der Formfunktionen bestimmen wir gemäß den Differentiationsregeln (5.1.11) mit $x \triangleq r$ und $y \triangleq z$. Für den Radius r am Element e gilt nach Gl. (5.1.7)

$$r = r_1\xi_1 + r_2\xi_2 + r_3\xi_3\,. \tag{5.4.50}$$

Zur Berechnung der Elementmatrix benutzen wir die Interpolationsfunktionen (5.1.29) in der Schreibweise (5.1.32)

$$\boldsymbol{f}^{(e)}(\xi_1, \xi_2, \xi_3) = \boldsymbol{F}_6{}^{-1\mathrm{T}}\boldsymbol{w}_6(\xi_1, \xi_2, \xi_3) \tag{5.4.51}$$

und erhalten mit den beiden Matrizen

$$\boldsymbol{H}_r{}^{(e)} = \frac{1}{2A^{(e)}}\begin{bmatrix} 3c_1 & -c_1 & -c_1 \\ -c_2 & 3c_2 & -c_2 \\ -c_3 & -c_3 & 3c_2 \\ 4c_2 & 4c_1 & 0 \\ 0 & 4c_3 & 4c_2 \\ 4c_3 & 0 & 4c_1 \end{bmatrix}; \qquad \boldsymbol{H}_z{}^{(e)} = \frac{1}{2A^{(e)}}\begin{bmatrix} 3b_1 & -b_1 & -b_1 \\ -b_2 & 3b_2 & -b_2 \\ -b_3 & -b_3 & 3b_3 \\ 4b_2 & 4b_1 & 0 \\ 0 & 4b_3 & 4b_2 \\ 4b_3 & 0 & 4b_1 \end{bmatrix} \tag{5.4.52}$$

die partiellen Ableitungen

$$\boldsymbol{f}_{,r}{}^{(e)} = \boldsymbol{H}_r{}^{(e)}\boldsymbol{w}_3\,; \qquad \boldsymbol{f}_{,z}{}^{(e)} = \boldsymbol{H}_z{}^{(e)}\boldsymbol{w}_3\,. \tag{5.4.53}$$

Die Elementmatrix nimmt dann die Form

$$\boldsymbol{K}^{(e)} = \lambda(\boldsymbol{H}_r{}^{(e)}\boldsymbol{I}^{(e)}\boldsymbol{H}_r{}^{(e)\mathrm{T}} + \boldsymbol{H}_z{}^{(e)}\boldsymbol{I}^{(e)}\boldsymbol{H}_z{}^{(e)\mathrm{T}}) \tag{5.4.54}$$

an, wobei die Matrix

$$\boldsymbol{I}^{(e)} = \int\limits_{A^{(e)}} \boldsymbol{w}_3\boldsymbol{w}_3{}^{\mathrm{T}} r\,\mathrm{d}A$$

$$= \frac{A^{(e)}}{60}\left(r_1\begin{bmatrix} 6 & 2 & 2 \\ 2 & 2 & 1 \\ 2 & 1 & 2 \end{bmatrix} + r_2\begin{bmatrix} 2 & 2 & 1 \\ 2 & 6 & 2 \\ 1 & 2 & 2 \end{bmatrix} + r_3\begin{bmatrix} 2 & 1 & 2 \\ 1 & 2 & 2 \\ 2 & 2 & 6 \end{bmatrix}\right) \tag{5.4.55}$$

unter Verwendung der Integrationsformel (5.1.12) ermittelt wird. Auf ähnliche Art finden wir mit

$$\boldsymbol{I}_k{}^{(e)} = \int\limits_{l_k} (\boldsymbol{w}_6\boldsymbol{w}_6{}^{\mathrm{T}} r)|_{\xi_k=0}\, \mathrm{d}s^{(e)} \qquad (k = 1, 2, 3) \tag{5.4.56}$$

die Matrix

$$\boldsymbol{K}_k^{(e)} = \alpha \boldsymbol{F}_6^{-1\mathrm{T}} \boldsymbol{I}_k^{(e)} \boldsymbol{F}_6^{-1}. \tag{5.4.57}$$

Am Rand $\xi_1 = 0$ ist

$$\boldsymbol{I}_1^{(e)} = \frac{l_1}{60} \left\{ r_2 \begin{bmatrix} 0 & 0 & 0 & 0 & 0 & 0 \\ & 10 & 1 & 0 & 2 & 0 \\ & & 2 & 0 & 1 & 0 \\ & & & 0 & 0 & 0 \\ & & & & 1 & 0 \\ \text{sym.} & & & & & 0 \end{bmatrix} + r_3 \begin{bmatrix} 0 & 0 & 0 & 0 & 0 & 0 \\ & 2 & 1 & 0 & 1 & 0 \\ & & 10 & 0 & 2 & 0 \\ & & & 0 & 0 & 0 \\ & & & & 1 & 0 \\ \text{sym.} & & & & & 0 \end{bmatrix} \right\}. \tag{5.4.58}$$

Zur Bestimmung des Vektors der rechten Seite der Systemgleichung werden die vorgeschriebene Wärmestromdichte $\bar{\dot{q}}_n$ und die bekannte Umgebungstemperatur T_0 analog zu Gl. (5.4.47) durch quadratische Verläufe mit Hilfe der Formfunktionen (5.1.29) und der drei Knotenwerte auf dem Randstück $\xi_k = 0$ $(k = 1, 2, 3)$ angenähert. Wir erhalten

$$\begin{aligned} \bar{\dot{q}}_n^{(e)}|_{\xi_k=0} &= (\boldsymbol{f}^{(e)\mathrm{T}} \bar{\dot{\boldsymbol{q}}}_n^{(e)})|_{\xi_k=0} \\ T_0^{(e)}|_{\xi_k=0} &= (\boldsymbol{f}^{(e)\mathrm{T}} \boldsymbol{t}_0^{(e)})|_{\xi_k=0} \end{aligned} \qquad (k = 1, 2, 3), \tag{5.4.59}$$

wobei z. B. am Rand $\xi_1 = 0$ die Vektoren

$$\begin{aligned} \bar{\dot{\boldsymbol{q}}}_n^{(e)}|_{\xi_1=0} &= [0; \bar{\dot{q}}_{n2}; \bar{\dot{q}}_{n3}; 0; \bar{\dot{q}}_{n5}; 0]^\mathrm{T}, \\ \boldsymbol{t}_0^{(e)}|_{\xi_1=0} &= [0; T_{02}; T_{03}; 0; T_{05}; 0]^\mathrm{T} \end{aligned} \tag{5.4.60}$$

gelten. Bei der Modifizierung der Systemgleichung muß neben der Randbedingung (5.4.38) auch das Verschwinden der Gewichtsfunktionen auf dem Rand C_1 berücksichtigt werden. Der modifizierte Vektor der rechten Seite $\overset{*}{\boldsymbol{r}}$ besitzt dann Anteile aus den restlichen Randbedingungen auf $C_2 = C_{2'} + C_{2''}$

$$\boldsymbol{r}_q^{(e)}|_{\xi_k=0} = -\int_{l_k} (\boldsymbol{f}^{(e)} \bar{\dot{q}}_n^{(e)} r)|_{\xi_k=0}\, \mathrm{d}s^{(e)} = -\int_{l_k} (\boldsymbol{f}^{(e)} \boldsymbol{f}^{(e)\mathrm{T}} r)|_{\xi_k=0}\, \mathrm{d}s^{(e)} \bar{\dot{\boldsymbol{q}}}_n^{(e)}|_{\xi_k=0}$$

$$(k = 1, 2, 3), \tag{5.4.61}$$

bzw.

$$\boldsymbol{r}_\alpha^{(e)}|_{\xi_k=0} = \alpha \int_{l_k} (\boldsymbol{f}^{(e)} T_0^{(e)} r)|_{\xi_k=0}\, \mathrm{d}s^{(e)} = \alpha \int_{l_k} (\boldsymbol{f}^{(e)} \boldsymbol{f}^{(e)\mathrm{T}} r)|_{\xi_k=0}\, \mathrm{d}s^{(e)} \boldsymbol{t}_0^{(e)}|_{\xi_k=0}$$

$$(k = 1, 2, 3) \tag{5.4.62}$$

und aus vorgegebenen Temperaturen auf C_1. Ein Vergleich mit Gl. (5.4.49) zeigt, daß sich diese Anteile der Elementvektoren der rechten Seite in der Form

$$\begin{aligned} \boldsymbol{r}_q^{(e)}|_{\xi_k=0} &= -\frac{1}{\alpha} \boldsymbol{K}_k^{(e)} \bar{\dot{\boldsymbol{q}}}_n^{(e)}|_{\xi_k=0}, \\ \boldsymbol{r}_\alpha^{(e)}|_{\xi_k=0} &= \boldsymbol{K}_k^{(e)} \boldsymbol{t}_0^{(e)}|_{\xi_k=0} \end{aligned} \qquad (k = 1, 2, 3) \tag{5.4.63}$$

angeben lassen.

Wir wollen für den in Bild 5.4.6 dargestellten Rotationskörper die Temperaturverteilung bestimmen. Die vorgeschriebenen Randbedingungen sind dem Bild zu entnehmen. Mit der in Bild 5.4.7a angegebenen Aufteilung der Querschnittsfläche A in zwei Dreieckelemente mit insgesamt 9 Knoten ist die Zuordnung zwischen Element- und den Systemknotennummern in Tabelle 5.4.2 festgelegt. Die für die Differentia-

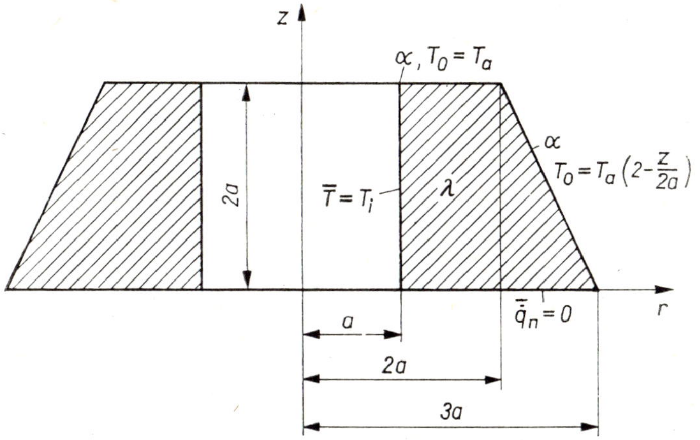

Bild 5.4.6

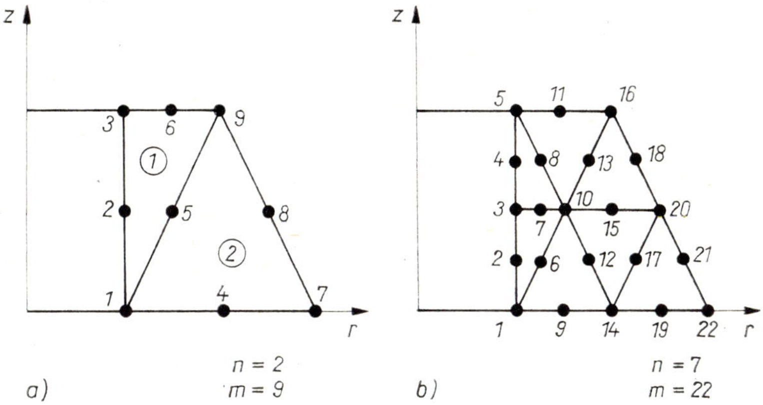

Bild 5.4.7

Tabelle 5.4.2

Elementknotennummer	Systemknotennummer	
	Element	
	1	2
1	1	1
2	9	7
3	3	9
4	5	4
5	6	8
6	2	5

tionen [vgl. Gl. (5.4.52)] bzw. Integrationen [vgl. Gln. (5.4.55), (5.4.58)] benötigten geometrischen Werte enthält Tabelle 5.4.3.

Tabelle 5.4.3

Element	r_1	r_2	r_3	z_1	z_2	z_3	b_1	b_2	b_3	c_1	c_2	c_3	l_1	l_2	l_3	$A^{(e)}$
1	a	$2a$	a	0	$2a$	$2a$	$-a$	0	a	0	$2a$	$-2a$	a	$2a$	$\sqrt{5}\,a$	a^2
2	a	$3a$	$2a$	0	0	$2a$	$-a$	$-a$	$2a$	$-2a$	$2a$	0	$\sqrt{5}\,a$	$\sqrt{5}\,a$	$2a$	$2a^2$

Mit diesen Größen berechnen wir

$$\left.\begin{aligned}
\boldsymbol{K}^{(1)} &= \frac{\lambda a}{60}\begin{bmatrix} 18 & 0 & 6 & -2 & 2 & -24 \\ & 96 & 28 & 12 & -124 & -12 \\ & & 90 & 6 & -102 & -28 \\ & & & 256 & -80 & -192 \\ & & & & 288 & 16 \\ \text{sym.} & & & & & 240 \end{bmatrix}, \\
\boldsymbol{K}^{(2)} &= \frac{\lambda a}{60}\begin{bmatrix} 60 & 15 & 9 & -56 & 11 & -39 \\ & 90 & 11 & -64 & -41 & -11 \\ & & 60 & 0 & -42 & -38 \\ & & & 280 & -112 & -48 \\ & & & & 304 & -120 \\ \text{sym.} & & & & & 256 \end{bmatrix},
\end{aligned}\right\} \tag{5.4.64}$$

$$\boldsymbol{K}_1{}^{(1)} = \frac{\alpha a^2}{60}\begin{bmatrix} 0 & 0 & 0 & 0 & 0 & 0 \\ & 15 & -3 & 0 & 8 & 0 \\ & & 9 & 0 & 4 & 0 \\ & & & 0 & 0 & 0 \\ & & & & 48 & 0 \\ \text{sym.} & & & & & 0 \end{bmatrix}; \quad \boldsymbol{K}_1{}^{(2)} = \frac{\alpha a^2\sqrt{5}}{60}\begin{bmatrix} 0 & 0 & 0 & 0 & 0 & 0 \\ & 23 & -5 & 0 & 12 & 0 \\ & & 17 & 0 & 8 & 0 \\ & & & 0 & 0 & 0 \\ & & & & 80 & 0 \\ \text{sym.} & & & & & 0 \end{bmatrix}, \tag{5.4.65}$$

$$\left.\begin{aligned}
\boldsymbol{r}^{(1)}|_{\xi_1=0} &= \frac{1}{60}\,T_a\alpha a^2[0;\,20;\,10;\,0;\,60;\,0]^{\mathrm{T}}, \\
\boldsymbol{r}^{(2)}|_{\xi_1=0} &= \frac{\sqrt{5}}{60}\,T_a\alpha a^2[0;\,59;\,19;\,0;\,152;\,0]^{\mathrm{T}}.
\end{aligned}\right\} \tag{5.4.66}$$

Für $\dfrac{\alpha a}{\lambda} = 0{,}1$ und $\dfrac{T_a}{T_i} = 10$ folgt nach Berücksichtigung der wesentlichen Randbedingungen das modifizierte Gleichungssystem

$$\begin{bmatrix} 280 & 48 & 0 & -64 & -112 & 0 \\ & 512 & -80 & -11 & -120 & -26 \\ & & 292{,}8 & 0 & 0 & -123{,}2 \\ & & & 90 + 2{,}3\sqrt{5} & -41 + 1{,}2\sqrt{5} & 11 - 0{,}5\sqrt{4} \\ & & & & 304 + 8\sqrt{5} & -42 + 0{,}8\sqrt{5} \\ \text{sym.} & & & & & 157{,}5 + 1{,}7\sqrt{5} \end{bmatrix} \begin{bmatrix} T_4 \\ T_5 \\ T_6 \\ T_7 \\ T_8 \\ T_9 \end{bmatrix}$$

$$= T_i \begin{bmatrix} 56 \\ 227 \\ 143{,}6 \\ -15 + 59\sqrt{5} \\ -11 + 152\sqrt{5} \\ -4{,}7 + 19\sqrt{5} \end{bmatrix} \tag{5.4.67}$$

mit den Lösungen

$$\begin{aligned} T_4 &= 3{,}447T_i; & T_7 &= 5{,}154T_i, \\ T_5 &= 2{,}407T_i; & T_8 &= 4{,}140T_i, \\ T_6 &= 2{,}522T_i; & T_9 &= 3{,}265T_i. \end{aligned} \tag{5.4.68}$$

Eine feinere Vernetzung mit 7 Elementen und 22 Knoten nach Bild 5.4.7 b liefert die Knotentemperaturen

$$\left.\begin{aligned} T_1 &= T_i; & T_6 &= 1{,}782T_i; & T_{11} &= 2{,}587T_i; & T_{17} &= 3{,}889T_i, \\ T_2 &= T_i; & T_7 &= 1{,}779T_i; & T_{12} &= 2{,}972T_i; & T_{18} &= 3{,}603T_i, \\ T_3 &= T_i; & T_8 &= 1{,}782T_i; & T_{13} &= 2{,}904T_i; & T_{19} &= 4{,}355T_i, \\ T_4 &= T_i; & T_9 &= 2{,}433T_i; & T_{14} &= 3{,}483T_i; & T_{20} &= 4{,}129T_i, \\ T_5 &= T_i; & T_{10} &= 2{,}403T_i; & T_{15} &= 3{,}368T_i; & T_{21} &= 4{,}694T_i, \\ & & & & T_{16} &= 3{,}332T_i; & T_{22} &= 5{,}177T_i. \end{aligned}\right\} \tag{5.4.69}$$

5.4.3. Potentialströmung

Für die ebene, stationäre Strömung einer inkompressiblen Flüssigkeit lautet die Kontinuitätsgleichung (v_x und v_y sind die Komponenten des Geschwindigkeitsvektors)

$$v_{x,x}(x, y) + v_{y,y}(x, y) = 0. \tag{5.4.70}$$

Für wirbelfreie Potentialströmungen gilt

$$v_{x,y}(x, y) - v_{y,x}(x, y) = 0. \tag{5.4.71}$$

Ersetzt man die Geschwindigkeitskomponenten gemäß

$$v_x(x, y) = \Psi_{,y}(x, y); \qquad v_y(x, y) = -\Psi_{,x}(x, y) \tag{5.4.72}$$

durch die Gradienten einer Stromfunktion Ψ, so ist die Kontinuitätsgleichung identisch erfüllt, und aus der zweiten Feldgleichung ergibt sich die *Laplace*sche Differentialgleichung

$$\Psi_{,xx}(x, y) + \Psi_{,yy}(x, y) = 0. \tag{5.4.73}$$

Bei Kenntnis der Stromfunktion Ψ lassen sich nach Gl. (5.4.72) die Strömungsgeschwindigkeiten und mit ϱ als Dichte der Flüssigkeit sowie p_0 als statischem Druck die Druckverteilung

$$p(x, y) = -\frac{\varrho}{2}\,[v_x^2(x, y) + v_y^2(x, y)] + p_0 \tag{5.4.74}$$

ermitteln.

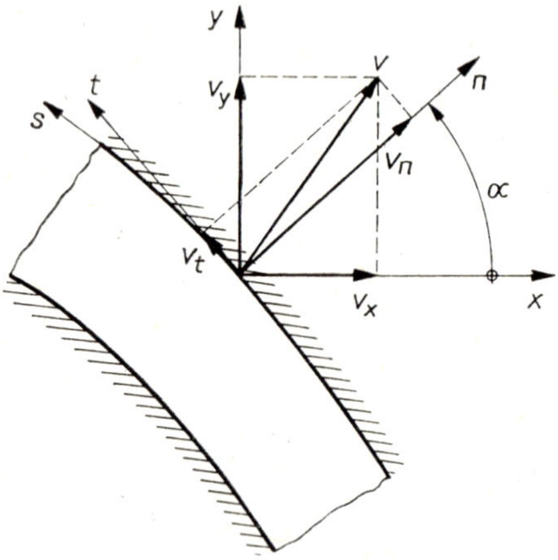

Bild 5.4.8

Die Randbedingungen für die Stromfunktion folgen aus den Forderungen für die Geschwindigkeitskomponenten normal bzw. tangential zum Rand (Bild 5.4.8)

$$\begin{aligned} v_n &= v_x \cos\alpha + v_y \sin\alpha = \Psi_{,y}n_x - \Psi_{,x}n_y = \Psi_{,s}\,, \\ v_t &= -v_x \sin\alpha + v_y \cos\alpha = -\Psi_{,y}n_y - \Psi_{,x}n_x = -\Psi_{,n}\,. \end{aligned} \tag{5.4.75}$$

Ist nur die Normalgeschwindigkeit v_n senkrecht zu einem Randstück des durchströmten Gebietes bekannt (Bild 5.4.9), gewinnt man

$$\overline{\Psi}(s) = \int\limits_0^s \bar{v}_n(\bar{s})\,\mathrm{d}\bar{s} + \Psi_0 \tag{5.4.76}$$

und somit die wesentliche Randbedingung

$$[\Psi(x, y) - \overline{\Psi}(s)]|_{C_1} = 0. \tag{5.4.77}$$

An Wandstücken ist $\bar{v}_n = 0$, d. h., die Stromfunktion Ψ besitzt auf diesen Begrenzungslinien einen konstanten Wert, so daß letztere selbst Stromlinien darstellen.

Beschränken wir uns auf Strömungsvorgänge, bei denen am Einfluß- und Ausflußquerschnitt die Tangentialgeschwindigkeit $\bar{v}_t = 0$ ist, erhält man aus Gl. (5.4.75) die natürliche Randbedingung

$$\Psi_{,n}(x, y)|_{C_2} = 0. \tag{5.4.78}$$

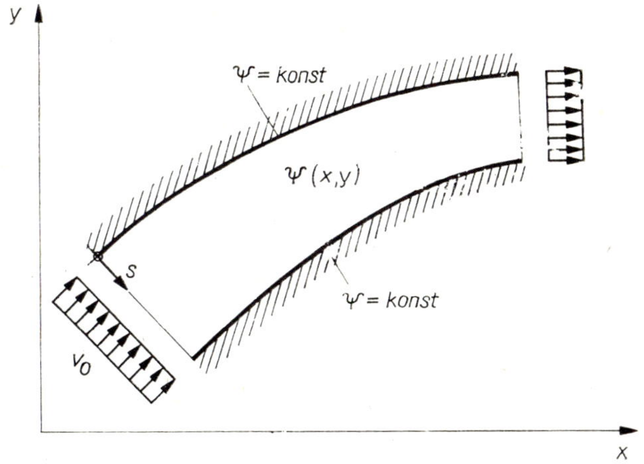

Bild 5.4.9

Das Randwertproblem

$$\begin{aligned} &\Psi_{,xx}(x, y) + \Psi_{,yy}(x, y) = 0, \\ &[\Psi(x, y) - \bar{\Psi}(s)]|_{C_1} = 0; \qquad \Psi_{,n}(x, y)|_{C_2} = 0 \end{aligned} \tag{5.4.79}$$

kann als notwendige (und hinreichende) Bedingung für die Variationsaufgabe

$$\begin{aligned} &J\{\Psi\} = \frac{1}{2} \int_A [\Psi_{,x}^2(x, y) + \Psi_{,y}^2(x, y)]\, \mathrm{d}A = \text{Extremum}, \\ &[\Psi(x, y) - \bar{\Psi}(s)]|_{C_1} = 0 \end{aligned} \tag{5.4.80}$$

aufgefaßt werden, wobei sich C_1 aus verschiedenen Begrenzungslinien zusammensetzt, auf denen die Stromfunktion einen jeweils konstanten Wert annimmt. Diese Konstanten berechnen wir mit Gl. (5.4.76). Das Variationsproblem (5.4.80) besitzt Gl. (5.4.73) als *Euler*sche Differentialgleichung und Gl. (5.4.87) als natürliche Randbedingung, d. h., auf Randstücken C_2 verschwindet voraussetzungsgemäß die Tangentialgeschwindigkeit v_t. Damit muß der Ein- bzw. Ausströmrand so festgelegt werden, daß dieser Strömungszustand mit Sicherheit vorhanden ist.
Ausgangspunkt für die Näherungslösung ist wieder die Forderung

$$\delta J = \int_A (\Psi_{,x}\delta\Psi_{,x} + \Psi_{,y}\delta\Psi_{,y})\, \mathrm{d}A = 0. \tag{5.4.81}$$

Da die Grundfunktion nur erste Ableitungen enthält, braucht die Ansatzfunktion für die Stromfunktion

$$\Psi^{(e)}(x, y) = \boldsymbol{f}^{(e)}(x, y)^{\mathrm{T}}\, \boldsymbol{z}^{(e)} = \boldsymbol{z}^{(e)\mathrm{T}} \boldsymbol{f}^{(e)}(x, y) \tag{5.4.82}$$

nur C^0-Stetigkeit zu gewährleisten. Aus der Beziehung

$$\delta \tilde{J} = \sum_{e=1}^{n} \delta \boldsymbol{z}^{(e)\mathrm{T}} (\boldsymbol{f}^{(e)}{}_{,x} \boldsymbol{f}^{(e)}{}_{,x}{}^{\mathrm{T}} + \boldsymbol{f}^{(e)}{}_{,y} \boldsymbol{f}^{(e)}{}_{,y}{}^{\mathrm{T}})\, \mathrm{d}A\, \boldsymbol{z}^{(e)} = 0 \tag{5.4.83}$$

folgt die bereits mehrfach ermittelte Elementmatrix für Potentialprobleme

$$\boldsymbol{K}^{(e)} = \int_{A^{(e)}} (\boldsymbol{f}^{(e)}{}_{,x} \boldsymbol{f}^{(e)}{}_{,x}{}^{\mathrm{T}} + \boldsymbol{f}^{(e)}{}_{,y} \boldsymbol{f}^{(e)}{}_{,y}{}^{\mathrm{T}})\, \mathrm{d}A\,, \tag{5.4.84}$$

während ein Vektor der rechten Seite zunächst nicht auftritt.

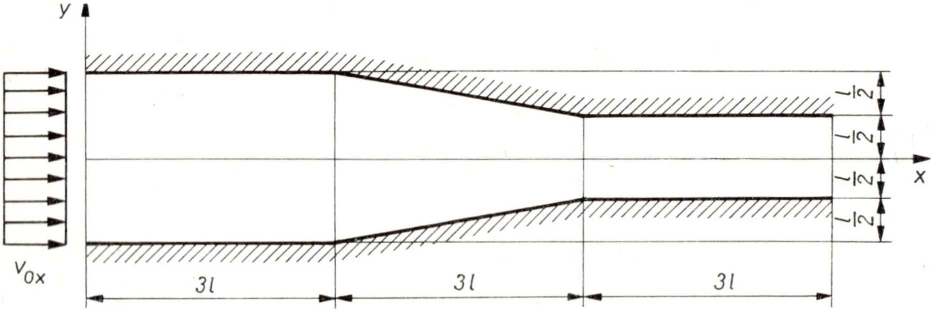

Bild 5.4.10

Wir wollen den Strömungsvorgang in dem in Bild 5.4.10 wiedergegebenen Spalt untersuchen. Im Einströmquerschnitt sei die Anströmgeschwindigkeit v_{0x} über die gesamte Spaltbreite konstant. Wir wählen Dreieck- und Rechteckelemente mit jeweils einer linearen Ansatzfunktion. Diese beiden verschiedenen Elemente können wir ohne weiteres nebeneinander verwenden, da auch an ihrer Kontaktlinie die benötigte C^0-Stetigkeit gesichert ist. Die zugehörigen Formfunktionen sind Gl. (5.1.22) bzw. Gl. (5.1.61) zu entnehmen. Für diese Dreieckelemente bestimmen wir mit den Differentiationsregeln (5.1.11) die Ableitungen

$$\begin{aligned} \boldsymbol{f}^{(e)}{}_{,x} &= \frac{1}{2A^{(e)}} [c_1; c_2; c_3]^{\mathrm{T}}, \\ \boldsymbol{f}^{(e)}{}_{,y} &= \frac{1}{2A^{(e)}} [b_1; b_2; b_3]^{\mathrm{T}} \end{aligned} \tag{5.4.85}$$

und damit die Elementmatrix

$$\boldsymbol{K}^{(e)} = \frac{1}{4A^{(e)}} \begin{bmatrix} (c_1c_1 + b_1b_1) & (c_1c_2 + b_1b_2) & (c_1c_3 + b_1b_3) \\ & (c_2c_2 + b_2b_2) & (c_2c_3 + b_2b_3) \\ \text{sym.} & & (c_3c_3 + b_3b_3) \end{bmatrix}. \tag{5.4.86}$$

Analog folgen für die Rechteckelemente die Ableitungen

$$\begin{aligned} \boldsymbol{f}^{(e)}{}_{,x} &= \frac{1}{4a^{(e)}} [-(1-\eta); (1-\eta); (1+\eta); -(1+\eta)]^{\mathrm{T}}, \\ \boldsymbol{f}^{(e)}{}_{,y} &= \frac{1}{4b^{(e)}} [-(1-\xi); -(1+\xi); (1+\xi); (1-\xi)]^{\mathrm{T}}, \end{aligned} \tag{5.4.87}$$

bzw. die Elementmatrix ($k = a^{(e)}/b^{(e)}$)

$$\boldsymbol{K}^{(e)} = \frac{1}{6k} \begin{bmatrix} 2(1+k^2) & (-2+k^2) & -(1+k^2) & (1-2k^2) \\ & 2(1+k^2) & (1-2k^2) & -(1+k^2) \\ & & 2(1+k^2) & (-2+k^2) \\ \text{sym.} & & & 2(1+k^2) \end{bmatrix}. \tag{5.4.88}$$

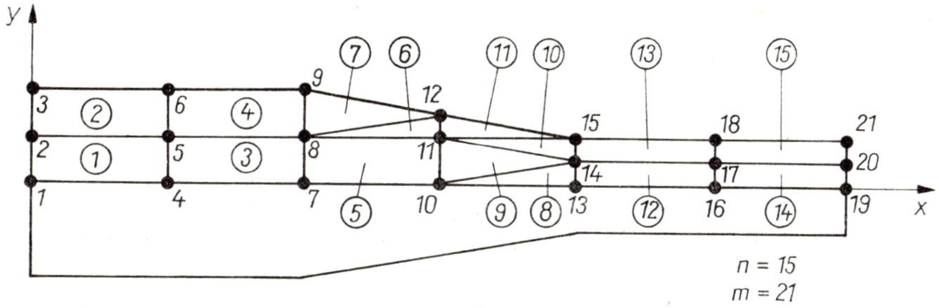

Bild 5.4.11

Da sich bei den gegebenen Verhältnissen ein Strömungsvorgang einstellen wird, der symmetrisch zur x-Achse verläuft, ist diese eine Stromlinie, und es genügt, nur die Hälfte des durchströmten Gebietes zu betrachten (Bild 5.4.11). Es entstehen also 9 Rechteck- und 6 Dreieckelemente mit insgesamt 21 Knoten. Die Gl. (5.4.76) liefert am Einströmquerschnitt

$$\begin{aligned} \overline{\Psi}(s) &= \int_0^s (-v_{0x})\, \mathrm{d}\bar{s} + \Psi_0 \\ &= -v_{0x}s + \Psi_0. \end{aligned} \tag{5.4.89}$$

Nehmen wir ohne Einschränkung der Allgemeinheit auf der Symmetrielinie $\overline{\Psi} = 0$ an, so wird

$$\overline{\Psi}(l) = -v_{0x}l + \Psi_0 = 0. \tag{5.4.90}$$

Damit erhalten wir $\Psi_0 = v_{0x}l = \overline{\Psi}(0)$, und da auch die obere Begrenzungslinie Stromlinie ist, müssen wir

$$\Psi_1 = \Psi_4 = \Psi_7 = \Psi_{10} = \Psi_{13} = \Psi_{16} = \Psi_{19} = 0, \tag{5.4.91}$$

bzw.

$$\Psi_3 = \Psi_6 = \Psi_9 = \Psi_{12} = \Psi_{15} = \Psi_{18} = \Psi_{21} = v_{0x}l \tag{5.4.92}$$

setzen. Die beiden Randstücke 1—2—3 und 19—20—21 sind C_2-Ränder, auf denen $\bar{v}_t = 0$ als natürliche Randbedingung gilt.
Wir berechnen (Bild 5.4.11) die Elementmatrizen

$$\boldsymbol{K}^{(1)} = \boldsymbol{K}^{(2)} = \boldsymbol{K}^{(3)} = \boldsymbol{K}^{(4)} = \boldsymbol{K}^{(5)} = \frac{1}{18} \begin{bmatrix} 20 & 7 & -10 & -17 \\ & 20 & -17 & -10 \\ & & 20 & 7 \\ \text{sym.} & & & 20 \end{bmatrix},$$

$$\boldsymbol{K}^{(12)} = \boldsymbol{K}^{(13)} = \boldsymbol{K}^{(14)} = \boldsymbol{K}^{(15)} = \frac{1}{36}\begin{bmatrix} 74 & 34 & -37 & -71 \\ & 74 & -71 & -37 \\ & & 74 & 34 \\ \text{sym.} & & & 74 \end{bmatrix},$$

$$\boldsymbol{K}^{(7)} = \boldsymbol{K}^{(9)} = \frac{1}{24}\begin{bmatrix} 37 & -2 & -35 \\ & 4 & -2 \\ \text{sym.} & & 37 \end{bmatrix}; \quad \boldsymbol{K}^{(6)} = \boldsymbol{K}^{(8)} = \frac{1}{12}\begin{bmatrix} 1 & -1 & 0 \\ & 37 & -36 \\ \text{sym.} & & 36 \end{bmatrix},$$

$$\boldsymbol{K}^{(10)} = \frac{1}{12}\begin{bmatrix} 1 & 0 & -1 \\ & 36 & -36 \\ \text{sym.} & & 37 \end{bmatrix}; \quad \boldsymbol{K}^{(11)} = \frac{1}{12}\begin{bmatrix} 37 & -1 & -36 \\ & 1 & 0 \\ \text{sym.} & & 36 \end{bmatrix}, \tag{5.4.93}$$

Tabelle 5.4.4

Elementknotennummer	Systemknotennummer														
	Rechteckelemente									Dreieckelemente					
	Element									Element					
	1	2	3	4	5	12	13	14	15	7	9	6	8	10	11
1	1	2	4	5	7	13	14	16	17	8	10	8	10	11	11
2	4	5	7	8	10	16	17	19	20	12	14	11	13	14	15
3	5	6	8	9	11	17	18	20	21	9	11	12	14	15	12
4	2	3	5	6	8	14	15	17	18	·	·	·	·	·	·

und entsprechend der Zuordnung zwischen den Element- und den Systemknotennummern gemäß Tabelle 5.4.4 wird die (21×21)-Systemmatrix aufgebaut. Wir wollen jedoch auf deren Wiedergabe verzichten. Da wegen der vorgeschriebenen Randgrößen bereits 14 Knotenwerte bekannt sind, verbleiben lediglich 7 Gleichungen für die 7 Werte der Stromfunktion in den Knoten 2, 5, 8, 11, 14, 17 und 20. Dies führt auf das modifizierte Gleichungssystem

$$\begin{bmatrix} 160 & 56 & 0 & 0 & 0 & 0 & 0 \\ & 320 & 56 & 0 & 0 & 0 & 0 \\ & & 357 & 22 & 0 & 0 & 0 \\ & & & 641 & -6 & 0 & 0 \\ & & & & 740 & 136 & 0 \\ & & & & & 592 & 136 \\ \text{sym.} & & & & & & 296 \end{bmatrix} \begin{bmatrix} \Psi_2 \\ \Psi_5 \\ \Psi_8 \\ \Psi_{11} \\ \Psi_{14} \\ \Psi_{17} \\ \Psi_{20} \end{bmatrix} = v_{0x} l \begin{bmatrix} 108 \\ 216 \\ 219 \\ 444 \\ 432 \\ 432 \\ 216 \end{bmatrix}, \tag{5.4.94}$$

wobei der Vektor der rechten Seite dadurch entsteht, daß die bekannten inhomogenen Funktionswerte auf die rechte Seite gebracht werden. Aus den Lösungen

$$\begin{aligned} &\Psi_2 = 0{,}4995 v_{0x} l; \quad &&\Psi_5 = 0{,}5013 v_{0x} l; \quad &&\Psi_8 = 0{,}4929 v_{0x} l, \\ &\Psi_{11} = 0{,}6804 v_{0x} l; \quad &&\Psi_{14} = 0{,}4973 v_{0x} l; \quad &&\Psi_{17} = 0{,}5007 v_{0x} l, \\ &\Psi_{20} = 0{,}4997 v_{0x} l \end{aligned} \tag{5.4.95}$$

folgen die Komponenten des Geschwindigkeitsvektors gemäß Gl. (5.4.72) für das Dreieckelement mit Gl. (5.4.85) und für das Rechteckelement mit Gl. (5.4.87) zu

$$\begin{bmatrix} v_x^{(e)}(\xi_1, \xi_2, \xi_3) \\ v_y^{(e)}(\xi_1, \xi_2, \xi_3) \end{bmatrix} = \frac{1}{2A^{(e)}} \begin{bmatrix} b_1 & b_2 & b_3 \\ -c_1 & -c_2 & -c_3 \end{bmatrix} \mathfrak{z}^{(e)},$$

$$\begin{bmatrix} v_x^{(e)}(\xi, \eta) \\ v_y^{(e)}(\xi, \eta) \end{bmatrix} = \frac{1}{4a^{(e)}} \begin{bmatrix} -k(1-\xi) & -k(1+\xi) & k(1+\xi) & k(1-\xi) \\ (1-\eta) & -(1-\eta) & -(1+\eta) & (1+\eta) \end{bmatrix} \mathfrak{z}^{(e)}. \tag{5.4.96}$$

Die Funktionsverläufe der Geschwindigkeiten stimmen auf der Kontaktlinie zweier benachbarter Elemente nicht überein. In Tabelle 5.4.5 sind diese unterschiedlichen Werte und ihr arithmetisches Mittel für einzelne Knotenpunkte eingetragen. Die Vergleichswerte wurden mit Hilfe einer sehr feinmaschigen FEM-Lösung (225 Knoten) ermittelt.

Tabelle 5.4.5

Knoten	Element	v_{xi}/v_{0x}			v_{yi}/v_{0x}		
i		Element-wert	arithm. Mittel	Vergleichs-wert	Element-wert	arithm. Mittel	Vergleichs-wert
5	1	1,0026	1,0000	1,0002	−0,0012	0,0022	−0,0003
	2	0,9974			−0,0012		
	3	1,0026			0,0056		
	4	0,9974			0,0056		
11	5	1,3608	1,4578	1,3289	−0,1250	−0,1562	−0,1454
	6	1,2784			−0,1250		
	9	1,3608			−0,1047		
	10	2,0108			−0,2131		
	11	1,2787			−0,2131		
17	12	2,0028	2,0000	2,0000	−0,0023	−0,0008	0,0000
	13	1,9972			−0,0023		
	14	2,0028			0,0007		
	15	1,9972			0,0007		

Wir können den Einströmquerschnitt auch zum Rand C_1 zählen, da mit Gl. (5.4.90) die Werte für die Stromfunktion hier bekannt sind. Das gleiche gilt auch für den Ausströmquerschnitt, wenn wir hier ebenfalls eine konstante Normalgeschwindigkeit annehmen. So finden wir bei Berücksichtigung der vorgeschriebenen Stromfunktionswerte in den Knoten 1 und 3 bzw. 19 und 21

$$\Psi_2 = -v_{0x} \frac{l}{2} + v_{0x} l = \frac{1}{2} v_{0x} l,$$

$$\Psi_{20} = 2 v_{0x} \frac{l}{4} = \frac{1}{2} v_{0x} l. \tag{5.4.97}$$

Damit reduziert sich das modifizierte Gleichungssystem (5.4.94) um weitere zwei Unbekannte und lautet

$$\begin{bmatrix} 320 & 56 & 0 & 0 & 0 \\ & 357 & 22 & 0 & 0 \\ & & 641 & -6 & 0 \\ & & & 740 & 136 \\ \text{sym.} & & & & 592 \end{bmatrix} \begin{bmatrix} \Psi_5 \\ \Psi_8 \\ \Psi_{11} \\ \Psi_{14} \\ \Psi_{17} \end{bmatrix} = v_{0x} l \begin{bmatrix} 188 \\ 219 \\ 444 \\ 432 \\ 364 \end{bmatrix}. \tag{5.4.98}$$

Es besitzt nur unwesentlich von Gl. (5.4.95) abweichende Lösungen

$$\begin{aligned} \Psi_5 &= 0{,}5012 v_{0x} l; \quad \Psi_8 = 0{,}4929 v_{0x} l; \quad \Psi_{11} = 0{,}6804 v_{0x} l, \\ \Psi_{14} &= 0{,}4973 v_{0x} l; \quad \Psi_{17} = 0{,}5006 v_{0x} l. \end{aligned} \tag{5.4.99}$$

Lösen wir dieselbe Aufgabe mit isoparametrischen Viereckelementen (Bild 5.1.22), so erhalten wir für die benötigten Ableitungen

$$\begin{aligned} \boldsymbol{f}^{(e)},_x &= \boldsymbol{f}^{(e)},_{\bar\xi} \bar\xi,_x + \boldsymbol{f}^{(e)},_{\bar\eta} \bar\eta,_x , \\ \boldsymbol{f}^{(e)},_y &= \boldsymbol{f}^{(e)},_{\bar\xi} \bar\xi,_y + \boldsymbol{f}^{(e)},_{\bar\eta} \bar\eta,_y \end{aligned} \tag{5.4.100}$$

und unter Verwendung von Gl. (5.1.91) zunächst

$$\begin{aligned} \boldsymbol{f}^{(e)},_x &= \frac{1}{J} (\boldsymbol{f}^{(e)},_{\bar\xi} y,_{\bar\eta} - \boldsymbol{f}^{(e)},_{\bar\eta} y,_{\bar\xi}), \\ \boldsymbol{f}^{(e)},_y &= -\frac{1}{J} (\boldsymbol{f}^{(e)},_{\bar\xi} x,_{\bar\eta} - \boldsymbol{f}^{(e)},_{\bar\eta} x,_{\bar\xi}) \end{aligned} \tag{5.4.101}$$

sowie mit der Transformationsbeziehung (5.1.111) schließlich

$$\begin{aligned} \boldsymbol{f}^{(e)},_x &= \frac{1}{J} (\boldsymbol{f}^{(e)},_{\bar\xi} \boldsymbol{f}^{(e)},_{\bar\eta}{}^{\mathrm{T}} - \boldsymbol{f}^{(e)},_{\bar\eta} \boldsymbol{f}^{(e)},_{\bar\xi}{}^{\mathrm{T}}) \boldsymbol{y}_4 , \\ \boldsymbol{f}^{(e)},_y &= -\frac{1}{J} (\boldsymbol{f}^{(e)},_{\bar\xi} \boldsymbol{f}^{(e)},_{\bar\eta}{}^{\mathrm{T}} - \boldsymbol{f}^{(e)},_{\bar\eta} \boldsymbol{f}^{(e)},_{\bar\xi}{}^{\mathrm{T}}) \boldsymbol{x}_4 . \end{aligned} \tag{5.4.102}$$

Die Elementmatrix (5.4.84) ergibt sich nach Einsetzen des Flächendifferentials (5.1.93) in der Form

$$\boldsymbol{K}^{(e)} = \int_0^1 \int_0^1 \frac{1}{J} (\boldsymbol{f}^{(e)},_{\bar\xi} \boldsymbol{f}^{(e)},_{\bar\eta}{}^{\mathrm{T}} - \boldsymbol{f}^{(e)},_{\bar\eta} \boldsymbol{f}^{(e)},_{\bar\xi}{}^{\mathrm{T}}) (\boldsymbol{y}_4 \boldsymbol{y}_4{}^{\mathrm{T}} + \boldsymbol{x}_4 \boldsymbol{x}_4{}^{\mathrm{T}}) (\boldsymbol{f}^{(e)},_{\bar\eta} \boldsymbol{f}^{(e)},_{\bar\xi}{}^{\mathrm{T}} - \boldsymbol{f}^{(e)},_{\bar\xi} \boldsymbol{f}^{(e)},_{\bar\eta}{}^{\mathrm{T}}) \,\mathrm{d}\bar\xi \,\mathrm{d}\bar\eta . \tag{5.4.103}$$

In unserem Falle gilt für die *Jacobi*-Determinante (5.1.90)

$$J = \boldsymbol{f}^{(e)},_{\bar\xi}{}^{\mathrm{T}} (\boldsymbol{x}_4 \boldsymbol{y}_4{}^{\mathrm{T}} - \boldsymbol{y}_4 \boldsymbol{x}_4{}^{\mathrm{T}}) \boldsymbol{f}^{(e)},_{\bar\eta} , \tag{5.4.104}$$

so daß unter Verwendung der Interpolationsfunktionen (5.1.112) die Ableitungen

$$\begin{aligned} \boldsymbol{f}^{(e)},_{\bar\xi} &= [-(1 - \bar\eta); (1 - \bar\eta); \bar\eta; -\bar\eta]^{\mathrm{T}}, \\ \boldsymbol{f}^{(e)},_{\bar\eta} &= [-(1 - \bar\xi); -\bar\xi; \bar\xi; (1 - \bar\xi)]^{\mathrm{T}} \end{aligned} \tag{5.4.105}$$

und schließlich die Beziehung

$$\begin{aligned} J(\bar{\xi}, \bar{\eta}) = {} & x_1(y_2 - y_4) + x_2(y_4 - y_1) + x_4(y_1 - y_2) \\ & + \bar{\xi}[(x_3 - x_4)(y_1 - y_2) - (x_1 - x_2)(y_3 - y_4)] \\ & + \bar{\eta}[(x_4 - x_1)(y_2 - y_3) - (x_2 - x_3)(y_4 - y_1)] \end{aligned} \tag{5.4.106}$$

folgen. Mit einer Matrix

$$\boldsymbol{H}(\bar{\xi}, \bar{\eta}) = -\boldsymbol{H}(\bar{\xi}, \bar{\eta})^{\mathrm{T}} = \boldsymbol{f}^{(e)}{}_{,\bar{\xi}}\boldsymbol{f}^{(e)}{}_{,\bar{\eta}}{}^{\mathrm{T}} - \boldsymbol{f}^{(e)}{}_{,\bar{\eta}}\boldsymbol{f}^{(e)}{}_{,\bar{\xi}}{}^{\mathrm{T}}$$

$$= \begin{bmatrix} 0 & (1-\bar{\eta}) & -\bar{\xi}+\bar{\eta} & -(1-\bar{\xi}) \\ -(1-\bar{\eta}) & 0 & \bar{\xi} & 1-\bar{\xi}-\bar{\eta} \\ \bar{\xi}-\bar{\eta} & -\bar{\xi} & 0 & \bar{\eta} \\ (1-\bar{\xi}) & -1+\bar{\xi}+\bar{\eta} & -\bar{\eta} & 0 \end{bmatrix} \tag{5.4.107}$$

lautet dann die Elementmatrix

$$\boldsymbol{K}^{(e)} = \int_0^1\int_0^1 \boldsymbol{H}(\bar{\xi}, \bar{\eta})\,\frac{(\boldsymbol{y}_4\boldsymbol{y}_4{}^{\mathrm{T}} + \boldsymbol{x}_4\boldsymbol{x}_4{}^{\mathrm{T}})}{J(\xi, \bar{\eta})}\,\boldsymbol{H}(\bar{\xi}, \bar{\eta})^{\mathrm{T}}\,\mathrm{d}\bar{\xi}\,\mathrm{d}\bar{\eta}. \tag{5.4.108}$$

Bereits in 5.1. hatten wir darauf hingewiesen, daß Integrale dieser Form im allgemeinen numerisch bestimmt werden müssen. Wir wollen jedoch darauf verzichten, den weiteren Rechengang vorzustellen, da er sich nach Ausführung der Integration von der vorher benutzten Vorgehensweise nicht unterscheidet. Mit der aus Bild 5.4.12 ersichtlichen Elementanordnung erhalten wir

$$\begin{aligned} &\Psi_2 = 0{,}5007 v_{0x} l; \quad \Psi_5 = 0{,}4979 v_{0x} l; \quad \Psi_8 = 0{,}5110 v_{0x} l; \quad \Psi_{11} = 0{,}5041 v_{0x} l, \\ &\Psi_{14} = 0{,}4959 v_{0x} l; \quad \Psi_{17} = 0{,}5010 v_{0x} l, \quad \Psi_{20} = 0{,}4995 v_{0x} l. \end{aligned} \tag{5.4.109}$$

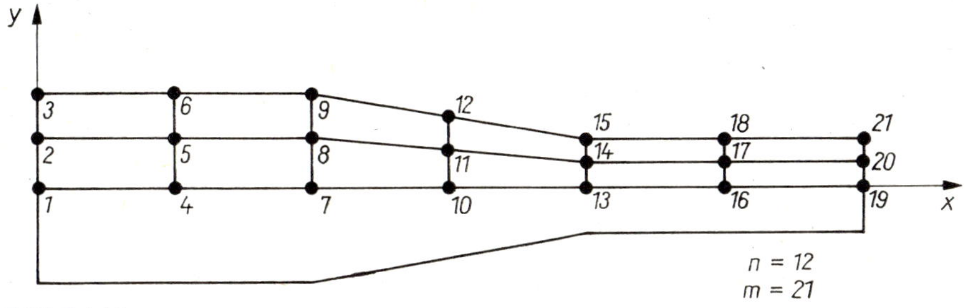

Bild 5.4.12

Die Stromlinien dieses Problems sind in Bild 5.4.13 wiedergegeben.

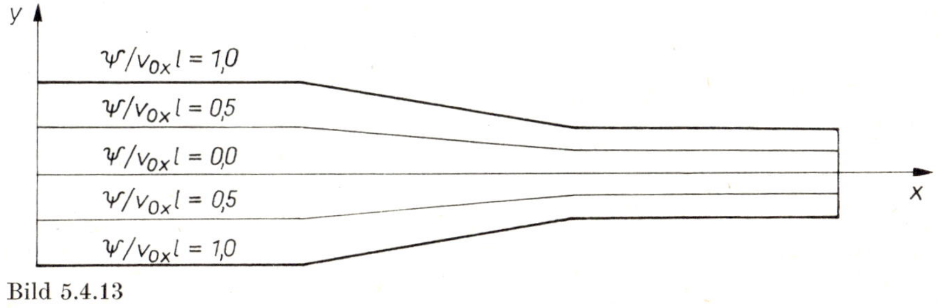

Bild 5.4.13

5.4.4. Ebenes elektromagnetisches Feldproblem

Stationäre, ebene elektromagnetische Feldprobleme werden in einem kartesischen Koordinatensystem durch die Gleichungen von *Maxwell*

$$B_{x,x}(x, y) + B_{y,y}(x, y) = 0,$$
$$H_{y,x}(x, y) - H_{x,y}(x, y) = -G(x, y), \tag{5.4.110}$$
$$B_x(x, y) = \mu H_x(x, y); \qquad B_y(x, y) = \mu H_y(x, y)$$

beschrieben. Dabei sind

$H_x(x, y)$, $H_y(x, y)$	die Komponenten der magnetischen Feldstärke,
$B_x(x, y)$, $B_y(x, y)$	die Komponenten der magnetischen Flußdichte,
$G(x, y)$	die Stromdichte senkrecht zur x,y-Ebene,
μ	die magnetische Permeabilität.

Wird das magnetische Potential Φ entsprechend

$$B_x(x, y) = \Phi_{,y}(x, y); \qquad B_y(x, y) = -\Phi_{,x}(x, y) \tag{5.4.111}$$

eingeführt, so ist die erste Gl. (5.4.110) identisch erfüllt, und man gewinnt aus den beiden anderen Beziehungen

$$\frac{1}{\mu} [\Phi_{,xx}(x, y) + \Phi_{,yy}(x, y)] = G(x, y). \tag{5.4.112}$$

Die zu dieser *Poisson*schen Differentialgleichung gehörenden Randbedingungen folgen aus dem Verhalten der Flußdichte normal bzw. tangential zum Rand

$$\begin{aligned} B_n &= B_x \cos\alpha + B_y \sin\alpha = \Phi_{,y} n_x - \Phi_{,x} n_y = \Phi_{,s}, \\ B_t &= -B_x \sin\alpha + B_y \cos\alpha = -\Phi_{,y} n_y - \Phi_{,x} n_x = -\Phi_{,n}. \end{aligned} \tag{5.4.113}$$

Ist die Normalkomponente der Flußdichte bekannt, so gilt

$$[\Phi(x, y) - \bar{\Phi}(s)]|_{C_1} = 0. \tag{5.4.114}$$

Existiert keine Tangentialkomponente der Flußdichte, so ist

$$\Phi_{,n}(x, y)|_{C_2} = 0. \tag{5.4.115}$$

Dieses Randwertproblem kann als notwendige Bedingung für die Variationsaufgabe

$$J\{\Phi\} = \frac{1}{2} \int\limits_A \left\{\frac{1}{\mu} [\Phi_{,x}^2(x, y) + \Phi_{,y}^2(x, y)] + 2G(x, y)\,\Phi(x, y)\right\} \mathrm{d}A = \text{Extremum},$$
$$[\Phi(x, y) - \bar{\Phi}(s)]|_{C_1} = 0 \tag{5.4.116}$$

aufgefaßt werden. Ihre *Euler*sche Differentialgleichung ist die *Poisson*sche Differentialgleichung (5.4.112), und ihre natürlichen Randbedingungen stimmen mit der Forderung (5.4.115) überein. Aus der Bedingung

$$\delta J = \int\limits_A \left[\frac{1}{\mu} (\Phi_{,x}\delta\Phi_{,x} + \Phi_{,y}\delta\Phi_{,y}) + G\delta\Phi\right] \mathrm{d}A = 0 \tag{5.4.117}$$

erhalten wir für eine Ansatzfunktion mit C^0-Stetigkeit

$$\Phi^{(e)}(x, y) = \boldsymbol{f}^{(e)}(x, y)^{\mathrm{T}} \boldsymbol{z}^{(e)} = \boldsymbol{z}^{(e)\mathrm{T}} \boldsymbol{f}^{(e)}(x, y) \tag{5.4.118}$$

zunächst

$$\delta \tilde{J} = \sum_{e=1}^{n} \delta \boldsymbol{z}^{(e)\mathrm{T}} \left[\frac{1}{\mu} \int_{A^{(e)}} (\boldsymbol{f}^{(e)},_x \boldsymbol{f}^{(e)},_x{}^{\mathrm{T}} + \boldsymbol{f}^{(e)},_y \boldsymbol{f}^{(e)},_y{}^{\mathrm{T}}) \right] \mathrm{d}A \, \boldsymbol{z}^{(e)} + \int_{A^{(e)}} G \boldsymbol{f}^{(e)} \, \mathrm{d}A = 0 \tag{5.4.119}$$

und daraus die Elementmatrix

$$\boldsymbol{K}^{(e)} = \frac{1}{\mu} \int_{A^{(e)}} (\boldsymbol{f}^{(e)},_x \boldsymbol{f}^{(e)},_x{}^{\mathrm{T}} + \boldsymbol{f}^{(e)},_y \boldsymbol{f}^{(e)},_y{}^{\mathrm{T}}) \, \mathrm{d}A \,, \tag{5.4.120}$$

bzw. den Elementvektor der rechten Seite

$$\boldsymbol{r}^{(e)} = - \int_{A^{(e)}} G \boldsymbol{f}^{(e)} \, \mathrm{d}A \,. \tag{5.4.121}$$

Als Anwendungsbeispiel wollen wir das Magnetfeld in der Umgebung der Läufernut eines Elektromotors (Bild 5.4.14) berechnen. Als Modell wählen wir das in Bild 5.4.15 dargestellte, durch Abwicklung entstandene Gebiet (Längenmaße in mm). Der im

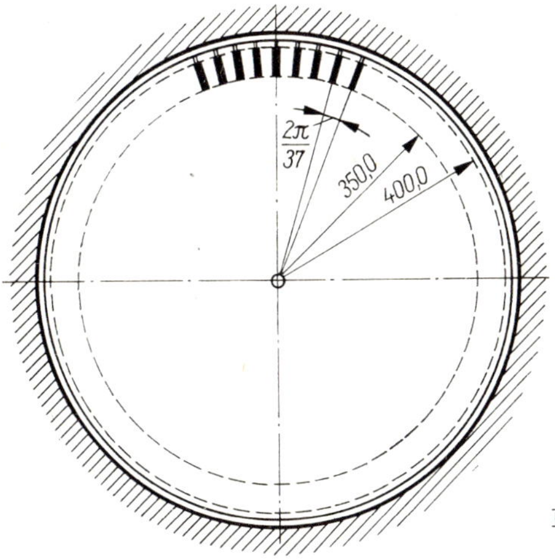

Bild 5.4.14

Kupferquerschnitt fließende Gleichstrom mit der Stromdichte G = konst erzeugt ein magnetisches Feld, dessen Flußdichte bzw. Feldstärke in Richtung der Koordinatenachsen zu bestimmen sind. Die magnetische Permeabilität in Kupfer bzw. Luft wird $\mu_{\mathrm{Cu}} = \mu_{\mathrm{Luft}} = 1{,}0$ Vs/Am gesetzt, während für Eisen $\mu_{\mathrm{Fe}} = 1000{,}0$ Vs/Am ist. Die Ansatzfunktion eines Dreieckelementes mit 6 Knoten enthält die Formfunktionen (5.1.29), die wir nach Gl. (5.1.32) in dem Vektor

$$\boldsymbol{f}^{(e)}(\xi_1, \xi_2, \xi_3) = \boldsymbol{F}_6{}^{-1\mathrm{T}} \boldsymbol{w}_6(\xi_1, \xi_2, \xi_3) \tag{5.4.122}$$

zusammenfassen können. In den partiellen Ableitungen gemäß Gl. (5.1.11)

$$\boldsymbol{f}^{(e)},_x = \boldsymbol{H}_x{}^{(e)} \boldsymbol{w}_3 \,; \qquad \boldsymbol{f}^{(e)},_y = \boldsymbol{H}_y{}^{(e)} \boldsymbol{w}_3 \tag{5.4.123}$$

entstehen die Matrizen $\boldsymbol{H}_x^{(e)}$ und $\boldsymbol{H}_y^{(e)}$ [vgl. Gl. (5.4.52):

$\boldsymbol{H}_x^{(e)} = \boldsymbol{H}_r^{(e)}, \qquad \boldsymbol{H}_y^{(e)} = \boldsymbol{H}_z^{(e)}$],

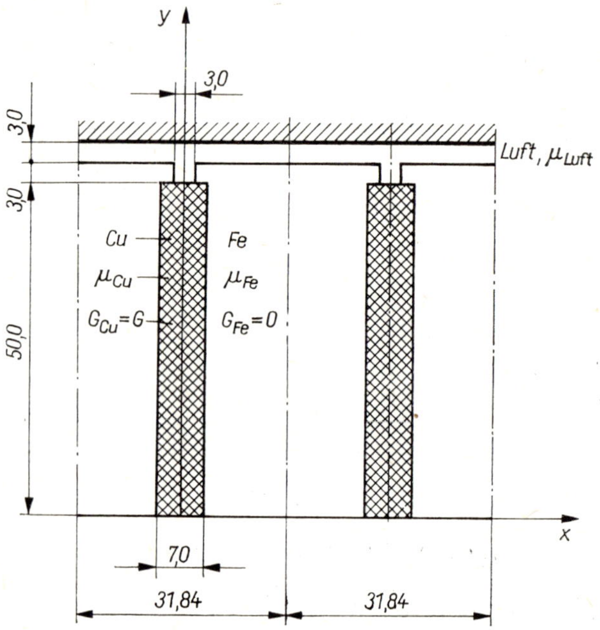

Bild 5.4.15

mit denen dann unter Verwendung von

$$\boldsymbol{I}^{(e)} = \int\limits_{A^{(e)}} \boldsymbol{w}_3 \boldsymbol{w}_3^{\mathrm{T}} \,\mathrm{d}A = \frac{A^{(e)}}{12} \begin{bmatrix} 2 & 1 & 1 \\ 1 & 2 & 1 \\ 1 & 1 & 2 \end{bmatrix}. \tag{5.4.124}$$

die Elementmatrix

$$\boldsymbol{K}^{(e)} = \frac{1}{\mu} (\boldsymbol{H}_x^{(e)} \boldsymbol{I}^{(e)} \boldsymbol{H}_x^{(e)\mathrm{T}} + \boldsymbol{H}_y^{(e)} \boldsymbol{I}^{(e)} \boldsymbol{H}_y^{(e)\mathrm{T}}) \tag{5.4.125}$$

ermittelt wird. Der Elementvektor der rechten Seite lautet

$$\boldsymbol{r}^{(e)} = -\frac{GA^{(e)}}{3} [0; 0; 0; 1; 1; 1]^{\mathrm{T}}. \tag{5.4.126}$$

Damit kann das modifizierte Gleichungssystem gewonnen werden, dessen Lösung für jedes Element e die Komponenten der Flußdichte

$$\begin{aligned} B_x^{(e)}(\xi_1, \xi_2, \xi_3) &= \boldsymbol{f}^{(e)}{}_{,y}(\xi_1, \xi_2, \xi_3)^{\mathrm{T}} \boldsymbol{z}^{(e)} = [\xi_1; \xi_2; \xi_3] \boldsymbol{H}_y^{(e)\mathrm{T}} \boldsymbol{z}^{(e)}, \\ B_y^{(e)}(\xi_1, \xi_2, \xi_3) &= -\boldsymbol{f}^{(e)}{}_{,x}(\xi_1, \xi_2, \xi_3)^{\mathrm{T}} \boldsymbol{z}^{(e)} = -[\xi_1; \xi_2; \xi_3] \boldsymbol{H}_x^{(e)\mathrm{T}} \boldsymbol{z}^{(e)} \end{aligned} \tag{5.4.127}$$

liefert. Da die Ansatzfunktion nur C^0-Stetigkeit besitzt, ergeben sich an der Kontaktlinie zweier Elemente unterschiedliche Funktionsverläufe. Für die Knoten wird man das arithmetische Mittel aller dort vorhandenen Funktionswerte bilden. Die Komponenten der Feldstärke folgen unmittelbar aus Gl. (5.4.110).

In Bild 5.4.16 ist die benutzte Vernetzung mit 120 Elementen und 275 Knoten dargestellt. Dabei sind die Ränder $x = 0{,}0$ mm; $x = 15{,}92$ mm entsprechend dem Berechnungsmodell Symmetrieränder, auf denen $\Phi_{,n}(x, y) = 0$ gilt, und auf dem Randstück $y = 56{,}0$ mm darf $\overline{\Phi} = 0$ gesetzt werden. Auch für den Rand $y = 0{,}0$ mm können wir $\Phi_{,n}(x, y) = 0$ annehmen. Das Ergebnis der FEM-Rechnung führt auf die in Bild 5.4.17 gezeichneten Feldlinien.

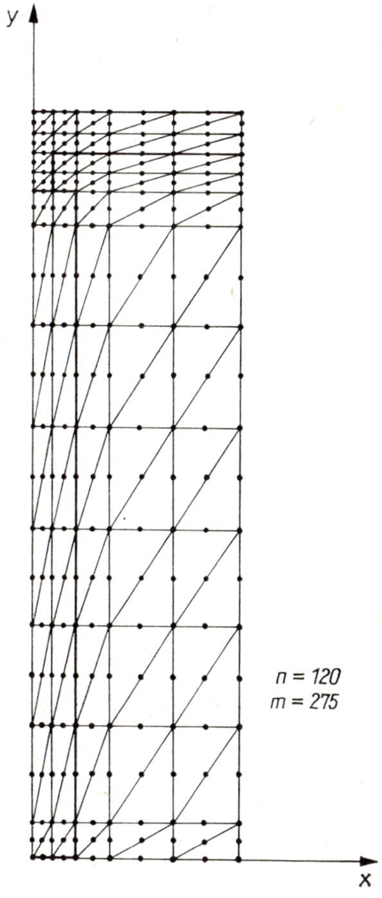

Bild 5.4.16

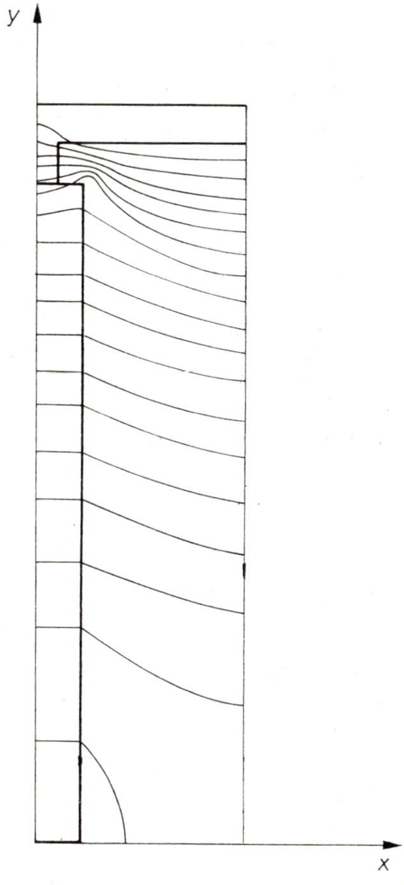

Bild 5.4.17

5.4.5. Ebener Spannungs- und ebener Verzerrungszustand

Bereits in 4.2. hatten wir den ebenen Spannungszustand untersucht. Wir wollen die dort formulierten Grundgleichungen etwas verallgemeinern.
Die Gleichgewichtsbedingungen (4.2.29) und die Verzerrungs-Verschiebungs-Beziehungen (4.2.30) können wir unmittelbar übernehmen. Bei Berücksichtigung von Temperaturänderungen ΔT erscheint das Stoffgesetz in der Form

$$\sigma(x, y) = \boldsymbol{C}[\varepsilon(x, y) - \alpha\, \Delta T(x, y)], \tag{5.4.128}$$

wobei mit der Elastizitätsmatrix

$$\boldsymbol{C} = \begin{bmatrix} c_{11} & c_{12} & c_{13} \\ & c_{22} & c_{23} \\ \text{sym.} & & c_{33} \end{bmatrix} \tag{5.4.129}$$

und dem Vektor der Temperaturkoeffizienten

$$\boldsymbol{\alpha} = [\alpha_1 ; \alpha_2 ; \alpha_3]^{\mathrm{T}} \tag{5.4.130}$$

anisotropes Stoffverhalten erfaßt werden kann. Unter T verstehen wir das Feld der Temperaturänderungen gegenüber dem spannungslosen Zustand. Setzt man die Verzerrungs-Verschiebungs-Beziehung (4.2.30) ein, liefert dies zunächst

$$\boldsymbol{\sigma}(x, y) = \boldsymbol{C}[\boldsymbol{D}\boldsymbol{u}(x, y) - \boldsymbol{\alpha}\, \Delta T(x, y)]. \tag{5.4.131}$$

Aus den Gleichgewichtsbedingungen (4.2.29) gewinnen wir schließlich das Differentialgleichungssystem für die Verschiebungen

$$\boldsymbol{D}^{\mathrm{T}}\boldsymbol{C}[\boldsymbol{D}\boldsymbol{u}(x, y) - \boldsymbol{\alpha}\, \Delta T(x, y)] + \boldsymbol{p}(x, y) = \boldsymbol{o}_2, \tag{5.4.132}$$

das gemeinsam mit den Randbedingungen (4.2.34), (4.2.35) die Randwertaufgabe bildet.

Speziell bei isotropem Stoffverhalten gilt für die Elemente der Elastizitätsmatrix [s. Gl. (4.2.25)] sowie die Temperaturkoeffizienten

$$\left.\begin{aligned} & c_{11} = c_{22} = \frac{E}{1 - \nu^2}; \qquad c_{12} = c_{21} = \frac{\nu E}{1 - \nu^2}; \qquad c_{33} = \frac{E}{2(1 + \nu)}, \\ & c_{13} = c_{31} = c_{23} = c_{32} = 0, \\ & \alpha_1 = \alpha_2 = \alpha; \qquad \alpha_3 = 0. \end{aligned}\right\} \tag{5.4.133}$$

Den ebenen Deformations- oder Verzerrungszustand beschreiben die Gln. (5.4.128) bis (5.4.132) ebenfalls, nur lauten für Isotropie die entsprechenden Koeffizienten jetzt

$$\left.\begin{aligned} & c_{11} = c_{22} = \frac{E(1 - \nu)}{(1 + \nu)(1 - 2\nu)}; \qquad c_{12} = c_{21} = \frac{E\nu}{(1 + \nu)(1 - 2\nu)}, \\ & c_{33} = \frac{E}{2(1 + \nu)}, \\ & c_{13} = c_{31} = c_{23} = c_{32} = 0, \\ & \alpha_1 = \alpha_2 = (1 + \nu)\,\alpha; \qquad \alpha_3 = 0. \end{aligned}\right\} \tag{5.4.134}$$

Sie stimmen formal mit Gl. (5.4.133) überein, wenn wir dort anstelle von E, ν und α die Werte

$$E^* = \frac{E}{1 - \nu^2}; \qquad \nu^* = \frac{\nu}{1 - \nu}; \qquad \alpha^* = (1 + \nu)\,\alpha \tag{5.4.135}$$

benutzen. Wir brauchen also bei isotropem Stoffverhalten ebene Spannungs- und ebene Deformationszustände nicht grundsätzlich zu unterscheiden, wenn die entsprechenden Zahlenwerte E^*, ν^* und α^* verwendet werden.

Die dem ebenen, elastischen Randwertproblem entsprechende Variationsaufgabe

$$J\{\boldsymbol{u}\} = \frac{1}{2}\int_A \{\boldsymbol{\sigma}(x, y)^{\mathrm{T}}\,[\boldsymbol{\varepsilon}(x, y) - \boldsymbol{\alpha}\,\Delta T(x, y)] - 2\boldsymbol{u}(x, y)^{\mathrm{T}}\,\boldsymbol{p}(x, y)\}\,\mathrm{d}A - \int_{C_2} \boldsymbol{u}(x, y)^{\mathrm{T}}\,\overline{\boldsymbol{q}}(s)\,\mathrm{d}s$$

$$= \frac{1}{2}\int_A [(\boldsymbol{D}\boldsymbol{u} - \boldsymbol{\alpha}\,\Delta T)^{\mathrm{T}}\,\boldsymbol{C}(\boldsymbol{D}\boldsymbol{u} - \boldsymbol{\alpha}\,\Delta T) - 2\boldsymbol{u}^{\mathrm{T}}\boldsymbol{p}]\,\mathrm{d}A - \int_{C_2} \boldsymbol{u}^{\mathrm{T}}\overline{\boldsymbol{q}}\,\mathrm{d}s = \text{Extremum}, \tag{5.4.136}$$

$$[\boldsymbol{u}(x, y) - \overline{\boldsymbol{u}}(s)]|_{C_1} = \boldsymbol{o}_2$$

stellen wir mit dem Prinzip vom Minimum des elastischen Potentials auf und wissen, daß ihre *Euler*schen Differentialgleichungen auf Gl. (5.4.132) führen. Ihre natürlichen Randbedingungen stehen mit den vorgegebenen Randspannungen in Zusammenhang [vgl. Gl. (4.2.35)]. Wir setzen die erste Variation des Funktionals Null und gelangen so zur Minimalbedingung

$$\delta J = \int_A [(\boldsymbol{D}\delta\boldsymbol{u})^{\mathrm{T}}\,\boldsymbol{C}(\boldsymbol{D}\boldsymbol{u} - \boldsymbol{\alpha}T) - \delta\boldsymbol{u}^{\mathrm{T}}\boldsymbol{p}]\,\mathrm{d}A - \int_{C_2} \delta\boldsymbol{u}^{\mathrm{T}}\overline{\boldsymbol{q}}\,\mathrm{d}s = 0. \tag{5.4.137}$$

Mit Ansatzfunktionen für die Komponenten des Verschiebungsvektors (5.2.45), die C^0-Stetigkeiten aufweisen müssen, und den in den Gln. (5.2.51), (5.2.58) gewählten Bezeichnungen erhalten wir

$$\delta\tilde{J} = \sum_{e=1}^{n} \delta\boldsymbol{z}^{(e)\mathrm{T}} \left\{ \int_{A^{(e)}} (\boldsymbol{B}^{(e)}\boldsymbol{L}\boldsymbol{C}\boldsymbol{L}^{\mathrm{T}}\boldsymbol{B}^{(e)\mathrm{T}}\boldsymbol{z}^{(e)} - \boldsymbol{B}^{(e)}\boldsymbol{L}\boldsymbol{C}\boldsymbol{\alpha}\,\Delta T - \boldsymbol{F}^{(e)}\boldsymbol{p})\,\mathrm{d}A - \int_{C_2^{(e)}} \boldsymbol{F}^{(e)}\overline{\boldsymbol{q}}\,\mathrm{d}s \right\} = 0. \tag{5.4.138}$$

Dieser Ausdruck liefert die Elementsteifigkeitsmatrix

$$\boldsymbol{K}^{(e)} = \int_{A^{(e)}} \boldsymbol{B}^{(e)}\boldsymbol{L}\boldsymbol{C}\boldsymbol{L}^{\mathrm{T}}\boldsymbol{B}^{(e)\mathrm{T}}\,\mathrm{d}A \tag{5.4.139}$$

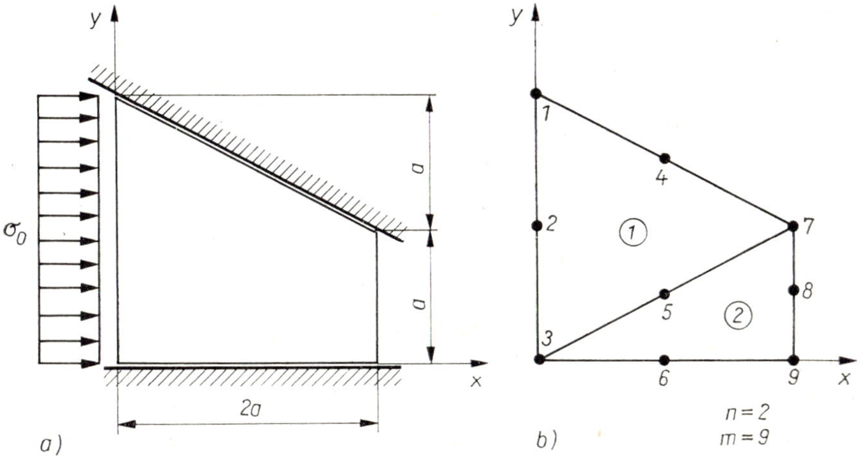

Bild 5.4.18

und den Elementvektor der rechten Seite

$$\boldsymbol{r}^{(e)} = \int\limits_{A^{(e)}} (\boldsymbol{B}^{(e)}\boldsymbol{L}\boldsymbol{C}\alpha\,\Delta T + \boldsymbol{F}^{(e)}\boldsymbol{p})\,\mathrm{d}A + \int\limits_{C_2^{(e)}} \boldsymbol{F}^{(e)}\overline{\boldsymbol{q}}\,\mathrm{d}s. \tag{5.4.140}$$

Drei Aufgaben wollen wir zu dieser Problematik behandeln. Zunächst wird der Spannungszustand in einer isotropen, keilförmigen Scheibe (Bild 5.4.18a) ermittelt ($a = 40{,}0$ mm, $\sigma_0 = 100{,}0$ N/mm²). Sämtliche Reibungseinflüsse sollen vernachlässigt werden, so daß die Reaktionskräfte senkrecht auf den Berührungsflächen stehen. Das Materialverhalten wird durch $E = 2{,}1 \cdot 10^5$ N/mm² und $\nu = 0{,}3$ beschrie-

Tabelle 5.4.6

Elementknotennummer	Systemknotennummer	
	Element	
	1	2
1	3	3
2	7	9
3	1	7
4	5	6
5	4	8
6	2	5

ben. Wir nähern den Verlauf beider Verschiebungskomponenten u und v durch quadratische Polynome an und verwenden dazu die Formfunktionen (5.1.29). Die Scheibe wird in zwei Dreieckelemente unterteilt (Bild 5.4.18b). Der Koinzidenztabelle 5.4.6 ist die benötigte Zuordnung der Elementknotennummern zu entnehmen. Damit folgen die Elementmatrizen zu

$$\boldsymbol{K}^{(1)} = \frac{5 \cdot 10^7}{104}$$

$$\times \begin{bmatrix}
144 & 78 & 40 & 28 & 8 & -2 & -160 & -112 & 0 & 0 & -32 & 8 \\
 & 261 & 24 & 14 & 2 & 73 & -96 & -56 & 0 & 0 & -8 & -292 \\
 & & 240 & 0 & 40 & -24 & -160 & -96 & -160 & 96 & 0 & 0 \\
 & & & 84 & -28 & 14 & -112 & -56 & 112 & -56 & 0 & 0 \\
 & & & & 144 & -78 & 0 & 0 & -160 & 112 & -32 & -8 \\
 & & & & & 261 & 0 & 0 & 96 & -56 & 8 & -292 \\
 & & & & & & 704 & 0 & -64 & 0 & -320 & 208 \\
 & & & & & & & 808 & 0 & -584 & 208 & -112 \\
 & & & & & & & & 704 & 0 & -320 & -208 \\
 & & & & & & & & & 808 & -208 & -112 \\
\text{sym.} & & & & & & & & & & 704 & 0 \\
 & & & & & & & & & & & 808
\end{bmatrix}$$

$\times$ N/mm²,

$$\boldsymbol{K}^{(2)} = \frac{5 \cdot 10^7}{104}$$

$$\times \begin{bmatrix} 120 & 0 & 40 & -24 & 0 & 24 & -160 & 96 & 0 & 0 & 0 & -96 \\ & 42 & -28 & 14 & 28 & 0 & 112 & -56 & 0 & 0 & -112 & 0 \\ & & 288 & -156 & 56 & -24 & -160 & 112 & -224 & 96 & 0 & 0 \\ & & & 522 & -28 & 160 & 96 & -56 & 112 & -640 & 0 & 0 \\ & & & & 168 & 0 & 0 & 0 & -224 & 112 & 0 & -112 \\ & & & & & 480 & 0 & 0 & 96 & -640 & -96 & 0 \\ & & & & & & 768 & -208 & 0 & -208 & -448 & 208 \\ & & & & & & & 1392 & -208 & 0 & 208 & -1280 \\ & & & & & & & & 768 & -208 & -320 & 208 \\ & & & & & & & & & 1392 & 208 & -112 \\ & & & & & & & & & & 768 & -208 \\ \text{sym.} & & & & & & & & & & & 1392 \end{bmatrix}$$

$$\times \text{ N/mm}^2. \tag{5.4.141}$$

Der Elementvektor der rechten Seite wird aus den beiden Vektoren

$$\boldsymbol{r}^{(1)} = \frac{4 \cdot 10^6}{3} [1; 0; 0; 0; 1; 0; 0; 0; 0; 0; 4; 0]^{\mathrm{T}} \text{ N/mm}, \qquad \boldsymbol{r}^{(2)} = \boldsymbol{o}_{12} \tag{5.4.142}$$

gebildet. Der Aufbau der Systemgleichung geschieht nach den bekannten Regeln. Bei der Modifizierung, d. h. beim Berücksichtigen der wesentlichen Randbedingungen, ist hier zu beachten, daß auf dem Randstück mit den Knoten 1, 4 und 7 die Normalverschiebung $u_n = 0$ vorgegeben ist und nicht eine auf das globale Koordinatensystem bezogene Verschiebungskomponente u oder v. Der Verschiebungsvektor $\boldsymbol{u}^{(e)}$ läßt sich ohne Schwierigkeiten in das Randsystem transformieren. Für die Komponenten des Knotenvektors $\boldsymbol{z}_i$ (Bild 5.4.19) gilt dabei

$$\begin{bmatrix} u_i \\ v_i \end{bmatrix} = \begin{bmatrix} \cos\alpha & -\sin\alpha \\ \sin\alpha & \cos\alpha \end{bmatrix} \begin{bmatrix} u_{ni} \\ u_{ti} \end{bmatrix}, \tag{5.4.143}$$

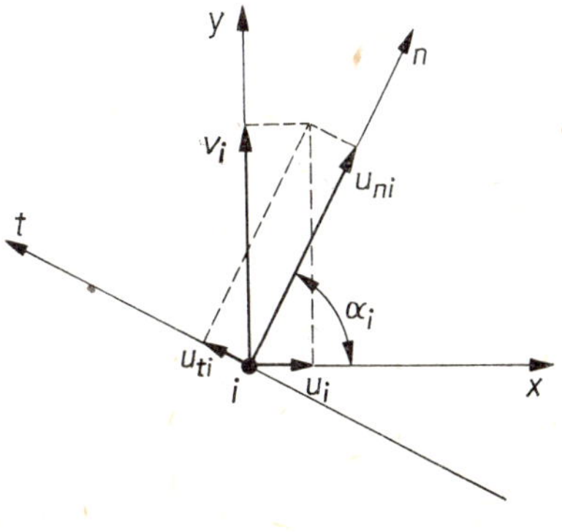

Bild 5.4.19

bzw.

$$\boldsymbol{z}_i = \boldsymbol{T}\boldsymbol{z}_{\mathrm{R}i} \tag{5.4.144}$$

mit der Transformationsmatrix $\boldsymbol{T}$ und dem Randknotenvektor $\boldsymbol{z}_{\mathrm{R}i}$. Die Forderung $u_n = 0$ ist für das gesamte Randstück erfüllt, wenn $u_{ni} = 0$ ($i = 1, 4, 7$) gesetzt wird. Nach Überlagerung der Elementmatrizen $\boldsymbol{K}^{(e)}$ bzw. der Vektoren $\boldsymbol{r}^{(e)}$ zur Systemmatrix $\boldsymbol{K}$ bzw. zum Vektor der rechten Seite $\boldsymbol{r}$ lautet Gl. (5.4.138)

$$\delta\tilde{J} = \delta\boldsymbol{z}^{\mathrm{T}}(\boldsymbol{K}\boldsymbol{z} - \boldsymbol{r}) = 0. \tag{5.4.145}$$

Im Systemknotenvektor $\boldsymbol{z}$ sind nun die betreffenden Knotenvektoren $\boldsymbol{z}_i$ ($i = 1, 4, 7$) in ein Randsystem zu transformieren. Dies erreicht man mit der Transformationsmatrix $\boldsymbol{T}$ und der Einheitsmatrix

$$\boldsymbol{E}_2 = \begin{bmatrix} 1 & 0 \\ 0 & 1 \end{bmatrix} \tag{5.4.146}$$

in der Form

$$\begin{bmatrix} \boldsymbol{z}_1 \\ \boldsymbol{z}_2 \\ \boldsymbol{z}_3 \\ \boldsymbol{z}_4 \\ \boldsymbol{z}_5 \\ \boldsymbol{z}_6 \\ \boldsymbol{z}_7 \\ \boldsymbol{z}_8 \\ \boldsymbol{z}_9 \end{bmatrix} = \begin{bmatrix} \boldsymbol{T} & \boldsymbol{O}_{2,2} & \boldsymbol{O}_{2,2} & \boldsymbol{O}_{2,2} & \boldsymbol{O}_{2,2} & \boldsymbol{O}_{2,2} & \boldsymbol{O}_{2,2} & \boldsymbol{O}_{2,2} & \boldsymbol{O}_{2,2} \\ & \boldsymbol{E}_2 & \boldsymbol{O}_{2,2} & \boldsymbol{O}_{2,2} & \boldsymbol{O}_{2,2} & \boldsymbol{O}_{2,2} & \boldsymbol{O}_{2,2} & \boldsymbol{O}_{2,2} & \boldsymbol{O}_{2,2} \\ & & \boldsymbol{E}_2 & \boldsymbol{O}_{2,2} & \boldsymbol{O}_{2,2} & \boldsymbol{O}_{2,2} & \boldsymbol{O}_{2,2} & \boldsymbol{O}_{2,2} & \boldsymbol{O}_{2,2} \\ & & & \boldsymbol{T} & \boldsymbol{O}_{2,2} & \boldsymbol{O}_{2,2} & \boldsymbol{O}_{2,2} & \boldsymbol{O}_{2,2} & \boldsymbol{O}_{2,2} \\ & & & & \boldsymbol{E}_2 & \boldsymbol{O}_{2,2} & \boldsymbol{O}_{2,2} & \boldsymbol{O}_{2,2} & \boldsymbol{O}_{2,2} \\ & & & & & \boldsymbol{E}_2 & \boldsymbol{O}_{2,2} & \boldsymbol{O}_{2,2} & \boldsymbol{O}_{2,2} \\ & & & & & & \boldsymbol{T} & \boldsymbol{O}_{2,2} & \boldsymbol{O}_{2,2} \\ & & & & & & & \boldsymbol{E}_2 & \boldsymbol{O}_{2,2} \\ \text{sym.} & & & & & & & & \boldsymbol{E}_2 \end{bmatrix} \begin{bmatrix} \boldsymbol{z}_{R1} \\ \boldsymbol{z}_2 \\ \boldsymbol{z}_3 \\ \boldsymbol{z}_{R4} \\ \boldsymbol{z}_5 \\ \boldsymbol{z}_6 \\ \boldsymbol{z}_{R7} \\ \boldsymbol{z}_8 \\ \boldsymbol{z}_9 \end{bmatrix}, \tag{5.4.147}$$

oder kurz

$$\boldsymbol{z} = \boldsymbol{M}\boldsymbol{z}_R. \tag{5.4.148}$$

Dann geht Gl. (5.4.145) in

$$\delta\tilde{J} = \delta\boldsymbol{z}_{\mathrm{R}}^{\mathrm{T}}(\boldsymbol{M}^{\mathrm{T}}\boldsymbol{K}\boldsymbol{M}\boldsymbol{z}_{\mathrm{R}} - \boldsymbol{M}^{\mathrm{T}}\boldsymbol{r}) = \delta\boldsymbol{z}_{\mathrm{R}}^{\mathrm{T}}(\boldsymbol{K}_{\mathrm{R}}\boldsymbol{z}_{\mathrm{R}} - \boldsymbol{r}_{\mathrm{R}}) = 0 \tag{5.4.149}$$

über. Die eigentliche Modifizierung erfolgt nun aufgrund der Tatsache, daß die Knotenwerte

$$u_{n1} = u_{n4} = u_{n7} = 0; \qquad v_3 = v_6 = v_9 = 0 \tag{5.4.150}$$

sind und demzufolge ihre Variationen verschwinden. Dies führt auf das modifizierte

Gleichungssystem

$$\frac{10^4}{104} \begin{bmatrix} 1149 & 72\sqrt{5} & -276\sqrt{5} & -18\sqrt{5} & -1112 & 0 & 0 & 0 & \cdots \\ & 3520 & 0 & -160 & 432\sqrt{5} & -1600 & 1040 & 0 \\ & & 4040 & 40 & 304\sqrt{5} & 1040 & -560 & 0 \\ & & & 1320 & 0 & -800 & -1040 & -800 \\ & & & & 3624 & 128\sqrt{5} & -584\sqrt{5} & 0 \\ & & & & & 7360 & -1040 & -2240 \\ & & & & & & 11000 & 1040 \\ & & & & & & & 3840 \\ \text{sym.} & & & & & & & \end{bmatrix}$$

$$\cdots \begin{bmatrix} 278 & 0 & 0 & 0 \\ 0 & 0 & 0 & 0 \\ 0 & 0 & 0 & 0 \\ -28\sqrt{5} & 0 & 0 & 200 \\ -1112 & 0 & 0 & 0 \\ 112\sqrt{5} & -1600 & 1040 & 0 \\ 360\sqrt{5} & 1040 & -560 & 0 \\ 0 & 0 & -1040 & -800 \\ 2196 & 544\sqrt{5} & -864\sqrt{5} & -136\sqrt{5} \\ & 3840 & -1040 & -1120 \\ & & 6960 & 480 \\ & & & 1440 \end{bmatrix} \begin{bmatrix} u_{t1} \\ u_2 \\ v_2 \\ u_3 \\ u_{t4} \\ u_5 \\ v_5 \\ u_6 \\ u_{t7} \\ u_8 \\ v_8 \\ u_9 \end{bmatrix} = \frac{800}{3} \begin{bmatrix} -2\sqrt{5} \\ 20 \\ 0 \\ 5 \\ 0 \\ 0 \\ 0 \\ 0 \\ 0 \\ 0 \\ 0 \\ 0 \end{bmatrix} \text{mm} \qquad (5.4.151)$$

mit den Lösungen

$$\left.\begin{aligned}
&u_{t1} = -0{,}11188 \text{ mm}; && u_2 = 0{,}10531 \text{ mm}; && v_2 = -0{,}02959 \text{ mm}, \\
&u_3 = 0{,}11092 \text{ mm}; && u_{t4} = -0{,}10220 \text{ mm}; && u_5 = 0{,}10193 \text{ mm}, \\
&v_5 = -0{,}01699 \text{ mm}; && u_6 = 0{,}10450 \text{ mm}; && u_{t7} = -0{,}10159 \text{ mm}, \\
&u_8 = 0{,}10579 \text{ mm}; && v_8 = -0{,}02099 \text{ mm}; && u_9 = 0{,}11047 \text{ mm}.
\end{aligned}\right\} \quad (5.4.152)$$

Daraus kann man natürlich noch die Verschiebungskomponenten

$$\left.\begin{aligned}
&u_1 = -u_{t1} \sin \alpha = 0{,}10007 \text{ mm}; && v_1 = u_{t1} \cos \alpha = -0{,}05004 \text{ mm}, \\
&u_4 = -u_{t4} \sin \alpha = 0{,}09141 \text{ mm}; && v_4 = u_{t4} \cos \alpha = -0{,}04570 \text{ mm}, \\
&u_7 = -u_{t7} \sin \alpha = 0{,}09087 \text{ mm}; && v_7 = u_{t7} \cos \alpha = -0{,}04543 \text{ mm}
\end{aligned}\right\} \quad (5.4.153)$$

gewinnen. Die Spannungen folgen schließlich zu

$$\sigma^{(e)} = C\varepsilon^{(e)} = CL^{\mathrm{T}}B^{(e)\mathrm{T}}z^{(e)} \tag{5.4.154}$$

und nehmen in den Knotenpunkten die in Tabelle 5.4.7 angegebenen Werte an.

Tabelle 5.4.7

Knoten i	Element	σ_{xi} in $\frac{\mathrm{N}}{\mathrm{mm}^2}$	σ_{yi} in $\frac{\mathrm{N}}{\mathrm{mm}^2}$	τ_{xyi} in $\frac{\mathrm{N}}{\mathrm{mm}^2}$
1	1	−115,49	−118,00	−13,39
2	1	−101,90	−161,91	−6,67
3	1	−88,31	−205,83	0,06
3	2	−111,80	−151,74	18,85
4	1	−98,17	−156,22	−40,61
5	1	−84,58	−200,13	−33,89
5	2	−78,27	−219,93	−39,14
6	2	−54,14	−176,52	10,31
7	1	−80,85	−194,44	−67,83
7	2	−44,74	−288,12	−97,12
8	2	−20,61	−244,71	−47,68
9	2	3,52	−201,30	1,76

Die natürlichen Randbedingungen

$$\sigma_{x1} = \sigma_{x2} = \sigma_{x3} = -100{,}0\ \mathrm{N/mm^2} \tag{5.4.155}$$

sind trotz der sehr groben Vernetzung relativ gut erfüllt. Das trifft für die natürlichen Randbedingungen

$$\sigma_{x7} = \sigma_{x8} = \sigma_{x9} = 0,$$

$$\tau_{xy1} = \tau_{xy2} = \tau_{xy3} = \tau_{xy6} = \tau_{xy7} = \tau_{xy8} = \tau_{xy9} = 0; \qquad \tau_{nt4} = 0 \tag{5.4.156}$$

bei weitem nicht zu. Daher sollte man für praktische Fälle mit mehr als zwei Elementen arbeiten.

In einem zweiten Beispiel (Bild 5.4.20) wollen wir die Verlängerung einer gelochten Scheibe ($c = 20{,}0$ mm, $l = 50{,}0$ mm, $r = 10{,}0$ mm, $\sigma_0 = 1{,}0\ \mathrm{N/mm^2}$) mit anisotropem Stoffverhalten ermitteln und die Spannungsverteilung σ_y im Schnitt $\overline{AB}$ berechnen. Dazu verwenden wir isoparametrische Viereckelemente mit 8 Knoten. Da auf den Symmetrielinien $\overline{AB}$ und $\overline{CD}$ die jeweiligen Normalverschiebungen und die Schubspannungen verschwinden, genügt es, nur ein Viertel des Gesamtgebietes zur Aufstellung des Rechenmodells heranzuziehen (Bild 5.4.21). Der Elastizitätsmodul des Werkstoffes sei in Längsrichtung doppelt so groß wie in Querrichtung, so daß $E_y = 2E_x = E$ gilt. Die Querdehnungszahlen sind dann in x- und y-Richtung ebenfalls unterschiedlich. Es muß $\nu_y = 2\nu_x = \nu$ sein, damit die erforderliche Symmetriebedingung

$$\nu_x E_y = \nu_y E_x \tag{5.4.157}$$

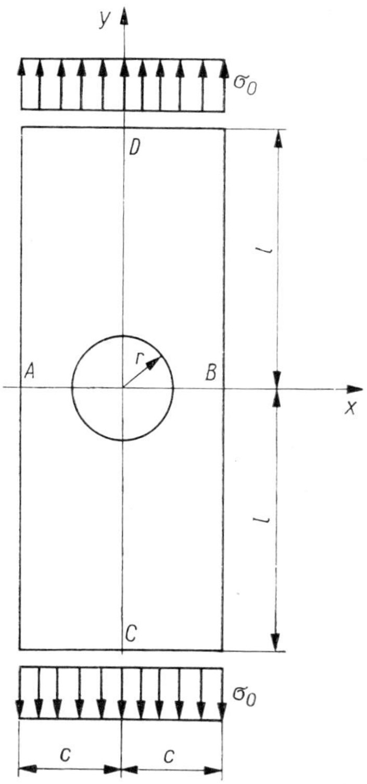

Bild 5.4.20

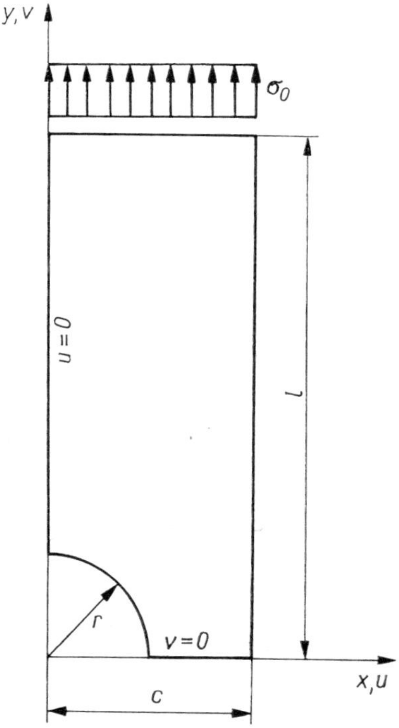

Bild 5.4.21

erfüllt ist. Wir beschreiben das Stoffverhalten durch

$$\varepsilon_x = \frac{\sigma_x}{E_x} - \frac{\nu_y\,\sigma_y}{E_y} = \frac{2\sigma_x}{E} - \frac{\nu\sigma_y}{E},$$

$$\varepsilon_y = -\frac{\nu_x\sigma_x}{E_x} + \frac{\sigma_y}{E_y} = -\frac{\nu\sigma_x}{E} + \frac{\sigma_y}{E}, \tag{5.4.158}$$

$$\gamma_{xy} = \frac{1}{G}\,\tau_{xy}.$$

Dann besitzt die Elastizitätsmatrix die Elemente

$$\left.\begin{aligned} c_{11} &= \frac{E_x}{1-\nu_x\nu_y} = \frac{E}{2-\nu^2}; \qquad c_{22} = \frac{E_y}{1-\nu_x\nu_y} = \frac{2E}{2-\nu^2},\\ c_{12} &= c_{21} = \frac{\nu_y E_x}{1-\nu_x\nu_y} = \frac{\nu_x E_y}{1-\nu_x\nu_y} = \frac{\nu E}{2-\nu^2}; \qquad c_{33} = G,\\ c_{13} &= c_{23} = c_{31} = c_{32} = 0. \end{aligned}\right\} \tag{5.4.159}$$

Als Zahlenwerte wollen wir $E = 2{,}1 \cdot 10^5\ \mathrm{N/mm^2}$; $\nu = 0{,}3$; $G = 6{,}125 \cdot 10^4\ \mathrm{N/mm^2}$ verwenden.

Jetzt bilden die acht Formfunktionen (5.1.103) die Matrix der Formfunktionen

$$\boldsymbol{F}^{(e)\mathrm{T}} = \left[\begin{array}{cc|c|cc} f_1(\bar{\xi}, \bar{\eta}) & 0 & \cdots & f_8(\bar{\xi}, \bar{\eta}) & 0 \\ 0 & f_1(\bar{\xi}, \bar{\eta}) & \cdots & 0 & f_8(\bar{\xi}, \bar{\eta}) \end{array}\right]. \tag{5.4.160}$$

Wegen der Differentiationsvorschriften

$$\begin{aligned} \frac{\partial}{\partial x} &= \bar{\xi},_x \frac{\partial}{\partial \bar{\xi}} + \bar{\eta},_x \frac{\partial}{\partial \bar{\eta}}, \\ \frac{\partial}{\partial y} &= \bar{\xi},_y \frac{\partial}{\partial \bar{\xi}} + \bar{\eta},_y \frac{\partial}{\partial \bar{\eta}} \end{aligned} \tag{5.4.161}$$

folgt zunächst der Zusammenhang

$$\boldsymbol{B}^{(e)\mathrm{T}} = \begin{bmatrix} \boldsymbol{F}^{(e)},_x{}^{\mathrm{T}} \\ \boldsymbol{F}^{(e)},_y{}^{\mathrm{T}} \end{bmatrix} = \begin{bmatrix} \bar{\xi},_x & \bar{\eta},_x \\ \bar{\xi},_y & \bar{\eta},_y \end{bmatrix} \begin{bmatrix} \boldsymbol{F}^{(e)},_{\bar{\xi}}{}^{\mathrm{T}} \\ \boldsymbol{F}^{(e)},_{\bar{\eta}}{}^{\mathrm{T}} \end{bmatrix} \tag{5.4.162}$$

und daraus mit Gl. (5.1.91) schließlich

$$\boldsymbol{B}^{(e)\mathrm{T}} = \frac{1}{J} \begin{bmatrix} y,_{\bar{\eta}} & -y,_{\bar{\xi}} \\ -x,_{\bar{\eta}} & x,_{\bar{\xi}} \end{bmatrix} \begin{bmatrix} \boldsymbol{F}^{(e)},_{\bar{\xi}}{}^{\mathrm{T}} \\ \boldsymbol{F}^{(e)},_{\bar{\eta}}{}^{\mathrm{T}} \end{bmatrix}. \tag{5.4.163}$$

Nach Gl. (5.1.100) entstehen die Ableitungen

$$x,_{\bar{\xi}} = \boldsymbol{f}^{(e)},_{\bar{\xi}}{}^{\mathrm{T}} \boldsymbol{x}_8; \qquad x,_{\bar{\eta}} = \boldsymbol{f}^{(e)},_{\bar{\eta}}{}^{\mathrm{T}} \boldsymbol{x}_8; \qquad y,_{\bar{\xi}} = \boldsymbol{f}^{(e)},_{\bar{\xi}}{}^{\mathrm{T}} \boldsymbol{y}_8; \qquad y,_{\bar{\eta}} = \boldsymbol{f}^{(e)},_{\bar{\eta}}{}^{\mathrm{T}} \boldsymbol{y}_8, \tag{5.4.164}$$

und man erhält die *Jacobi*-Determinante

$$J = \boldsymbol{f}^{(e)},_{\bar{\xi}}{}^{\mathrm{T}} (\boldsymbol{x}_8 \boldsymbol{y}_8{}^{\mathrm{T}} - \boldsymbol{y}_8 \boldsymbol{x}_8{}^{\mathrm{T}}) \boldsymbol{f}^{(e)},_{\bar{\eta}} = \boldsymbol{x}_8{}^{\mathrm{T}} (\boldsymbol{f}^{(e)},_{\bar{\xi}} \boldsymbol{f}^{(e)},_{\bar{\eta}}{}^{\mathrm{T}} - \boldsymbol{f}^{(e)},_{\bar{\eta}}{}^{\mathrm{T}} \boldsymbol{f}^{(e)},_{\bar{\xi}}) \boldsymbol{y}_8 . \tag{5.4.165}$$

Wir finden weiterhin

$$\boldsymbol{f}^{(e)},_{\bar{\xi}} = \begin{bmatrix} (1-\bar{\eta})(-3+4\bar{\xi}+2\bar{\eta}) \\ (1-\bar{\eta})(-1+4\bar{\xi}-2\bar{\eta}) \\ \bar{\eta}(-3+4\bar{\xi}+2\bar{\eta}) \\ \bar{\eta}(-3+4\bar{\xi}-2\bar{\eta}) \\ 4(1-2\bar{\xi})(1-\bar{\eta}) \\ 4\bar{\eta}(1-\bar{\eta}) \\ 4\bar{\eta}(1-2\bar{\xi}) \\ -4\bar{\eta}(1-\bar{\eta}) \end{bmatrix}; \qquad \boldsymbol{f}^{(e)},_{\bar{\eta}} = \begin{bmatrix} (1-\bar{\xi})(-3+2\bar{\xi}+4\bar{\eta}) \\ \bar{\xi}(-1-2\bar{\xi}+4\bar{\eta}) \\ \bar{\xi}(-3+2\bar{\xi}+4\bar{\eta}) \\ (1-\bar{\xi})(-1-2\bar{\xi}+4\bar{\eta}) \\ -4\bar{\xi}(1-\bar{\xi}) \\ 4\bar{\xi}(1-2\bar{\eta}) \\ 4\bar{\xi}(1-\bar{\xi}) \\ 4(1-\bar{\xi})(1-2\bar{\eta}) \end{bmatrix}, \tag{5.4.166}$$

so daß nunmehr sämtliche Größen zur Berechnung der Elementsteifigkeitsmatrizen (5.4.139) und der Elementvektoren der rechten Seite (5.4.140) zur Verfügung stehen.

Wie aus der in Bild 5.4.22a gezeigten Vernetzung mit 9 Elementen und 42 Knoten ersichtlich ist, reduzieren sich die zunächst $42 \cdot 2 = 84$ freien Parameter auf 70, da in den Knoten 1, 2, ..., 5 die Verschiebungskomponente v, in den Knoten 16, 17, 18, 19, 22, 27, 30, 35 und 38 die Verschiebungskomponente u zu Null vorgeschrieben sind. Nach Lösung des Gleichungssystems ist der Verschiebungszustand bekannt.

Für die Komponente v am oberen Rand ermittelt man

$$v_{38} = 3{,}2702 \cdot 10^{-3}\,\text{mm}, \quad v_{39} = 3{,}2491 \cdot 10^{-3}\,\text{mm},$$
$$v_{40} = 3{,}2106 \cdot 10^{-3}\,\text{mm}, \quad v_{41} = 3{,}1669 \cdot 10^{-3}\,\text{mm}, \tag{5.4.167}$$
$$v_{42} = 3{,}1330 \cdot 10^{-3}\,\text{mm}.$$

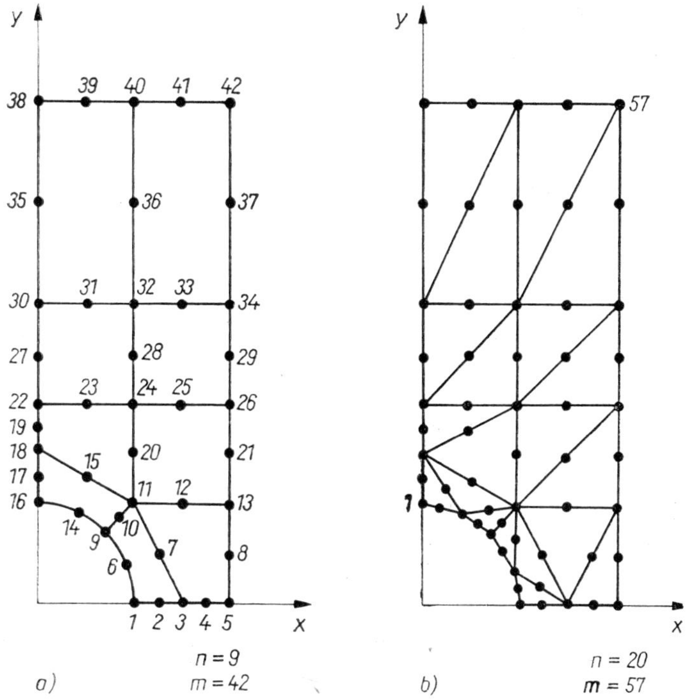

Bild 5.4.22

Tabelle 5.4.8

Isoparametr. Viereckelemente			Dreieckelemente		
Knoten i	$10^3 v_i$ in mm	σ_{yi} in $\frac{\text{N}}{\text{mm}^2}$	Knoten	$10^3 v_i$ in mm	σ_{yi} in $\frac{\text{N}}{\text{mm}^2}$
1	0,000	4,699	9	0,000	4,524
2	0,000	3,268	16	0,000	2,773
3	0,000	1,857	17	0,000	1,712
4	0,000	1,328	18	0,000	1,180
5	0,000	0,778	19	0,000	0,770
38	3,270	1,038	53	3,228	1,007
39	3,249	1,018	54	3,217	1,025
40	3,211	1,011	55	3,178	1,018
41	3,167	0,982	56	3,136	1,032
42	3,133	0,943	57	3,118	1,019

Die Spannungen nach Gl. (5.4.131) werden auf den Kontaktlinien zwischen zwei Elementen unstetig. Einige Ergebnisse sind in Tabelle 5.4.8 zu finden. Sie unterscheiden sich nur unwesentlich von denjenigen, die mit geradlinig begrenzten Dreieckelementen (Bild 5.4.22b) und den Formfunktionen (5.1.29) berechnet wurden.

In einer weiteren Aufgabe wollen wir die Wärmespannungen in einem dickwandigen Rohr ebenfalls mit isoparametrischen Elementen bestimmen. Aufgrund der Gegebenheiten kann jetzt der ebene Verzerrungszustand zugrunde gelegt werden. Das Rohr (Bild 5.4.23) wird um $\Delta T = 15$ K gegenüber dem spannungslosen Zustand erwärmt. Es ist von einem Medium umgeben, dessen Formänderungen vernachlässigt werden sollen.

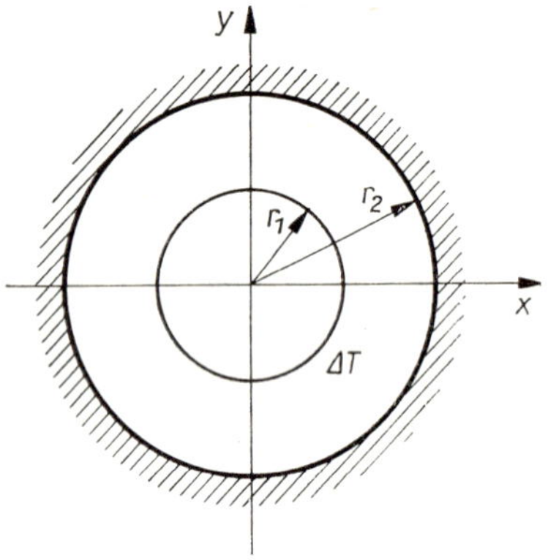

Bild 5.4.23

Da der entstehende Spannungszustand offensichtlich rotationssymmetrisch ist, genügt es, einen Sektor des Gesamtgebietes zu betrachten. Wir verwenden einen Öffnungswinkel von 45° (Bild 5.4.24a) und benutzen nur zwei Elemente (Bild 5.4.24b). Die weitere Vorgehensweise ist natürlich prinzipiell die gleiche wie in den bisherigen Beispielen. Der Vektor der rechten Seite wird jetzt nur aus dem ersten Summanden des Flächenintegrals in Gl. (5.4.140) aufgebaut, weil ein belasteter Rand C_2 nicht existiert. Da die geradlinigen Begrenzungslinien nur radial verschiebbar sind, müssen

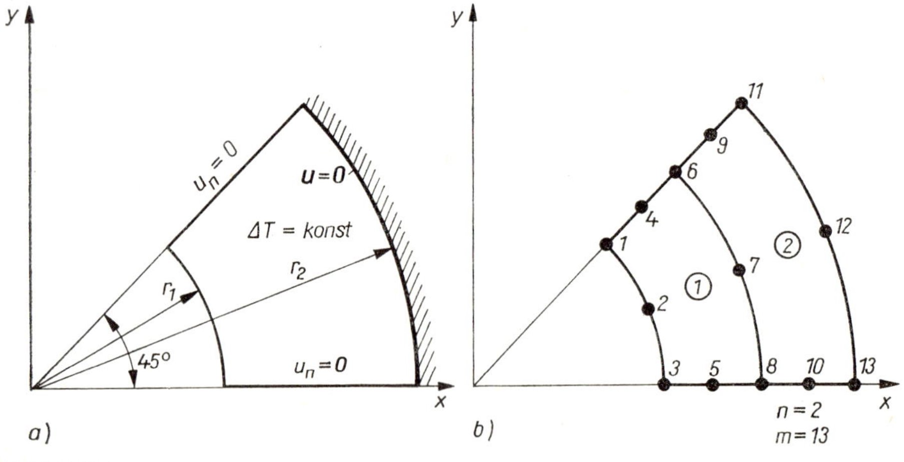

Bild 5.4.24

die Knotenvektoren der dort liegenden Knoten 1, 4, 6, 9, 3, 5, 8 und 10 im Sinn von Gl. (5.4.144) transformiert und bei der Modifizierung des Systems die Verschiebungskomponente senkrecht zum Rand Null gesetzt werden. Dabei reduzieren sich, zusammen mit den Bedingungen an den Knoten 11, 12, und 13, die $13 \cdot 2 = 26$ Unbekannten auf 12. Da wir eigentlich ein eindimensionales Problem untersuchen, hängen alle Feldgrößen nur von der Polarkoordinate r ab. Bezogen auf Polarkoordinaten ist auch die Verschiebungskomponente $u_\varphi(r) = 0$, deshalb können wir für die verbleibenden Knoten 2 und 7 eine entsprechende Transformation vornehmen und die Verschiebungskomponente in Ringrichtung zum Verschwinden bringen. Dann verbleiben lediglich 10 Unbekannte. Die Rechnung wird mit den Zahlenwerten $E = 2{,}1 \cdot 10^5\ \mathrm{N/mm^2}$; $\nu = 0{,}3$; $\alpha = 1{,}2 \cdot 10^{-5}\ \mathrm{K^{-1}}$; $T = 15\ \mathrm{K}$; $r_1 = 500{,}0\ \mathrm{mm}$ und $r_2 = 1000{,}0\ \mathrm{mm}$ durchgeführt. In Tabelle 5.4.9 werden die Ergebnisse mit der

Tabelle 5.4.9

Knoten i	$10u_{ri}$ mm	$10^{-3}\sigma_{ri}$ $\frac{\mathrm{N}}{\mathrm{mm^2}}$	$10^{-3}\sigma_{\varphi i}$ $\frac{\mathrm{N}}{\mathrm{mm^2}}$
1	−1,350	0,051	−1,218
2	−1,349	−0,096	−1,071
3	−1,350	0,051	−1,218
exakte Lösung	−1,350	0,000	−1,163
4	−0,875	−0,129	−1,035
5	−0,875	−0,129	−1,035
exakte Lösung	−0,875	−0,209	−0,954
6	−0,525	−0,299	−0,863
7	−0,525	−0,364	−0,798
8	−0,525	−0,299	−0,863
exakte Lösung	−0,525	−0,323	−0,840
9	−0,240	−0,355	−0,808
10	−0,240	−0,355	−0,808
exakte Lösung	−0,241	−0,392	−0,771
11	0,000	−0,420	−0,743
12	0,000	−0,457	−0,706
13	0,000	−0,420	−0,743
exakte Lösung	0,000	−0,436	−0,727

exakten Lösung

$$u_r(r) = \frac{r_1^2}{r_1^2 + (1 - 2\nu)\, r_2^2} \left(1 - \frac{r_2^2}{r^2}\right) (1 + \nu)\, r\alpha\, \Delta T,$$

$$\sigma_r(r) = -\frac{r_2^2}{r_1^2 + (1 - 2\nu)\, r_2^2} \left(1 - \frac{r_1^2}{r^2}\right) E\alpha\, \Delta T, \qquad (5.4.168)$$

$$\sigma_\varphi(r) = -\frac{r_2^2}{r_1^2 + (1 - 2\nu)\, r_2^2} \left(1 + \frac{r_1^2}{r^2}\right) E\alpha\, \Delta T$$

verglichen.

5.4.6. Rotationssymmetrischer Spannungszustand

Ein rotationssymmetrischer Spannungszustand läßt sich als zweidimensionales Problem behandeln, da, bezogen auf ein Zylinderkoordinatensystem, die Spannungen σ_r, σ_φ, σ_z, τ_{rz}, die Volumenkräfte p_r, p_z und die Verschiebungen u_r, u_z nur von den beiden Koordinaten r und z abhängen. Es gelten die beiden Gleichgewichtsbedingungen

$$\left.\begin{aligned} &[r\sigma_r(r, z)]_{,r} + [r\tau_{rz}(r, z)]_{,z} - \sigma_\varphi(r, z) + rp_r(r, z) = 0, \\ &[r\tau_{rz}(r, z)]_{,r} + [r\sigma_z(r, z)]_{,z} + rp_z(r, z) = 0, \end{aligned}\right\} \qquad (5.4.169)$$

und als Zusammenhang zwischen den Verzerrungen und den Verschiebungen treten die Beziehungen

$$\left.\begin{aligned} &\varepsilon_r(r, z) = u_{r,r}(r, z); \qquad \varepsilon_z(r, z) = u_{z,z}(r, z), \\ &\gamma_{rz}(r, z) = u_{r,z}(r, z) + u_{z,r}(r, z), \\ &\varepsilon_\varphi(r, z) = \frac{1}{r}\, u_r(r, z) \end{aligned}\right\} \qquad (5.4.170)$$

auf.

Wir bilden

— den Vektor der Spannungen

$$\boldsymbol{\sigma}(r, z) = [\sigma_r(r, z); \sigma_z(r, z); \tau_{rz}(r, z); \sigma_\varphi(r, z)]^{\mathrm{T}}, \qquad (5.4.171)$$

— den Vektor der Verzerrungen

$$\boldsymbol{\varepsilon}(r, z) = [\varepsilon_x(r, z); \varepsilon_y(r, z); \gamma_{rz}(r, z); \varepsilon_\varphi(r, z)]^{\mathrm{T}}, \qquad (5.4.172)$$

— die Differentiationsmatrizen

$$\boldsymbol{D} = \begin{bmatrix} \frac{\partial}{\partial r} & 0 & \frac{\partial}{\partial z} & \frac{1}{r} \\ 0 & \frac{\partial}{\partial z} & \frac{\partial}{\partial r} & 0 \end{bmatrix}^{\mathrm{T}}; \quad \tilde{\boldsymbol{D}} = \begin{bmatrix} \frac{\partial}{\partial r} & 0 & \frac{\partial}{\partial z} & -\frac{1}{r} \\ 0 & \frac{\partial}{\partial z} & \frac{\partial}{\partial r} & 0 \end{bmatrix}^{\mathrm{T}}, \qquad (5.4.173)$$

— den Verschiebungsvektor

$$\boldsymbol{u}(r, z) = [u_r(r, z); u_z(r, z)]^{\mathrm{T}}, \qquad (5.4.174)$$

— den Volumenkraftvektor

$$\boldsymbol{p}(r, z) = [p_r(r, z); p_z(r, z)]^{\mathrm{T}}, \tag{5.4.175}$$

— die Elastizitätsmatrix für isotropes Material

$$\boldsymbol{C} = \frac{E}{(1+\nu)(1-2\nu)} \begin{bmatrix} 1-\nu & \nu & 0 & \nu \\ & 1-\nu & 0 & \nu \\ & & (1-\nu)/2 & 0 \\ \text{sym.} & & & 1-\nu \end{bmatrix}, \tag{5.4.176}$$

— den Vektor der Temperaturkoeffizienten

$$\boldsymbol{\alpha} = \alpha[1; 1; 0; 1]^{\mathrm{T}}, \tag{5.4.177}$$

— den Randverschiebungsvektor

$$\boldsymbol{u}(s) = [u_r(s); u_z(s)]^{\mathrm{T}}, \tag{5.4.178}$$

— den Randspannungsvektor

$$\boldsymbol{q}(s) = [q_r(s); q_z(s)]^{\mathrm{T}}, \tag{5.4.179}$$

— sowie die Transformationsmatrix

$$\boldsymbol{N}(r, z) = \begin{bmatrix} n_r(r, z) & 0 & n_z(r, z) & 0 \\ 0 & n_z(r, z) & n_r(r, z) & 0 \end{bmatrix}^{\mathrm{T}} \tag{5.4.180}$$

und können damit die Gleichgewichtsbedingungen und die Verzerrungs-Verschiebungs-Beziehungen in der Form

$$\begin{aligned} &\tilde{\boldsymbol{D}}[r\boldsymbol{\sigma}](r, z) + r\boldsymbol{p}(r, z) = \boldsymbol{o}_2, \\ &\boldsymbol{\varepsilon}(r, z) = \boldsymbol{D}\boldsymbol{u}(r, z) \end{aligned} \tag{5.4.181}$$

schreiben. Im Gegensatz zum ebenen Spannungs- und Verzerrungszustand treten mit $\tilde{\boldsymbol{D}}$ und $\boldsymbol{D}$ jetzt unterschiedliche Differentiationsmatrizen auf. Das Stoffgesetz lautet wieder

$$\boldsymbol{\sigma}(r, z) = \boldsymbol{C}[\boldsymbol{\varepsilon}(r, z) - \boldsymbol{\alpha}\,\Delta T(r, z)]. \tag{5.4.182}$$

Wird die Verzerrungs-Verschiebungs-Beziehung in dieses eingesetzt, so folgt zunächst

$$\boldsymbol{\sigma}(r, z) = \boldsymbol{C}[\boldsymbol{D}\boldsymbol{u}(r, z) - \boldsymbol{\alpha}\,\Delta T(r, z)], \tag{5.4.183}$$

und wir erhalten aus den Gleichgewichtsbedingungen das Differentialgleichungssystem für die Verschiebungen

$$\tilde{\boldsymbol{D}}^{\mathrm{T}}\{r\boldsymbol{C}[\boldsymbol{D}\boldsymbol{u}(r, z) - \boldsymbol{\alpha}\,\Delta T(r, z)]\} + r\boldsymbol{p}(r, z) = \boldsymbol{o}_2. \tag{5.4.184}$$

Das Prinzip vom Minimum des elastischen Potentials ergibt die Variationsaufgabe

$$\begin{aligned} J\{\boldsymbol{u}\} = {}& \frac{1}{2} \int\limits_V \{\boldsymbol{\sigma}(r, z)^{\mathrm{T}} [\boldsymbol{\varepsilon}(r, z) - \boldsymbol{\alpha}\,\Delta T(r, z)] - 2\boldsymbol{u}(r, z)^{\mathrm{T}} \boldsymbol{p}(r, z)\}\,\mathrm{d}V \\ & - \int\limits_{O_2} \boldsymbol{u}(r, z)^{\mathrm{T}} \bar{\boldsymbol{q}}(r, z)\,\mathrm{d}O = \text{Extremum}, \end{aligned} \tag{5.4.185}$$

$$[\boldsymbol{u}(r, z) - \bar{\boldsymbol{u}}(s)]|_{C_1} = \boldsymbol{o}_2.$$

Sie besitzt Gl. (5.4.184) als *Euler*sche Differentialgleichung und die natürliche Randbedingung

$$[\boldsymbol{N}(r,z)^{\mathrm{T}}\,\boldsymbol{\sigma}(r,z)-\overline{\boldsymbol{q}}(s)]|_{C_2}=(\boldsymbol{N}^{\mathrm{T}}\boldsymbol{CDu}-\overline{\boldsymbol{q}})|_{C_2}=\boldsymbol{o}_2, \tag{5.4.186}$$

Im Funktional treten zunächst Volumenintegrale auf, die jedoch wegen der Unabhängigkeit von der Koordinate φ gemäß

$$\int_V f(r,z)\,\mathrm{d}V=2\pi\int_A rf(r,z)\,\mathrm{d}A \tag{5.4.187}$$

in Flächenintegrale übergehen. In diesem Falle stellt A die Fläche dar, die bei Rotation um die z-Achse den betrachteten Rotationskörper erzeugt. Ein ähnlicher Zusammenhang besteht zwischen dem Integral über die Oberfläche O_2 und einem Integral über ein Randstück C_2:

$$\int_{O_2} g(r,z)\,\mathrm{d}O=2\pi\int_{C_2} rg(r,z)\,\mathrm{d}s. \tag{5.4.188}$$

Das Funktional kann also in der Form

$$J\{\boldsymbol{u}\}=\pi\int_A r[(\boldsymbol{Du}-\alpha T)^{\mathrm{T}}\,\boldsymbol{C}(\boldsymbol{Du}-\alpha\,\Delta T)-2\boldsymbol{u}^{\mathrm{T}}\boldsymbol{p}]\,\mathrm{d}A-2\pi\int_{C_2} r\boldsymbol{u}^{\mathrm{T}}\overline{\boldsymbol{q}}\,\mathrm{d}s=\text{Extremum} \tag{5.4.189}$$

geschrieben werden. Wir setzen seine erste Variation Null und gewinnen so die Extremalbedingung

$$\frac{\delta J}{2\pi}=\int_A r[(\boldsymbol{D}\delta\boldsymbol{u})^{\mathrm{T}}\,\boldsymbol{C}(\boldsymbol{Du}-\alpha\,\Delta T)-\delta\boldsymbol{u}^{\mathrm{T}}\boldsymbol{p}]\,\mathrm{d}A-\int_{C_2} r\delta\boldsymbol{u}^{\mathrm{T}}\overline{\boldsymbol{q}}\,\mathrm{d}s=0. \tag{5.4.190}$$

Ein Vergleich mit Gl. (5.4.137) zeigt die enge Verwandtschaft des Problems mit den Aufgaben der ebenen Elastizitätstheorie.
Bei Behandlung des Problems mit der FEM verwenden wir *Ringelemente* mit der Querschnittsfläche $A^{(e)}$ in der r, z-Ebene. Die Ansatzfunktionen für die Komponenten des Verschiebungsvektors entsprechend Gl. (5.2.45)

$$\boldsymbol{u}^{(e)}(r,z)=\left[\begin{array}{cc|cc|c} f_1(r,z) & 0 & f_2(r,z) & 0 & \cdots\\ 0 & f_1(r,z) & & f_2(r,z) & \cdots\end{array}\right]\boldsymbol{z}^{(e)}=\boldsymbol{F}^{(e)}(r,z)^{\mathrm{T}}\,\boldsymbol{z}^{(e)} \tag{5.4.191}$$

müssen C^0-Stetigkeit besitzen. Zunächst bilden wir analog Gl. (5.4.181) für das Element e die Beziehung

$$\boldsymbol{\varepsilon}^{(e)}=\boldsymbol{Du}^{(e)}=\begin{bmatrix}1&0&0&0&0&0\\0&0&0&1&0&0\\0&1&1&0&0&0\\0&0&0&0&1&0\end{bmatrix}\begin{bmatrix}\boldsymbol{u}^{(e)}{}_{,r}\\ \boldsymbol{u}^{(e)}{}_{,z}\\ \dfrac{1}{r}\,\boldsymbol{u}^{(e)}\end{bmatrix}=\boldsymbol{L}^{\mathrm{T}}\boldsymbol{B}^{(e)\mathrm{T}}\boldsymbol{z}^{(e)}, \tag{5.4.192}$$

wobei sich $\boldsymbol{B}^{(e)}$ zu

$$\boldsymbol{B}^{(e)}=\left[\boldsymbol{F}^{(e)}{}_{,r}\;\middle|\;\boldsymbol{F}^{(e)}{}_{,z}\;\middle|\;\frac{1}{r}\,\boldsymbol{F}^{(e)}\right] \tag{5.4.193}$$

ergibt. Dies führen wir in Gl. (5.4.190) ein und erhalten

$$\delta\tilde{J} = \sum_{e=1}^{n} \delta\boldsymbol{z}^{(e)\mathrm{T}} \Bigg[\int_{A^{(e)}} r(\boldsymbol{B}^{(e)}\boldsymbol{L}\boldsymbol{C}\boldsymbol{L}^{\mathrm{T}}\boldsymbol{B}^{(e)\mathrm{T}}\boldsymbol{z}^{(e)} - \boldsymbol{B}^{(e)}\boldsymbol{L}\boldsymbol{C}\alpha\,\Delta T - \boldsymbol{F}^{(e)}\boldsymbol{p})\,\mathrm{d}A - \int_{C_2^{(e)}} r\boldsymbol{F}^{(e)}\overline{\boldsymbol{q}}\,\mathrm{d}s\Bigg] = 0. \tag{5.4.194}$$

In Analogie zu den ebenen elastischen Problemen [vgl. Gln. (5.4.139), (5.4.140)] finden wir die Elementmatrix

$$\boldsymbol{K}^{(e)} = \int_{A^{(e)}} r\boldsymbol{B}^{(e)}\boldsymbol{L}\boldsymbol{C}\boldsymbol{L}^{\mathrm{T}}\boldsymbol{B}^{(e)\mathrm{T}}\,\mathrm{d}A \tag{5.4.195}$$

und den Elementvektor der rechten Seite

$$\boldsymbol{r}^{(e)} = \int_{A^{(e)}} r(\boldsymbol{B}^{(e)}\boldsymbol{L}\boldsymbol{C}\alpha\,\Delta T + \boldsymbol{F}^{(e)}\boldsymbol{p})\,\mathrm{d}A + \int_{C_2^{(e)}} r\boldsymbol{F}^{(e)}\overline{\boldsymbol{q}}\,\mathrm{d}s. \tag{5.4.196}$$

Die in $\boldsymbol{K}^{(e)}$ enthaltenen Integrale sind formal leicht zu lösen. Da jedoch in der Matrix $\boldsymbol{B}^{(e)}$ auch eine Untermatrix $\frac{1}{r}\boldsymbol{F}^{(e)}$ existiert, treten bei der Integration logarithmische Funktionen auf, die besonders in der Nähe der Rotationsachse die numerische Auswertung erschweren. Es liegt daher nahe, auch hier die erforderlichen Integrationen numerisch auszuführen. Dagegen entstehen beim Elementvektor der rechten Seite für die üblichen Verläufe von ΔT, $\boldsymbol{p}$ und $\overline{\boldsymbol{q}}$ Funktionen, deren Integrale bei der numerischen Auswertung keine Schwierigkeiten bereiten.

Zur Bestimmung des Spannungs- und Verschiebungszustandes in einem isotropen Kegelstumpf (Bild 5.4.25a) wollen wir *Dreieckringelemente* mit quadratischem Verlauf der Verschiebungskomponenten verwenden. In diesem Falle gilt mit den Form-

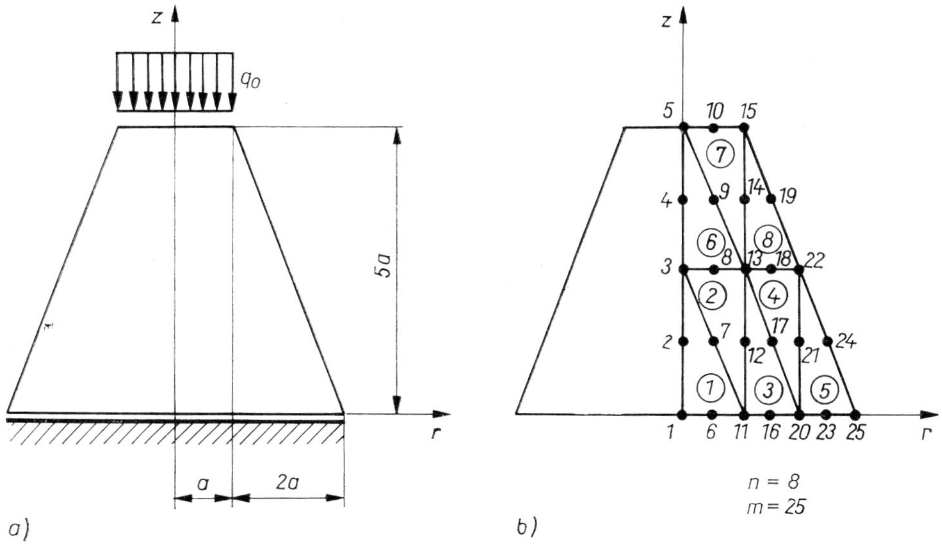

Bild 5.4.25

funktionen (5.1.29)

$$\boldsymbol{F}^{(e)} = \begin{bmatrix} f_1 & 0 & f_2 & 0 & f_3 & 0 & f_4 & 0 & f_5 & 0 & f_6 & 0 \\ 0 & f_1 & 0 & f_2 & 0 & f_3 & 0 & f_4 & 0 & f_5 & 0 & f_6 \end{bmatrix}. \tag{5.4.197}$$

Bilden wir nun nach Gl. (5.4.193) die Matrix $\boldsymbol{B}^{(e)}$, so erkennt man, daß mit dem Radius

$$r = r_1\xi_1 + r_2\xi_2 + r_3\xi_3 \tag{5.4.198}$$

gebrochene rationale Funktionen auftreten, die die bereits getroffenen Feststellungen im Hinblick auf die Integration bestätigen. Wir wählen die in Bild 5.4.25b dargestellte Vernetzung. Einen Beitrag zum Vektor der rechten Seite liefert dann nur das Element 7. Benutzen wir für dieses Element die Zuordnung nach Tabelle 5.4.10, so folgt

$$\boldsymbol{r}^{(7)} = \int_{l_3} (r\boldsymbol{F}^{(7)}\bar{\boldsymbol{q}})|_{\xi_3=0}\, \mathrm{d}s), \tag{5.4.199}$$

Tabelle 5.4.10

Element-knoten-nummer	Systemknoten-nummer
	Element 7
1	15
2	5
3	13
4	10
5	9
6	14

und mit $\bar{\boldsymbol{q}} = [0; -q_0]^{\mathrm{T}}$; $r_1 = a$; $r_2 = 0$ ergibt sich schließlich

$$\boldsymbol{r}^{(7)} = -\frac{2q_0a^2}{3}\,[0; 1; 0; 0; 0; 0; 0; 2; 0; 0; 0; 0]^{\mathrm{T}}. \tag{5.4.200}$$

Bei der Modifizierung der Systemgleichung ist zu beachten, daß die Verschiebungskomponente u_r auf der Rotationsachse ($r = 0$) verschwinden muß. In unserem Beispiel betrifft dies die Knoten 1, 2, ..., 5. Das Nullsetzen ihrer Radialverschiebungen bedeutet [vgl. Gl. (5.1.34)], daß $u_r(0, z)$ identisch Null ist. Die gleiche Aussage gilt in der Grundfläche für die Komponente $u_z(r, 0)$, wenn wir u_z in den Knoten 1, 6, 11, 16, 20, 23 und 25 zum Verschwinden bringen. Von den zunächst $25 \cdot 2 = 50$ unbekannten Verschiebungsgrößen verbleiben also nur 38. Ist nach Lösen des Gleichungssystems der Verschiebungszustand bekannt, so können gemäß Gl. (5.4.183) die Spannungen berechnet werden. Treten keine Temperaturänderungen auf, gilt

$$\sigma(r, z) = \boldsymbol{C}\boldsymbol{D}\boldsymbol{u}(r, z), \tag{5.4.201}$$

bzw. am Element e

$$\sigma^{(e)} = \boldsymbol{C}\boldsymbol{L}^{\mathrm{T}}\boldsymbol{B}^{(e)\mathrm{T}}\boldsymbol{z}^{(e)}. \tag{5.4.202}$$

Den Knotenpunkten werden i. allg. die Mittelwerte aus den Spannungen der anliegenden Elemente zugeordnet. Einige Ergebnisse sind für eine Querdehnungszahl von $\nu = 1/6$ und $a = 10{,}0$ cm in Tabelle 5.4.11 enthalten.

Tabelle 5.4.11

Knoten i	$\frac{10^5 E}{q_0} u_{zi}$ in mm	$\frac{10^5 E}{q_0} u_{ri}$ in mm	$\frac{\sigma_{zi}}{q_0}$	$\frac{\sigma_{ri}}{q_0}$	$\frac{\sigma_{\varphi i}}{q_0}$	$\frac{\tau_{rzi}}{q_0}$
11	0,000	0,180	−0,162	0,027	0,032	0,000
20	0,000	0,315	−0,111	0,018	0,032	−0,001
25	0,000	0,363	−0,028	0,000	0,032	−0,007
5	−7,054	0,000	−0,978	−0,160	−0,160	0,038
15	−5,696	−0,100	−0,727	−0,123	−0,172	0,210

In einem weiteren Beispiel wollen wir das in 5.4.5. untersuchte dickwandige Rohr nunmehr als Rotationskörper behandeln (Bild 5.4.26a). Der dort zugrunde gelegte ebene Verzerrungszustand wird dadurch modelliert, daß für die beiden Oberflächen $z = \pm h$ die Axialverschiebung $u_z = 0$ gesetzt wird.
Wir verwenden jetzt Dreieckringelemente mit reduzierten kubischen Polynomen und den Formfunktionen (5.1.48) für die Verschiebungsgrößen. Damit werden die Elementmatrix $\boldsymbol{K}^{(e)}$ nach Gl. (5.4.195) bzw. der Elementvektor der rechten Seite $\boldsymbol{r}^{(e)}$ gemäß Gl. (5.4.196) bestimmt. Der Elementknotenvektor faßt die drei Knotenvektoren

$$\boldsymbol{z}_i = [u_{ri}\,;\ u_{r,ri}\,;\ u_{r,zi}\,;\ u_{zi}\,;\ u_{z,ri}\,;\ u_{z,zi}]^{\mathrm{T}} \qquad (i = 1, 2, 3) \tag{5.4.203}$$

zusammen. Die weitere Vorgehensweise ist prinzipiell die gleiche wie im voranstehenden Beispiel. Für $\Delta T =$ konst liefert jetzt jedoch jedes Element einen Beitrag zum Vektor der rechten Seite. Mit den Gln. (5.4.176) und (5.4.177) bilden wir

$$\boldsymbol{C}\boldsymbol{\alpha}\,\Delta T = \frac{E\alpha\,\Delta T}{1 - 2\nu}\,[1\,;\,1\,;\,0\,;\,1]^{\mathrm{T}}, \tag{5.4.204}$$

und unter Verwendung von Gl. (5.4.192) folgt

$$\boldsymbol{L}\boldsymbol{C}\boldsymbol{\alpha}\,\Delta T = \frac{E\alpha\,\Delta T}{1 - 2\nu}\,[1\,;\,0\,;\,0\,;\,1\,;\,1\,;\,0]^{\mathrm{T}}. \tag{5.4.205}$$

Wegen

$$r\boldsymbol{B}^{(e)} = [r\boldsymbol{F}^{(e)}{}_{,r} \mid r\boldsymbol{F}^{(e)}{}_{,z} \mid \boldsymbol{F}^{(e)}] \tag{5.4.206}$$

gilt schließlich

$$\boldsymbol{r}^{(e)} = \frac{E\alpha\,\Delta T}{1 - 2\nu} \int\limits_{A^{(e)}} \begin{bmatrix} f_1 + rf_{1,r} \\ rf_{1,z} \\ \vdots \\ f_9 + rf_{9,r} \\ rf_{9,z} \end{bmatrix} \mathrm{d}A\,. \tag{5.4.207}$$

Das unmodifizierte Gleichungssystem enthält für die in Bild 5.4.26b dargestellte Vernetzung $9 \cdot 6 = 54$ Unbekannte. Zur Formulierung der wesentlichen Randbedingungen sind jedoch noch einige Überlegungen erforderlich.

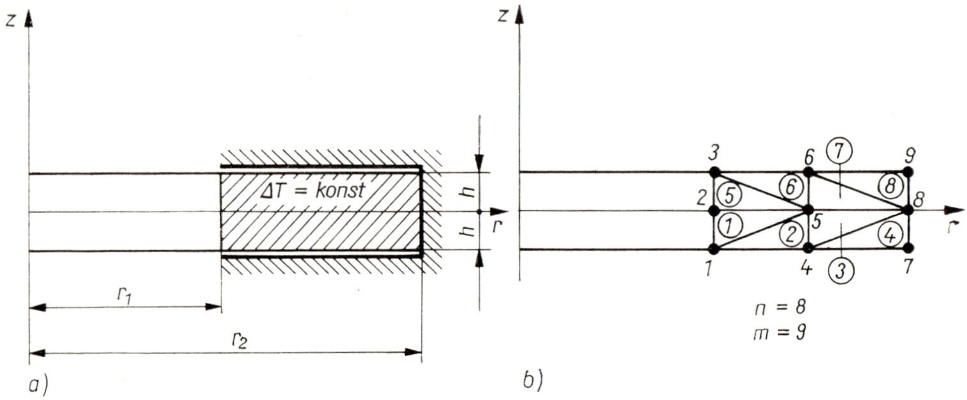

Bild 5.4.26

Wir betrachten speziell das Element 4. Zwischen den System- und den Elementknotennummern besteht der Zusammenhang gemäß Tabelle 5.4.12. Dann müssen für dieses Element auf dem Rand $\xi_1 = 0$ die Verschiebung u_r und auf dem Rand

Tabelle 5.4.12

Elementknotennummer	Systemknotennummer Element 4
1	4
2	7
3	8

$\xi_3 = 0$ die Verschiebung u_z Null sein. Bei Berücksichtigung von $b_1 = 0$ und $c_3 = 0$ [vgl. Gl. (5.1.8)] und den Formfunktionen (5.1.48) finden wir

$$u_r^{(4)}(0, \xi_2, \xi_3) = (\xi_2^3 + 3\xi_2^2\xi_3)\, u_{r2} - c_1\xi_2^2\xi_3 u_{r,z2} + (\xi_3^3 + 3\xi_2\xi_3^2)\, u_{r3} + c_1\xi_2\xi_3^2 u_{r,z3},$$
$$u_z^{(4)}(\xi_1, \xi_2, 0) = (\xi_1^3 + 3\xi_1^2\xi_2)\, u_{z1} + b_3\xi_1^2\xi_2 u_{z,r1} + (\xi_2^3 + 3\xi_1\xi_2^2)\, u_{z2} - b_3\xi_1\xi_2^2 u_{z,r2}. \tag{5.4.208}$$

Diese Funktionen können nur dann identisch verschwinden, wenn alle in ihnen vorhandenen Komponenten des Elementknotenvektors Null werden:

$$u_{r2} = u_{r3} = u_{r,z2} = u_{r,z3} = 0,$$
$$u_{z1} = u_{z2} = u_{z,r1} = u_{z,r2} = 0. \tag{5.4.209}$$

Bezogen auf die Systemknotennummern heißt das für alle betreffenden Randstücke

$$u_{r7} = u_{r8} = u_{r9} = 0; \qquad u_{r,z7} = u_{r,z8} = u_{r,z9} = 0,$$
$$u_{z1} = u_{z4} = u_{z7} = u_{z3} = u_{z6} = u_{z9} = 0, \tag{5.4.210}$$
$$u_{z,r1} = u_{z,r4} = u_{z,r7} = u_{z,r3} = u_{z,r6} = u_{z,r9} = 0.$$

Damit verringert sich die Anzahl der Unbekannten auf 36. Daß man durch ingenieurmäßige Überlegungen zusätzlich noch

$$u_{z2} = u_{z5} = u_{z8} = 0\,; \qquad u_{r,z2} = u_{r,z5} = 0\,; \qquad u_{z,r2} = u_{z,r5} = u_{z,r8} = 0 \tag{5.4.211}$$

setzen könnte und damit die Anzahl der Unbekannten auf 27 reduziert, soll hier nur erwähnt werden.

Die Spannungsberechnung nach Gl. (5.4.182) ist besonders einfach, da die benötigten Ableitungen bereits im Knotenvektor vorhanden sind. In den Knoten braucht keine Mittelbildung durchgeführt zu werden, da dieses Element Stetigkeit der Ableitungen der Verschiebungen, damit Stetigkeit der Verzerrungen und folglich Stetigkeit der Spannungen in den Knotenpunkten garantiert. Wir erhalten am Knoten i

$$\sigma_i = \boldsymbol{C}(\varepsilon_i - \alpha\,\Delta T_i) = \boldsymbol{C}\left(\begin{bmatrix} 0 & 1 & 0 & 0 & 0 & 0 \\ 0 & 0 & 0 & 0 & 0 & 1 \\ 0 & 0 & 1 & 0 & 1 & 0 \\ r^{-1} & 0 & 0 & 0 & 0 & 0 \end{bmatrix} \boldsymbol{z}_i - \alpha\,\Delta T_i \begin{bmatrix} 1 \\ 1 \\ 0 \\ 1 \end{bmatrix}\right) \tag{5.4.212}$$

und damit für die Längen $r_1 = 500{,}0$ mm, $r_2 = 1000{,}0$ mm, $h = 100{,}0$ mm die in Tabelle 5.4.13 angegebenen Werte.

Tabelle 5.4.13

Knoten i	$10u_{ri}$ in mm	$10^{-1}\sigma_{ri}$ in $\frac{\text{N}}{\text{mm}^2}$	$10^{-1}\sigma_{\varphi i}$ in $\frac{\text{N}}{\text{mm}^2}$
1	−1,349	−0,479	−11,833
2	−1,353	−0,024	−11,167
3	−1,349	−0,479	−11,833
exakte Lösung	−1,350	0,000	−11,631
4	−0,524	−3,303	−8,431
5	−0,525	−3,294	−8,433
6	−0,524	−3,304	−8,431
exakte Lösung	−0,525	−3,231	−8,400
7	0,000	−4,344	−7,264
8	0,000	−4,418	−7,299
9	0,000	−4,344	−7,264
exakte Lösung	0,000	−4,362	−7,269

5.4.7. Strömung einer zähen Flüssigkeit

Der langsame (schleichende) stationäre, rotationssymmetrische Strömungsvorgang einer zähen, inkompressiblen Flüssigkeit wird durch die Gleichgewichtsbedingungen

$$\begin{aligned} &[r\sigma_r(r, z)]_{,r} + r\tau_{rz,z}(r, z) - \sigma_\varphi(r, z) = 0, \\ &[r\tau_{rz}(r, z)]_{,r} + r\sigma_{z,z}(r, z) = 0, \end{aligned} \tag{5.4.213}$$

die konstitutiven Gleichungen

$$\begin{aligned} \sigma_r(r, z) &= -p(r, z) + 2\mu v_{r,r}(r, z), \\ \sigma_z(r, z) &= -p(r, z) + 2\mu v_{z,z}(r, z), \\ \sigma_\varphi(r, z) &= -p(r, z) + 2\mu \frac{1}{r} v_r(r, z), \\ \tau_{rz}(r, z) &= \mu[v_{r,z}(r, z) + v_{z,r}(r, z)] \end{aligned} \tag{5.4.214}$$

und die Kontinuitätsgleichung

$$v_{r,r}(r, z) + \frac{1}{r} v_r(r, z) + v_{z,z}(r, z) = 0 \tag{5.4.215}$$

beschrieben. Darin sind σ_r, σ_z, σ_φ, τ_{rz} die Spannungen, v_r, v_z die beiden Geschwindigkeiten in r- bzw. z-Richtung, p der mittlere Druck und μ die Zähigkeit der strömenden Flüssigkeit.

In Matrixschreibweise erhalten wir zunächst mit

— dem Geschwindigkeitsvektor

$$\boldsymbol{v}(r, z) = [v_r(r, z); v_z(r, z)]^T, \tag{5.4.216}$$

— dem Vektor der Spannungen

$$\boldsymbol{\sigma}(r, z) = [\sigma_r(r, z); \sigma_z(r, z); \tau_{rz}(r, z); \sigma_\varphi(r, z)]^T, \tag{5.4.217}$$

— dem Vektor der Verzerrungsgeschwindigkeiten

$$\dot{\boldsymbol{\varepsilon}}(r, z) = [v_{r,r}(r, z); v_{z,z}(r, z); v_{r,z}(r, z) + v_{z,r}(r, z); \frac{1}{r} v_r(r, z)]^T, \tag{5.4.218}$$

— der Stoffmatrix

$$\boldsymbol{C} = \mu \begin{bmatrix} 2 & 0 & 0 & 0 \\ & 2 & 0 & 0 \\ & & 1 & 0 \\ \text{sym.} & & & 2 \end{bmatrix}, \tag{5.4.219}$$

— den Differentiationsmatrizen

$$\dot{\boldsymbol{D}} = \begin{bmatrix} \frac{\partial}{\partial r} & 0 & \frac{\partial}{\partial z} & \frac{1}{r} \\ 0 & \frac{\partial}{\partial z} & \frac{\partial}{\partial r} & 0 \end{bmatrix}^T; \quad \tilde{\boldsymbol{D}} = \begin{bmatrix} \frac{\partial}{\partial r} & 0 & \frac{\partial}{\partial z} & -\frac{1}{r} \\ 0 & \frac{\partial}{\partial z} & \frac{\partial}{\partial r} & 0 \end{bmatrix}^T \tag{5.4.220}$$

— und dem Vektor

$$\boldsymbol{e} = [1; 1; 0; 1]^{\mathrm{T}} \tag{5.4.221}$$

für die Gleichgewichtsbedingungen (5.4.213)

$$\tilde{\boldsymbol{D}}[r\boldsymbol{\sigma}]\,(r, z) = 0 \tag{5.4.222}$$

und für die konstitutiven Gleichungen (5.4.214)

$$\begin{aligned}\boldsymbol{\sigma}(r, z) &= -p(r, z)\,\boldsymbol{e} + \boldsymbol{C}\dot{\boldsymbol{\varepsilon}}(r, z) \\ &= -p(r, z)\,\boldsymbol{e} + \boldsymbol{C}\boldsymbol{D}\boldsymbol{v}(r, z)\,.\end{aligned} \tag{5.4.223}$$

Setzt man die konstitutiven Gleichungen in die Gleichgewichtsbedingungen ein, dann folgen die linearisierten *Navier-Stokes*schen Gleichungen

$$\tilde{\boldsymbol{D}}^{\mathrm{T}}[rp\boldsymbol{e}]\,(r, z) = \tilde{\boldsymbol{D}}^{\mathrm{T}}[r\boldsymbol{C}\boldsymbol{D}\boldsymbol{v}]\,(r, z)\,. \tag{5.4.224}$$

Als Randbedingungen sind auf einem Teil der Oberfläche des durchströmten Gebietes die Komponenten v_n, v_t des Geschwindigkeitsvektors bekannt (wesentliche Randbedingungen), auf den restlichen Randstücken werden die auf die Flüssigkeit wirkenden Randspannungen $q_n = \bar{q}_n$, $q_t = \bar{q}_t$ vorgeschrieben. Das Funktional der zu diesem Problem gehörenden Variationsaufgabe läßt sich mit $\mathrm{d}V = 2\pi r\,\mathrm{d}A$ und $\mathrm{d}O = 2\pi r\,\mathrm{d}s$ in der Form

$$\begin{aligned}J\{\boldsymbol{v}, p\} = 2\pi \int_A r\left\{\frac{1}{2}\,[\boldsymbol{D}\boldsymbol{v}(r, z)]^{\mathrm{T}}\,\boldsymbol{C}\boldsymbol{D}\boldsymbol{v}(r, z) - p(r, z)\,[\boldsymbol{D}\boldsymbol{v}(r, z)]^{\mathrm{T}}\,\boldsymbol{e}\right\}\mathrm{d}A \\ - 2\pi \int_{C_2} r\boldsymbol{v}_{\mathrm{R}}(r, z)^{\mathrm{T}}\,\bar{\boldsymbol{q}}_{\mathrm{R}}(s)\,\mathrm{d}s = \text{Extremum}\end{aligned} \tag{5.4.225}$$

schreiben, wobei

$$\boldsymbol{q}_{\mathrm{R}}(s) = [q_n(s); q_t(s)]^{\mathrm{T}}; \qquad \boldsymbol{v}_{\mathrm{R}}(r, z) = [v_n(r, z); v_t(r, z)]^{\mathrm{T}} \tag{5.4.226}$$

im Randkoordinatensystem definierte Vektoren sind. Das Variationsproblem besitzt die Differentialgleichungen (5.4.215) und (5.4.224) als *Euler*sche Differentialgleichungen und die natürlichen Randbedingungen

$$\begin{aligned}&[(2\mu v_{n,n} - p) - \bar{q}_n]|_{C_{2n}} = 0, \\ &[\mu(v_{t,n} + v_{n,t}) - \bar{q}_t]\,|_{C_{2t}} = 0.\end{aligned} \tag{5.4.227}$$

Die Extremalbedingung

$$\delta J = 2\pi \int_A r[(\boldsymbol{D}\delta\boldsymbol{v})^{\mathrm{T}}\,\boldsymbol{C}\boldsymbol{D}\boldsymbol{v} - p(\boldsymbol{D}\delta\boldsymbol{v})^{\mathrm{T}}\,\boldsymbol{e} - \delta p(\boldsymbol{D}\boldsymbol{v})^{\mathrm{T}}\,\boldsymbol{e}]\,\mathrm{d}A - 2\pi \int_{C_2} r\delta\boldsymbol{v}_{\mathrm{R}}{}^{\mathrm{T}}\bar{\boldsymbol{q}}_{\mathrm{R}}\,\mathrm{d}s = 0 \tag{5.4.228}$$

lautet in anderer Darstellung

$$\frac{1}{2\pi}\,\delta J = \int_A r[(\boldsymbol{D}\delta\boldsymbol{v})^{\mathrm{T}}; \delta p]\begin{bmatrix}\boldsymbol{C} & -\boldsymbol{e} \\ -\boldsymbol{e}^{\mathrm{T}} & 0\end{bmatrix}\begin{bmatrix}\boldsymbol{D}\boldsymbol{v} \\ p\end{bmatrix}\mathrm{d}A - \int_{C_2} r\delta\boldsymbol{v}_{\mathrm{R}}{}^{\mathrm{T}}\bar{\boldsymbol{q}}_{\mathrm{R}}\,\mathrm{d}s = 0\,. \tag{5.4.229}$$

Aus der Grundfunktion folgt, daß die Ansatzfunktionen für die Geschwindigkeitskomponenten v_r und v_z C^0-Stetigkeit besitzen müssen, während für den mittleren Druck p keine Stetigkeitsforderungen bestehen. Wir wählen deshalb für die Geschwindigkeiten und den mittleren Druck unterschiedliche Interpolationsfunktionen, d. h.

$$\left.\begin{aligned} v_r^{(e)}(r, z) &= \boldsymbol{f}^{(e)}(r, z)^{\mathrm{T}} \boldsymbol{z}_r^{(e)} = \boldsymbol{z}_r^{(e)\mathrm{T}} \boldsymbol{f}^{(e)}(r, z), \\ v_z^{(e)}(r, z) &= \boldsymbol{f}^{(e)}(r, z)^{\mathrm{T}} \boldsymbol{z}_z^{(e)} = \boldsymbol{z}_z^{(e)\mathrm{T}} \boldsymbol{f}^{(e)}(r, z), \\ p^{(e)}(r, z) &= \boldsymbol{g}^{(e)}(r, z)^{\mathrm{T}} \boldsymbol{z}_p^{(e)} = \boldsymbol{z}_p^{(e)\mathrm{T}} \boldsymbol{g}^{(e)}(r, z) \end{aligned}\right\} \tag{5.4.230}$$

und erhalten mit dem Elementknotenvektor

$$\boldsymbol{z}^{(e)} = [v_{r1}\,;\, v_{z1}\,;\, v_{r2}\,;\, v_{z2}\,;\, \ldots\,;\, p_1\,;\, p_2\,;\, \ldots]^{\mathrm{T}} \tag{5.4.231}$$

analog Gl. (5.2.45) den Vektor der Ansatzfunktionen

$$\begin{aligned} \begin{bmatrix} v_r^{(e)}(r, z) \\ v_z^{(e)}(r, z) \\ p^{(e)}(r, z) \end{bmatrix} &= \left[\begin{array}{cc|cc|c|c|c|c|c} f_1(r, z) & 0 & f_2(r, z) & 0 & & 0 & 0 & \\ 0 & f_1(r, z) & 0 & f_2(r, z) & \cdots & 0 & 0 & \cdots \\ 0 & 0 & 0 & 0 & & g_1(r, z) & g_2(r, z) & \end{array}\right] \boldsymbol{z}^{(e)} \\ &= \left[\begin{array}{c|c|c|c} \boldsymbol{F}_1^{(e)}(r, z) & \boldsymbol{F}_2^{(e)}(r, z) & \cdots & \boldsymbol{O} \\ \boldsymbol{o}_2^{\mathrm{T}} & \boldsymbol{o}_2^{\mathrm{T}} & & \boldsymbol{g}^{(e)}(r, z)^{\mathrm{T}} \end{array}\right] \boldsymbol{z}^{(e)} \end{aligned} \tag{5.4.232}$$

bzw.

$$\begin{bmatrix} \boldsymbol{v}^{(e)}(r, z) \\ p^{(e)}(r, z) \end{bmatrix} = \begin{bmatrix} \boldsymbol{F}^{(e)}(r, z)^{\mathrm{T}} & \boldsymbol{O} \\ \boldsymbol{o}^{\mathrm{T}} & \boldsymbol{g}^{(e)}(r, z)^{\mathrm{T}} \end{bmatrix} \boldsymbol{z}^{(e)}. \tag{5.4.233}$$

Mittels dieser Ansatzfunktionen bestimmen wir den Vektor

$$\begin{aligned} \begin{bmatrix} \boldsymbol{D}\boldsymbol{v}^{(e)} \\ p^{(e)} \end{bmatrix} &= \left[\begin{array}{cccccc|c} 1 & 0 & 0 & 0 & 0 & 0 & 0 \\ 0 & 0 & 0 & 1 & 0 & 0 & 0 \\ 0 & 1 & 1 & 0 & 0 & 0 & 0 \\ 0 & 0 & 0 & 0 & 1 & 0 & 0 \\ \hline 0 & 0 & 0 & 0 & 0 & 0 & 1 \end{array}\right] \left[\begin{array}{c|c} \boldsymbol{F}^{(e)}{}_{,r}{}^{\mathrm{T}} & \\ \boldsymbol{F}^{(e)}{}_{,z}{}^{\mathrm{T}} & \boldsymbol{O} \\ \frac{1}{r}\,\boldsymbol{F}^{(e)\mathrm{T}} & \\ \hline \boldsymbol{o}^{\mathrm{T}} & \boldsymbol{g}^{(e)\mathrm{T}} \end{array}\right] \boldsymbol{z}^{(e)} \\ &= \begin{bmatrix} \boldsymbol{L}^{\mathrm{T}} & \boldsymbol{o}_4 \\ \boldsymbol{o}_6^{\mathrm{T}} & 1 \end{bmatrix} \begin{bmatrix} \boldsymbol{B}^{(e)\mathrm{T}} & \boldsymbol{O} \\ \boldsymbol{o}^{\mathrm{T}} & \boldsymbol{g}^{(e)\mathrm{T}} \end{bmatrix} \boldsymbol{z}^{(e)}. \end{aligned} \tag{5.4.234}$$

Bevor dieser Ausdruck in die Extremalbedingung (5.4.229) eingeführt werden kann, müssen wir den Geschwindigkeitsvektor $\boldsymbol{v}_{\mathrm{R}}$ auf dem Randstück C_2 durch den Vektor $\boldsymbol{v}$ ersetzen. Dies gelingt mit der Transformationsmatrix $\boldsymbol{T}$ aus Gl. (5.4.144) in der üblichen Form

$$\boldsymbol{v}_{\mathrm{R}} = \begin{bmatrix} v_n \\ v_t \end{bmatrix} = \begin{bmatrix} \cos\alpha & \sin\alpha \\ -\sin\alpha & \cos\alpha \end{bmatrix} \begin{bmatrix} v_r \\ v_z \end{bmatrix} = \boldsymbol{T}^{\mathrm{T}}\boldsymbol{v}. \tag{5.4.235}$$

Dann folgt aus Gl. (5.4.229) die Extremalbedingung für die Näherungslösung

$$\delta\tilde{J} = \sum_{e=1}^{n} \delta\boldsymbol{z}^{(e)\mathrm{T}} \left\{ \int\limits_{A^{(e)}} r \begin{bmatrix} \boldsymbol{B}^{(e)}\boldsymbol{L}\boldsymbol{C}\boldsymbol{L}^{\mathrm{T}}\boldsymbol{B}^{(e)\mathrm{T}} & -\boldsymbol{B}^{(e)}\boldsymbol{L}\boldsymbol{e}\boldsymbol{g}^{(e)\mathrm{T}} \\ -\boldsymbol{g}^{(e)}\boldsymbol{e}^{\mathrm{T}}\boldsymbol{L}^{\mathrm{T}}\boldsymbol{B}^{(e)\mathrm{T}} & \boldsymbol{O} \end{bmatrix} \mathrm{d}A\,\boldsymbol{z}^{(e)} - \int\limits_{C_2^{(e)}} r \begin{bmatrix} \boldsymbol{F}^{(e)}\boldsymbol{T}^{(e)}\bar{\boldsymbol{q}}_{\mathrm{R}} \\ \boldsymbol{o} \end{bmatrix} \mathrm{d}s \right\} = 0. \tag{5.4.236}$$

Wir entnehmen ihr die Elementmatrix

$$\boldsymbol{K}^{(e)} = \int\limits_{A^{(e)}} r \begin{bmatrix} \boldsymbol{B}^{(e)}\boldsymbol{L}\boldsymbol{C}\boldsymbol{L}^{\mathrm{T}}\boldsymbol{B}^{(e)\mathrm{T}} & -\boldsymbol{B}^{(e)}\boldsymbol{L}\boldsymbol{e}\boldsymbol{g}^{(e)\mathrm{T}} \\ -\boldsymbol{g}^{(e)}\boldsymbol{e}^{\mathrm{T}}\boldsymbol{L}^{\mathrm{T}}\boldsymbol{B}^{(e)\mathrm{T}} & \boldsymbol{O} \end{bmatrix} \mathrm{d}A \tag{5.4.237}$$

und den Elementvektor der rechten Seite

$$\boldsymbol{r}^{(e)} = \int\limits_{C_2^{(e)}} r \begin{bmatrix} \boldsymbol{F}^{(e)}\boldsymbol{T}^{(e)}\bar{\boldsymbol{q}}_{\mathrm{R}} \\ \boldsymbol{o} \end{bmatrix} \mathrm{d}s. \tag{5.4.238}$$

Bemerkenswert ist hier die Tatsache, daß im Gegensatz zu allen bisher behandelten Beispielen in der Hauptdiagonalen der Elementmatrix und auch in der Hauptdiagonalen der Systemmatrix Nullen vorhanden sind. Dies erfordert bei der Lösung des modifizierten Gleichungssystems die Anwendung besonderer Algorithmen.
Nunmehr soll der Strömungsvorgang einer zähen Flüssigkeit durch ein konisches Rohrstück ($l = 400{,}0$ mm, $r_1 = 80{,}0$ mm, $r_2 = 40{,}0$ mm) untersucht werden (Bild 5.4.27). Beim Einströmen in das betrachtete Gebiet soll die angegebene Geschwindigkeitsverteilung vorliegen. Am Ausflußquerschnitt wollen wir die restlichen Rand-

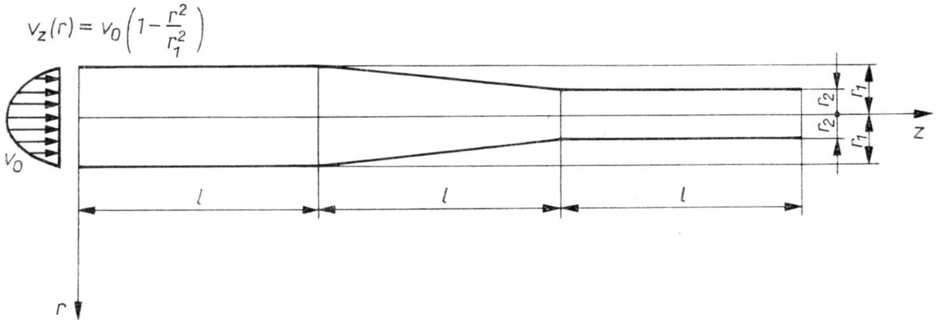

Bild 5.4.27

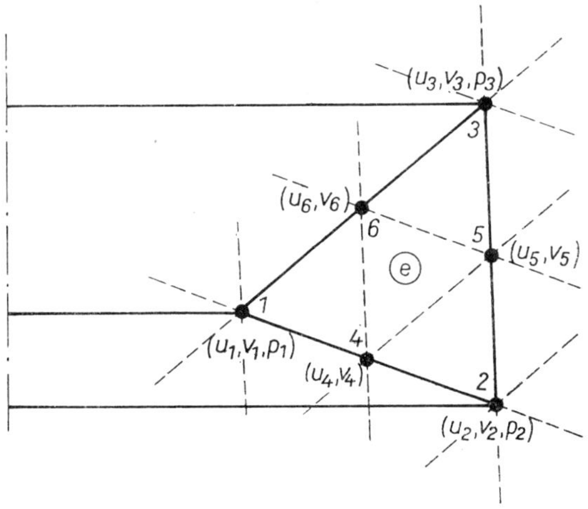

Bild 5.4.28

bedingungen $\bar{q}_n = p_0$, $\bar{q}_t = 0$ vorschreiben. An den Rohrwandungen verschwinden beide Geschwindigkeitskomponenten. Entscheiden wir uns für Dreieckringelemente, so ist es günstig, für die Geschwindigkeiten quadratische Ansatzfunktionen mit den sechs Formfunktionen (5.1.29) und für den Druck eine lineare Ansatzfunktion mit den drei Interpolationsfunktionen (5.1.22) zu verwenden (Bild 5.4.28).

Wir erkennen, daß die Knotenvektoren $\boldsymbol{z}_i$ $(i = 1, 2, \ldots, 6)$ unterschiedliche Dimensionen haben. Die drei Eckknotenvektoren besitzen jeweils drei Komponenten, die Vektoren in den Seitenmittelpunkten enthalten nur jeweils zwei Komponenten. Alle sechs Knotenvektoren werden im Elementknotenvektor gemäß Gl. (5.4.231) in der Form

$$\boldsymbol{z}^{(e)} = [v_{r1}; v_{z1}; v_{r2}; v_{z2}; v_{r3}; v_{z3}; v_{r4}; v_{z4}; v_{r5}; v_{z5}; v_{r6}; v_{z6}; p_1; p_2; p_3]^{\mathrm{T}} \tag{5.4.239}$$

zusammengefaßt. Aus Gl. (5.4.236) folgt das Verschwinden des algebraischen Ausdrucks

$$\begin{aligned}\delta\tilde{J} &= \sum_{e=1}^{n} \delta\boldsymbol{z}^{(e)\mathrm{T}} \left\{ \int_{A^{(e)}} r \begin{bmatrix} \boldsymbol{B}^{(e)}\boldsymbol{L}\boldsymbol{C}\boldsymbol{L}^{\mathrm{T}}\boldsymbol{B}^{(e)\mathrm{T}} & -\boldsymbol{B}^{(e)}\boldsymbol{L}\boldsymbol{e}\boldsymbol{g}^{(e)\mathrm{T}} \\ -\boldsymbol{g}^{(e)}\boldsymbol{e}^{\mathrm{T}}\boldsymbol{L}^{\mathrm{T}}\boldsymbol{B}^{(e)\mathrm{T}} & \boldsymbol{O}_{3,3} \end{bmatrix} \mathrm{d}A\,\boldsymbol{z}^{(e)} - \int_{C_2^{(e)}} r \begin{bmatrix} \boldsymbol{F}^{(e)}\boldsymbol{T}^{(e)}\bar{\boldsymbol{q}}_{\mathrm{R}} \\ \boldsymbol{o}_3 \end{bmatrix} \mathrm{d}s \right\} \\ &= \sum_{e=1}^{n} \delta\boldsymbol{z}^{(e)\mathrm{T}}(\boldsymbol{K}^{(e)}\boldsymbol{z}^{(e)} - \boldsymbol{r}^{(e)}) = \delta\boldsymbol{z}^{\mathrm{T}}(\boldsymbol{K}\boldsymbol{z} - \boldsymbol{r}) = 0,\end{aligned} \tag{5.4.240}$$

der entsprechend den wesentlichen Randbedingungen zu modifizieren ist.

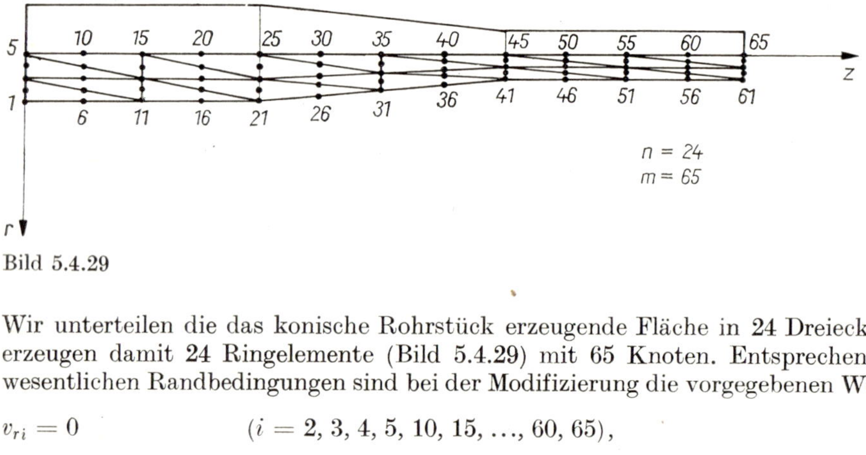

Bild 5.4.29

Wir unterteilen die das konische Rohrstück erzeugende Fläche in 24 Dreiecke und erzeugen damit 24 Ringelemente (Bild 5.4.29) mit 65 Knoten. Entsprechend den wesentlichen Randbedingungen sind bei der Modifizierung die vorgegebenen Werte

$$\begin{aligned} &v_{ri} = 0 && (i = 2, 3, 4, 5, 10, 15, \ldots, 60, 65), \\ &v_{ri} = v_{zi} = 0 && (i = 1, 6, 11, \ldots, 56, 61), \\ &v_{z2} = \frac{7}{16} v_0; \quad v_{z3} = \frac{3}{4} v_0; && v_{z4} = \frac{15}{16} v_0; \quad v_{z5} = v_0 \end{aligned} \tag{5.4.241}$$

zu berücksichtigen, so daß von den ursprünglich $21 \cdot 3 + 44 \cdot 2 = 151$ Unbekannten noch 105 verbleiben. Wegen der mit dem Faktor $\frac{1}{r}$ behafteten Untermatrix von $\boldsymbol{B}^{(e)}$ wird man die Integration der Elementmatrizen numerisch ausführen. Wir erhalten für $p_0 = 0{,}1\ \mathrm{N/mm^2}$ die in Tabelle 5.4.14 für einige Knoten angegebenen Lösungen. Das sich im Rohr einstellende Geschwindigkeitsfeld zeigt Bild 5.4.30.

Tabelle 5.4.14

Knoten	$10^2 \frac{v_r}{v_0}$	$\frac{v_z}{v_0}$	$10p$ N/mm²	Knoten	$10^2 \frac{v_r}{v_0}$	$\frac{v_z}{v_0}$	$10p$ N/mm²	Knoten	$10^2 \frac{v_r}{v_0}$	$\frac{v_z}{v_0}$	$10p$ N/mm²
11	0,0000	0,0000	1,00047	31	0,0000	0,0000	1,00044	51	0,0000	0,0000	1,00018
12	0,0592	0,4287	·	32	−5,3489	0,9236	·	52	4,5567	1,7827	·
13	0,1812	0,7349	1,00047	33	−5,6342	1,5815	1,00044	53	6,9384	3,0567	1,00018
14	0,1267	0,9179	·	34	−2,6848	2,0092	·	54	6,8800	3,8097	·
15	0,0000	0,9776	1,00047	35	0,0000	2,1389	1,00044	55	0,0000	4,0534	1,00018

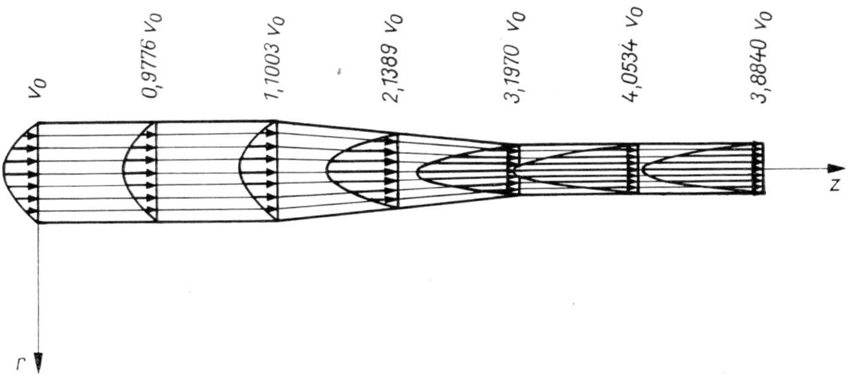

Bild 5.4.30

5.4.8. *Kirchhoff*sche Plattenbiegung

Während alle bisher betrachteten Anwendungsbeispiele nur C^0-Stetigkeit erforderten, wollen wir nun ein Problem mit C^1-Stetigkeit behandeln.
Für die Biegung dünner elastischer Platten mit der Dicke h bestehen zwischen den Biegemomenten m_x, m_y, den Torsionsmomenten $m_{xy} = m_{yx}$, den Querkräften q_x, q_y und der Flächenkraft p (Bild 5.4.31) die Gleichgewichtsbedingungen

$$\left.\begin{aligned} m_{x,x}(x, y) + m_{yx,y}(x, y) - q_x(x, y) &= 0, \\ m_{y,y}(x, y) + m_{xy,x}(x, y) - q_y(x, y) &= 0, \\ q_{x,x}(x, y) + q_{y,y}(x, y) + p(x, y) &= 0. \end{aligned}\right\} \tag{5.4.242}$$

Die bei dünnen Platten übliche Näherung (*Kirchhoff*sche Theorie) liefert die Verschiebungskomponenten eines Punktes im Abstand z von der Plattenmittelfläche

$$u(x, y, z) = -zw_{,x}(x, y);\; v(x, y, z) = -zw_{,y}(x, y);\; w(x, y, z) = w(x, y) \tag{5.4.243}$$

und somit die Verzerrungs-Verschiebungs-Beziehungen

$$\varepsilon_x(x, y, z) = -zw_{,xx}(x, y);\; \varepsilon_y(x, y, z) = -zw_{,yy}(x, y);\; \gamma_{xy}(x, y, z) = -2zw_{,xy}(x, y). \tag{5.4.244}$$

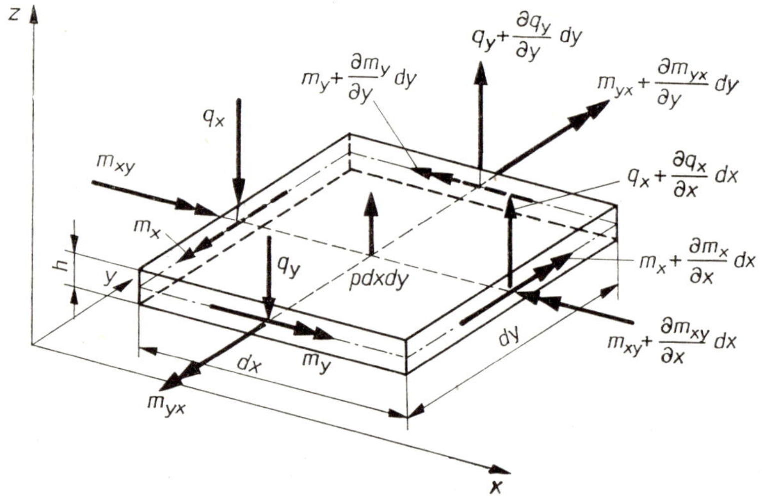

Bild 5.4.31

Zur Formulierung des Stoffgesetzes wollen wir uns auf isotropes Materialverhalten beschränken und schreiben es deshalb in der Form

$$\left.\begin{aligned} \sigma_x(x, y, z) &= \frac{E}{1-\nu^2}\left[\varepsilon_x(x, y, z) + \nu\varepsilon_y(x, y, z)\right], \\ \sigma_y(x, y, z) &= \frac{E}{1-\nu^2}\left[\nu\varepsilon_x(x, y, z) + \varepsilon_y(x, y, z)\right], \\ \tau_{xy}(x, y, z) &= \frac{E}{2(1+\nu)}\,\gamma_{xy}(x, y, z). \end{aligned}\right\} \tag{5.4.245}$$

Wir verwenden auch hier vorteilhaft die Matrixschreibweise und definieren

— den Vektor der Spannungen

$$\boldsymbol{\sigma}(x, y, z) = [\sigma_x(x, y, z); \sigma_y(x, y, z); \tau_{xy}(x, y, z)]^{\mathrm{T}}, \tag{5.4.246}$$

— den Vektor der Verzerrungen

$$\boldsymbol{\varepsilon}(x, y, z) = [\varepsilon_x(x, y, z); \varepsilon_y(x, y, z); \gamma_{xy}(x, y, z)]^{\mathrm{T}}, \tag{5.4.247}$$

— den Vektor der Krümmungen

$$\boldsymbol{k}(x, y) = [-w_{,xx}(x, y); -w_{,yy}(x, y); -2w_{,xy}(x, y)]^{\mathrm{T}}, \tag{5.4.248}$$

— die Elastizitätsmatrix für isotropes Material

$$\boldsymbol{C} = \frac{E}{1-\nu^2}\begin{bmatrix} 1 & \nu & 0 \\ & 1 & 0 \\ \text{sym.} & & \frac{1-\nu}{2} \end{bmatrix}, \tag{5.4.249}$$

— den Vektor der Schnittmomente

$$\boldsymbol{m}(x, y) = [m_x(x, y); m_y(x, y); m_{xy}(x, y)]^{\mathrm{T}} \tag{5.4.250}$$

— und den Differentiationsvektor

$$\boldsymbol{d} = \left[\frac{\partial^2}{\partial x^2}; \frac{\partial^2}{\partial y^2}; 2\,\frac{\partial^2}{\partial x\,\partial y}\right]^{\mathrm{T}}. \tag{5.4.251}$$

Damit nehmen die Gln. (5.4.244) und (5.4.245) die Form

$$\begin{aligned} \varepsilon(x, y, z) &= z\boldsymbol{k}(x, y) = -z\boldsymbol{d}w(x, y), \\ \sigma(x, y, z) &= z\boldsymbol{C}\boldsymbol{k}(x, y) = -z\boldsymbol{C}\boldsymbol{d}w(x, y) \end{aligned} \tag{5.4.252}$$

an. Eliminiert man aus den Gleichgewichtsbedingungen die Querkraft, so erhält man

$$\boldsymbol{d}^{\mathrm{T}}\boldsymbol{m}(x, y) + p(x, y) = 0, \tag{5.4.253}$$

und mit dem Stoffgesetz für die Schnittmomente

$$\boldsymbol{m}(x, y) = \int_h \sigma(x, y, z)\, z\, \mathrm{d}z = \frac{h^3}{12}\,\boldsymbol{C}\boldsymbol{k}(x, y) = \frac{h^3}{12}\,\boldsymbol{C}\boldsymbol{d}w(x, y) \tag{5.4.254}$$

ergibt sich für h = konst die Plattengleichung

$$\boldsymbol{d}^{\mathrm{T}}\boldsymbol{C}\boldsymbol{d}w(x, y) = \frac{12}{h^3}\,p(x, y). \tag{5.4.255}$$

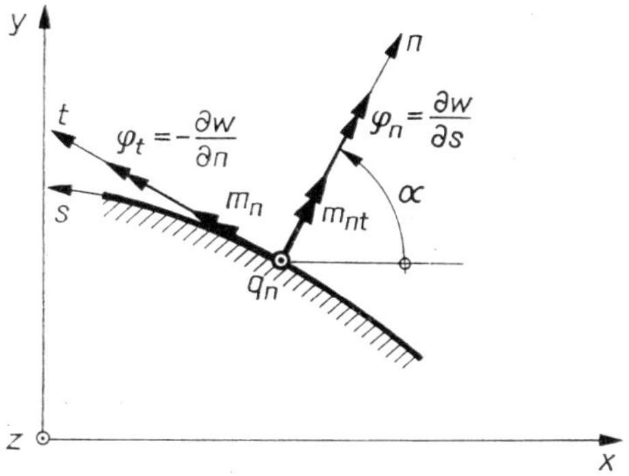

Bild 5.4.32

Die wesentlichen Randbedingungen legen am Randstück C_1 die Verschiebung w und am Randstück C_1' die Verdrehung der Plattenmittelfläche um die Randtangente $w_{,n} = -\varphi_t$ fest (Bild 5.4.32). Dies bedeutet also

$$[w(x, y) - \overline{w}(s)]|_{C_1} = 0; \qquad [w_{,n}(x, y) + \overline{\varphi}_t(s)]|_{C_1'} = 0. \tag{5.4.256}$$

Die restlichen Randbedingungen beziehen sich auf die Randstücke $C_2 = C - C_1$ mit vorgegebener Randersatzquerkraft $q_n{}^* = \overline{q}_n{}^* = \overline{q}_n - \overline{m}_{nt,s}$ und auf Randstücke

$C_2' = C - C_1'$ mit bekanntem Randbiegemoment $m_n = \overline{m}_n$. Dann gilt

$$\left\{\frac{Eh^3}{12(1-\nu^2)} [w,_{nnn} + (2-\nu)\, w,_{nss} + \overline{q}_n^*]\right\}\Bigg|_{C_2} = 0,$$
$$\left[\frac{Eh^3}{12(1-\nu^2)} (w,_{nn} + \nu w,_{ss}) + \overline{m}_n\right]\Bigg|_{C_2'} = 0. \qquad (5.4.257)$$

Die Plattengleichung (5.4.255) einschließlich der Randbedingungen kann als notwendige Bedingung der aus dem Prinzip vom Minimum des elastischen Potentials abgeleiteten Variationsaufgabe

$$J\{w\} = \frac{1}{2} \int_V \sigma(x, y, z)^{\mathrm{T}}\, \varepsilon(x, y, z)\, \mathrm{d}V - \int_A w(x, y)\, p(x, y)\, \mathrm{d}A$$
$$- \int_{C_2} w(x, y)\, \overline{q}_n^*(s)\, \mathrm{d}s + \int_{C_2'} w,_n(x, y)\, \overline{m}_n(s)\, \mathrm{d}s = \text{Extremum},$$
$$[w(x, y) - \overline{w}(s)]|_{C_1} = 0; \qquad [w,_n(x, y) + \overline{\varphi}_t(s)]\,|_{C_1'} = 0 \qquad (5.4.258)$$

betrachtet werden. Mit Gl. (5.4.252) folgt daraus das Funktional

$$J\{w\} = \frac{1}{2} \int_A \left\{\frac{h^3}{12} [\boldsymbol{d}w(x, y)]^{\mathrm{T}}\, \boldsymbol{C}\boldsymbol{d}w(x, y) - 2w(x, y)\, p(x, y)\right\} \mathrm{d}A$$
$$- \int_{C_2} w(x, y)\, \overline{q}_n^*(s)\, \mathrm{d}s + \int_{C_2'} w,_n(x, y)\, \overline{m}_n(s)\, \mathrm{d}s = \text{Extremum}. \qquad (5.4.259)$$

Wir bilden seine erste Variation, setzen diese Null und erhalten so die Minimalbedingung

$$\delta J = \int_A \left[\frac{h^3}{12} (\boldsymbol{d}\delta w)^{\mathrm{T}}\, \boldsymbol{C}\boldsymbol{d}w - \delta w p\right] \mathrm{d}A - \int_{C_2} \delta w \overline{q}_n^*\, \mathrm{d}s + \int_{C_2'} \delta w,_n \overline{m}_n\, \mathrm{d}s = 0. \qquad (5.4.260)$$

Da die Grundfunktion des Funktionals $J\{w\}$ Ableitungen zweiter Ordnung enthält, muß die Ansatzfunktion für die Verschiebung im Element e

$$w^{(e)}(x, y) = \boldsymbol{f}^{(e)}(x, y)^{\mathrm{T}}\, \boldsymbol{z}^{(e)} = \boldsymbol{z}^{(e)\mathrm{T}} \boldsymbol{f}^{(e)}(x, y) \qquad (5.4.261)$$

C^1-Stetigkeit aufweisen. Mit dieser Ansatzfunktion berechnen wir zunächst

$$\boldsymbol{d}w^{(e)} = \boldsymbol{d}\boldsymbol{f}^{(e)\mathrm{T}} \boldsymbol{z}^{(e)} = \boldsymbol{B}^{(e)\mathrm{T}} \boldsymbol{z}^{(e)} \qquad (5.4.262)$$

und bestimmen so die algebraische Gleichung

$$\delta \tilde{J} = \sum_{e=1}^{n} \delta \boldsymbol{z}^{(e)\mathrm{T}} \left(\frac{h^3}{12} \int_{A^{(e)}} \boldsymbol{B}^{(e)} \boldsymbol{C} \boldsymbol{B}^{(e)\mathrm{T}}\, \mathrm{d}A\, \boldsymbol{z}^{(e)} - \int_{A^{(e)}} \boldsymbol{f}^{(e)} p\, \mathrm{d}A\right.$$
$$\left. - \int_{C_2^{(e)}} \boldsymbol{f}^{(e)} \overline{q}_n^*\, \mathrm{d}s + \int_{C_2'^{(e)}} \boldsymbol{f}^{(e)},_n \overline{m}_n\, \mathrm{d}s\right) = 0 \qquad (5.4.263)$$

aus der die Elementmatrix

$$\boldsymbol{K}^{(e)} = \frac{h^3}{12} \int_{A^{(e)}} \boldsymbol{B}^{(e)} \boldsymbol{C} \boldsymbol{B}^{(e)\mathrm{T}}\, \mathrm{d}A \qquad (5.4.264)$$

und der Elementvektor der rechten Seite

$$\boldsymbol{r}^{(e)} = \int\limits_{A^{(e)}} \boldsymbol{f}^{(e)} p \, \mathrm{d}A + \int\limits_{C_2^{(e)}} \boldsymbol{f}^{(e)} \bar{q}_n^* \, \mathrm{d}s - \int\limits_{C_2'^{(e)}} \boldsymbol{f}^{(e)}{}_{,n} \overline{m}_n \, \mathrm{d}s \tag{5.4.265}$$

folgen.

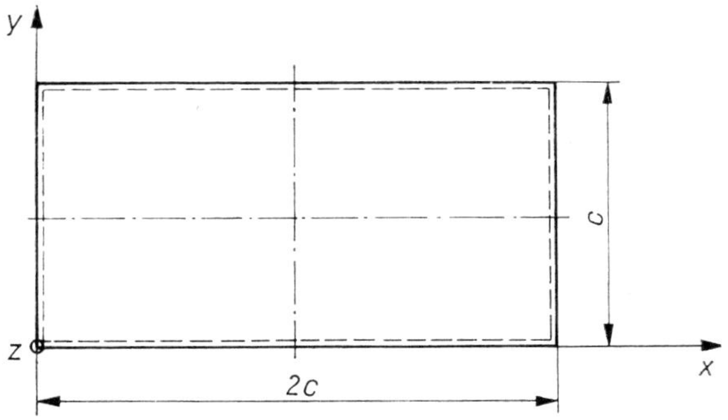

Bild 5.4.33

Am Beispiel einer allseitig frei aufliegenden Rechteckplatte mit der Dicke h (Bild 5.4.33) und dem Seiten-Dicken-Verhältnis $c/h = 20$ wollen wir die Durchbiegung und die Biegemomente unter konstanter Flächenkraft p_0 in einigen Punkten ermitteln. Aufgrund der vorhandenen Plattengeometrie genügt es, nur ein Viertel der Gesamtplatte zu betrachten. Wir wählen Dreieckelemente mit drei Knotenpunkten und dem Freiheitgrad 18 (Bild 5.1.11), die den 18 freien Parametern des Elementknotenvektors (5.1.50) entsprechen. Den Zusammenhang zwischen den 18 Interpolationsfunktionen (5.1.49) und dem die 21 Terme des Polynoms fünften Grades enthaltenden Vektor $\boldsymbol{w}_{21}$ nach Gl. (5.1.13) stellen wir in der Form

$$\boldsymbol{f}^{(e)}(\xi_1, \xi_2, \xi_3) = \boldsymbol{G}^{(e)} \boldsymbol{w}_{21}(\xi_1, \xi_2, \xi_3) \tag{5.4.266}$$

her, wobei wir auf eine explizite Wiedergabe der Matrix $\boldsymbol{G}^{(e)}$ verzichten wollen. Die partiellen zweiten Ableitungen des Vektors $\boldsymbol{w}_{21}$ führen auf den Vektor $\boldsymbol{w}_{10}$ und werden nach den Differentiationsregeln (5.1.11) bestimmt. Nach einiger Zwischenrechnung kommt man zu dem Ergebnis

$$\boldsymbol{f}_{,xx}^{(e)} = \boldsymbol{G}^{(e)} \boldsymbol{H}_{xx}^{(e)} \boldsymbol{w}_{10}; \qquad \boldsymbol{f}_{,yy}^{(e)} = \boldsymbol{G}^{(e)} \boldsymbol{H}_{yy}^{(e)} \boldsymbol{w}_{10}; \qquad \boldsymbol{f}_{,xy}^{(e)} = \boldsymbol{G}^{(e)} \boldsymbol{H}_{xy}^{(e)} \boldsymbol{w}_{10}, \tag{5.4.267}$$

in dem die Matrizen $\boldsymbol{H}_{xx}^{(e)}$, $\boldsymbol{H}_{yy}^{(e)}$, $\boldsymbol{H}_{xy}^{(e)}$ jeweils 21 Zeilen und 10 Spalten besitzen. Wir wollen auch auf ihre Wiedergabe verzichten. Zusammengefaßt bilden sie die Matrix

$$\boldsymbol{H}^{(e)} = [\boldsymbol{H}_{xx}^{(e)} \mid \boldsymbol{H}_{yy}^{(e)} \mid 2\boldsymbol{H}_{xy}^{(e)}]. \tag{5.4.268}$$

Nun berechnen wir zunächst die Matrix

$$\boldsymbol{B}^{(e)} = (\boldsymbol{d}\boldsymbol{f}^{(e)\mathrm{T}})^{\mathrm{T}} = \boldsymbol{G}^{(e)} (\boldsymbol{d}\boldsymbol{w}_{21}^{\mathrm{T}})^{\mathrm{T}} = \boldsymbol{G}^{(e)} \boldsymbol{H}^{(e)} \begin{bmatrix} \boldsymbol{w}_{10} & \boldsymbol{o}_{10} & \boldsymbol{o}_{10} \\ \boldsymbol{o}_{10} & \boldsymbol{w}_{10} & \boldsymbol{o}_{10} \\ \boldsymbol{o}_{10} & \boldsymbol{o}_{10} & \boldsymbol{w}_{10} \end{bmatrix} \tag{5.4.269}$$

und erhalten schließlich unter Verwendung der Integrationsregel (5.1.12) für die Elementmatrix

$$\boldsymbol{K}^{(e)} = \frac{Eh^3}{12(1 - \nu^2)} \boldsymbol{G}^{(e)} \boldsymbol{H}^{(e)} \boldsymbol{I}_1{}^{(e)} \boldsymbol{H}^{(e)\mathrm{T}} \boldsymbol{G}^{(e)\mathrm{T}}. \tag{5.4.270}$$

Darin sind

$$\boldsymbol{I}_1{}^{(e)} = \begin{bmatrix} \boldsymbol{I}_{10,10}^{(e)} & \nu \boldsymbol{I}_{10,10}^{(e)} & \boldsymbol{O}_{10,10} \\ & \boldsymbol{I}_{10,10}^{(e)} & \boldsymbol{O}_{10,10} \\ \text{sym.} & & \frac{1-\nu}{2} \boldsymbol{I}_{10,10}^{(e)} \end{bmatrix} \tag{5.4.271}$$

und

$$\boldsymbol{I}_{10,10}^{(e)} = \int\limits_{A^{(e)}} \boldsymbol{w}_{10} \boldsymbol{w}_{10}{}^{\mathrm{T}} \,\mathrm{d}A = \frac{A^{(e)}}{7!} \begin{bmatrix} 180 & 9 & 9 & 30 & 3 & 12 & 12 & 3 & 30 & 6 \\ & 180 & 9 & 12 & 30 & 3 & 30 & 12 & 3 & 6 \\ & & 180 & 3 & 12 & 30 & 3 & 30 & 12 & 6 \\ & & & 12 & 3 & 3 & 9 & 2 & 6 & 3 \\ & & & & 12 & 3 & 6 & 9 & 2 & 3 \\ & & & & & 12 & 2 & 6 & 9 & 3 \\ & & & & & & 12 & 3 & 3 & 3 \\ & & & & & & & 12 & 3 & 3 \\ & & & & & & & & 12 & 3 \\ \text{sym.} & & & & & & & & & 2 \end{bmatrix}. \tag{5.4.272}$$

Entsprechend der Aufgabenstellung benötigen wir von dem Vektor (5.4.265) nur den ersten Term. Mit $p = p_0 = \text{konst}$ folgt

$$\boldsymbol{r}^{(e)} = p_0 \int\limits_{A^{(e)}} \boldsymbol{f}^{(e)} \,\mathrm{d}A = p_0 \boldsymbol{G}^{(e)} \int\limits_{A^{(e)}} \boldsymbol{w}_{21} \,\mathrm{d}A = p_0 \boldsymbol{G}^{(e)} \boldsymbol{i}_{21}{}^{(e)}, \tag{5.4.273}$$

wobei der Vektor $\boldsymbol{i}_{21}{}^{(e)}$ die Form

$$\boldsymbol{i}_{21}{}^{(e)} = \frac{4A^{(e)}}{7!} [60; 60; 60; 12; 12; 12; 12; 12; 12; 6; 6; 6; 6; 6; 6; 3; 3; 3; 2; 2; 2]^{\mathrm{T}} \tag{5.4.274}$$

annimmt. Nunmehr können die Elementmatrizen für alle finiten Dreieckelemente berechnet und in bekannter Weise zur Systemmatrix zusammengefügt werden. Auch die Beiträge der Elemente zum Vektor der rechten Seite werden bestimmt und entsprechend überlagert.

Die modifizierte Systemgleichung gewinnen wir nach Berücksichtigung der wesentlichen Randbedingungen, die sich bei unserem Beispiel auf die Durchbiegung w und die Verdrehung $w_{,n}$ beziehen. Dabei ist zu prüfen, welche Komponenten des Knotenvektors Null gesetzt werden müssen, wenn die Durchbiegung bzw. die Verdrehung längs eines Randstückes identisch verschwinden sollen. Dazu müssen wir u. U. den bisher im kartesischen Koordinatensystem definierten Knotenvektor

$$\boldsymbol{z}_i = [w_i; w_{,xi}; w_{,yi}; w_{,xxi}; w_{,yyi}; w_{,xyi}]^{\mathrm{T}} \tag{5.4.275}$$

in das Randkoordinatensystem (Bild 5.4.32) transformieren. Wir definieren einen Randknotenvektor

$$\boldsymbol{z}_{\mathrm{R}i} = [w_i; w_{,ni}; w_{,si}; w_{,nni}; w_{,ssi}; w_{,nsi}]^{\mathrm{T}}, \tag{5.4.276}$$

der mit $\boldsymbol{z}_i$ gemäß

$$\boldsymbol{z}_i = \boldsymbol{T}_i \boldsymbol{z}_{\mathrm{R}i} \tag{5.4.277}$$

zusammenhängt. Die Transformationsmatrix hat die Form

$$\boldsymbol{T} = \left[\begin{array}{ccc|ccc} 1 & 0 & 0 & 0 & 0 & 0 \\ 0 & \cos\alpha & -\sin\alpha & 0 & 0 & 0 \\ 0 & \sin\alpha & \cos\alpha & 0 & 0 & 0 \\ \hline 0 & 0 & 0 & \cos^2\alpha & \sin^2\alpha & -2\cos\alpha\sin\alpha \\ 0 & 0 & 0 & \sin^2\alpha & \cos^2\alpha & 2\cos\alpha\sin\alpha \\ 0 & 0 & 0 & \cos\alpha\sin\alpha & -\cos\alpha\sin\alpha & \cos^2\alpha - \sin^2\alpha \end{array}\right]. \tag{5.4.278}$$

Nun erhalten wir für die Verschiebung eines Plattenelementes entlang des Randstückes $\xi_1 = 0$ (Bild 5.1.2)

$$\begin{aligned} w^{(e)}(0, \xi_2, \xi_3) = {} & \xi_2^3(\xi_2^2 + 5\xi_2\xi_3 + 10\xi_3^2)\, w_2 \\ & + \xi_2\xi_3(\xi_2^3 + 4\xi_2^2\xi_3)\, l_1 w_{,s2} + \frac{1}{2}\, \xi_2^3\xi_3^2 l_1^2 w_{,ss2} \\ & + \xi_3^3(\xi_3^2 + 5\xi_3\xi_2 + 10\xi_2^2)\, w_3 \\ & - \xi_3\xi_2(\xi_3^3 + 4\xi_3^2\xi_2)\, l_1 w_{,s3} + \frac{1}{2}\, \xi_3^3\xi_2^2 l_1^2 w_{,ss3} \end{aligned} \tag{5.4.279}$$

und erkennen sofort, daß für homogene Randbedingungen diese Verschiebung nur dann entlang des gesamten Randstückes verschwindet, wenn die Knotenwerte

$$w_2 = w_{,s2} = w_{,ss2} = w_3 = w_{,s3} = w_{,ss3} = 0 \tag{5.4.280}$$

gesetzt werden. Schließlich berechnen wir mit

$$(\;)_{,n} = (\;)_{,x} \cos\alpha + (\;)_{,y} \sin\alpha \tag{5.4.281}$$

und

$$(\cos\alpha)|_{\xi_k=0} = -\frac{c_k}{l_k}; \qquad (\sin\alpha)|_{\xi_k=0} = -\frac{b_k}{l_k} \qquad (k = 1, 2, 3) \tag{5.4.282}$$

die Verdrehung des Plattenelementes längs des Randes $\xi_1 = 0$

$$\begin{aligned} w^{(e)}{}_{,n}(0, \xi_2, \xi_3) = {} & \xi_2^2(\xi_2^2 + 3\xi_3^2 + 4\xi_2\xi_3)\, w_{,n2} + \xi_2^2\xi_3(\xi_3 + \xi_2)\, l_1 w_{,ns2} \\ & + \xi_3^2(\xi_3^2 + 3\xi_2^2 + 4\xi_3\xi_2)\, w_{,n3} - \xi_3^2\xi_2(\xi_2 + \xi_3)\, l_1 w_{,ns3}. \end{aligned} \tag{5.4.283}$$

Sind homogene Randbedingungen vorgeschrieben, so ist diese Verdrehung auf dem gesamten Randstück Null, wenn für die Knotenwerte

$$w_{,n2} = w_{,ns2} = w_{,n3} = w_{,ns3} = 0 \tag{5.4.284}$$

gewählt wird. Die Bedingungen für die Ränder $\xi_2 = 0$ bzw. $\xi_3 = 0$ folgen durch zyklische Vertauschung.

In das für die numerische Berechnung verwendete FEM-Programm werden die Zahlenwerte $E = 2{,}1 \cdot 10^5\ \mathrm{N/mm^2}$, $h = 5{,}0\ \mathrm{mm}$, $c = 100{,}0\ \mathrm{mm}$, $\nu = 0{,}3$ und $p_0 = 1{,}0\ \mathrm{N/mm^2}$ eingegeben. Damit gewinnen wir für die Vernetzung nach Bild 5.4.34a aus

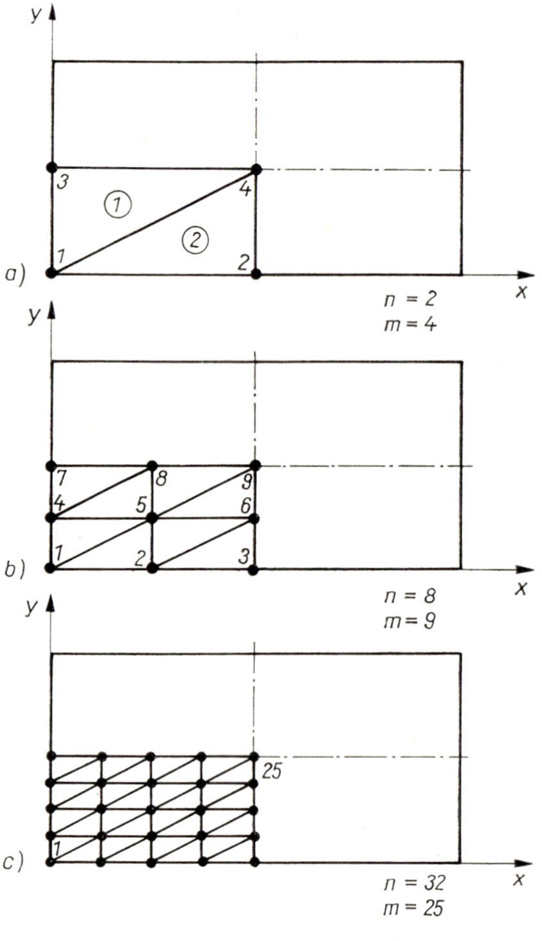

Bild 5.4.34

Gl. (5.4.270) die beiden Elementmatrizen $\boldsymbol{K}^{(1)}$, $\boldsymbol{K}^{(2)}$, wobei es sich für dieses Beispiel als günstig erweist, statt der Knotenwerte w_i, $w,_{xi}$, $w,_{yi}$ die Unbekannten $10^{-2}w_i$, $10^{-1}w,_{xi}$, $10^{-1}w,_{yi}$ zu benutzen. Durch diese Umformung erreicht man, daß die Zahlen in den Elementmatrizen eine annähernd gleiche Größenordnung besitzen. Wir erhalten dann die Elementmatrix

$$\boldsymbol{K}^{(e)} = \begin{bmatrix} \boldsymbol{K}_{11}^{(e)} & \boldsymbol{K}_{12}^{(e)} & \boldsymbol{K}_{13}^{(e)} \\ & \boldsymbol{K}_{22}^{(e)} & \boldsymbol{K}_{23}^{(e)} \\ \text{sym.} & & \boldsymbol{K}_{33}^{(e)} \end{bmatrix} \qquad (e = 1, 2), \tag{5.4.285}$$

Speziell für Element 1 gilt

$$\boldsymbol{K}_{11}^{(1)} = 10^9 \begin{bmatrix} 0{,}32418 & 0{,}60343 & 0{,}85632 & 0{,}35417 & 0{,}58333 & 1{,}29968 \\ & 1{,}63702 & 1{,}61435 & 1{,}11321 & 1{,}20908 & 3{,}04544 \\ & & 2{,}54396 & 0{,}82933 & 1{,}79430 & 3{,}90625 \\ & & & 1{,}16663 & 0{,}65772 & 1{,}72943 \\ & & & & 1{,}42418 & 3{,}02818 \\ \text{sym.} & & & & & 7{,}23348 \end{bmatrix},$$

$$\boldsymbol{K}_{12}^{(1)} = 10^9 \begin{bmatrix} 0{,}04602 & -0{,}24148 & 0{,}15158 & 0{,}40682 & -0{,}13811 & -0{,}39332 \\ 0{,}09677 & -0{,}52541 & 0{,}37174 & 0{,}90602 & -0{,}25312 & -0{,}97756 \\ 0{,}13784 & -0{,}75378 & 0{,}38376 & 1{,}27919 & -0{,}50953 & -0{,}96326 \\ 0{,}07223 & -0{,}35028 & 0{,}22465 & 0{,}56758 & -0{,}01598 & -0{,}64007 \\ 0{,}11922 & -0{,}65591 & 0{,}29175 & 1{,}10224 & -0{,}46801 & -0{,}70923 \\ 0{,}25881 & -1{,}43544 & 0{,}71801 & 2{,}44296 & -0{,}96130 & -1{,}78381 \end{bmatrix},$$

$$\boldsymbol{K}_{13}^{(1)} = 10^9 \begin{bmatrix} -0{,}37019 & -0{,}82212 & 0{,}61298 & -0{,}71429 & -0{,}14852 & 0{,}86424 \\ -0{,}70021 & -2{,}07933 & 1{,}03108 & -1{,}94025 & -0{,}09057 & 2{,}06330 \\ -0{,}99416 & -2{,}23901 & 1{,}35388 & -1{,}99176 & -0{,}30263 & 1{,}96429 \\ -0{,}42640 & -1{,}48523 & 0{,}71686 & -1{,}40224 & -0{,}06081 & 1{,}66934 \\ -0{,}70255 & -1{,}74536 & 0{,}83062 & -1{,}60256 & -0{,}13772 & 1{,}36981 \\ -1{,}55849 & -4{,}19815 & 1{,}87414 & -3{,}92056 & -0{,}22393 & 3{,}43884 \end{bmatrix},$$

$$\boldsymbol{K}_{22}^{(1} = 10^9 \begin{bmatrix} 0{,}02335 & -0{,}11394 & 0{,}01858 & 0{,}15408 & -0{,}06007 & -0{,}03995 \\ & 0{,}62775 & -0{,}10766 & -0{,}86710 & 0{,}35371 & 0{,}18887 \\ & & 0{,}17282 & 0{,}20461 & -0{,}08764 & -0{,}35514 \\ & & & 1{,}34692 & -0{,}54206 & -0{,}39873 \\ & & & & 0{,}46426 & 0{,}06964 \\ \text{sym.} & & & & & 1{,}07505 \end{bmatrix},$$

$$\boldsymbol{K}_{23}^{(1)} = 10^9 \begin{bmatrix} -0{,}06937 & -0{,}21635 & 0{,}07366 & -0{,}18716 & -0{,}01245 & 0{,}14652 \\ 0{,}35543 & 1{,}03709 & -0{,}34598 & 0{,}90144 & 0{,}06868 & -0{,}64045 \\ -0{,}17016 & -0{,}44986 & 0{,}20132 & -0{,}44986 & -0{,}01180 & 0{,}44071 \\ -0{,}56090 & -1{,}57967 & 0{,}55031 & -1{,}38793 & -0{,}11089 & 1{,}00065 \\ 0{,}19817 & 0{,}50009 & -0{,}09336 & 0{,}46503 & 0{,}04382 & -0{,}05843 \\ 0{,}43327 & 1{,}18819 & -0{,}64818 & 1{,}20765 & 0{,}02862 & -1{,}46902 \end{bmatrix},$$

$$
\boldsymbol{K}_{33}^{(1)} = 10^9 \begin{bmatrix} 0{,}43956 & 1{,}03846 & -0{,}68664 & 0{,}90144 & 0{,}16097 & -1{,}01076 \\ & 3{,}20570 & -1{,}42170 & 2{,}91037 & 0{,}14638 & -2{,}88805 \\ & & 1{,}50970 & -1{,}12981 & -0{,}42819 & 1{,}91621 \\ & & & 3{,}13359 & 0{,}10732 & -2{,}48970 \\ & & & & 0{,}43731 & -0{,}13951 \\ \text{sym.} & & & & & 3{,}93964 \end{bmatrix}. \tag{5.4.286}
$$

Für das Element 2 lassen sich die Untermatrizen $\boldsymbol{K}_{ij}^{(2)}$ $(i, j = 1, 2, 3)$ durch eine Drehtransformation bestimmen, da die beiden Dreieckelemente deckungsgleich sind und gleiche Dicke h und gleiche elastische Konstanten besitzen. Der Ausdruck $\delta \boldsymbol{z}^{(e)\mathrm{T}}(\boldsymbol{K}^{(e)}\boldsymbol{z}^{(e)} - \boldsymbol{r}^{(e)})$ führt unter Verwendung der Transformationsbeziehung (5.4.277) mit der Transformationsmatrix (5.4.278) für $\alpha = 180°$

$$
\boldsymbol{T} = \boldsymbol{T}^{\mathrm{T}} = \begin{bmatrix} 1 & 0 & 0 & 0 & 0 & 0 \\ & -1 & 0 & 0 & 0 & 0 \\ & & -1 & 0 & 0 & 0 \\ & & & 1 & 0 & 0 \\ & & & & 1 & 0 \\ \text{sym.} & & & & & 1 \end{bmatrix} \tag{5.4.287}
$$

auf die gesuchten Untermatrizen für das Element 2

$$
\boldsymbol{K}_{ij}^{(2)} = \boldsymbol{T}\boldsymbol{K}_{ij}^{(1)}\boldsymbol{T} \qquad (i, j = 1, 2, 3). \tag{5.4.288}
$$

Nach Gl. (5.4.273) bestimmen wir den Elementvektor der rechten Seite

$$
\boldsymbol{r}^{(e)} = [\boldsymbol{r}_1{}^{(e)\mathrm{T}}; \boldsymbol{r}_2{}^{(e)\mathrm{T}}; \boldsymbol{r}_3{}^{(e)\mathrm{T}}]^{\mathrm{T}} \qquad (e = 1, 2). \tag{5.4.289}
$$

Für das Element 1 gilt

$$
\begin{aligned}
\boldsymbol{r}_1{}^{(1)} &= 10^5[0{,}80952;\ 1{,}42857;\ 1{,}19048;\ 0{,}99206;\ 0{,}64484;\ 1{,}68651]^{\mathrm{T}}, \\
\boldsymbol{r}_2{}^{(1)} &= 10^5[0{,}73810;\ -2{,}02381;\ -0{,}53571;\ 1{,}98413;\ 0{,}09921;\ 1{,}09127]^{\mathrm{T}}, \\
\boldsymbol{r}_3{}^{(1)} &= 10^5[0{,}95238;\ 1{,}54762;\ -0{,}77381;\ 1{,}19048;\ 0{,}29762;\ -0{,}69444]^{\mathrm{T}},
\end{aligned} \tag{5.4.290}
$$

und für das Element 2 ergibt die Transformationsbeziehung den Elementvektor der rechten Seite

$$
\boldsymbol{r}_i{}^{(2)} = \boldsymbol{T}\boldsymbol{r}_i{}^{(1)} \qquad (i = 1, 2, 3). \tag{5.4.291}
$$

Aus diesen Elementmatrizen und -vektoren, bei denen wir auf die Angabe von Maßeinheiten verzichtet haben, entsteht auf dem üblichen Wege unter Beachtung der Koinzidenztabelle 5.4.15 die Systemmatrix und der Vektor der rechten Seite.
Als wesentliche Randbedingungen müssen bei der Modifizierung

$$
w(x, 0) = w(0, y) = 0; \qquad w_{,x}(c, y) = w_{,y}\left(x, \frac{c}{2}\right) = 0 \tag{5.4.292}
$$

Tabelle 5.4.15

Elementknotennummer	Systemknotennummer	
	Element	
	1	2
1	1	4
2	4	1
3	3	2

beachtet werden. Das bedeutet nach Gl. (5.4.280) und Gl. (5.4.284)

$$\begin{aligned} &w_1 = w_{,x1} = w_{,xx1} = w_{,y1} = w_{,yy1} = 0, \\ &w_2 = w_{,x2} = w_{,xx2} = w_{,xy2} = 0, \\ &w_3 = w_{,y3} = w_{,yy3} = w_{,xy3} = 0, \\ &w_{,x4} = w_{,y4} = w_{,xy4} = 0. \end{aligned} \tag{5.4.293}$$

Die Forderungen, daß auf den Außenrändern die Biegemomente und auf den Symmetrierändern die Ersatzquerkräfte verschwinden müssen, werden als natürliche Randbedingungen angenähert erfüllt. Von den ursprünglich $4 \cdot 6 = 24$ freien Parametern verbleiben demnach nur noch 8. Wir erhalten die modifizierte Systemgleichung

$$\overset{*}{\boldsymbol{K}}\overset{*}{\boldsymbol{z}} = \overset{*}{\boldsymbol{r}} \tag{5.4.294}$$

mit dem modifizierten Systemknotenvektor

$$\overset{*}{\boldsymbol{z}} = [w_{,xy1};\ 10^{-1}w_{,y2};\ w_{,yy2};\ 10^{-1}w_{,x3};\ w_{,xx3};\ 10^{-2}w_4;\ w_{,xx4};\ w_{,yy4}]^{\mathrm{T}}, \tag{5.4.295}$$

der modifizierten Systemmatrix

$$\overset{*}{\boldsymbol{K}} = 10^9 \times \begin{bmatrix} 8{,}30853 & 0{,}64818 & 0{,}02862 & -4{,}19815 & -3{,}92056 & -0{,}13451 & 1{,}80289 & -1{,}67053 \\ & 1{,}50970 & 0{,}42819 & 0{,}0 & 0{,}0 & -0{,}61298 & -0{,}71686 & -0{,}83062 \\ & & 0{,}43731 & 0{,}0 & 0{,}0 & -0{,}14852 & -0{,}06081 & -0{,}13772 \\ & & & 3{,}20570 & 2{,}91037 & -0{,}21635 & -1{,}57967 & 0{,}50009 \\ & & & & 3{,}13359 & -0{,}18716 & -1{,}38793 & 0{,}46503 \\ & & & & & 0{,}34753 & 0{,}50825 & 0{,}52326 \\ & & & & & & 2{,}51355 & 0{,}11566 \\ \text{sym.} & & & & & & & 1{,}88844 \end{bmatrix} \tag{5.4.296}$$

und dem modifizierten Vektor der rechten Seite

$$\overset{*}{\boldsymbol{r}} = 10^5[2{,}777\,78;\ 0{,}773\,81;\ 0{,}297\,62;\ 1{,}547\,62;\ 1{,}190\,48;\ 1{,}547\,62;\ 2{,}976\,19;\ 0{,}744\,05]^{\mathrm{T}}. \tag{5.4.297}$$

Die Lösungen lauten

$$w,_{xy1} = 3{,}129 \cdot 10^{-4}\,\text{mm}^{-1}; \quad w,_{y2} = 1{,}339 \cdot 10^{-2}; \quad w,_{yy2} = 1{,}155 \cdot 10^{-5}\,\text{mm}^{-1},$$
$$w,_{x3} = 8{,}192 \cdot 10^{-3}; \quad w,_{xx3} = -3{,}746 \cdot 10^{-5}\,\text{mm}^{-1},$$
$$w_4 = 4{,}208 \cdot 10^{-1}\,\text{mm}; \quad w,_{xx4} = -5{,}931 \cdot 10^{-5}\,\text{mm}^{-1}, \tag{5.4.298}$$
$$w,_{yy4} = -4{,}643 \cdot 10^{-4}\,\text{mm}^{-1}.$$

Tabelle 5.4.16

Vernetzung		$10w(x, y)$ in mm		$10^{-2}m_x(x, y)$ in $\frac{\text{Nmm}}{\text{mm}}$		$10^{-2}m_y(x, y)$ in $\frac{\text{Nmm}}{\text{mm}}$	
	mm	$y = 25{,}0$	$y = 50{,}0$	$y = 25{,}0$	$y = 50{,}0$	$y = 25{,}0$	$y = 50{,}0$
a	$x = 50{,}0$	·	·	·	·	·	·
	$x = 100{,}0$	·	4,208	·	4,774	·	11,589
b	$x = 50{,}0$	2,324	3,246	3,402	4,634	6,306	8,300
	$x = 100{,}0$	3,008	4,213	3,425	4,577	7,817	10,250
c	$x = 50{,}0$	2,324	3,246	3,387	4,559	6,227	8,086
	$x = 100{,}0$	3,009	4,214	3,436	4,627	7,738	10,167
exakte Lösung	$x = 50{,}0$	2,324	3,246	3,389	4,555	6,224	8,067
	$x = 100{,}0$	3,009	4,214	3,437	4,633	7,725	10,168

In Tabelle 5.4.16 sind die für die drei Vernetzungen nach Bild 5.4.34 (a, b, c) berechneten Durchbiegungen eingetragen und den aus der exakten Lösung

$$w(x, y) = \frac{64 p_0 c^4}{K \pi^5} \sum_{n=1,3,5}^{\infty} \frac{1}{n^5} \left\{ 1 - \frac{1}{2 \cosh \frac{n\pi}{4}} \left[\left(2 + \frac{n\pi}{4} \tanh \frac{n\pi}{4} \right) \cosh \frac{n\pi}{4} \left(2 \frac{y}{c} - 1 \right) - \frac{n\pi}{4} \left(2 \frac{y}{c} - 1 \right) \sinh \frac{n\pi}{4} \left(2 \frac{y}{c} - 1 \right) \right] \right\} \sin \frac{n\pi x}{2c} \tag{5.4.299}$$

ermittelten Werten gegenübergestellt. Um die Biegemomente m_x und m_y zu erhalten, muß Gl. (5.4.299) gemäß Gl. (5.4.254) differenziert werden. Bei der FEM-Lösung ist das für die Momente in den Knoten nicht nötig, da diese unmittelbar aus den Knotenwerten in der Form

$$m_{xi} = -\frac{Eh^3}{12(1 - \nu^2)} (w,_{xxi} + \nu w,_{yyi}),$$
$$m_{yi} = -\frac{Eh^3}{12(1 - \nu^2)} (\nu w,_{xxi} + w,_{yyi}) \tag{5.4.300}$$

folgen. Auch hier sind FEM-Ergebnisse und exakte Vergleichswerte in Tabelle 5.4.16 angegeben.

An dieser Stelle wollen wir auf ein Problem zu sprechen kommen, das bisher immer ausgeklammert wurde.
Es soll untersucht werden, wie man vorzugehen hat, wenn diskrete Belastungsgrößen in einzelnen Punkten vorhanden sind, wie es z. B. bei einer Platte mit Einzelkräften F_i in bestimmten Punkten i der Fall ist. Bei derartigen Aufgaben muß in das Funktional der Variationsaufgabe (5.4.258) die Arbeit der Einzelkräfte eingeführt werden, so daß man den Ausdruck

$$J\{w\} = \frac{1}{2} \int\limits_A \left\{\frac{h^3}{12} [\boldsymbol{d}w(x, y)]^{\mathrm{T}} \boldsymbol{C}\boldsymbol{d}w(x, y) - 2w(x, y)\, p(x, y)\right\} \mathrm{d}A$$
$$- \sum_i w(x_i, y_i)\, F_i - \int\limits_{C_2} w(x, y)\, \bar{q}_n{}^*(s)\, \mathrm{d}s + \int\limits_{C_2'} w_{,n}(x, y)\, \overline{m}_n(s)\, \mathrm{d}s = \text{Extremum} \tag{5.4.301}$$

gewinnt. Die Minimalbedingung lautet dann

$$\delta J = \int\limits_A \left[\frac{h^3}{12} (\boldsymbol{d}\delta w)^{\mathrm{T}} \boldsymbol{C}\boldsymbol{d}w - \delta w p\right] \mathrm{d}A$$
$$- \sum_i \delta w_i F_i - \int\limits_{C_2} \delta w \bar{q}_n{}^* \,\mathrm{d}s + \int\limits_{C_2'} \delta w_{,n} \overline{m}_n \,\mathrm{d}s = 0, \tag{5.4.302}$$

und mit der Ansatzfunktion (5.4.261) wird daraus

$$\delta \tilde{J} = \sum_{e=1}^{n} \delta \boldsymbol{z}^{(e)\mathrm{T}} \left(\frac{h^3}{12} \int\limits_{A^{(e)}} \boldsymbol{B}^{(e)} \boldsymbol{C} \boldsymbol{B}^{(e)\mathrm{T}} \,\mathrm{d}A\, \boldsymbol{z}^{(e)} - \int\limits_{A^{(e)}} \boldsymbol{f}^{(e)} p \,\mathrm{d}A \right.$$
$$\left. - \int\limits_{C_2{}^{(e)}} \boldsymbol{f}^{(e)} \bar{q}_n{}^* \,\mathrm{d}s + \int\limits_{C'_2{}^{(e)}} \boldsymbol{f}^{(e)}{}_{,n} \overline{m}_n \,\mathrm{d}s \right) - \sum_i \delta \boldsymbol{z}_i{}^{\mathrm{T}} \boldsymbol{f}_i$$
$$= \sum_e \delta \boldsymbol{z}^{(e)\mathrm{T}} (\boldsymbol{K}^{(e)} \boldsymbol{z}^{(e)} - \boldsymbol{r}^{(e)}) - \delta \boldsymbol{z}^{\mathrm{T}} \boldsymbol{f}$$
$$= \delta \boldsymbol{z}^{\mathrm{T}} (\boldsymbol{K}\boldsymbol{z} - \boldsymbol{r}) = 0. \tag{5.4.303}$$

Dabei ist es immer möglich, die Netzeinteilung so zu wählen, daß die Einzelkräfte F_i in den Knoten angreifen. Die zugehörigen Verschiebungen w_i sind im Knotenvektor

$$\boldsymbol{z}_i = [w_i; \ldots]^{\mathrm{T}} \tag{5.4.304}$$

enthalten, während die im Knoten i wirkende Einzelkraft F_i ein Element des Vektors

$$\boldsymbol{f}_i = [F_i; 0; \ldots; 0]^{\mathrm{T}} \tag{5.4.305}$$

ist. In dem Vektor

$$\boldsymbol{f} = [\boldsymbol{f}_1{}^{\mathrm{T}}; \boldsymbol{f}_2{}^{\mathrm{T}}; \ldots; \boldsymbol{f}_n{}^{\mathrm{T}}]^{\mathrm{T}} \tag{5.4.306}$$

sind die Einzelkräfte aller Knoten i ($i = 1, 2, \ldots, n$) zusammengefaßt.
Als Beispiel soll die maximale Verschiebung einer eingespannten Dreieckplatte unter einer Einzelkraft F ermittelt werden (Bild 5.4.35). Wir verwenden wiederum das Dreieckelement mit drei Knoten und 18 freien Parametern sowie die Interpolationsfunktionen nach Gl. (5.1.49). Die Elementmatrix erhält die Form (5.4.270), und der

Vektor der rechten Seite nach Gl. (5.4.303) wird

$$\boldsymbol{r} = \boldsymbol{f}, \tag{5.4.307}$$

während sich für den Elementvektor der rechten Seite (5.4.265)

$$\boldsymbol{r}^{(e)} = \boldsymbol{o}_{18} \tag{5.4.308}$$

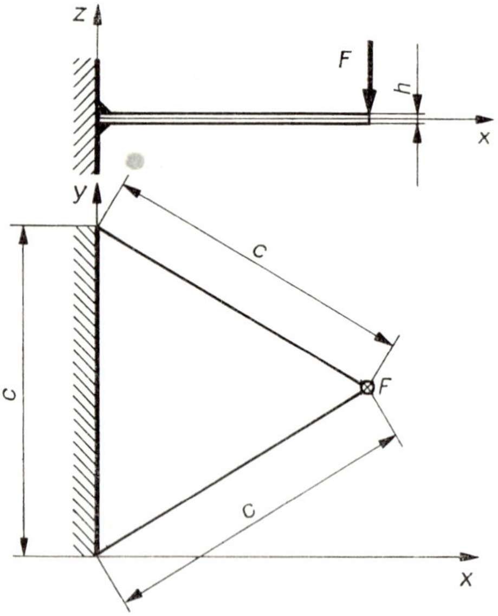

Bild 5.4.35

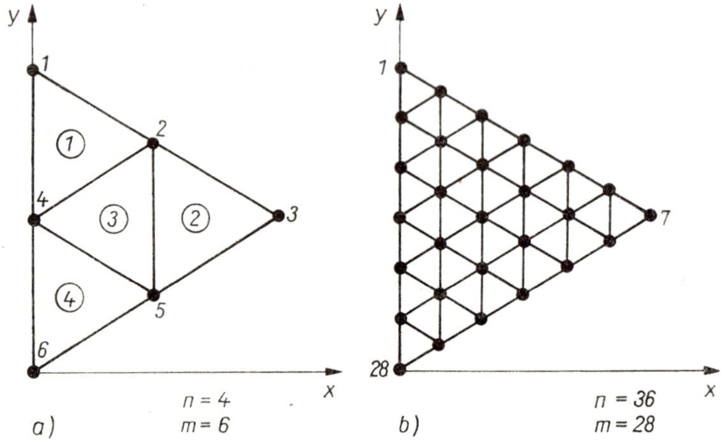

Bild 5.4.36

ergibt. Für die numerische Berechnung setzen wir $E = 2{,}0 \cdot 10^4$ N/mm², $h = 50{,}0$ mm, $c = 2000{,}0$ mm, $\nu = 0{,}2$ und $F = 1000{,}0$ N und wählen die in Bild 5.4.36a dargestellte Vernetzung. Dann ergeben sich vier Elementmatrizen, und der Vektor der rechten Seite folgt ausschließlich aus dem Anteil

$$\boldsymbol{f}_3 = [-1000{,}0; \boldsymbol{o}_5]^{\mathrm{T}}. \tag{5.4.309}$$

Die Modifizierung des damit entstehenden Gleichungssystems geschieht entsprechend den wesentlichen Randbedingungen

$$w(0, y) = 0; \qquad w_{,x}(0, y) = 0 \tag{5.4.310}$$

mittels der vorgeschriebenen Knotenkomponenten

$$w_i = w_{,yi} = w_{,yyi} = 0; \qquad w_{,xi} = w_{,xyi} = 0 \qquad (i = 1, 4, 6) \tag{5.4.311}$$

und führt auf ein Gleichungssystem mit $6 \cdot 6 - 3 \cdot 5 = 21$ Unbekannten. Daraus gewinnt man die maximale Verschiebung im Knoten 3 zu $w_{\max} = -6{,}600 \cdot 10^{-2}$ mm. Eine feinere Vernetzung mit 36 Elementen und 28 Knoten (Bild 5.4.36b) liefert aus einem modifizierten Gleichungssystem mit $28 \cdot 6 - 7 \cdot 5 = 133$ Unbekannten den Wert $w_{\max} = -6{,}604 \cdot 10^{-2}$ mm, so daß die grobe Netzeinteilung zur Berechnung der maximalen Verschiebung als ausreichend angesehen werden kann.

5.4.9. Kegelschale unter rotationssymmetrischer Belastung

Wir wollen uns bei der Behandlung elastischer Schalen mit Hilfe der FEM auf Kegelschalen beschränken und nur rotationssymmetrische Belastungen zulassen. Obwohl die Schnittgrößen und die Verschiebungen der Schalenmittelfläche dann nur von der *einen* Koordinate s abhängen (Bild 5.4.37), haben wir dieses Beispiel nicht 3.4. zugeordnet, da sich die dort behandelten Probleme nur auf jeweils eine Feldgröße bezogen haben.

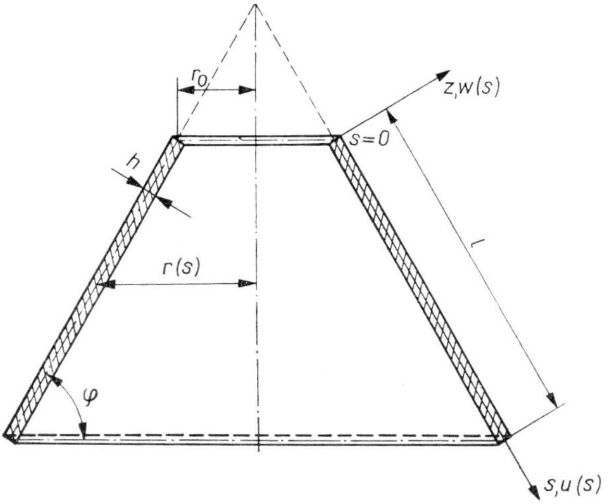

Bild 5.4.37

Zwischen den Längskräften n_s, n_ϑ, den Biegemomenten m_s, m_ϑ, der Querkraft q und den Flächenkräften p_s, p_z (Bild 5.4.38) bestehen mit

$$r(s) = r_0 + s \cos \varphi \tag{5.4.312}$$

die Gleichgewichtsbedingungen

$$\begin{aligned} &[r(s)\, n_s(s)]' - n_\vartheta(s) \cos \varphi + r(s)\, p_s(s) = 0, \\ &-n_\vartheta(s) \sin \varphi + [r(s)\, q(s)]' + r(s)\, p_z(s) = 0, \\ &[r(s)\, m_s(s)]' - m_\vartheta(s) \cos \varphi - r(s)\, q(s) = 0. \end{aligned} \tag{5.4.313}$$

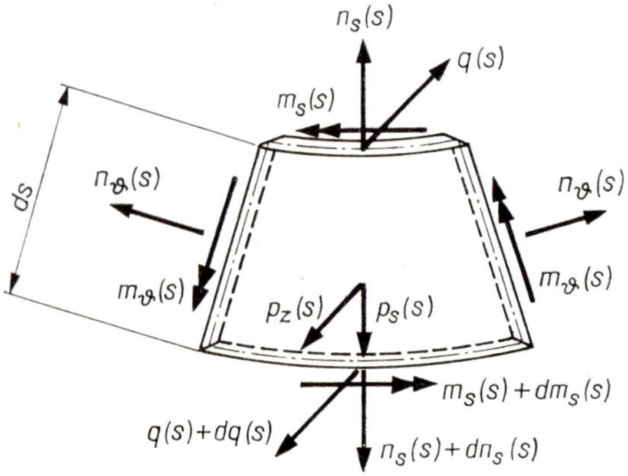

Bild 5.4.38

Aus den Verschiebungskomponenten u und w der Schalenmittelfläche (Bild 5.4.37) folgen die Dehnungen im Abstand z

$$\varepsilon_s(s, z) = \varepsilon_{s0}(s) + z\varkappa_s(s),$$

$$\varepsilon_\vartheta(s, z) = \varepsilon_{\vartheta 0}(s)\left[1 - z\frac{\sin\varphi}{r(s)} + z^2\frac{\sin^2\varphi}{r^2(s)}\right] + z\varkappa_\vartheta(s)\left[1 - \frac{\sin\varphi}{r(s)}\right]. \tag{5.4.314}$$

Darin sind die Dehnungen

$$\varepsilon_{s0}(s) = u'(s); \qquad \varepsilon_{\vartheta 0}(s) = \frac{1}{r(s)}\,[u(s)\cos\varphi + w(s)\sin\varphi] \tag{5.4.315}$$

und die Krümmungsänderungen

$$\varkappa_s(s) = -w''(s); \qquad \varkappa_\vartheta(s) = -w'(s)\,\frac{\cos\varphi}{r(s)} \tag{5.4.316}$$

der Schalenmittelfläche enthalten. Wird wiederum nur isotropes, elastisches Materialverhalten berücksichtigt, so findet man das Stoffgesetz

$$\begin{aligned}\sigma_s(s, z) &= \frac{E}{1-\nu^2}\,[\varepsilon_s(s, z) + \nu\varepsilon_\vartheta(s, z)],\\ \sigma_\vartheta(s, z) &= \frac{E}{1-\nu^2}\,[\nu\varepsilon_s(s, z) + \varepsilon_\vartheta(s, z)]\end{aligned} \tag{5.4.317}$$

und daraus die Schnittgrößen

$$\begin{aligned}n_s(s) &= \int_h \sigma_s(s, z)\left[1 + z\frac{\sin\varphi}{r(s)}\right]\mathrm{d}z\\ &= \frac{Eh}{1-\nu^2}\left[\varepsilon_{s0}(s) + \nu\varepsilon_{\vartheta 0}(s) + \frac{h^3}{12}\,\frac{\sin\varphi}{r(s)}\,\varkappa_s(s)\right],\end{aligned}$$

$$\begin{aligned}m_s(s) &= \int_h \sigma_s(s, z)\left[1 + z\frac{\sin\varphi}{r(s)}\right]z\,\mathrm{d}z\\ &= \frac{Eh^3}{12(1-\nu^2)}\left[\varkappa_s(s) + \nu\varkappa_\vartheta(s) + \frac{\sin\varphi}{r(s)}\,\varepsilon_{s0}(s)\right],\end{aligned}$$

$$n_\vartheta(s) = \int\limits_h \sigma_\vartheta(s, z)\,\mathrm{d}z = \frac{Eh}{1-\nu^2}\left\{\nu\varepsilon_{s0}(s) + \left[1 + \frac{h^2}{12}\frac{\sin^2\varphi}{r^2(s)}\right]\varepsilon_{\vartheta 0}(s) - \frac{h^2}{12}\frac{\sin\varphi}{r(s)}\varkappa_\vartheta(s)\right\},$$

$$m_\vartheta(s) = \int\limits_h \sigma_\vartheta(s, z)\,z\,\mathrm{d}z = \frac{Eh^3}{12(1-\nu^2)}\left[\nu\varkappa_s(s) + \varkappa_\vartheta(s) - \frac{\sin\varphi}{r(s)}\varepsilon_{\vartheta 0}(s)\right]. \tag{5.4.318}$$

Wir definieren

— den Verschiebungsvektor

$$\boldsymbol{u}(s) = [u(s); w(s)]^{\mathrm{T}}, \tag{5.4.319}$$

— den Vektor der Schnittgrößen

$$\boldsymbol{s}(s) = [n_s(s); m_s(s); n_\vartheta(s); m_\vartheta(s)]^{\mathrm{T}}, \tag{5.4.320}$$

— den Vektor der Dehnungen und Krümmungsänderungen

$$\boldsymbol{\varepsilon}(s) = [\varepsilon_{s0}(s); \varkappa_s(s); \varepsilon_{\vartheta 0}(s); \varkappa_\vartheta(s)]^{\mathrm{T}}, \tag{5.4.321}$$

— die Elastizitätsmatrix

$$\boldsymbol{C}(s) = \begin{bmatrix} \boldsymbol{C}_{11}(s) & \boldsymbol{C}_{12}(s) \\ \boldsymbol{C}_{12}(s)^{\mathrm{T}} & \boldsymbol{C}_{22}(s) \end{bmatrix},$$

$$\boldsymbol{C}_{11}(s) = \frac{Eh}{1-\nu^2}\begin{bmatrix} 1 & \frac{h^2}{12}\frac{\sin\varphi}{r(s)} \\ \frac{h^2}{12}\frac{\sin\varphi}{r(s)} & \frac{h^2}{12} \end{bmatrix};$$

$$\boldsymbol{C}_{12}(s) = \frac{Eh}{1-\nu^2}\begin{bmatrix} \nu & 0 \\ 0 & \nu\frac{h^2}{12} \end{bmatrix}, \tag{5.4.322}$$

$$\boldsymbol{C}_{22}(s) = \frac{Eh}{1-\nu^2}\begin{bmatrix} 1 + \frac{h^2}{12}\frac{\sin^2\varphi}{r^2(s)} & -\frac{h^2}{12}\frac{\sin\varphi}{r(s)} \\ -\frac{h^2}{12}\frac{\sin\varphi}{r(s)} & \frac{h^2}{12} \end{bmatrix},$$

— den Flächenkraftvektor

$$\boldsymbol{p}(s) = [p_s(s); p_z(s)]^{\mathrm{T}} \tag{5.4.323}$$

— und die Differentiationsmatrizen

$$\boldsymbol{D} = \begin{bmatrix} \frac{\mathrm{d}}{\mathrm{d}s} & 0 & \frac{\cos\varphi}{r(s)} & 0 \\ 0 & -\frac{\mathrm{d}^2}{\mathrm{d}s^2} & \frac{\sin\varphi}{r(s)} & -\frac{\cos\varphi}{r(s)}\frac{\mathrm{d}}{\mathrm{d}s} \end{bmatrix}^{\mathrm{T}}, \tag{5.4.324}$$

$$\tilde{\boldsymbol{D}} = \begin{bmatrix} \dfrac{\cos\varphi}{r(s)} + \dfrac{\mathrm{d}}{\mathrm{d}s} & 0 & -\dfrac{\cos\varphi}{r(s)} & 0 \\ 0 & 2\dfrac{\cos\varphi}{r(s)}\dfrac{\mathrm{d}}{\mathrm{d}s} + \dfrac{\mathrm{d}^2}{\mathrm{d}s^2} & -\dfrac{\sin\varphi}{r(s)} & -\dfrac{\cos\varphi}{r(s)}\dfrac{\mathrm{d}}{\mathrm{d}s} \end{bmatrix}^{\mathrm{T}}. \tag{5.4.324}$$

Dann gilt die Beziehung

$$\varepsilon = \boldsymbol{D}\boldsymbol{u}, \tag{5.4.325}$$

und für die Schnittgrößen erhalten wir das Stoffgesetz in der Form

$$\boldsymbol{s}(s) = \boldsymbol{C}(s)\,\varepsilon(s) = \boldsymbol{C}(s)\,\boldsymbol{D}\boldsymbol{u}(s). \tag{5.4.326}$$

Eliminieren wir mit der dritten Gleichgewichtsbedingung (5.4.313) die Querkraft, so lassen sich in der Vektorgleichung

$$\tilde{\boldsymbol{D}}^{\mathrm{T}}\boldsymbol{s}(s) + \boldsymbol{p}(s) = \boldsymbol{o}_2 \tag{5.4.327}$$

die beiden verbleibenden Gleichgewichtsbedingungen zusammenfassen. Daraus folgt mit dem Stoffgesetz das Differentialgleichungssystem

$$\tilde{\boldsymbol{D}}^{\mathrm{T}}\boldsymbol{C}(s)\,\boldsymbol{D}\boldsymbol{u}(s) + \boldsymbol{p}(s) = \boldsymbol{o}_2. \tag{5.4.328}$$

Die wesentlichen Randbedingungen beziehen sich auf die Verschiebungen u, w und den Drehwinkel w':

$$\begin{aligned} &[u(s) - \bar{u}(s)]|_{C_{1u}} = 0, \\ &[w(s) - \bar{w}(s)]|_{C_{1w}} = 0, \\ &[w'(s) - \bar{w}'(s)]|_{C'_{1w}} = 0. \end{aligned} \tag{5.4.329}$$

Die restlichen Randbedingungen erstrecken sich auf bekannte Längskräfte $n_s = \bar{n}_s$, Querkräfte $q = \bar{q}$ bzw. Biegemomente $m_s = \bar{m}_s$. Dies führt auf

$$\left.\left\{\frac{Eh}{1-\nu^2}\left[\varepsilon_{s0} + \nu\varepsilon_{\vartheta 0} + \frac{h^2}{12}\frac{\sin\varphi}{r}\varkappa_s\right] - \bar{n}_s\right\}\right|_{C_{2u}} = 0,$$

$$\left.\left\{\frac{Eh^3}{12(1-\nu^2)}\left[\frac{1}{r}\,(r\varkappa_s + \nu r\varkappa_\vartheta + \sin\varphi\varepsilon_{s0})' - \frac{\cos\varphi}{r}\left(\nu\varkappa_s + \varkappa_\vartheta - \frac{\sin\varphi}{r}\varepsilon_{\vartheta 0}\right)\right] - \bar{q}\right\}\right|_{C_{2w}}$$

$$= 0, \tag{5.4.330}$$

$$\left.\left\{\frac{Eh^3}{12(1-\nu^2)}\left[\varkappa_s + \nu\varkappa_\vartheta + \frac{\sin\varphi}{r}\varepsilon_{s0}\right] - \bar{m}_s\right\}\right|_{C'_{2w}} = 0.$$

Das Differentialgleichungssystem (5.4.328) einschließlich der Randbedingungen kann als notwendige Bedingung einer aus dem Prinzip vom Minimum des elastischen Potentials abgeleiteten Variationsaufgabe angesehen werden. Ihr Funktional lautet

$$J\{\boldsymbol{u}\} = \frac{2\pi}{2}\int_0^l r(s)\,\varepsilon(s)^{\mathrm{T}}\,\boldsymbol{s}(s)\,\mathrm{d}s - 2\pi\int_0^l r(s)\,\boldsymbol{u}(s)^{\mathrm{T}}\,\boldsymbol{p}(s)\,\mathrm{d}s - 2\pi[r(s)\,u(s)\,\bar{n}_{\mathrm{R}}]|_{C_{2u}}$$

$$- 2\pi[r(s)\,w(s)\,\bar{q}_{\mathrm{R}}]|_{C_{2w}} + 2\pi[r(s)\,w'(s)\,\bar{m}_{\mathrm{R}}]\,C'_{2w} = \text{Extremum}. \tag{5.4.331}$$

Dabei werden die Randlasten im Sinne von Bild 5.4.39 berücksichtigt: Am Rande $s = 0$ gilt bezüglich der Gln. (5.4.330)

$$\bar{n}_R = -\bar{n}_s\,;\ \bar{q}_R = -\bar{q}\,;\ \bar{m}_R = -\bar{m}_s\,, \tag{5.4.332}$$

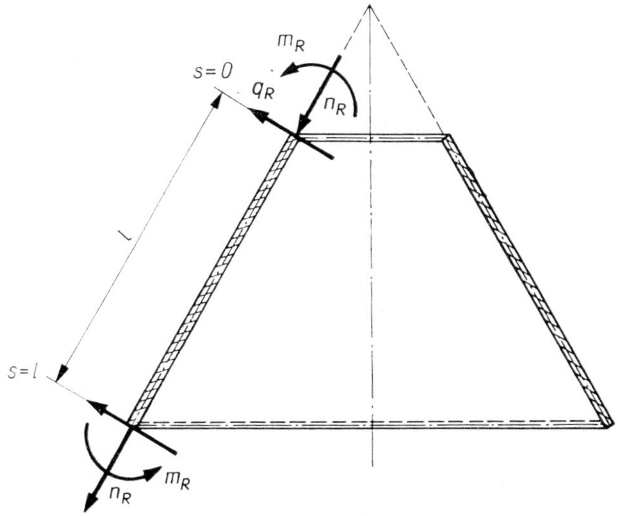

Bild 5.4.39

am Rande $s = l$ existiert der Zusammenhang

$$\bar{n}_R = \bar{n}_s\,; \qquad \bar{q}_R = \bar{q}\,; \qquad \bar{m}_R = \bar{m}_s\,. \tag{5.4.333}$$

Wir fassen die vorgegebenen Randkräfte gemäß

$$\bar{\boldsymbol{q}}_R = [\bar{n}_R\,;\ \bar{q}_R]^T \tag{5.4.334}$$

zu einem Vektor zusammen und verwenden mit C_1 und C_1' bzw. C_2 und C_2' die übliche Bezeichnung für Ränder mit wesentlichen bzw. restlichen Randbedingungen. Dabei müssen wir jedoch beachten, daß sich bei der Unterteilung von C_1 in C_{1u} und C_{1w} die Einzelabschnitte teilweise oder auch ganz überdecken können. Analoges gilt für C_2. Mit den Gln. (5.4.325) und (5.4.326) geht das Funktional in

$$J\{\boldsymbol{u}\} = \pi \int_0^l r(s)\,\{[\boldsymbol{D}\boldsymbol{u}(s)]^T\,\boldsymbol{C}(s)\,\boldsymbol{D}\boldsymbol{u}(s) - 2\boldsymbol{u}(s)^T\,\boldsymbol{p}(s)\}\,\mathrm{d}s - 2\pi[r(s)\,\boldsymbol{u}(s)^T\,\bar{\boldsymbol{q}}_R]|_{C_2}$$
$$+\ 2\pi[r(s)\,w'(s)\,\bar{m}_R]\,|_{C_2'} = \text{Extremum} \tag{5.4.335}$$

über. Setzt man seine erste Variation Null, so erhält man die Bedingung

$$\frac{\delta J}{2\pi} = \int_0^l r[(\boldsymbol{D}\delta\boldsymbol{u})^T\,\boldsymbol{C}\boldsymbol{D}\boldsymbol{u} - \delta\boldsymbol{u}^T\boldsymbol{p}]\,\mathrm{d}s - (r\delta\boldsymbol{u}^T\bar{\boldsymbol{q}}_R)|_{C_2} + (r\delta w'\bar{m}_R)|_{C_2'} = 0. \tag{5.4.336}$$

Da die Differentiationsmatrix $\boldsymbol{D}$ [Gl. (5.4.24)] in der Grundfunktion erste Ableitungen bezüglich u sowie erste und zweite Ableitungen bezüglich w erzeugt, müssen die Ansatzfunktionen für die Verschiebungen

$$u^{(e)}(s) = \boldsymbol{f}^{(e)}(s)^T\,\boldsymbol{u}^{(e)} = \boldsymbol{u}^{(e)T}\,\boldsymbol{f}^{(e)}(s),$$
$$w^{(e)}(s) = \boldsymbol{g}^{(e)}(s)^T\,\boldsymbol{w}^{(e)} = \boldsymbol{w}^{(e)T}\,\boldsymbol{g}^{(e)}(s) \tag{5.4.337}$$

C^0-Stetigkeit für u und C^1-Stetigkeit für w besitzen. Wir schreiben zusammen

$$\boldsymbol{u}^{(e)}(s) = \begin{bmatrix} u^{(e)}(s) \\ w^{(e)}(s) \end{bmatrix} = \boldsymbol{F}^{(e)}(s)^{\mathrm{T}} \boldsymbol{z}^{(e)}. \tag{5.4.338}$$

Diese Beziehung wird in die Extremalbedingung (5.4.336) eingeführt, und wir gewinnen mit

$$\boldsymbol{D}\boldsymbol{u}^{(e)} = \boldsymbol{D}\boldsymbol{F}^{(e)\mathrm{T}}\boldsymbol{z}^{(e)} = \boldsymbol{B}^{(e)\mathrm{T}}\boldsymbol{z}^{(e)} \tag{5.4.339}$$

die Forderung

$$\delta\tilde{J} = \sum_{e=1}^{n} \delta\boldsymbol{z}^{(e)\mathrm{T}} \left[\int\limits_{l^{(e)}} r(\boldsymbol{B}^{(e)}\boldsymbol{C}\boldsymbol{B}^{(e)\mathrm{T}}\boldsymbol{z}^{(e)} - \boldsymbol{F}^{(e)}\boldsymbol{p}^{(e)})\,\mathrm{d}s - (r\boldsymbol{F}^{(e)}\overline{\boldsymbol{q}}_{\mathrm{R}})|_{C_2} \right.$$
$$\left. + \left(r\boldsymbol{F}^{(e)\prime} \begin{bmatrix} 0 \\ \overline{m}_{\mathrm{R}} \end{bmatrix} \right)\bigg|_{C_2'} \right] = 0. \tag{5.4.340}$$

Als Elementmatrix folgt also

$$\boldsymbol{K}^{(e)} = \int\limits_{l^{(e)}} r\boldsymbol{B}^{(e)}\boldsymbol{C}\boldsymbol{B}^{(e)\mathrm{T}}\,\mathrm{d}s, \tag{5.4.341}$$

und der Elementvektor der rechten Seite lautet

$$\boldsymbol{r}^{(e)} = \int\limits_{l^{(e)}} r\boldsymbol{F}^{(e)}\boldsymbol{p}^{(e)}\,\mathrm{d}s + (r\boldsymbol{F}^{(e)}\overline{\boldsymbol{q}}_{\mathrm{R}})|_{C_2} - \left(r\boldsymbol{F}^{(e)\prime} \begin{bmatrix} 0 \\ \overline{m}_{\mathrm{R}} \end{bmatrix} \right)\bigg|_{C_2'}. \tag{5.4.342}$$

Am Beispiel einer am Unterrand eingespannten Kegelschale, die am Oberrand eine konstante Linienkraft $q_0 = 200{,}0$ N/mm trägt (Bild 5.4.40), wollen wir den Verlauf der Schnittgrößen berechnen. Die genannten Stetigkeitsforderungen erfüllen wir für ein Zwei-Knoten-Element (Bild 5.4.41) durch die linearen Formfunktionen (3.1.5)

$$u^{(e)}(\xi) = [(1 - \xi); \xi] \begin{bmatrix} u_1 \\ u_2 \end{bmatrix}, \tag{5.4.343}$$

sowie die kubischen Formfunktionen (3.1.30)

$$w^{(e)}(\xi) = [(1 - 3\xi^2 + 2\xi^3); l^{(e)}(\xi - 2\xi^2 + \xi^3); (3\xi^2 - 2\xi^3); l^{(e)}(-\xi^2 + \xi^3)] \begin{bmatrix} w_1 \\ w_1' \\ w_2 \\ w_2' \end{bmatrix}. \tag{5.4.344}$$

Wir wählen als Elementknotenvektor

$$\boldsymbol{z}^{(e)} = [u_1; w_1; w_1'; u_2; w_2; w_2']^{\mathrm{T}}. \tag{5.4.345}$$

In diesem Falle gilt zunächst

$$\boldsymbol{F}^{(e)} = \left[\begin{array}{ccc|ccc} f_1 & 0 & 0 & f_2 & 0 & 0 \\ 0 & g_1 & g_2 & 0 & g_3 & g_4 \end{array}\right]^{\mathrm{T}}, \tag{5.4.346}$$

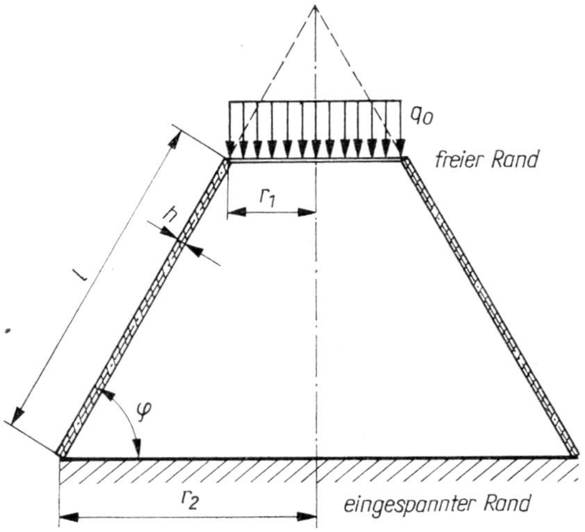

Bild 5.4.40

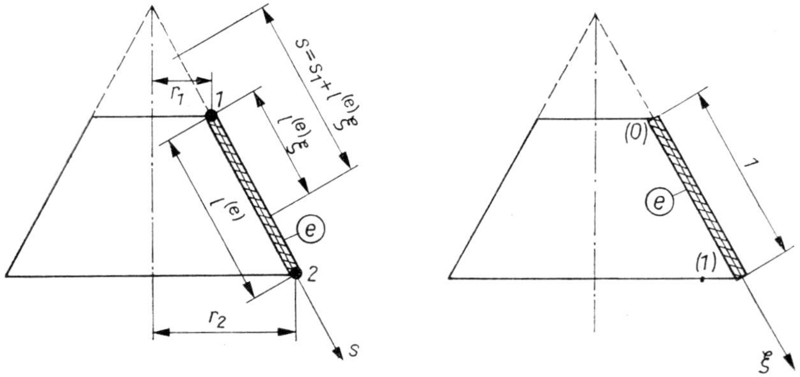

Bild 5.4.41

so daß die Matrix $\boldsymbol{B}^{(e)}$ in der Form

$$\boldsymbol{B}^{(e)} = \begin{bmatrix} f_1' & 0 & 0 & f_2' & 0 & 0 \\ 0 & -g_1'' & -g_2'' & 0 & -g_3'' & -g_4'' \\ \dfrac{\cos\varphi}{r} f_1 & \dfrac{\sin\varphi}{r} g_1 & \dfrac{\sin\varphi}{r} g_2 & \dfrac{\cos\varphi}{r} f_2 & \dfrac{\sin\varphi}{r} g_3 & \dfrac{\sin\varphi}{r} g_4 \\ 0 & -\dfrac{\cos\varphi}{r} g_1' & -\dfrac{\cos\varphi}{r} g_2' & 0 & -\dfrac{\cos\varphi}{r} g_3' & -\dfrac{\cos\varphi}{r} g_4' \end{bmatrix} \tag{5.4.347}$$

erscheint. Die Berechnung der Längskräfte und der Biegemomente erfolgt unter Verwendung von Gl. (5.4.326). Es ergibt sich

$$\mathbf{s}^{(e)}(s) = \boldsymbol{C}(s)\, \boldsymbol{B}^{(e)}(s)^{\mathrm{T}}\, \boldsymbol{z}^{(e)}, \tag{5.4.348}$$

und für die Querkraft liefert die dritte Gleichgewichtsbedingung

$$q^{(e)}(s) = \frac{1}{r(s)} \{[r(s)\, m_s{}^{(e)}(s)]' - m_\vartheta{}^{(e)}(s) \cos \varphi\}. \tag{5.4.349}$$

Wie bereits in 3.2. behandelt, können allerdings auch die Elementgleichungen zur Ermittlung der Schnittgrößen herangezogen werden. Wenden wir nämlich Gl. (5.4.340) sinngemäß nur auf ein Element an, so wird

$$\boldsymbol{K}^{(e)}\boldsymbol{z}^{(e)} = \mathring{\boldsymbol{r}}^{(e)} \tag{5.4.350}$$

mit

$$\mathring{\boldsymbol{r}}^{(e)} = \int\limits_{l^{(e)}} r\boldsymbol{F}^{(e)}\boldsymbol{p}^{(e)}\, \mathrm{d}s + (r\boldsymbol{F}^{(e)}\boldsymbol{q}_{\mathrm{R}}{}^{(e)})|_{\xi=0} - \left(r\boldsymbol{F}^{(e)\prime} \begin{bmatrix} 0 \\ m_{\mathrm{R}}{}^{(e)} \end{bmatrix}\right)\Bigg|_{\xi=0}$$
$$+ (r\boldsymbol{F}^{(e)}\boldsymbol{q}_{\mathrm{R}}{}^{(e)})|_{\xi=1} - \left(r\boldsymbol{F}^{(e)\prime} \begin{bmatrix} 0 \\ m_{\mathrm{R}}{}^{(e)} \end{bmatrix}\right)\Bigg|_{\xi=1}. \tag{5.4.351}$$

Wir bezeichnen die Schnittgrößen an den Elementknoten 1 und 2 mit n_{s1}, q_1, m_{s1} bzw. n_{s2}, q_2, m_{s2}, beachten die Gln. (5.4.332) und (5.4.333) und schreiben zusammengefaßt

$$\mathring{\boldsymbol{r}}^{(e)} = \boldsymbol{r}_p{}^{(e)} + \boldsymbol{P}^{(e)}\mathring{\boldsymbol{s}}^{(e)}, \tag{5.4.352}$$

wobei

$$\boldsymbol{P}^{(e)} = \begin{bmatrix} -r_1 & 0 & 0 & 0 & 0 & 0 \\ & -r_1 & 0 & 0 & 0 & 0 \\ & & r_1 & 0 & 0 & 0 \\ & & & r_2 & 0 & 0 \\ & & & & r_2 & 0 \\ \text{sym.} & & & & & -r_2 \end{bmatrix}; \qquad \boldsymbol{r}_p{}^{(e)} = \int\limits_{l^{(e)}} r\boldsymbol{F}^{(e)}\boldsymbol{p}^{(e)}\, \mathrm{d}s, \tag{5.4.353}$$

$$\overset{*}{\boldsymbol{s}}{}^{(e)} = [n_{s1}; q_1; m_{s1}; n_{s2}; q_2; m_{s2}]^{\mathrm{T}}$$

sind. Daraus folgt für diesen Vektor der Schnittgrößen

$$\overset{*}{\boldsymbol{s}}{}^{(e)} = \boldsymbol{P}^{(e)-1}(\boldsymbol{K}^{(e)}\boldsymbol{z}^{(e)} - \boldsymbol{r}_p{}^{(e)}). \tag{5.4.354}$$

Die Kehrmatrix $\boldsymbol{P}^{(e)-1}$ läßt sich leicht finden:

$$\boldsymbol{P}^{(e)-1} = \frac{1}{r_1 r_2} \begin{bmatrix} -r_2 & 0 & 0 & 0 & 0 & 0 \\ & -r_2 & 0 & 0 & 0 & 0 \\ & & r_2 & 0 & 0 & 0 \\ & & & r_1 & 0 & 0 \\ & & & & r_1 & 0 \\ \text{sym.} & & & & & -r_1 \end{bmatrix}. \tag{5.4.355}$$

Bei der Bestimmung der restlichen Schnittgrößen $n_{\vartheta 1}$, $m_{\vartheta 1}$ bzw. $n_{\vartheta 2}$, $m_{\vartheta 2}$ wollen wir ebenfalls ohne Differentiation der Formfunktionen auskommen. Aus den Gln. (5.4.315) und (5.4.316) gewinnt man am Knoten i zunächst

$$\begin{bmatrix} \varepsilon_{\vartheta 0 i} \\ \varkappa_{\vartheta i} \end{bmatrix} = \frac{1}{r_i} \begin{bmatrix} \cos\varphi & \sin\varphi & 0 \\ 0 & 0 & -\cos\varphi \end{bmatrix} \begin{bmatrix} u_i \\ w_i \\ -w_i{}' \end{bmatrix}. \tag{5.4.356}$$

Dann zerlegen wir das Stoffgesetz (5.4.326) in die Beziehungen

$$\begin{bmatrix} n_{si} \\ m_{si} \end{bmatrix} = \boldsymbol{C}_{11} \begin{bmatrix} \varepsilon_{s0i} \\ \varkappa_{si} \end{bmatrix} + \boldsymbol{C}_{12} \begin{bmatrix} \varepsilon_{\vartheta 0i} \\ \varkappa_{\vartheta i} \end{bmatrix},$$
$$\begin{bmatrix} n_{\vartheta i} \\ m_{\vartheta i} \end{bmatrix} = \boldsymbol{C}_{12} \begin{bmatrix} \varepsilon_{s0i} \\ \varkappa_{si} \end{bmatrix} + \boldsymbol{C}_{22} \begin{bmatrix} \varepsilon_{\vartheta 0i} \\ \varkappa_{\vartheta i} \end{bmatrix}, \tag{5.4.357}$$

ermitteln aus der ersten Gleichung

$$\begin{bmatrix} \varepsilon_{s0i} \\ \varkappa_{si} \end{bmatrix} = \boldsymbol{C}_{11}^{-1} \begin{bmatrix} n_{si} \\ m_{si} \end{bmatrix} - \boldsymbol{C}_{11}^{-1}\boldsymbol{C}_{12} \begin{bmatrix} \varepsilon_{\vartheta 0i} \\ \varkappa_{\vartheta i} \end{bmatrix} \tag{5.4.358}$$

und erhalten schließlich die beiden Schnittgrößen

$$\begin{bmatrix} n_{\vartheta i} \\ m_{\vartheta i} \end{bmatrix} = \boldsymbol{C}_{12}\boldsymbol{C}_{11}^{-1} \begin{bmatrix} n_{si} \\ m_{si} \end{bmatrix} + (\boldsymbol{C}_{22} - \boldsymbol{C}_{12}\boldsymbol{C}_{11}^{-1}\boldsymbol{C}_{12}) \begin{bmatrix} \varepsilon_{\vartheta 0i} \\ \varkappa_{\vartheta i} \end{bmatrix}. \tag{5.4.359}$$

Wir unterteilen nun die Meridiankurve der Kegelschale in vier gleichlange Elemente (Bild 5.4.42). Nach Ausführung der Integration, die man vorteilhaft numerisch vornehmen wird, folgen mit den Zahlenwerten $E = 2{,}1 \cdot 10^5$ N/mm², $\nu = 0{,}3$, $l = 400{,}0$ mm, $r_1 = 100{,}0$ mm, $r_2 = 300{,}0$ mm, $\varphi = 60°$ und $h = 10{,}0$ mm die vier Elementmatrizen (auf die Angabe von Maßeinheiten wird verzichtet)

$$\boldsymbol{K}^{(1)} = \begin{bmatrix} 2{,}71069 \cdot 10^6 & 1{,}46556 \cdot 10^4 & -8{,}50018 \cdot 10^5 & -2{,}80703 \cdot 10^6 & -1{,}81533 \cdot 10^5 & 2{,}47879 \cdot 10^6 \\ & 6{,}08539 \cdot 10^5 & 9{,}21631 \cdot 10^6 & 4{,}23180 \cdot 10^5 & 1{,}49814 \cdot 10^5 & -2{,}83482 \cdot 10^6 \\ & & 2{,}23780 \cdot 10^8 & 7{,}84235 \cdot 10^6 & 2{,}89477 \cdot 10^6 & -5{,}14688 \cdot 10^7 \\ & & & 3{,}37143 \cdot 10^6 & 5{,}54375 \cdot 10^5 & -8{,}92771 \cdot 10^6 \\ & & & & 4{,}95967 \cdot 10^5 & -8{,}33503 \cdot 10^6 \\ \text{sym.} & & & & & 2{,}35280 \cdot 10^8 \end{bmatrix},$$

$$\boldsymbol{K}^{(2)} = \begin{bmatrix} 3{,}81108 \cdot 10^6 & -8{,}31519 \cdot 10^4 & -2{,}15430 \cdot 10^6 & -3{,}98328 \cdot 10^6 & -2{,}15101 \cdot 10^5 & 3{,}25216 \cdot 10^6 \\ & 4{,}39546 \cdot 10^5 & 7{,}40536 \cdot 10^6 & 3{,}87062 \cdot 10^5 & 8{,}68421 \cdot 10^4 & -9{,}85731 \cdot 10^5 \\ & & 2{,}20450 \cdot 10^8 & 7{,}07123 \cdot 10^6 & 1{,}11102 \cdot 10^6 & -3{,}61442 \cdot 10^6 \\ & & & 4{,}48749 \cdot 10^6 & 4{,}86251 \cdot 10^5 & -7{,}89450 \cdot 10^6 \\ & & & & 3{,}82803 \cdot 10^5 & -7{,}05503 \cdot 10^6 \\ \text{sym.} & & & & & 2{,}38616 \cdot 10^8 \end{bmatrix},$$

$$
\boldsymbol{K}^{(3)} = \begin{bmatrix}
4{,}93685 \cdot 10^6 & -1{,}34469 \cdot 10^5 & -2{,}85178 \cdot 10^6 & -5{,}14946 \cdot 10^6 & -2{,}33792 \cdot 10^5 & 3{,}67887 \cdot 10^6 \\
 & 3{,}56429 \cdot 10^5 & 6{,}70792 \cdot 10^6 & 3{,}67336 \cdot 10^5 & 4{,}69082 \cdot 10^4 & 2{,}89002 \cdot 10^5 \\
 & & 2{,}36351 \cdot 10^8 & 5{,}64544 \cdot 10^6 & -1{,}37111 \cdot 10^5 & 3{,}14345 \cdot 10^7 \\
 & & & 5{,}61958 \cdot 10^6 & 4{,}46938 \cdot 10^5 & -7{,}30706 \cdot 10^6 \\
 & & & & 3{,}22272 \cdot 10^5 & -6{,}57321 \cdot 10^6 \\
\text{sym.} & & & & & 2{,}57230 \cdot 10^8
\end{bmatrix},
$$

$$
\boldsymbol{K}^{(4)} = \begin{bmatrix}
6{,}07336 \cdot 10^6 & -1{,}66106 \cdot 10^5 & -3{,}28641 \cdot 10^6 & -6{,}31113 \cdot 10^6 & -2{,}45713 \cdot 10^5 & 3{,}94957 \cdot 10^6 \\
 & 3{,}09638 \cdot 10^5 & 6{,}49171 \cdot 10^6 & 3{,}54893 \cdot 10^5 & 1{,}73498 \cdot 10^4 & 1{,}30708 \cdot 10^6 \\
 & & 2{,}60681 \cdot 10^8 & 6{,}37519 \cdot 10^6 & -1{,}14178 \cdot 10^6 & 6{,}07080 \cdot 10^7 \\
 & & & 6{,}75928 \cdot 10^6 & 4{,}21331 \cdot 10^5 & -6{,}92780 \cdot 10^6 \\
 & & & & 2{,}86829 \cdot 10^5 & -6{,}46553 \cdot 10^6 \\
\text{sym.} & & & & & 2{,}82927 \cdot 10^8
\end{bmatrix}. \tag{5.4.360}
$$

Der Vektor der rechten Seite enthält nur den Beitrag des Elementes 1. Mit dem Randkraftvektor

$$
\bar{\boldsymbol{q}}_{\mathrm{R}} = q_0 \left[\frac{1}{2}\sqrt{3};\ -\frac{1}{2} \right]^{\mathrm{T}} \tag{5.4.361}
$$

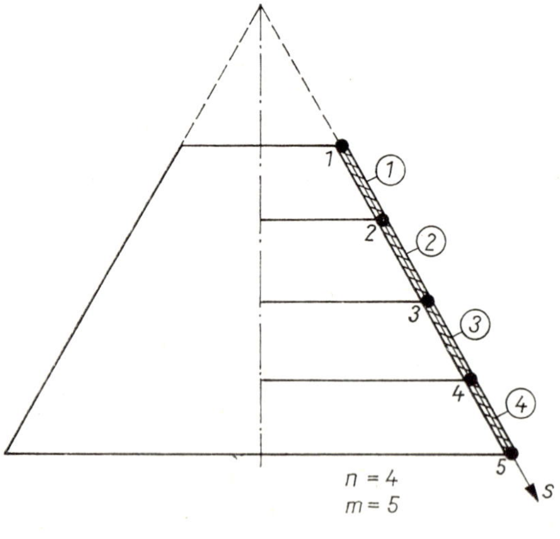

Bild 5.4.42

bestimmt man nach Gl. (5.4.349)

$$\boldsymbol{r}^{(1)} = \frac{q_0 l}{8} \left[\sqrt{3};\ -1;\ 0;\ 0;\ 0;\ 0\right]^{\mathrm{T}}. \tag{5.4.362}$$

Der Aufbau der Systemmatrix geschieht wiederum auf dem üblichen Wege. Bei der Modifizierung des Gleichungssystems müssen die wesentlichen Randbedingungen an der Einspannstelle

$$u_5 = w_5 = w_5{}' = 0 \tag{5.4.363}$$

Berücksichtigung finden. In der modifizierten Systemgleichung

$$\overset{*}{\boldsymbol{K}}\overset{*}{\boldsymbol{z}} = \overset{*}{\boldsymbol{r}} \tag{5.4.364}$$

stehen der modifizierte Systemknotenvektor

$$\overset{*}{\boldsymbol{z}} = [u_1;\ w_1;\ w_1{}';\ u_2;\ w_2;\ w_2{}';\ u_3;\ w_3;\ w_3{}';\ u_4;\ w_4;\ w_4{}']^{\mathrm{T}} \tag{5.4.365}$$

und der modifizierte Vektor der rechten Seite

$$\overset{*}{\boldsymbol{r}} = \frac{q_0 l}{2} \left[\sqrt{3};\ -1;\ 0;\ 0;\ 0;\ 0;\ 0;\ 0;\ 0;\ 0;\ 0;\ 0\right]^{\mathrm{T}}. \tag{5.4.366}$$

Die Lösung dieses Systems lautet

$$\begin{aligned}
u_1 &= 2{,}2619 \cdot 10^{-2}\,\mathrm{mm}; & w_1 &= -5{,}4761 \cdot 10^{-2}\,\mathrm{mm}; & w_1{}' &= 1{,}8550 \cdot 10^{-3},\\
u_2 &= 1{,}5036 \cdot 10^{-2}\,\mathrm{mm}; & w_2 &= -3{,}6469 \cdot 10^{-3}\,\mathrm{mm}; & w_2{}' &= -2{,}8283 \cdot 10^{-5},\\
u_3 &= 8{,}7513 \cdot 10^{-3}\,\mathrm{mm}; & w_3 &= -1{,}3278 \cdot 10^{-3}\,\mathrm{mm}; & w_3{}' &= 3{,}1823 \cdot 10^{-5},\\
u_4 &= 3{,}8526 \cdot 10^{-3}\,\mathrm{mm}; & w_4 &= 1{,}6331 \cdot 10^{-3}\,\mathrm{mm}; & w_4{}' &= 1{,}5706 \cdot 10^{-5}.
\end{aligned} \tag{5.4.367}$$

Die Forderungen, daß am freien Rand das Randmoment verschwinden muß und die Längskraft und die Querkraft vorgegebene Werte annehmen sollen, werden als restliche Randbedingungen näherungsweise erfüllt. Erwartungsgemäß stimmen die aus den Elementgleichungen erhaltenen Werte am freien Rand mit den exakten Ergebnissen überein. In Tabelle **5.4.17** sind die Verschiebung w und die Schnittgrößen n_s und m_s dargestellt, wie sie sich für verschiedene Elementteilungen entweder durch Differentiation der Formfunktionen (a) oder aus den Elementgleichungen (b) ergeben. Das Konvergenzverhalten wird auch durch die in Bild 5.4.43 wiedergegebenen Verläufe gezeigt.

Im zweiten Beispiel wollen wir die Schnittgrößen eines mit Wasser gefüllten Behälters ermitteln (Bild 5.4.44). Mit $\varphi = 90°$ sind die Grundgleichungen für die vorliegende Zylinderschale in den Gleichungen der allgemeinen Kegelschale enthalten. Die Differentiationsmatrix $\boldsymbol{D}$ nach Gl. (5.4.324) reduziert sich zu

$$\boldsymbol{D} = \begin{bmatrix} \dfrac{\mathrm{d}}{\mathrm{d}s} & 0 & 0 & 0 \\ 0 & -\dfrac{\mathrm{d}^2}{\mathrm{d}s^2} & \dfrac{1}{r_0} & 0 \end{bmatrix}^{\mathrm{T}}, \tag{5.4.368}$$

Tabelle 5.4.17

$\frac{s}{l}$	$\frac{Eh}{q_0 r_2} w(s)$		
	$n = 4$	$n = 8$	$n = 16$
0,00	−1,197	−1,958	−2,035
0,25	−0,128	−0,120	−0,114
0,50	−0,046	−0,047	−0,048
0,75	0,057	0,055	0,056
1,00	0,000	0,000	0,000

$\frac{s}{l}$	$\frac{10}{q_0} n_s(s)$					
	$n = 4$		$n = 8$		$n = 16$	
	a	b	a	b	a	b
0,00	−20,894	−8,660	−19,682	−8,660	−16,633	−8,660
0,25	−7,015	−7,732	−7,931	−7,740	−7,801	−7,740
0,50	−5,892	−5,782	−5,799	−5,774	−5,778	−5,772
0,75	−4,583	−4,615	−4,604	−4,612	−4,609	−4,611
1,00	−4,449	−3,939	−4,176	−3,930	−4,040	−3,929

$\frac{s}{l}$	$\frac{10^3 \sqrt{12(1-\nu^2)}}{q_0 r_2} m_s(s)$					
	$n = 4$		$n = 8$		$n = 16$	
	a	b	a	b	a	b
0,00	41,864	0,000	32,829	0,000	14,596	0,000
0,25	−4,200	−1,961	−2,918	−1,207	−1,605	−1,215
0,50	−0,020	−0,129	−0,197	−0,247	−0,233	−0,244
0,75	0,952	0,448	0,492	0,460	0,467	0,387
1,00	−1,488	−3,360	−2,500	−3,090	−2,920	−3,083

so daß unter Verwendung derselben Formfunktionen Gl. (5.4.347) in

$$\boldsymbol{B}^{(e)} = \begin{bmatrix} f_1' & 0 & 0 & f_2' & 0 & 0 \\ 0 & -g_1'' & -g_2'' & 0 & -g_3'' & -g_4'' \\ 0 & \frac{1}{r_0} g_1 & \frac{1}{r_0} g_2 & 0 & \frac{1}{r_0} g_3 & \frac{1}{r_0} g_4 \\ 0 & 0 & 0 & 0 & 0 & 0 \end{bmatrix} \tag{5.4.369}$$

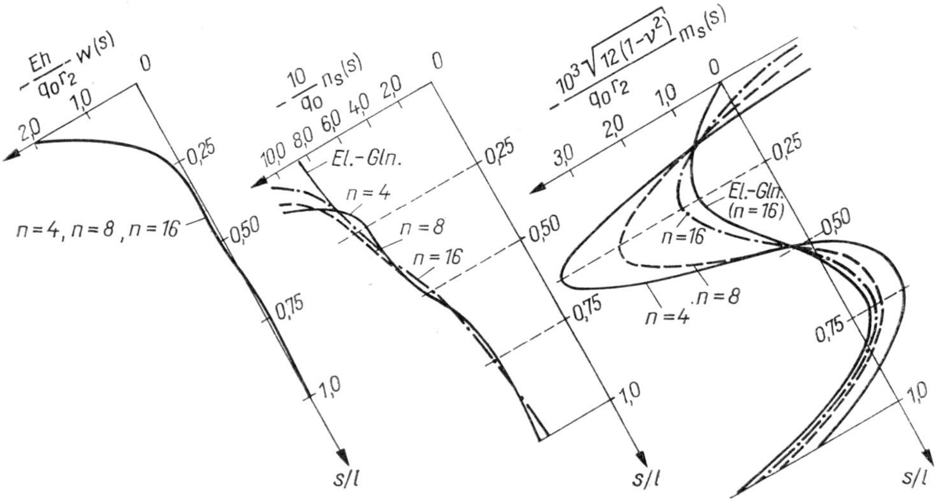

Bild 5.4.43

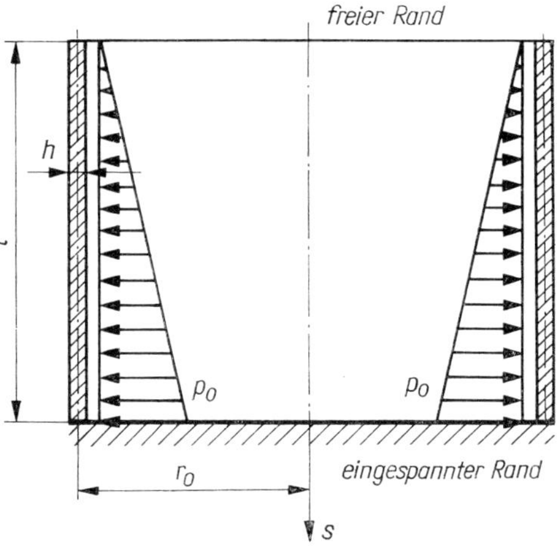

Bild 5.4.44

übergeht. Da sich auch die Elastizitätsmatrix (5.4.322) zu

$$\boldsymbol{C} = \frac{Eh}{(1-\nu^2)} \begin{bmatrix} 1 & \frac{1}{r_0}\frac{h^2}{12} & \nu & 0 \\ & \frac{h^2}{12} & 0 & \frac{\nu h^2}{12} \\ & & 1 + \frac{1}{r_0{}^2}\frac{h^2}{12} & -\frac{1}{r_0}\frac{h^2}{12} \\ \text{sym.} & & & \frac{h^2}{12} \end{bmatrix} \tag{5.4.370}$$

vereinfacht, können für die Zylinderschale die Koeffizienten der Elementmatrix explizit angegeben werden:

$$k_{11}^{(e)} = -k_{14}^{(e)} = -k_{41}^{(e)} = k_{44}^{(e)} = \frac{Ehr_0}{(1-\nu^2)\,l^{(e)}},$$

$$k_{24}^{(e)} = k_{42}^{(e)} = -k_{12}^{(e)} = -k_{21}^{(e)} = -k_{15}^{(e)} = -k_{51}^{(e)} = k_{45}^{(e)} = k_{54}^{(e)} = \frac{Eh\nu}{2(1-\nu^2)},$$

$$k_{34}^{(e)} = k_{43}^{(e)} = -k_{13}^{(e)} = -k_{31}^{(e)} = k_{16}^{(e)} = k_{61}^{(e)} = -k_{46}^{(e)} = -k_{64}^{(e)} = \frac{Ehl^{(e)}}{12(1-\nu^2)}\left(\nu + \frac{h^2}{l^{(e)2}}\right),$$

$$k_{22}^{(e)} = k_{55}^{(e)} = \frac{Ehl^{(e)}}{r_0(1-\nu^2)}\left[\frac{13}{35}\left(1 + \frac{h^2}{12r_0^2}\right) + \frac{h^2r_0^2}{l^{(e)4}}\right],$$

$$k_{23}^{(e)} = k_{32}^{(e)} = -k_{56}^{(e)} = -k_{65}^{(e)} = \frac{Ehl^{(e)2}}{2(1-\nu^2)\,r_0}\left[\frac{11}{105}\left(1 + \frac{h^2}{12r_0^2}\right) + \frac{h^2r_0^2}{l^{(e)4}}\right], \qquad (5.4.371)$$

$$k_{33}^{(e)} = k_{66}^{(e)} = \frac{Ehl^{(e)3}}{3(1-\nu^2)\,r_0}\left[\frac{1}{35}\left(1 + \frac{h^2}{12r_0^2}\right) + \frac{h^2r_0^2}{l^{(e)4}}\right],$$

$$k_{26}^{(e)} = k_{62}^{(e)} = -k_{35}^{(e)} = -k_{53}^{(e)} = \frac{Ehl^{(e)2}}{(1-\nu^2)\,r_0}\left[-\frac{13}{420}\left(1 + \frac{h^2}{12r_0^2}\right) + \frac{h^2r_0^2}{2l^{(e)4}}\right],$$

$$k_{25}^{(e)} = k_{52}^{(e)} = \frac{Ehl^{(e)}}{(1-\nu^2)\,r_0}\left[\frac{9}{70}\left(1 + \frac{h^2}{12r_0^2}\right) - \frac{h^2r_0^2}{l^{(e)4}}\right],$$

$$k_{36}^{(e)} = k_{63}^{(e)} = \frac{Ehl^{(e)3}}{6(1-\nu^2)\,r_0}\left[-\frac{3}{70}\left(1 + \frac{h^2}{12r_0^2}\right) + \frac{h^2r_0^2}{l^{(e)4}}\right].$$

Für die Zahlenwerte $r_0 = 2000{,}0$ mm, $l = 3200{,}0$ mm, $h = 100{,}0$ mm, $\nu = 1/6$, $E = 3{,}0 \cdot 10^4$ N/mm², $p_0 = 3{,}2 \cdot 10^{-2}$ N/mm² und eine Unterteilung der Erzeugenden in vier gleichlange Elemente ($l^{(e)} = 800{,}0$ mm) gemäß Bild 5.4.45 bestimmen wir

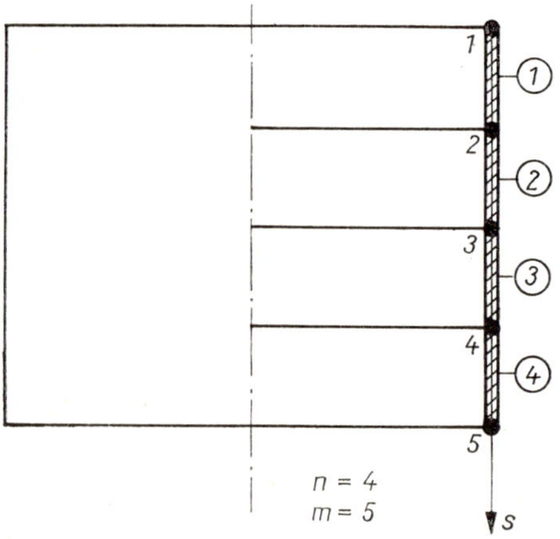

Bild 5.4.45

für jedes Element ohne Angabe von Maßeinheiten die Elementmatrix

$$\boldsymbol{K}^{(e)} = \begin{bmatrix} 7{,}71429 \cdot 10^6 & -2{,}57143 \cdot 10^5 & -3{,}75000 \cdot 10^7 & -7{,}71429 \cdot 10^6 & -2{,}57143 \cdot 10^5 & 3{,}75000 \cdot 10^7 \\ & 5{,}79080 \cdot 10^5 & 9{,}99475 \cdot 10^7 & 2{,}57143 \cdot 10^5 & 3{,}81912 \cdot 10^4 & 1{,}76447 \cdot 10^7 \\ & & 3{,}32391 \cdot 10^{10} & 3{,}75000 \cdot 10^7 & -1{,}76447 \cdot 10^7 & 7{,}21352 \cdot 10^9 \\ & & & 7{,}71429 \cdot 10^6 & 2{,}57143 \cdot 10^5 & -3{,}75000 \cdot 10^7 \\ & & & & 5{,}79080 \cdot 10^5 & -9{,}99475 \cdot 10^7 \\ \text{sym.} & & & & & 3{,}32391 \cdot 10^{10} \end{bmatrix} \quad (e = 1, 2, 3, 4). \tag{5.4.372}$$

Der Elementvektor der rechten Seite lautet nach Gl. (5.4.342)

$$\boldsymbol{r}^{(e)} = \int\limits_{l^{(e)}} r_0 \boldsymbol{F}^{(e)} \boldsymbol{p}^{(e)} \, \mathrm{d}s, \tag{5.4.373}$$

so daß mit der linearen Belastungsfunktion

$$\boldsymbol{p}^{(e)} = [0; p_1(1 - \xi) + p_2\xi]^{\mathrm{T}} \tag{5.4.374}$$

der Vektor

$$\boldsymbol{r}^{(e)} = \frac{r_0 l^{(e)}}{60} [0; 3(7p_1 + 3p_2); l^{(e)}(3p_1 + 2p_2); 0; 3(3p_1 + 7p_2); -l^{(e)}(2p_1 + 3p_2)]^{\mathrm{T}} \tag{5.4.375}$$

folgt. Der Aufbau der Systemmatrix und des Vektors der rechten Seite geschieht nach den bekannten Regeln. Mit den aus den wesentlichen Randbedingungen folgenden Knotenwerten $u_5 = w_5 = w_5' = 0$ wird das Gleichungssystem modifiziert. In der modifizierten Systemgleichung stehen der modifizierte Systemknotenvektor

$$\overset{*}{\boldsymbol{z}} = [u_1; w_1; w_1'; u_2; w_2; w_2'; u_3; w_3; w_3'; u_4; w_4; w_4']^{\mathrm{T}} \tag{5.4.376}$$

und der modifizierte Vektor der rechten Seite

$$\overset{*}{\boldsymbol{r}} = \frac{10^6 p_0}{150} [0; 9; 1600; 0; 60; 3200; 0; 120; 3200; 0; 180; 3200]^{\mathrm{T}}. \tag{5.4.377}$$

Die Lösungen

$$\left.\begin{aligned} u_1 &= 4{,}4303 \cdot 10^{-3}\,\mathrm{mm}; & w_1 &= 1{,}0527 \cdot 10^{-4}\,\mathrm{mm}; & w_1' &= 1{,}3113 \cdot 10^{-5}, \\ u_2 &= 4{,}0734 \cdot 10^{-3}\,\mathrm{mm}; & w_2 &= 1{,}0626 \cdot 10^{-2}\,\mathrm{mm}; & w_2' &= 1{,}3282 \cdot 10^{-5}, \\ u_3 &= 3{,}0120 \cdot 10^{-3}\,\mathrm{mm}; & w_3 &= 2{,}1473 \cdot 10^{-2}\,\mathrm{mm}; & w_3' &= 1{,}5053 \cdot 10^{-5}, \\ u_4 &= 1{,}1237 \cdot 10^{-3}\,\mathrm{mm}; & w_4 &= 3{,}3346 \cdot 10^{-2}\,\mathrm{mm}; & w_4' &= 2{,}5049 \cdot 10^{-6} \end{aligned}\right\} \tag{5.4.378}$$

führen über die Elementgleichung auf die in Bild 5.4.46 dargestellten Schnittgrößen. Die Unterteilung in gleichlange Elemente ist für das vorliegende Beispiel offensichtlich nicht günstig. Immer dort, wo starke Änderungen der Schnittgrößen existieren,

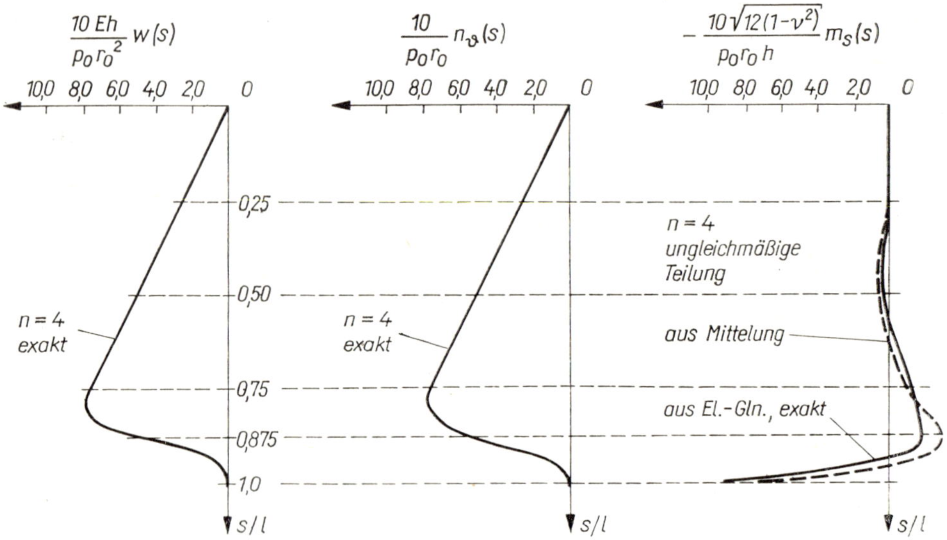

Bild 5.4.46

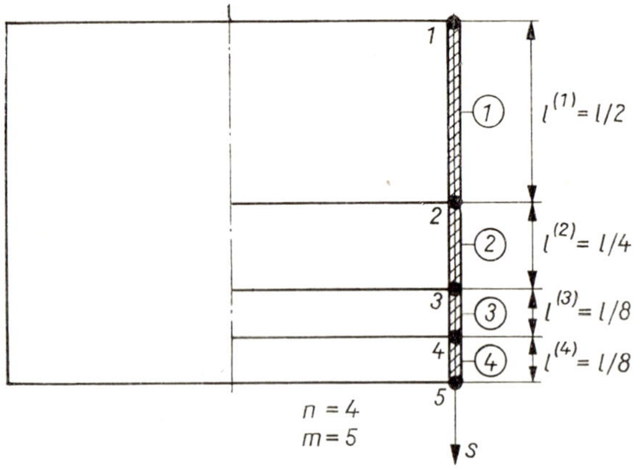

Bild 5.4.47

Tabelle 5.4.18

$\frac{s}{l}$	$\frac{10Eh}{p_0r_0^2}w(s)$ gleichmäßige Teilung	ungleichmäßige Teilung	exakte Lösung	$\frac{10}{p_0r_0}n_\vartheta(s)$ gleichm. Teilung *a*	*b*	ungleichm. Teilung *a*	*b*	exakte Lösung	$\frac{10\sqrt{12(1-\nu^2)}}{p_0r_0h}m_s(s)$ gleichm. Teilung *a*	*b*	ungleichm. Teilung *a*	*b*	exakte Lösung
0,00	0,023	0,063	0,000	−0,011	0,025	−0,005	0,064	0,001	−0,001	0,000	0,034	0,000	0,000
0,25	2,491	·	2,489	2,491	2,491	·	·	2,488	0,006	−0,003	·	·	0,006
0,50	5,032	4,957	5,086	5,030	5,034	5,059	5,045	5,087	−0,264	−0,114	−0,229	−0,105	−0,103
0,75	7,816	7,516	7,549	7,889	7,814	7,542	7,516	7,552	2,638	1,261	1,214	1,277	1,277
0,875	·	4,990	4,980	·	·	5,008	4,986	4,981	·	·	2,745	1,832	1,763
1,00	0,000	0,000	0,000	−0,112	0,024	−0,053	0,022	0,022	−4,386	−9,928	−7,139	−8,985	−8,930

sollte man mit kleineren Elementen rechnen. Für die in Bild 5.4.47 wiedergegebene ungleichmäßige Aufteilung in vier Elemente stimmen die Ergebnisse mit den Werten der exakten Lösung am eingespannten Rand wesentlich besser überein (vgl. auch Tabelle 5.4.18).

5.5. Eigenwertprobleme

Auch bei zweidimensionalen Problemen wollen wir Eigenwertaufgaben behandeln. Zunächst wenden wir uns der Ermittlung der kritischen Belastung einer dünnen, isotropen Scheibe zu (Plattenbeulen).
Ähnlich wie beim Knicken eines Stabes die Stabachse (vgl. 3.5.), kann die Mittelfläche der Scheibe bei Erreichen eines indifferenten Gleichgewichtszustandes seitlich ausweichen. Gehört zu diesem Gleichgewichtszustand ein ebener Grundspannungszustand mit den Spannungskomponenten σ_x, σ_y, τ_{xy}, so wird die Stabilitätsgrenze als Eigenwert aus der Differentialgleichung

$$\frac{Eh^3}{12(1-\nu^2)}\,[w,_{xxxx}(x,y) + 2w,_{xxyy}(x,y) + w,_{yyyy}(x,y)]$$
$$- h[\sigma_x(x,y)\,w,_{xx}(x,y) + 2\tau_{xy}(x,y)\,w,_{xy}(x,y) + \sigma_y(x,y)\,w,_{yy}(x,y)] = 0 \tag{5.5.1}$$

unter Berücksichtigung homogener Randbedingungen ermittelt.
Der Grundspannungszustand soll über einen Beulparameter λ linear von einem Ausgangsspannungszustand $\sigma_x{}^*$, $\sigma_y{}^*$, τ_{xy}^* abhängen, so daß wir

$$\sigma_x(x,y) = \lambda\sigma_x{}^*(x,y); \qquad \sigma_y(x,y) = \lambda\sigma_y{}^*(x,y); \qquad \tau_{xy}(x,y) = \lambda\tau_{xy}^*(x,y) \tag{5.5.2}$$

schreiben können. Wir wollen wieder die Matrixschreibweise einführen und bilden

— die Matrix des Ausgangsspannungszustandes

$$\boldsymbol{S} = \begin{bmatrix} \sigma_x{}^* & \tau_{xy}^* \\ \tau_{xy}^* & \sigma_y{}^* \end{bmatrix} \tag{5.5.3}$$

— und den Differentiationsvektor

$$\boldsymbol{d}^* = \left[\frac{\partial}{\partial x};\ \frac{\partial}{\partial y}\right]^{\mathrm{T}}. \tag{5.5.4}$$

Dann folgt unter Verwendung der Gln. (5.4.246) bis (5.4.251) für das Funktional der entsprechenden Variationsaufgabe

$$J\{w\} = \frac{h^3}{24}\int_A [\boldsymbol{d}w(x,y)]^{\mathrm{T}}\,\boldsymbol{C}\boldsymbol{d}w(x,y)\,\mathrm{d}A$$
$$+ \frac{\lambda h}{2}\int_A [\boldsymbol{d}^*w(x,y)]^{\mathrm{T}}\,\boldsymbol{S}^*\boldsymbol{d}^*w(x,y)\,\mathrm{d}A = \text{Extremum} \tag{5.5.5}$$

mit Gl. (5.5.1) als *Euler*sche Differentialgleichung.
Die Extremalbedingung für die Variationsaufgabe lautet

$$\delta J = \frac{h^3}{12}\int_A [\boldsymbol{d}\delta w]^{\mathrm{T}}\,\boldsymbol{C}\boldsymbol{d}w\,\mathrm{d}A + \lambda h\int_A [\boldsymbol{d}^*\delta w]^{\mathrm{T}}\,\boldsymbol{S}^*\boldsymbol{d}^*w\,\mathrm{d}A = 0. \tag{5.5.6}$$

Eine Ansatzfunktion der Form

$$w^{(e)}(x, y) = \boldsymbol{f}^{(e)}(x, y)^{\mathrm{T}} \boldsymbol{z}^{(e)} = \boldsymbol{z}^{(e)\mathrm{T}} \boldsymbol{f}^{(e)}(x, y) \tag{5.5.7}$$

mit C^1-Stetigkeit liefert wegen

$$\boldsymbol{d}w^{(e)} = \boldsymbol{d}\boldsymbol{f}^{(e)\mathrm{T}}\boldsymbol{z}^{(e)} = \boldsymbol{B}^{(e)\mathrm{T}}\boldsymbol{z}^{(e)} \tag{5.5.8}$$

und

$$\boldsymbol{d}^*w^{(e)} = \boldsymbol{d}^*\boldsymbol{f}^{(e)\mathrm{T}}\boldsymbol{z}^{(e)} = \boldsymbol{H}^{(e)\mathrm{T}}\boldsymbol{z}^{(e)} \tag{5.5.9}$$

die Beziehung

$$\begin{aligned}\delta\tilde{J} &= \sum_{e=1}^{n} \delta\boldsymbol{z}^{(e)\mathrm{T}} \int\limits_{A^{(e)}} \left(\frac{h^3}{12} \boldsymbol{B}^{(e)}\boldsymbol{C}\boldsymbol{B}^{(e)\mathrm{T}} + \lambda h \boldsymbol{H}^{(e)}\boldsymbol{S}^*\boldsymbol{H}^{(e)\mathrm{T}}\right) \boldsymbol{z}^{(e)}\,\mathrm{d}A \\ &= \sum_{e=1}^{n} \delta\boldsymbol{z}^{(e)\mathrm{T}}(\boldsymbol{K}^{(e)} + \lambda\boldsymbol{A}^{(e)})\,\boldsymbol{z}^{(e)} = 0.\end{aligned} \tag{5.5.10}$$

Unter Berücksichtigung der wesentlichen Randbedingungen gewinnt man daraus die modifizierte homogene Systemgleichung

$$(\overset{*}{\boldsymbol{K}} + \lambda\overset{*}{\boldsymbol{A}})\,\overset{*}{\boldsymbol{z}} = \boldsymbol{o}, \tag{5.5.11}$$

und die Beulparameter ergeben sich als Eigenwerte aus der charakteristischen Gleichung

$$D = \det\,(\overset{*}{\boldsymbol{K}} + \lambda\overset{*}{\boldsymbol{A}}) = |\overset{*}{\boldsymbol{K}} + \lambda\overset{*}{\boldsymbol{A}}| = 0. \tag{5.5.12}$$

Für die in Bild 5.5.1 dargestellte allseitig drehbar gelagerte Scheibe wollen wir die Beullast $q_{0\mathrm{krit}}$ aus dem kleinsten Eigenwert λ berechnen. Wegen der geforderten C^1-Stetigkeit verwenden wir Rechteckelemente mit 16 freien Parametern (Bild 5.1.17) und den Formfunktionen (5.1.72). Beschränken wir uns auf quadratische Elemente, d. h. $b^{(e)} = a^{(e)} = a$, so erhalten wir für die Elementsteifigkeitsmatrix

$$\boldsymbol{K}^{(e)} = \frac{Eh^3}{37\,800(1-\nu^2)\,a^2}\begin{bmatrix}\boldsymbol{K}_{11}^{(e)} & \boldsymbol{K}_{12}^{(e)} \\ \boldsymbol{K}_{12}^{(e)\mathrm{T}} & \boldsymbol{K}_{22}^{(e)}\end{bmatrix} \tag{5.5.13}$$

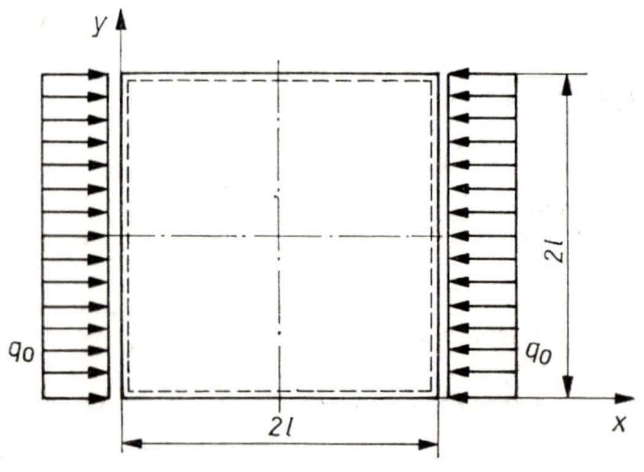

Bild 5.5.1

mit

$$\boldsymbol{K}_{11}^{(e)} =$$

$$\left[\begin{array}{cccc:cccc}
9288 & 6768a & 6768a & 2673a^2 & -4563 & 3303a & -2043a & 783a^2 \\
 & 6048a^2 & 5823a^2 & 2688a^3 & -3303a & 1818a^2 & -783a^2 & 138a^3 \\
 & & 6048a^2 & 2688a^3 & -2043a & 783a^2 & 252a^2 & -252a^3 \\
 & & & 1408a^4 & -783a^2 & 138a^3 & 252a^3 & -232a^4 \\
\hdashline
 & & & & 9288 & -6768a & 6768a & -2673a^2 \\
 & & & & & 6048a^2 & -5823a^2 & 2688a^3 \\
 & & & & & & 6048a^2 & -2688a^3 \\
\text{sym.} & & & & & & & 1408a^4
\end{array}\right],$$

$$\boldsymbol{K}_{12}^{(e)} =$$

$$\left[\begin{array}{cccc:cccc}
-162 & 1422a & 1422a & -1107a^2 & -4563 & -2043a & 3303a & 783a^2 \\
-1422a & 1332a^2 & 1107a^2 & -702a^3 & -2043a & 252a^2 & 783a^2 & -252a^3 \\
-1422a & 1107a^2 & 1332a^2 & -702a^3 & -3303a & -783a^2 & 1818a^2 & 138a^3 \\
-1107a^2 & 702a^3 & 702a^3 & -332a^4 & -783a^2 & 252a^3 & 138a^3 & -232a^4 \\
\hdashline
-4563 & 2043a & 3303a & -783a^2 & -162 & -1422a & 1422a & 1107a^2 \\
2043a & 252a^2 & -783a^2 & -252a^3 & 1422a & 1332a^2 & -1107a^2 & -702a^3 \\
-3303a & 783a^2 & 1818a^2 & -138a^3 & -1422a & -1107a^2 & 1332a^2 & 702a^3 \\
783a^2 & 252a^3 & -138a^3 & -232a^4 & 1107a^2 & 702a^3 & -702a^3 & -332a^4
\end{array}\right],$$

$$\boldsymbol{K}_{22}^{(e)} =$$

$$\left[\begin{array}{cccc:cccc}
9288 & -6768a & -6768a & 2673a^2 & -4563 & -3303a & 2043a & 783a^2 \\
 & 6048a^2 & 5823a^2 & -2688a^3 & 3303a & 1818a^2 & -783a^2 & -138a^3 \\
 & & 6048a^2 & -2688a^3 & 2043a & 783a^2 & 252a^2 & 252a^3 \\
 & & & 1408a^4 & -783a^2 & -138a^3 & -252a^3 & -232a^4 \\
\hdashline
 & & & & 9288 & 6768a & -6768a & -2673a^2 \\
 & & & & & 6048a^2 & -5823a^2 & -2688a^3 \\
 & & & & & & 6048a^2 & 2688a^3 \\
\text{sym.} & & & & & & & 1408a^4
\end{array}\right]$$

(5.5.14)

Die geometrische Elementsteifigkeitsmatrix

$$\boldsymbol{A}^{(e)} = \frac{q_0 h}{3150} \begin{bmatrix} \boldsymbol{A}_{11}^{(e)} & \boldsymbol{A}_{12}^{(e)} \\ \boldsymbol{A}_{12}^{(e)\mathrm{T}} & \boldsymbol{A}_{22}^{(e)} \end{bmatrix} \tag{5.5.15}$$

enthält für den Ausgangsspannungszustand

$$\sigma_x{}^* = -q_0; \qquad \sigma_y{}^* = \tau_{xy}^* = 0 \tag{5.5.16}$$

die Untermatrizen

$$\boldsymbol{A}_{11}^{(e)} = \left[\begin{array}{rrrr:rrrr}
-1404 & -234a & -396a & -66a^2 & 1404 & -234a & 396a & -66a^2 \\
 & -624a^2 & -66a^2 & -176a^3 & 234a & 156a^2 & 66a^2 & 44a^3 \\
 & & -144a^2 & -24a^3 & 396a & -66a^2 & 144a^2 & -24a^3 \\
 & & & -64a^4 & 66a^2 & 44a^3 & 24a^3 & 16a^4 \\
\hdashline
 & & & & -1404 & 234a & -396a & 66a^2 \\
 & & & & & -624a^2 & 66a^2 & -176a^3 \\
 & & & & & & -144a^2 & 24a^3 \\
\text{sym.} & & & & & & & -64a^4
\end{array}\right],$$

$$\boldsymbol{A}_{12}^{(e)} = \left[\begin{array}{rrrr:rrrr}
486 & -81a & -234a & 39a^2 & -486 & -81a & 234a & 39a^2 \\
81a & 54a^2 & -39a^2 & -26a^3 & -81a & -216a^2 & 39a^2 & 104a^3 \\
234a & -39a^2 & -108a^2 & 18a^3 & -234a & -39a^2 & 108a^2 & 18a^3 \\
39a^2 & 26a^3 & -18a^3 & -12a^4 & -39a^2 & -104a^3 & 18a^3 & 48a^4 \\
\hdashline
-486 & 81a & 234a & -39a^2 & 486 & 81a & -234a & -39a^2 \\
81a & -216a^2 & -39a^2 & 104a^3 & -81a & 54a^2 & 39a^2 & -26a^3 \\
-234a & 39a^2 & 108a^2 & -18a^3 & 234a & 39a^2 & -108a^2 & -18a^3 \\
39a^2 & -104a^3 & -18a^3 & 48a^4 & -39a^2 & 26a^3 & 18a^3 & -12a^4
\end{array}\right],$$

$$\boldsymbol{A}_{22}^{(e)} = \left[\begin{array}{rrrr:rrrr}
-1404 & 234a & 396a & -66a^2 & 1404 & 234a & -396a & -66a^2 \\
 & -624a^2 & -66a^2 & 176a^3 & -234a & 156a^2 & 66a^2 & -44a^3 \\
 & & -144a^2 & 24a^3 & -396a & -66a^2 & 144a^2 & 24a^3 \\
 & & & -64a^4 & 66a^2 & -44a^3 & -24a^3 & 16a^4 \\
\hdashline
 & & & & -1404 & -234a & 396a & 66a^2 \\
 & & & & & -624a^2 & 66a^2 & 176a^3 \\
 & & & & & & -144a^2 & -24a^3 \\
\text{sym.} & & & & & & & -64a^4
\end{array}\right]. \tag{5.5.17}$$

Verwenden wir nur ein Element (Bild 5.5.2), so müssen zur Erfüllung der wesentlichen Randbedingungen $w(s)|_{C_1=C} = 0$ in allen vier Knotenpunkten die Größen

$$w_i = w_{,xi} = w_{,yi} = 0 \qquad (i = 1, 2, 3, 4) \tag{5.5.18}$$

gesetzt werden, so daß die Matrizen des modifizierten Systems

$$\overset{*}{\boldsymbol{K}} = \frac{Eh^3a^2}{9450(1-\nu^2)} \begin{bmatrix} 352 & -58 & -83 & -58 \\ & 352 & -58 & -83 \\ & & 352 & -58 \\ \text{sym.} & & & 352 \end{bmatrix}, \tag{5.5.19}$$

$$\overset{*}{A} = \frac{2q_0ha^4}{1575}\begin{bmatrix} -16 & 4 & -3 & 12 \\ & -16 & 12 & -3 \\ & & -16 & 4 \\ \text{sym.} & & & -16 \end{bmatrix} \tag{5.5.19}$$

lauten. Aus der charakteristischen Gleichung (5.5.12) erhält man mit $a = l$ für den kleinsten Eigenwert

$$\lambda = \frac{11Eh^2}{12(1-\nu^2)\,q_0l^2} \tag{5.5.20}$$

und folglich

$$q_{0\text{krit}} = \lambda q_0 = 11\,\frac{Eh^2}{12(1-\nu^2)\,l^2}. \tag{5.5.21}$$

Da bekannt ist, daß zum kleinsten Eigenwert eine doppelt symmetrische Beulfigur gehört, genügt es für die Untersuchung, nur ein Viertel der Gesamtscheibe zu vernetzen. Auch hierfür benutzen wir nur ein Rechteckelement (Bild 5.5.3). Die wesentlichen Randbedingungen

$$\begin{aligned} &w(x, 0) = w(0, y) = 0, \\ &w_{,x}(l, y) = w_{,y}(x, l) = 0 \end{aligned} \tag{5.5.22}$$

verlangen

$$\begin{aligned} &w_1 = w_2 = w_4 = 0; \qquad w_{,x1} = w_{,x2} = w_{,x3} = 0, \\ &w_{,y1} = w_{,y3} = w_{,y4} = 0; \qquad w_{,xy2} = w_{,xy3} = w_{,xy4} = 0, \end{aligned} \tag{5.5.23}$$

und wir gewinnen die Matrizen

$$\begin{aligned} \overset{*}{K} &= \frac{Eh^3}{37\,800(1-\nu^2)\,a^2}\begin{bmatrix} 1408a^4 & 252a^3 & -1107a^2 & 252a^3 \\ & 6048a^2 & -3303a & -1107a^2 \\ & & 9288 & -3303a \\ \text{sym.} & & & 6048a^2 \end{bmatrix}, \\ \overset{*}{A} &= \frac{q_0h}{3150}\begin{bmatrix} -64a^4 & 24a^3 & 39a^2 & -104a^3 \\ & -144a^2 & -234a & 39a^2 \\ & & -1404 & 234a \\ \text{sym.} & & & -624a^2 \end{bmatrix}. \end{aligned} \tag{5.5.24}$$

Mit ihnen ermittelt man über Gl. (5.5.12) und $a = l/2$ den Wert

$$q_{0\text{krit}} = \lambda q_0 = 9{,}9085\,\frac{Eh^2}{12(1-\nu^2)\,l^2}, \tag{5.5.25}$$

der selbstverständlich noch besser als Gl. (5.5.21) mit dem exakten Wert

$$q_{0\text{krit}} = \pi^2\,\frac{Eh^2}{12(1-\nu^2)\,l^2} = 9{,}8696\,\frac{Eh^2}{12(1-\nu^2)\,l^2} \tag{5.5.26}$$

übereinstimmt.

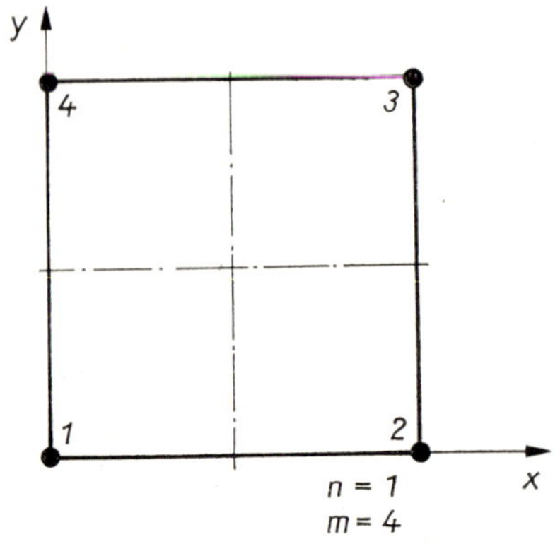

Bild 5.5.2

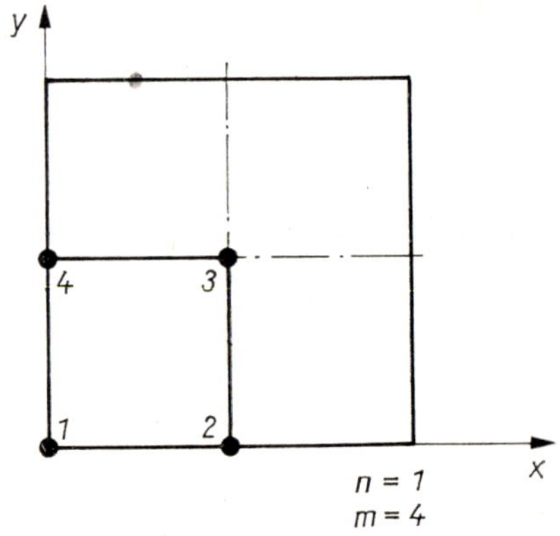

Bild 5.5.3

In einem zweiten Beispiel sollen die Eigenkreisfrequenzen der in Bild 5.5.4 dargestellten Scheibe der Dicke b berechnet werden ($l = 120{,}0$ mm, $h = 20{,}0$ mm, $b = 10{,}0$ mm). Dazu gehen wir von der Vektorgleichung (5.2.39) für den Verschiebungsvektor $\boldsymbol{u}$ des ebenen Spannungszustandes aus und ersetzen den Volumenkraftvektor $\boldsymbol{p}$ durch den Vektor der Trägheitskräfte

$$[\partial(\ )/\partial t = (\ )_{,t}]$$
$$\boldsymbol{p}(x, y, t) = -\varrho \boldsymbol{u}_{,tt}(x, y, t) . \tag{5.5.27}$$

Das liefert den Zusammenhang

$$\boldsymbol{D}^{\mathrm{T}}\boldsymbol{C}\boldsymbol{D}\boldsymbol{u}(x, y, t) - \varrho \boldsymbol{u}_{,tt}(x, y, t) = \boldsymbol{o}_2 , \tag{5.5.28}$$

bzw. mit der Beziehung

$$\boldsymbol{u}(x, y, t) = \hat{\boldsymbol{u}}(x, y)\, \mathrm{e}^{\mathrm{j}\omega t} \tag{5.5.29}$$

die nur von den Ortskoordinaten x, y abhängige Vektorgleichung

$$\boldsymbol{D}^{\mathrm{T}}\boldsymbol{C}\boldsymbol{D}\hat{\boldsymbol{u}}(x, y) + \omega^2 \varrho \hat{\boldsymbol{u}}(x, y) = \boldsymbol{o}_2 . \tag{5.5.30}$$

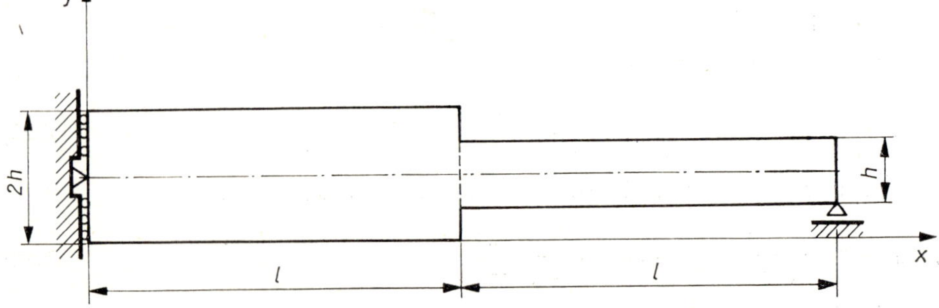

Bild 5.5.4

Diese ist zusammen mit ihren Randbedingungen eine notwendige Bedingung für das Variationsproblem

$$J\{\hat{\boldsymbol{u}}(x, y)\} = \frac{1}{2} \int_A \{[\boldsymbol{D}\hat{\boldsymbol{u}}(x, y)]^{\mathrm{T}} \boldsymbol{C}\boldsymbol{D}\hat{\boldsymbol{u}}(x, y) - \omega^2 \varrho \hat{\boldsymbol{u}}(x, y)^{\mathrm{T}} \hat{\boldsymbol{u}}(x, y)\} \, \mathrm{d}A = \text{Extremum}, \tag{5.5.31}$$

$$\hat{u}(0, y) = 0; \qquad \hat{v}(0, h) = 0; \qquad \hat{v}\left(2l, \frac{h}{2}\right) = 0.$$

Bringen wir die erste Variation des Funktionals zum Verschwinden, so gewinnen wir daraus die Minimalforderung

$$\delta J = \int_A [(\boldsymbol{D}\delta\hat{\boldsymbol{u}})^{\mathrm{T}} \boldsymbol{C}\boldsymbol{D}\hat{\boldsymbol{u}} - \omega^2 \varrho \delta\hat{\boldsymbol{u}}^{\mathrm{T}} \hat{\boldsymbol{u}}] \, \mathrm{d}A = 0, \tag{5.5.32}$$

die das Gleichungssystem für die FEM-Berechnung ergibt.
Wir wählen für beide Verschiebungen $\hat{u}$ und $\hat{v}$ gleiche Ansatzfunktionen, die infolge der ersten Ableitungen in der Grundfunktion des Funktionals C^0-Stetigkeit aufweisen müssen. Man schreibt analog Gl. (5.2.45)

$$\hat{\boldsymbol{u}}^{(e)}(x, y) = \boldsymbol{F}^{(e)}(x, y)^{\mathrm{T}} \boldsymbol{z}^{(e)} \tag{5.5.33}$$

und bildet damit entsprechend Gl. (5.2.58) den Vektor der Dehnungen

$$\varepsilon^{(e)} = \boldsymbol{D}\hat{\boldsymbol{u}}^{(e)} = \begin{bmatrix} 1 & 0 & 0 & 0 \\ 0 & 0 & 0 & 1 \\ 0 & 1 & 1 & 0 \end{bmatrix} \begin{bmatrix} \hat{\boldsymbol{u}}^{(e)},_x \\ \hat{\boldsymbol{u}}^{(e)},_y \end{bmatrix} = \begin{bmatrix} 1 & 0 & 0 & 0 \\ 0 & 0 & 0 & 1 \\ 0 & 1 & 1 & 0 \end{bmatrix} \begin{bmatrix} \boldsymbol{F}^{(e)},_x{}^{\mathrm{T}} \\ \boldsymbol{F}^{(e)},_y{}^{\mathrm{T}} \end{bmatrix} \boldsymbol{z}^{(e)}$$

$$= \boldsymbol{L}^{\mathrm{T}} \boldsymbol{B}^{(e)\mathrm{T}} \boldsymbol{z}^{(e)}. \tag{5.5.34}$$

Aus der Extremalbedingung (5.5.32) folgt nun

$$\delta\tilde{J} = \sum_{e=1}^{n} \delta\boldsymbol{z}^{(e)\mathrm{T}} \left(\int_{A^{(e)}} \boldsymbol{B}^{(e)} \boldsymbol{L}\boldsymbol{C}\boldsymbol{L}^{\mathrm{T}} \boldsymbol{B}^{(e)\mathrm{T}} \, \mathrm{d}A - \omega^2 \varrho \int_{A^{(e)}} \boldsymbol{F}^{(e)} \boldsymbol{F}^{(e)\mathrm{T}} \, \mathrm{d}A \right) \boldsymbol{z}^{(e)}$$

$$= \sum_{e=1}^{n} \delta\boldsymbol{z}^{(e)\mathrm{T}} (\boldsymbol{K}^{(e)} - \omega^2 \boldsymbol{A}^{(e)}) \, \boldsymbol{z}^{(e)} = 0. \tag{5.5.35}$$

Für die weitere Bearbeitung der Aufgabe verwenden wir ein Dreieckelement mit 3 Knoten und unvollständige Polynome dritten Grades. Die zugehörigen Formfunktionen sind Gl. (5.1.48) zu entnehmen, und der Knotenvektor besitzt die Form

$$\boldsymbol{z}_i = [\hat{u}_i; \hat{u},_{xi}; \hat{u},_{yi}; \hat{v}_i; \hat{v},_{xi}; \hat{v},_{yi}]^{\mathrm{T}} \qquad (i = 1, 2, 3). \tag{5.5.36}$$

Dann lautet der Elementknotenvektor

$$\boldsymbol{z}^{(e)} = [\boldsymbol{z}_1^{\mathrm{T}}; \boldsymbol{z}_2^{\mathrm{T}}; \boldsymbol{z}_3^{\mathrm{T}}]^{\mathrm{T}}, \tag{5.5.37}$$

und die Interpolationsmatrix $\boldsymbol{F}^{(e)}$ in Gl. (5.5.33) wird zu

$$\boldsymbol{F}^{(e)} = \begin{bmatrix} f_1 & f_2 & f_3 & 0 & 0 & 0 & f_4 & f_5 & f_6 & 0 & 0 & 0 & f_7 & f_8 & f_9 & 0 & 0 & 0 \\ 0 & 0 & 0 & f_1 & f_2 & f_3 & 0 & 0 & 0 & f_4 & f_5 & f_6 & 0 & 0 & 0 & f_7 & f_8 & f_9 \end{bmatrix}^{\mathrm{T}} \tag{5.5.38}$$

berechnet. Sie läßt sich in eine Koeffizientenmatrix $\boldsymbol{G}^{(e)}$ und eine Variablenmatrix $\boldsymbol{W}_{10}(\xi_1, \xi_2, \xi_3)$ aufspalten:

$$\boldsymbol{F}^{(e)}(\xi_1, \xi_2, \xi_3) = \boldsymbol{G}^{(e)} \boldsymbol{W}_{10}(\xi_1, \xi_2, \xi_3). \tag{5.5.39}$$

Dabei werden mit Gl. (5.1.13) die Matrix

$$\boldsymbol{W}_{10}(\xi_1, \xi_2, \xi_3) = \begin{bmatrix} \boldsymbol{w}_{10}(\xi_1, \xi_2, \xi_3) & \boldsymbol{o}_{10} \\ \boldsymbol{o}_{10} & \boldsymbol{w}_{10}(\xi_1, \xi_2, \xi_3) \end{bmatrix} \tag{5.5.40}$$

und mit

$$\boldsymbol{G}_1^{(e)} = \left[\begin{array}{ccc:ccc:ccc:c} 1 & 0 & 0 & 3 & 0 & 0 & 0 & 0 & 3 & 2 \\ 0 & 0 & 0 & b_3 & 0 & 0 & 0 & 0 & -b_2 & \frac{1}{2}(-b_2 + b_3) \\ 0 & 0 & 0 & -c_3 & 0 & 0 & 0 & 0 & c_2 & \frac{1}{2}(c_2 - c_3) \end{array}\right],$$

$$\boldsymbol{G}_2^{(e)} = \left[\begin{array}{ccc:ccc:ccc:c} 0 & 1 & 0 & 0 & 3 & 0 & 3 & 0 & 0 & 2 \\ 0 & 0 & 0 & 0 & b_1 & 0 & -b_3 & 0 & 0 & \frac{1}{2}(-b_3 + b_1) \\ 0 & 0 & 0 & 0 & -c_1 & 0 & c_3 & 0 & 0 & \frac{1}{2}(c_3 - c_1) \end{array}\right],$$

$$\boldsymbol{G}_3^{(e)} = \left[\begin{array}{ccc:ccc:ccc:c} 0 & 0 & 1 & 0 & 0 & 3 & 0 & 3 & 0 & 2 \\ 0 & 0 & 0 & 0 & 0 & b_2 & 0 & -b_1 & 0 & \frac{1}{2}(-b_1 + b_2) \\ 0 & 0 & 0 & 0 & 0 & -c_2 & 0 & c_1 & 0 & \frac{1}{2}(c_1 - c_2) \end{array}\right] \tag{5.5.41}$$

die Matrix

$$\boldsymbol{G}^{(e)} = \left[\begin{array}{cc:cc:cc} \boldsymbol{G}_1^{(e)\mathrm{T}} & \boldsymbol{O}_{10,3} & \boldsymbol{G}_2^{(e)\mathrm{T}} & \boldsymbol{O}_{10,3} & \boldsymbol{G}_3^{(e)\mathrm{T}} & \boldsymbol{O}_{10,3} \\ \boldsymbol{O}_{10,3} & \boldsymbol{G}_1^{(e)\mathrm{T}} & \boldsymbol{O}_{10,3} & \boldsymbol{G}_2^{(e)\mathrm{T}} & \boldsymbol{O}_{10,3} & \boldsymbol{G}_3^{(e)\mathrm{T}} \end{array}\right]^{\mathrm{T}} \tag{5.5.42}$$

definiert. Zum Berechnen der Ableitungen des Verschiebungsvektors bilden wir bei Berücksichtigung der Differentiationsregeln (5.1.11) zunächst

$$\boldsymbol{w}_{10,x}(\xi_1, \xi_2, \xi_3) = \frac{1}{2A^{(e)}} \left[\begin{array}{ccc:ccc} 3c_1 & 0 & 0 & 0 & 0 & 0 \\ 0 & 3c_2 & 0 & 0 & 0 & 0 \\ 0 & 0 & 3c_3 & 0 & 0 & 0 \\ \hdashline c_2 & 0 & 0 & 2c_1 & 0 & 0 \\ 0 & c_3 & 0 & 0 & 2c_2 & 0 \\ 0 & 0 & c_1 & 0 & 0 & 2c_3 \\ \hdashline 0 & c_1 & 0 & 2c_2 & 0 & 0 \\ 0 & 0 & c_2 & 0 & 2c_3 & 0 \\ c_3 & 0 & 0 & 0 & 0 & 2c_1 \\ \hdashline 0 & 0 & 0 & c_1 & c_2 & c_3 \end{array}\right] \boldsymbol{w}_6(\xi_1, \xi_2, \xi_3)$$

$$= \boldsymbol{H}_x^{(e)} \boldsymbol{w}_6(\xi_1, \xi_2, \xi_3). \tag{5.5.43}$$

Die Ableitung nach y ergibt sich entsprechend

$$\boldsymbol{w}_{10,y}(\xi_1, \xi_2, \xi_3) = \boldsymbol{H}_y^{(e)} \boldsymbol{w}_6(\xi_1, \xi_2, \xi_3), \tag{5.5.44}$$

wobei $\boldsymbol{H}_y^{(e)}$ unmittelbar aus $\boldsymbol{H}_x^{(e)}$ folgt, wenn dort die Koordinatendifferenzen c_i $(i = 1, 2, 3)$ durch die Koordinatendifferenzen b_i $(i = 1, 2, 3)$ ersetzt werden. Zusammenfassend schreiben wir nach Gl. (5.5.34) und Gl. (5.5.39)

$$\begin{aligned}
\boldsymbol{L}^{\mathrm{T}}\boldsymbol{B}^{(e)\mathrm{T}} &= \boldsymbol{D}\boldsymbol{F}^{(e)\mathrm{T}} = \boldsymbol{D}\boldsymbol{W}_{10}^{\mathrm{T}}\boldsymbol{G}^{(e)\mathrm{T}} \\
&= \begin{bmatrix} \boldsymbol{w}_{10,x}^{\mathrm{T}} & \boldsymbol{o}_{10}^{\mathrm{T}} \\ \boldsymbol{o}_{10}^{\mathrm{T}} & \boldsymbol{w}_{10,y}^{\mathrm{T}} \\ \boldsymbol{w}_{10,y}^{\mathrm{T}} & \boldsymbol{w}_{10,x}^{\mathrm{T}} \end{bmatrix} \boldsymbol{G}^{(e)\mathrm{T}} = \begin{bmatrix} \boldsymbol{w}_6^{\mathrm{T}} & \boldsymbol{o}_6^{\mathrm{T}} & \boldsymbol{o}_6^{\mathrm{T}} \\ \boldsymbol{o}_6^{\mathrm{T}} & \boldsymbol{w}_6^{\mathrm{T}} & \boldsymbol{o}_6^{\mathrm{T}} \\ \boldsymbol{o}_6^{\mathrm{T}} & \boldsymbol{o}_6^{\mathrm{T}} & \boldsymbol{w}_6^{\mathrm{T}} \end{bmatrix} \begin{bmatrix} \boldsymbol{H}_x^{(e)\mathrm{T}} & \boldsymbol{O}_{6,10} \\ \boldsymbol{O}_{6,10} & \boldsymbol{H}_y^{(e)\mathrm{T}} \\ \boldsymbol{H}_y^{(e)\mathrm{T}} & \boldsymbol{H}_x^{(e)\mathrm{T}} \end{bmatrix} \boldsymbol{G}^{(e)\mathrm{T}} \\
&= \boldsymbol{W}_6^{\mathrm{T}}\boldsymbol{H}^{(e)\mathrm{T}}\boldsymbol{G}^{(e)\mathrm{T}},
\end{aligned} \tag{5.5.45}$$

und aus Gl. (5.5.35) gewinnt man die algebraische Beziehung

$$\begin{aligned}
\delta\tilde{J} = \sum_{e=1}^{n} \delta\boldsymbol{z}^{(e)\mathrm{T}} \Big(\boldsymbol{G}^{(e)}\boldsymbol{H}^{(e)} \int_{A^{(e)}} \boldsymbol{W}_6\boldsymbol{C}\boldsymbol{W}_6^{\mathrm{T}}\,\mathrm{d}A\,\boldsymbol{H}^{(e)\mathrm{T}}\boldsymbol{G}^{(e)\mathrm{T}} - \omega^2\varrho\boldsymbol{G}^{(e)} \int_{A^{(e)}} \boldsymbol{W}_{10}\boldsymbol{W}_{10}^{\mathrm{T}}\,\mathrm{d}A\,\boldsymbol{G}^{(e)\mathrm{T}}\Big)\boldsymbol{z}^{(e)} \\
= 0
\end{aligned} \tag{5.5.46}$$

mit der Elementsteifigkeitsmatrix

$$\boldsymbol{K}^{(e)} = \frac{E}{1-\nu^2}\,\boldsymbol{G}^{(e)}\boldsymbol{H}^{(e)}\boldsymbol{I}_1^{(e)}\boldsymbol{H}^{(e)\mathrm{T}}\boldsymbol{G}^{(e)\mathrm{T}} \tag{5.5.47}$$

und der Elementmassenmatrix

$$\boldsymbol{A}^{(e)} = \varrho\boldsymbol{G}^{(e)}\boldsymbol{I}_2^{(e)}\boldsymbol{G}^{(e)\mathrm{T}}. \tag{5.5.48}$$

Die hierbei auftretenden Integralmatrizen haben die Form

$$\boldsymbol{I}_1^{(e)} = \begin{bmatrix} \boldsymbol{I}_{6,6}^{(e)} & \nu\boldsymbol{I}_{6,6}^{(e)} & \boldsymbol{O}_{6,6} \\ & \boldsymbol{I}_{6,6}^{(e)} & \boldsymbol{O}_{6,6} \\ \text{sym.} & & \dfrac{1-\nu}{2}\boldsymbol{I}_{6,6}^{(e)} \end{bmatrix}, \tag{5.5.49}$$

$$\boldsymbol{I}_2^{(e)} = \begin{bmatrix} \boldsymbol{I}_{10,10}^{(e)} & \boldsymbol{O}_{10,10} \\ \text{sym.} & \boldsymbol{I}_{10,10}^{(e)} \end{bmatrix}. \tag{5.5.50}$$

Dabei gilt

$$\boldsymbol{I}_{6,6}^{(e)} = \int_{A^{(e)}} \boldsymbol{w}_6\boldsymbol{w}_6^{\mathrm{T}}\,\mathrm{d}A = \frac{A^{(e)}}{180} \begin{bmatrix} 12 & 2 & 2 & 3 & 1 & 3 \\ & 12 & 2 & 3 & 3 & 1 \\ & & 12 & 1 & 3 & 3 \\ & & & 2 & 1 & 1 \\ & & & & 2 & 1 \\ \text{sym.} & & & & & 2 \end{bmatrix}, \tag{5.5.51}$$

während die Matrix $\boldsymbol{I}_{10,10}^{(e)}$ bereits in Gl. (5.4.272) angegeben wurde.
Nach Berücksichtigung der wesentlichen Randbedingungen erhält man die modifizierte homogene Systemgleichung

$$(\overset{*}{\boldsymbol{K}} - \omega^2\overset{*}{\boldsymbol{A}})\,\overset{*}{\boldsymbol{z}} = \boldsymbol{o}, \tag{5.5.52}$$

aus deren charakteristischer Gleichung

$$D = \det(\overset{*}{\boldsymbol{K}} - \omega^2 \overset{*}{\boldsymbol{A}}) = |\overset{*}{\boldsymbol{K}} - \omega^2 \overset{*}{\boldsymbol{A}}| = 0 \tag{5.5.53}$$

die gesuchten Eigenkreisfrequenzen bestimmt werden.
Wählen wir die in Bild 5.5.5 dargestellte Vernetzung der schwingenden Scheibe, so werden wir das kontinuierliche Verschwinden der horizontalen Verschiebung $\hat{u}$ bei $x = 0$ dadurch realisieren, daß wir in allen zwischen den Knoten 1 und 5 liegenden Elementen das Verschwinden der Funktion $\hat{u}^{(e)}$ längs der betreffenden Elementseite

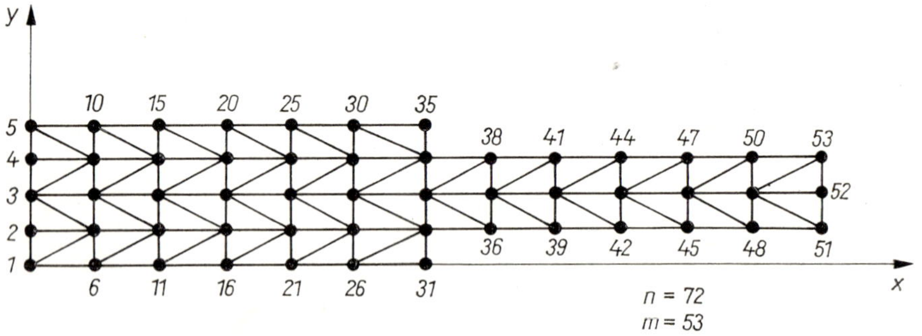

Bild 5.5.5

fordern. Unter der Annahme, daß diese jeweils durch die Koordinate $\xi_2 = 0$ beschrieben wird, gilt mit den Gln. (5.1.8) und (5.1.48) für ein Element

$$\hat{u}^{(e)}(\xi_1, 0, \xi_3) = (\xi_1^3 + 3\xi_3\xi_1^2)\,\hat{u}_1 + c_2\xi_3\xi_1^2\hat{u}_{,y1} + (\xi_3^3 + 3\xi_3^2\xi_1)\,\hat{u}_3 - c_2\xi_3^2\xi_1\hat{u}_{,y3}, \tag{5.5.54}$$

und diese Verschiebung ist nur dann entlang des gesamten Randstückes $\xi_2 = 0$ Null, wenn wir in den Knoten mit den Elementknotennummern 1 und 3

$$\hat{u}_1 = \hat{u}_{,y1} = \hat{u}_3 = \hat{u}_{,y3} = 0 \tag{5.5.55}$$

setzen. In unserem Beispiel bedeutet das für die entsprechenden Systemknotennummern

$$\hat{u}_i = \hat{u}_{,yi} = 0 \qquad (i = 1, 2, 3, 4, 5). \tag{5.5.56}$$

Es sei darauf hingewiesen, daß wir eine ähnliche Untersuchung bereits beim Berechnen eines Rotationskörpers durchgeführt hatten und zu den Bedingungen (5.4.209) gekommen waren. Die vertikale Abstützung der Scheibe wird durch die vorgegebenen Knotenverschiebungen

$$\hat{v}_3 = \hat{v}_{51} = 0 \tag{5.5.57}$$

bewirkt. Mit den Zahlenwerten $E = 2{,}1 \cdot 10^5\ \mathrm{N/mm^2}$, $\nu = 0{,}3$, $\varrho = 7{,}85 \cdot 10^{-9}\ \mathrm{Ns^2/mm^4}$ liefert ein FEM-Programm die sechs niedrigsten Eigenkreisfrequenzen

$$\begin{aligned} \omega_1 &= 1{,}0859 \cdot 10^4\,\frac{1}{\mathrm{s}}; \quad & \omega_2 &= 3{,}1092 \cdot 10^4\,\frac{1}{\mathrm{s}}; \quad & \omega_3 &= 4{,}1023 \cdot 10^4\,\frac{1}{\mathrm{s}}, \\ \omega_4 &= 5{,}6521 \cdot 10^4\,\frac{1}{\mathrm{s}}; \quad & \omega_5 &= 8{,}8819 \cdot 10^4\,\frac{1}{\mathrm{s}}; \quad & \omega_6 &= 9{,}7798 \cdot 10^4\,\frac{1}{\mathrm{s}}. \end{aligned} \tag{5.5.58}$$

Vergleichen wir diese Ergebnisse mit den Werten, die wir

— für den Längsschwinger aus Gl. (3.5.21)

$$\omega_1 = 4{,}1175 \cdot 10^4 \, \frac{1}{\mathrm{s}}; \qquad \omega_2 = 9{,}4233 \cdot 10^4 \, \frac{1}{\mathrm{s}},$$
$$\omega_3 = 17{,}6583 \cdot 10^4 \, \frac{1}{\mathrm{s}}; \qquad \omega_4 = 22{,}9641 \cdot 10^4 \, \frac{1}{\mathrm{s}}, \tag{5.5.59}$$

— für den Biegeschwinger aus Gl. (3.5.52)

$$\omega_1 = 1{,}1586 \cdot 10^4 \, \frac{1}{\mathrm{s}}; \qquad \omega_2 = 3{,}6049 \cdot 10^4 \, \frac{1}{\mathrm{s}},$$
$$\omega_3 = 7{,}5440 \cdot 10^4 \, \frac{1}{\mathrm{s}}; \qquad \omega_4 = 12{,}2991 \cdot 10^4 \, \frac{1}{\mathrm{s}} \tag{5.5.60}$$

erhalten, so erkennen wir, daß die Eigenkreisfrequenzen der Scheibe zumindest in den niedrigen Werten den Biegeschwingungen bzw. den Längsschwingungen eines Stabes zugeordnet werden können. Für eine genauere Analyse benötigt man die Eigenschwingformen, auf deren Ermittlung hier aber verzichtet wird.

5.6. Kondensation

Die in 3.6. beschriebene statische Kondensation, mit deren Hilfe die Anzahl der freien Parameter am Element verringert werden kann, läßt sich auch bei zweidimensionalen Problemen vorteilhaft anwenden. Hinsichtlich der Zerlegung des Elementknotenvektors in innere und äußere Knotenwerte und der daraus folgenden Aufteilung der Elementmatrix und des Elementvektors der rechten Seite verweisen wir auf die Gln. (3.6.1) bis (3.6.7). Sie besitzen auch für zweidimensionale Aufgaben Gültigkeit.

An dem in 5.2. behandelten Beispiel der stationären Wärmeleitung wollen wir die statische Kondensation zeigen. Zur Berechnung der aus Gl. (5.2.25) folgenden Elementmatrix

$$\boldsymbol{K}^{(e)} = \lambda \int\limits_{A^{(e)}} (\boldsymbol{f}^{(e)}{}_{,x}\boldsymbol{f}^{(e)}{}_{,x}{}^{\mathrm{T}} + \boldsymbol{f}^{(e)}{}_{,y}\boldsymbol{f}^{(e)}{}_{,y}{}^{\mathrm{T}}) \, \mathrm{d}A \tag{5.6.1}$$

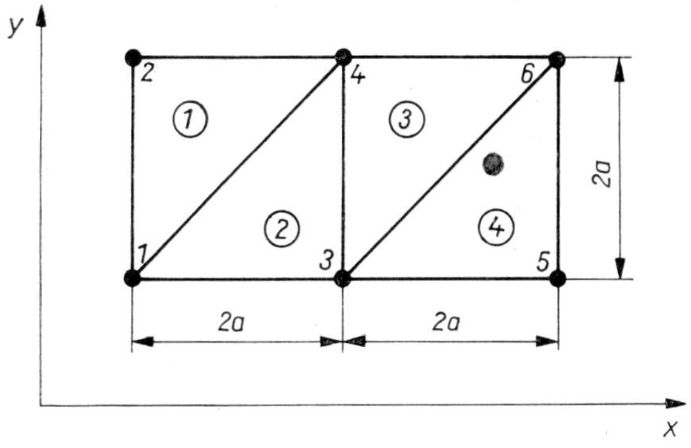

Bild 5.6.1

wählen wir Dreieckelemente mit 10 freien Parametern (Bild 5.1.8) und den Formfunktionen (5.1.41). Wir stellen uns die Aufgabe, den dem Schwerpunkt des Dreiecks zugeordneten Parameter $u_4 \triangleq T_4$ zu kondensieren. Diese Vorgehensweise unterscheidet sich von der Kondensation am Ansatz dadurch, daß für die Ansatzfunktion $T^{(e)}$ das allgemeine Polynom dritten Grades erhalten bleibt.
Die Vernetzung des in Bild 5.2.4 dargestellten Gebietes ist aus Bild 5.6.1 ersichtlich. In Tabelle 5.6.1 ist die Zuordnung der Elementknotennummern 1, 2, 3 zu den Systemknotennummern wiedergegeben. Damit bestimmen wir an den Elementen 1, 2, 3, 4 die in Tabelle 5.6.2 zusammengefaßten Werte.

Tabelle 5.6.1

Elementknotennummer	Systemknotennummer			
	Element			
	1	2	3	4
1	2	1	4	3
2	1	3	3	5
3	4	4	6	6

Tabelle 5.6.2

Element	b_1	b_2	b_3	c_1	c_2	c_3	l_1	l_2	l_3	$A^{(e)}$
1, 3	$2a$	$-2a$	0	$-2a$	0	$2a$	$2\sqrt{2}\,a$	$2a$	$2a$	$2a^2$
2, 4	0	$-2a$	$2a$	$-2a$	$2a$	0	$2a$	$2\sqrt{2}\,a$	$2a$	$2a^2$

Unter Verwendung dieser Größen und mit Hilfe der Differentiationsvorschriften (5.1.11) bzw. der Integrationsformel (5.1.12) folgen die Elementmatrizen

$$K^{(1)} = K^{(3)} = \frac{\lambda}{180}$$

$$\times \begin{bmatrix} 398 & 76a & -76a & 71 & 6a & 44a & 71 & 44a & -6a & -540 \\ & 40a^2 & 0 & 10a & 4a^2 & 4a^2 & 22a & -16a^2 & 4a^2 & -108a \\ & & 40a^2 & -22a & 4a^2 & -16a^2 & -10a & 4a^2 & 4a^2 & 108a \\ & & & 248 & 84a & 104a & 140 & -68a & -72a & -459 \\ & & & & 56a^2 & 36a^2 & 72a & -36a^2 & -40a^2 & -162a \\ & & & & & 56a^2 & 68a & -32a^2 & -36a^2 & -216a \\ & & & & & & 248 & -104a & -84a & -459 \\ & & & & & & & 56a^2 & 36a^2 & 216a \\ & & & & & & & & 56a^2 & 162a \\ \text{sym.} & & & & & & & & & 1458 \end{bmatrix},$$

$$K^{(2)} = K^{(4)} = \frac{\lambda}{180}$$

$$\times \begin{bmatrix} 248 & 104a & 84a & 71 & -22a & 10a & 140 & -72a & -68a & -459 \\ & 56a^2 & 36a^2 & 44a & -16a^2 & 4a^2 & 68a & -36a^2 & -32a^2 & -216a \\ & & 56a^2 & 6a & 4a^2 & 4a^2 & 72a & -40a^2 & -36a^2 & -162a \\ & & & 398 & -76a & 76a & 71 & -6a & -44a & -540 \\ & & & & 40a^2 & 0 & -10a & 4a^2 & 4a^2 & 108a \\ & & & & & 40a^2 & 22a & 4a^2 & -16a^2 & -108a \\ & & & & & & 248 & -84a & -104a & -459 \\ & & & & & & & 56a^2 & 36a^2 & 162a \\ & & & & & & & & 56a^2 & 216a \\ \text{sym.} & & & & & & & & & 1458 \end{bmatrix}. \tag{5.6.2}$$

Die nach Gl. (3.6.6) gebildeten kondensierten Elementmatrizen nehmen dann die Form

$$\hat{K}^{(1)} = \hat{K}^{(3)} = \frac{\lambda}{360}$$

$$\times \begin{bmatrix} 396 & 72a & -72a & -198 & -108a & -72a & -198 & 72a & 108a \\ & 64a^2 & 16a^2 & -48a & -16a^2 & -24a^2 & -24a & 0 & 32a^2 \\ & & 64a^2 & 24a & 32a^2 & 0 & 48a & -24a^2 & -16a^2 \\ & & & 207 & 66a & 72a & -9 & 0 & -42a \\ & & & & 76a^2 & 24a^2 & 42a & -24a^2 & -44a^2 \\ & & & & & 48a^2 & 0 & 0 & -24a^2 \\ & & & & & & 207 & -72a & -66a \\ & & & & & & & 48a^2 & 24a^2 \\ \text{sym.} & & & & & & & & 76a^2 \end{bmatrix},$$

$$\hat{K}^{(2)} = \hat{K}^{(4)} = \frac{\lambda}{360}$$

$$\times \begin{bmatrix} 207 & 72a & 66a & -198 & 24a & -48a & -9 & -42a & 0 \\ & 48a^2 & 24a^2 & -72a & 0 & -24a^2 & 0 & -24a^2 & 0 \\ & & 76a^2 & -108a & 32a^2 & -16a^2 & 42a & -44a^2 & -24a^2 \\ & & & 396 & -72a & 72a & -198 & 108a & 72a \\ & & & & 64a^2 & 16a^2 & 48a & -16a^2 & -24a^2 \\ & & & & & 64a^2 & -24a & 32a^2 & 0 \\ & & & & & & 207 & -66a & -72a \\ & & & & & & & 76a^2 & 24a^2 \\ \text{sym.} & & & & & & & & 48a^2 \end{bmatrix} \tag{5.6.3}$$

an. Ihre Berechnung ist im vorliegenden Fall besonders einfach, da die Matrix $K_{ii}^{(e)}$ zu einem Skalar entartet, und demzufolge das verbleibende Matrizenprodukt $K_{ai}^{(e)}$ $K_{ia}^{(e)}$ zu einem dyadischem Produkt wird. Aus Gl. (5.2.25) erhalten wir

$$r^{(e)} = -\int_{C_2^{(e)}} \bar{q}_n f^{(e)} \, \mathrm{d}s \tag{5.6.4}$$

und speziell für $\bar{q}_n = \text{konst}$

$$r^{(e)} = -\bar{q}_n \int_{C_2^{(e)}} f^{(e)} \, \mathrm{d}s. \tag{5.6.5}$$

Entsprechend unserer Aufgabenstellung folgen daraus mit den Zuordnungen der Tabelle 5.6.1 zunächst die Vektoren

$$\begin{aligned}
\boldsymbol{r}^{(1)}|_{\xi_2=0} &= \boldsymbol{r}^{(3)}|_{\xi_2=0} = -\frac{\dot{q}_0 a}{3}\,[3;\, a;\, 0;\, 0;\, 0;\, 0;\, 3;\, -a;\, 0;\, 0]^{\mathrm{T}},\\
\boldsymbol{r}^{(2)}|_{\xi_3=0} &= \boldsymbol{r}^{(4)}|_{\xi_3=0} = -\frac{2\dot{q}_0 a}{3}\,[3;\, a;\, 0;\, 3;\, -a;\, 0;\, 0;\, 0;\, 0;\, 0]^{\mathrm{T}},\\
\boldsymbol{r}^{(4)}|_{\xi_1=0} &= -\frac{\dot{q}_0 a}{3}\,[0;\, 0;\, 0;\, 3;\, 0;\, a;\, 3;\, 0;\, -a;\, 0]^{\mathrm{T}}.
\end{aligned} \tag{5.6.6}$$

Da die jeweils an letzter Stelle stehenden Nullelemente den Vektoren $\boldsymbol{r}_i^{(e)}$ entsprechen, gilt nach Gl. (3.6.7)

$$\hat{\boldsymbol{r}}^{(e)} = \boldsymbol{r}_a^{(e)}. \tag{5.6.7}$$

Nun können mit Hilfe der Tabelle 5.6.1 die Systemmatrix $\boldsymbol{K}$ und der Vektor der rechten Seite $\boldsymbol{r}$ aufgestellt werden. Auf ihre Wiedergabe wollen wir verzichten. Bei der Modifizierung des Gleichungssystems ist die wesentliche Randbedingung zu berücksichtigen, daß die Randtemperatur zwischen den Knoten 1 und 2 die Größe T_0 annehmen soll. Diese Bedingung verlangt die Knotenwerte $T_1 = T_2 = T_0$, $T_{,y1} = T_{,y2} = 0$.
Damit ergibt sich das modifizierte Gleichungssystem

$$\begin{bmatrix}
62 & -8 & -36 & 0 & -12 & 21 & -24 & -22 & 0 & 0 & 0 & 0 & 0 & 0\\
 & 32 & 0 & 0 & 0 & -12 & 0 & 16 & 0 & 0 & 0 & 0 & 0 & 0\\
 & & 405 & 33 & 105 & -198 & 30 & 48 & -99 & 12 & -24 & -9 & -21 & -21\\
 & & & 94 & 32 & -30 & -16 & 4 & -36 & 0 & -12 & 21 & -24 & -22\\
 & & & & 94 & -48 & 4 & 0 & -54 & 16 & -8 & 21 & -22 & -24\\
 & & & & & 405 & -33 & -105 & 0 & 0 & 0 & -99 & 36 & 54\\
 & & & & & & 94 & 32 & 0 & 0 & 0 & -12 & 0 & 16\\
 & & & & & & & 94 & 0 & 0 & 0 & 24 & -12 & -8\\
 & & & & & & & & 198 & -36 & 36 & -99 & 54 & 36\\
 & & & & & & & & & 32 & 8 & 24 & -8 & -12\\
 & & & & & & & & & & 32 & -12 & 16 & 0\\
 & & & & & & & & & & & 207 & -69 & -69\\
 & & & & & & & & & & & & 62 & 24\\
\text{sym.} & & & & & & & & & & & & & 62
\end{bmatrix}$$

$$\times \begin{bmatrix} T_{,x1}a\\ T_{,x2}a\\ T_3\\ T_{,x3}a\\ T_{,y3}a\\ T_4\\ T_{,x4}a\\ T_{,y4}a\\ T_5\\ T_{,x5}a\\ T_{,y5}a\\ T_6\\ T_{,x6}a\\ T_{,y6}a \end{bmatrix} = T_0 \begin{bmatrix} -15\\ -12\\ 99\\ -12\\ 24\\ 108\\ -15\\ -33\\ 0\\ 0\\ 0\\ 0\\ 0\\ 0 \end{bmatrix} - \frac{60\dot{q}_0 a}{\lambda} \begin{bmatrix} 2\\ 1\\ 12\\ 0\\ 0\\ 6\\ 0\\ 0\\ 9\\ -2\\ 1\\ 6\\ -1\\ -1 \end{bmatrix} \tag{5.6.8}$$

mit den Lösungen

$$
\begin{aligned}
T_{,x1} &= -7{,}848\,\frac{\dot{q}_0}{\lambda}; & T_{,x2} &= -7{,}338\,\frac{\dot{q}_0}{\lambda},\\
T_3 &= T_0 - 12{,}066\,\frac{\dot{q}_0 a}{\lambda}; & T_4 &= T_0 - 11{,}010\,\frac{\dot{q}_0 a}{\lambda},\\
T_{,x3} &= -3{,}759\,\frac{\dot{q}_0}{\lambda}; & T_{,x4} &= -4{,}213\,\frac{\dot{q}_0}{\lambda},\\
T_{,y3} &= 2{,}477\,\frac{\dot{q}_0}{\lambda}; & T_{,y4} &= -1{,}256\,\frac{\dot{q}_0}{\lambda},\\
T_5 &= T_0 - 17{,}090\,\frac{\dot{q}_0 a}{\lambda}; & T_6 &= T_0 - 15{,}986\,\frac{\dot{q}_0 a}{\lambda},\\
T_{,x5} &= -1{,}140\,\frac{\dot{q}_0}{\lambda}; & T_{,x6} &= -1{,}056\,\frac{\dot{q}_0}{\lambda},\\
T_{,y5} &= 2{,}385\,\frac{\dot{q}_0}{\lambda}; & T_{,y6} &= -0{,}843\,\frac{\dot{q}_0}{\lambda}.
\end{aligned}
\qquad (5.6.9)
$$

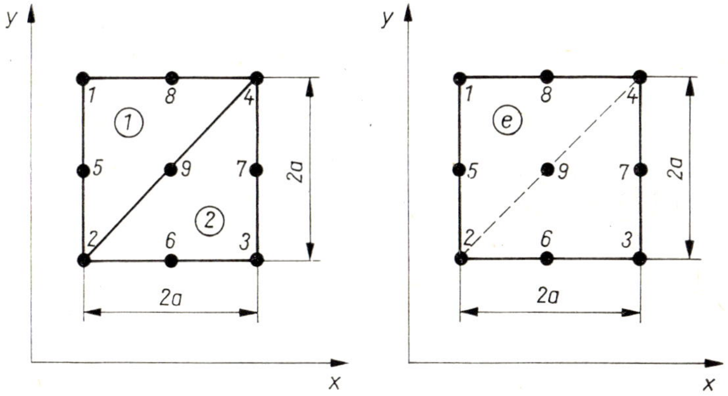

Bild 5.6.2

Tabelle 5.6.3

Element-knoten-nummer	Systemknotennummer	
	Element	
	1	2
1	1	2
2	2	3
3	4	4
4	5	6
5	9	7
6	8	9

Eine weitere Möglichkeit für eine Kondensation am Element besteht darin, durch Zusammenfügen mehrerer Elemente und Elimination der dabei auftretenden inneren Knotenwerte zu *komplexen Elementen* zu gelangen. Auf diese Art lassen sich beliebige Vieleckelemente mit ausschließlich äußeren Knoten herleiten.
Wir beziehen uns auf das soeben behandelte Beispiel der stationären Wärmeleitung und berechnen zunächst die Elementmatrix (5.6.1) für die beiden in Bild 5.6.2 dargestellten Dreieckelemente mit jeweils 6 Knoten und quadratischer Ansatzfunktion. Mit Hilfe der Tabelle 5.6.3 und den Formfunktionen (5.1.29) ermittelt man unter Verwendung der in Tabelle 5.6.2 enthaltenen geometrischen Größen die Elementmatrizen der Dreieckelemente

$$\boldsymbol{K}^{(1)} = \frac{\lambda}{6}\begin{bmatrix} 6 & 1 & 1 & -4 & 0 & -4 \\ & 3 & 0 & -4 & 0 & 0 \\ & & 3 & 0 & 0 & -4 \\ & & & 16 & -8 & 0 \\ & & & & 16 & -8 \\ \text{sym.} & & & & & 16 \end{bmatrix}; \quad \boldsymbol{K}^{(2)} = \frac{\lambda}{6}\begin{bmatrix} 3 & 1 & 0 & -4 & 0 & 0 \\ & 6 & 1 & -4 & -4 & 0 \\ & & 3 & 0 & -4 & 0 \\ & & & 16 & 0 & -8 \\ & & & & 16 & -8 \\ \text{sym.} & & & & & 16 \end{bmatrix}. \tag{5.6.10}$$

Diese beiden Matrizen liefern bei Berücksichtigung von Tabelle 5.6.3 die Elementmatrix eines Rechteckelementes mit 9 Knoten in der Form

$$\boldsymbol{K}^{(e)} = \frac{\lambda}{6}\begin{bmatrix} 6 & 1 & 0 & 1 & -4 & 0 & 0 & -4 & 0 \\ & 6 & 1 & 0 & -4 & -4 & 0 & 0 & 0 \\ & & 6 & 1 & 0 & -4 & -4 & 0 & 0 \\ & & & 6 & 0 & 0 & -4 & -4 & 0 \\ & & & & 16 & 0 & 0 & 0 & -8 \\ & & & & & 16 & 0 & 0 & -8 \\ & & & & & & 16 & 0 & -8 \\ & & & & & & & 16 & -8 \\ \text{sym.} & & & & & & & & 32 \end{bmatrix}. \tag{5.6.11}$$

Da der Knotenwert des inneren Knotens 9 nur mit den äußeren Knotenwerten des Rechteckelementes verknüpft ist und sich dies auch beim Aufbau der Systemgleichung nicht ändert, kann der innere Knotenwert kondensiert werden. Man erhält wiederum aus Gl. (3.6.6) die *Elementmatrix des komplexen Elementes*

$$\hat{\boldsymbol{K}}^{(e)} = \frac{\lambda}{6}\begin{bmatrix} 6 & 1 & 0 & 1 & -4 & 0 & 0 & -4 \\ & 6 & 1 & 0 & -4 & -4 & 0 & 0 \\ & & 6 & 1 & 0 & -4 & -4 & 0 \\ & & & 6 & 0 & 0 & -4 & -4 \\ & & & & 14 & -2 & -2 & -2 \\ & & & & & 14 & -2 & -2 \\ & & & & & & 14 & -2 \\ \text{sym.} & & & & & & & 14 \end{bmatrix}. \tag{5.6.12}$$

Die Berechnung des *Elementvektors der rechten Seite des komplexen Elementes* erfolgt auf dem gleichen Wege, der zu Gl. (5.6.5) geführt hatte. Nehmen wir an, daß längs der Dreieckseiten (Bild 5.6.2) 1—2 bzw. 4—1 am Dreieckelement 1 und längs der Dreieckseiten 2—3 bzw. 3—4 am Dreieckelement 2 die vorgeschriebenen Wärmestromdichten jeweils konstant sind — wir wollen sie mit $\dot{q}_{12}$, $\dot{q}_{41}$, $\dot{q}_{23}$, $\dot{q}_{34}$ bezeichnen —, ergeben sich mit den Formfunktionen (5.1.29) die Vektoren

$$\begin{aligned}
\boldsymbol{r}_{12}^{(1)} &= -\frac{\dot{q}_{12}a}{3}\,[1;\,1;\,0;\,4;\,0;\,0]^{\mathrm{T}},\\
\boldsymbol{r}_{41}^{(1)} &= -\frac{\dot{q}_{41}a}{3}\,[1;\,0;\,1;\,0;\,0;\,4]^{\mathrm{T}},\\
\boldsymbol{r}_{23}^{(2)} &= -\frac{\dot{q}_{23}a}{3}\,[1;\,1;\,0;\,4;\,0;\,0]^{\mathrm{T}},\\
\boldsymbol{r}_{34}^{(2)} &= -\frac{\dot{q}_{34}a}{3}\,[0;\,1;\,1;\,0;\,4;\,0]^{\mathrm{T}}.
\end{aligned} \tag{5.6.13}$$

Ihre Überlagerung entsprechend Tabelle 5.6.3 liefert zunächst den Vektor der rechten Seite des komplexen Elementes mit 9 Knoten. Da dieser Vektor als letzte Komponente eine Null besitzt, gewinnt man aus Gl. (5.6.7) den Elementvektor der rechten Seite des komplexen Elementes

$$\hat{\boldsymbol{r}}^{(e)} = -\frac{\dot{q}_{12}a}{3}\begin{bmatrix}1\\1\\0\\0\\4\\0\\0\\0\end{bmatrix} - \frac{\dot{q}_{23}a}{3}\begin{bmatrix}0\\1\\1\\0\\0\\4\\0\\0\end{bmatrix} - \frac{\dot{q}_{34}a}{3}\begin{bmatrix}0\\0\\1\\1\\0\\0\\4\\0\end{bmatrix} - \frac{\dot{q}_{41}a}{3}\begin{bmatrix}1\\0\\0\\1\\0\\0\\0\\4\end{bmatrix}. \tag{5.6.14}$$

Verwenden wir zur Vernetzung des Gebietes zwei komplexe Elemente (Bild 5.6.3), so gilt für beide Elementmatrizen die Beziehung (5.6.12). Die Zuordnung der Elementknotennummern zu den Systemknotennummern (Bild 5.6.2) ist in Tabelle 5.6.4 angegeben. Wir erhalten damit die Systemmatrix

$$\boldsymbol{K} = \frac{\lambda}{6}\begin{bmatrix}
6 & -4 & 1 & -4 & 0 & 1 & 0 & 0 & 0 & 0 & 0 & 0 & 0\\
 & 14 & -4 & -2 & -2 & 0 & -2 & 0 & 0 & 0 & 0 & 0 & 0\\
 & & 6 & 0 & -4 & 0 & 0 & 1 & 0 & 0 & 0 & 0 & 0\\
 & & & 14 & -2 & -4 & -2 & 0 & 0 & 0 & 0 & 0 & 0\\
 & & & & 14 & 0 & -2 & -4 & 0 & 0 & 0 & 0 & 0\\
 & & & & & 12 & -8 & 2 & -4 & 0 & 1 & 0 & 0\\
 & & & & & & 28 & -8 & -2 & -2 & 0 & -2 & 0\\
 & & & & & & & 12 & 0 & -4 & 0 & 0 & 1\\
 & & & & & & & & 14 & -2 & -4 & -2 & 0\\
 & & & & & & & & & 14 & 0 & -2 & -4\\
 & & & & & & & & & & 6 & -4 & 1\\
 & & & & & & & & & & & 14 & -4\\
\text{sym.} & & & & & & & & & & & & 6
\end{bmatrix}. \tag{5.6.15}$$

Mit den aus Bild 5.2.4 zu entnehmenden Randwerten für die Wärmestromdichten

$$\begin{aligned}
&\dot{q}_{23} = 2\dot{q}_0;\;\; \dot{q}_{41} = \dot{q}_0 \text{ am komplexen Element 1},\\
&\dot{q}_{23} = 2\dot{q}_0;\;\; \dot{q}_{34} = \dot{q}_{41} = \dot{q}_0 \text{ am komplexen Element 2}
\end{aligned} \tag{5.6.16}$$

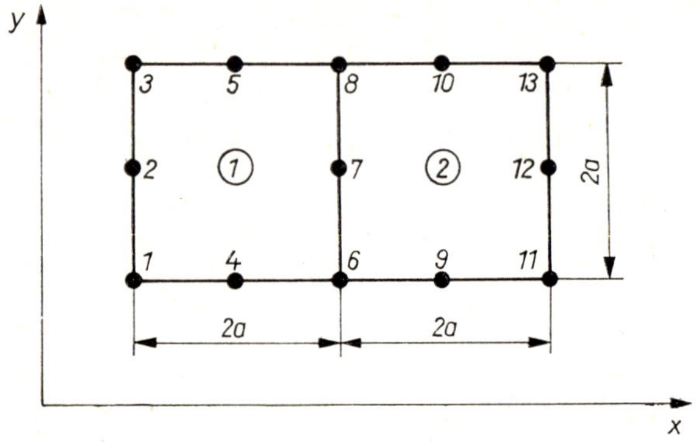

Bild 5.6.3

folgen mit der Beziehung (5.6.14) die beiden Elementvektoren der rechten Seite für die komplexen Elemente

$$\hat{\boldsymbol{r}}^{(1)} = -\frac{\dot{q}_0 a}{3}\,[1;\,2;\,2;\,1;\,0;\,8;\,0;\,4]^{\mathrm{T}},$$
$$\hat{\boldsymbol{r}}^{(2)} = -\frac{\dot{q}_0 a}{3}\,[1;\,2;\,3;\,3;\,0;\,8;\,4;\,4]^{\mathrm{T}}, \tag{5.6.17}$$

aus denen man den Vektor der rechten Seite

$$\boldsymbol{r} = -\frac{\dot{q}_0 a}{3}\,[2;\,0;\,1;\,8;\,4;\,4;\,0;\,2;\,8;\,4;\,3;\,4;\,2]^{\mathrm{T}} \tag{5.6.18}$$

aufbaut. Das Einsetzen der vorgeschriebenen Knotenwerte $T_1 = T_2 = T_3 = T_0$ liefert das modifizierte Gleichungssystem

$$\begin{bmatrix}
14 & -2 & -4 & -2 & 0 & 0 & 0 & 0 & 0 & 0 \\
 & 14 & 0 & -2 & -4 & 0 & 0 & 0 & 0 & 0 \\
 & & 12 & -8 & 2 & -4 & 0 & 1 & 0 & 0 \\
 & & & 28 & -8 & -2 & -2 & 0 & -2 & 0 \\
 & & & & 12 & 0 & -4 & 0 & 0 & 1 \\
 & & & & & 14 & -2 & -4 & -2 & 0 \\
 & & & & & & 14 & 0 & -2 & -4 \\
 & & & & & & & 6 & -4 & 1 \\
 & & & & & & & & 14 & -4 \\
\text{sym.} & & & & & & & & & 6
\end{bmatrix}
\begin{bmatrix} T_4 \\ T_5 \\ T_6 \\ T_7 \\ T_8 \\ T_9 \\ T_{10} \\ T_{11} \\ T_{12} \\ T_{13} \end{bmatrix}$$

$$= T_0 \begin{bmatrix} 6 \\ 6 \\ -1 \\ 2 \\ -1 \\ 0 \\ 0 \\ 0 \\ 0 \\ 0 \end{bmatrix} - \frac{2\dot{q}_0 a}{\lambda} \begin{bmatrix} 8 \\ 4 \\ 4 \\ 0 \\ 2 \\ 8 \\ 4 \\ 3 \\ 4 \\ 2 \end{bmatrix} \tag{5.6.19}$$

Tabelle 5.6.4

Elementknotennummer	Systemknotennummer	
	Element	
	1	2
1	3	8
2	1	6
3	6	11
4	8	13
5	2	7
6	4	9
7	7	12
8	5	10

mit den Lösungen

$$\begin{aligned}
T_4 &= T_0 - 7{,}000\,\frac{\dot{q}_0 a}{\lambda}; & T_5 &= T_0 - 6{,}250\,\frac{\dot{q}_0 a}{\lambda},\\
T_6 &= T_0 - 12{,}000\,\frac{\dot{q}_0 a}{\lambda}; & T_7 &= T_0 - 10{,}750\,\frac{\dot{q}_0 a}{\lambda},\\
T_8 &= T_0 - 11{,}000\,\frac{\dot{q}_0 a}{\lambda}; & T_9 &= T_0 - 15{,}250\,\frac{\dot{q}_0 a}{\lambda},\\
T_{10} &= T_0 - 14{,}250\,\frac{\dot{q}_0 a}{\lambda}; & T_{11} &= T_0 - 17{,}000\,\frac{\dot{q}_0 a}{\lambda},\\
T_{12} &= T_0 - 15{,}750\,\frac{\dot{q}_0 a}{\lambda}; & T_{13} &= T_0 - 16{,}000\,\frac{\dot{q}_0 a}{\lambda}.
\end{aligned} \qquad (5.6.20)$$

Ein Vergleich mit den Lösungen (5.2.37), (5.6.9) zeigt eine gute Übereinstimmung der Knotenwerte in den äußeren Knoten.

5.7. Substrukturtechnik

Der Zusammenhang zwischen der statischen Kondensation und der Substrukturtechnik analog der in 3.7. behandelten Vorgehensweise kann selbstverständlich auch für zweidimensionale Probleme hergestellt werden. In vielen Fällen wird es sinnvoll

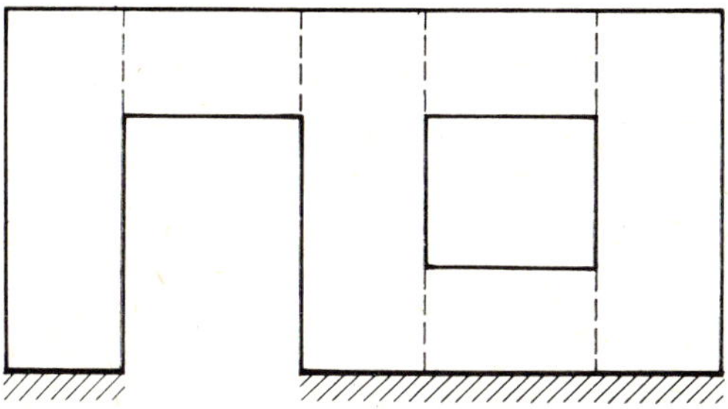

Bild 5.7.1

sein, das betreffende Gebiet in eine Anzahl Unterbereiche (Substrukturen) zu unterteilen, wobei u. U. mehrere Teilbereiche gleich sein können. Wie bei den komplexen Elementen im vorhergehenden Abschnitt lassen sich die inneren Knotenwerte dieser Unterbereiche kondensieren, und das verbleibende *Makro-* oder *Superelement* besitzt nur noch äußere Knoten.
An einem Beispiel soll dieser Weg gezeigt werden. Für das in Bild 5.7.1 wiedergegebene Gebiet ist *eine* Feldfunktion zu ermitteln, deren physikalische Bedeutung wir nicht festlegen wollen. Auf dem schraffierten Rand sind wesentliche Randbedingungen vorgeschrieben (C_1), auf allen anderen Rändern existieren restliche Randbedingungen (C_2). In Bild 5.7.1 ist eine mögliche Vernetzung in Makroelemente bereits angedeutet.
Jede dieser Substrukturen wird zunächst im üblichen Sinne in finite Elemente eingeteilt (Bild 5.7.2) und die Unterscheidung in innere und äußere Knoten vorgenommen (Bild 5.7.3). Die Aufstellung der *kondensierten Strukturmatrizen* und *kondensierten Strukturvektoren der rechten Seite* geschieht analog zu den Gln. (3.6.1) bis

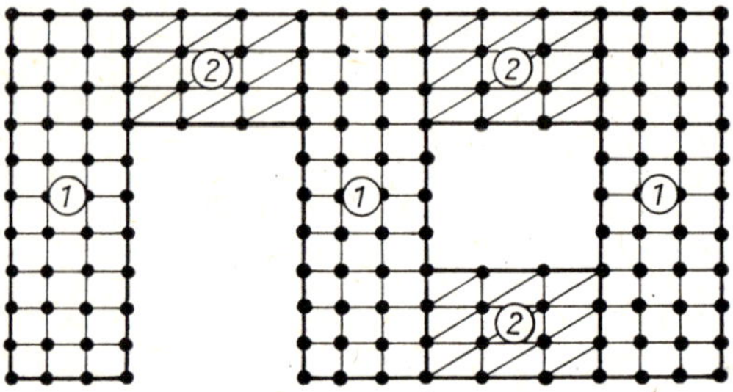

Bild 5.7.2

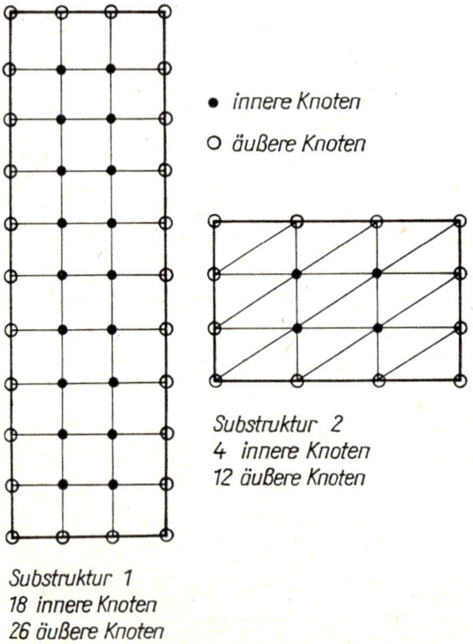

Bild 5.7.3

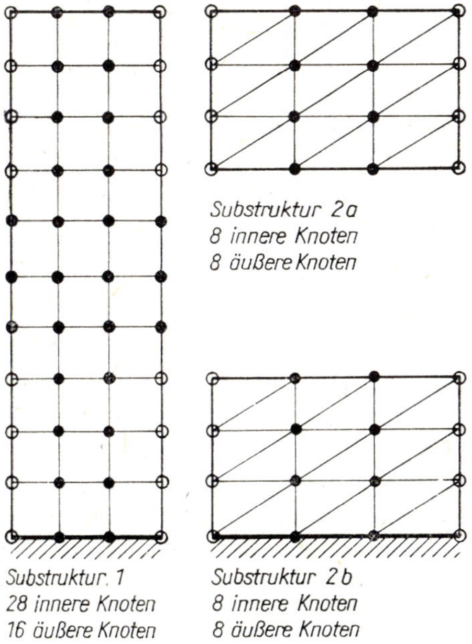
Substruktur 2a
8 innere Knoten
8 äußere Knoten
Substruktur 1
28 innere Knoten
16 äußere Knoten
Substruktur 2b
8 innere Knoten
8 äußere Knoten

Bild 5.7.4

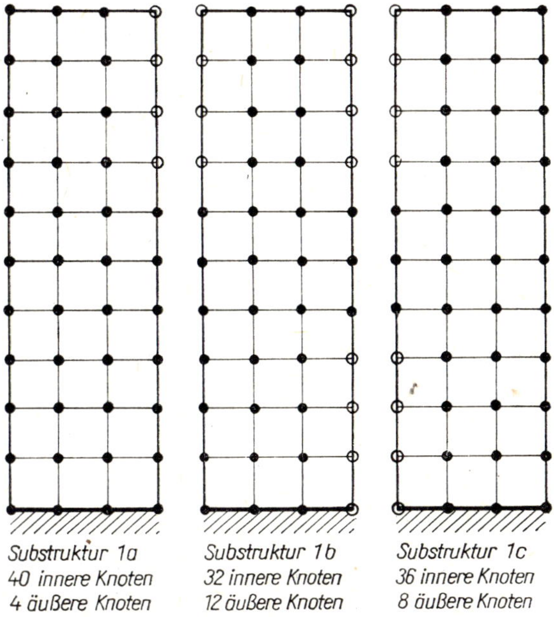
Substruktur 1a
40 innere Knoten
4 äußere Knoten
Substruktur 1b
32 innere Knoten
12 äußere Knoten
Substruktur 1c
36 innere Knoten
8 äußere Knoten

Bild 5.7.5

(3.6.7). In unserem Beispiel heißt das, für Substruktur 1 entspricht die Kondensation bei *einer* Knotenvariablen der Lösung eines Gleichungssystems mit 18 Unbekannten, Substruktur 2 führt auf 4 Unbekannte. Die kondensierte Systemgleichung besteht dann noch aus $3(26 + 12) - 6 \cdot 4 = 90$ Gleichungen. Der Aufwand beim Lösen dieser drei Systeme ist in jedem Fall geringer als der Aufwand beim Lösen eines Systems mit $3(44 + 16) - 6 \cdot 4 = 156$ Gleichungen. Die Berücksichtigung der wesentlichen Randbedingungen (Modifizierung) erfolgt wie üblich nach dem Aufbau der Systemgleichung, wobei sich die Anzahl der Gleichungen auf $90 - 14 = 76$ bzw. $156 - 14 = 142$ verringert. Diese Vorgehensweise ist besonders dann von Vorteil, wenn man in einem Rechenprogramm die Makroelemente in einen Elementkatalog einreihen kann.

Die Aufteilung in innere und äußere Knoten ist allerdings auch noch auf eine andere Art möglich. Faßt man (Bild 5.7.4) nur diejenigen Knoten als äußere Knoten auf, die mit benachbarten Elementen oder Substrukturen in Verbindung stehen, so müssen u. U. gewisse wesentliche Randbedingungen (nämlich diejenigen, die sich auf die inneren Knoten der Substrukturen beziehen) beim Berechnen der kondensierten Strukturmatrizen Berücksichtigung finden. Im vorliegenden Beispiel wird man wegen der wesentlichen Randbedingungen am Unterrand mit drei Makroelementen rechnen (Bild 5.7.4). Dabei ist Substruktur 1 mit ihrer Anordnung der äußeren Knoten so ausgebildet, daß sie dreimal verwendet werden kann. Es wäre jedoch ebenfalls möglich, anstelle von Substruktur 1 mit drei unterschiedlichen Makroelementen (Bild 5.7.5) zu arbeiten.

Werden neben den äußeren Knotenwerten auch die inneren benötigt, so sind diese für jede Substruktur nach Gl. (3.6.3) zu bestimmen.

Diese Vorgehensweise unter Einsatz der Substrukturtechnik besitzt nicht nur rechentechnische Vorteile. Es ist leicht einzusehen, daß unter Verwendung von Makroelementen die Untersuchung konstruktiver Varianten im Sinne eines Baukastenprinzips durchgeführt werden kann.

6. Allgemeine Gesichtspunkte bei der Lösung von Feldproblemen mit der Methode der finiten Elemente

Ergänzend zu den bisherigen Bemerkungen über die Lösung von Feldproblemen sollen in den folgenden Abschnitten einige allgemeine Gesichtspunkte behandelt werden, die bei der Vorbereitung eines Rechenprogramms, Zusammenstellung der Eingabedaten und Bewertung der Ergebnisse von Bedeutung sind.

6.1. Aufbau eines Computerprogramms

Ohne auf die rechentechnische Realisierung eines FEM-Programmes näher einzugehen, wollen wir in Bild 6.1.1 einen charakteristischen Programmablaufplan vorstellen. Er setzt sich im wesentlichen aus drei Hauptteilen zusammen und entspricht der Vorgehensweise, die wir auch unseren bisherigen Anwendungsbeispielen zugrunde gelegt haben. Während der Eingabemodul für die unterschiedlichen Probleme weitestgehend einheitlich aufgebaut werden kann, gibt es beim Lösungsmodul in Abhängigkeit von der Aufgabenstellung voneinander abweichende Algorithmen. So sind z. B. die linearen Gleichungssysteme des ebenen Spannungszustandes, der Strömung einer zähen Flüssigkeit oder der Balkenschwingung (Eigenwertproblem) mit jeweils unterschiedlichen mathematischen Verfahren zu lösen. Schließlich muß der Ausgabemodul die berechneten Daten entsprechend der spezifischen Aufgabenstellung aufbereiten.

6.2. Wahl des Elementes und des Näherungsansatzes

Von der geometrischen Gestalt des zu untersuchenden Gebietes wird die Wahl des Elementes wesentlich bestimmt. Einfache geometrische Formen werden gut durch geradlinig begrenzte Elemente (Dreieck, Rechteck, Viereck) beschrieben. Im Gegensatz zu Dreieck- und Viereckelementen sind der ausschließlichen Verwendung von Rechteckelementen wegen der orthogonalen Elementränder Grenzen gesetzt (Bild 6.2.1). Allerdings lassen sich Rechteckelemente in vielen Fällen vorteilhaft mit Dreieck- bzw. Viereckelementen koppeln (Bild 6.2.2), wenn an den Kontaktlinien die geforderte C^p-Stetigkeit gewährleistet ist.
Gebiete mit gekrümmten Rändern verlangen besondere Überlegungen. Krummlinige Randstücke können mit geradlinig begrenzten Elementen nur näherungsweise durch einen Polygonzug erfaßt werden (Bild 6.2.3a). Dies hat häufig eine unerwünschte Verdichtung der Vernetzung zur Folge (Bild 6.2.3b). Dieser Nachteil kann mit isoparametrischen Elementen umgangen werden (Bild 6.2.3c), wobei allerdings auch dann Ränder krummlinig begrenzter Elemente die wahre Gebietskontur nur in Ausnahmefällen exakt wiedergeben.

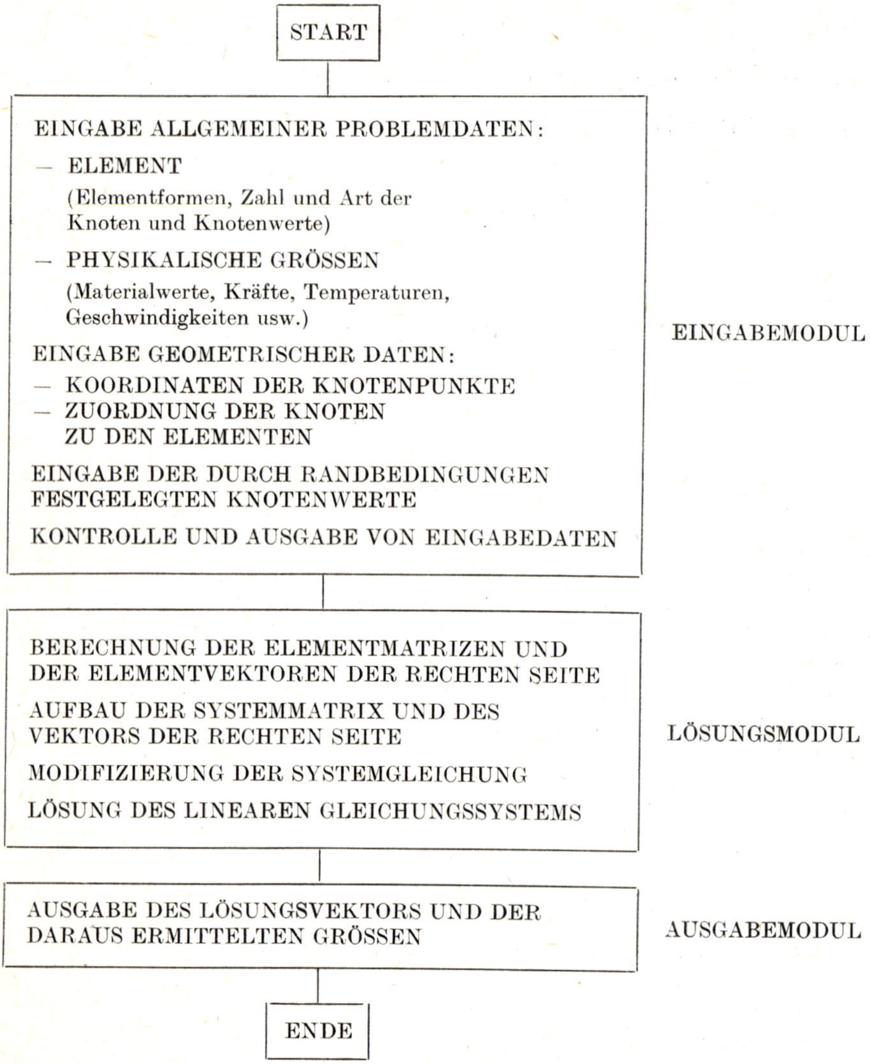

Bild 6.1.1

Die Wahl der Ansatzfunktion für eine Feldgröße hängt von der erforderlichen C^p-Stetigkeit ab. Entsprechende Interpolationsfunktionen haben wir in 3.1. und 5.1. kennengelernt. Dort wurde gezeigt, daß es verschiedene Möglichkeiten gibt, um z. B. C^0-Stetigkeit entlang der Kontaktlinie zweier Elemente zu erzeugen. Dabei werden Elemente mit höheren Ansatzfunktionen geringeren Rechenaufwand erfordern, da sie i. allg. eine gröbere Vernetzung ermöglichen. Weiterhin haben Elemente mit ausschließlich in den Eckpunkten (primäre Knoten) liegenden Knoten Vorteile gegenüber Elementen mit Knoten auch auf den Elementseiten (sekundäre Knoten). Trotzdem sei bemerkt, daß die in höheren Ansatzfunktionen häufig auftretenden *Hermite*schen Interpolationspolynome bei der Formulierung von Randbedingungen bzw. Über-

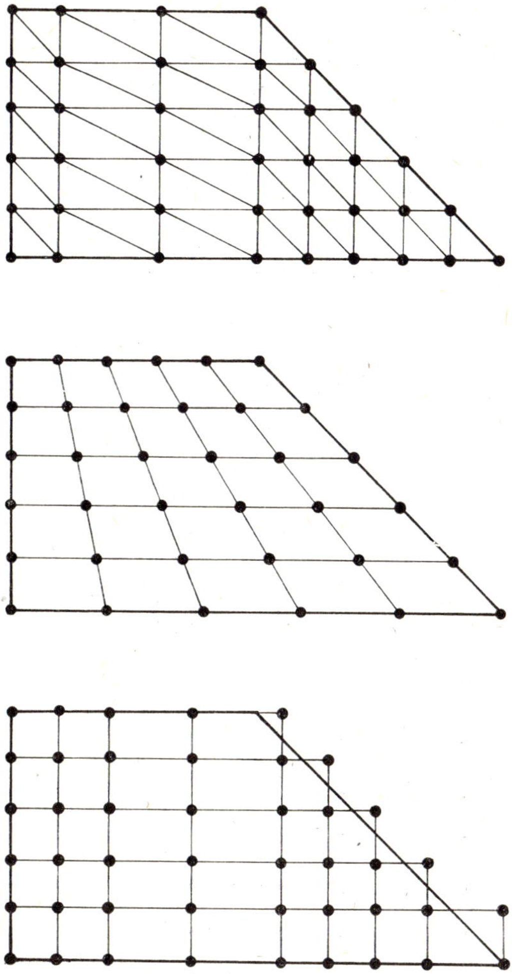

Bild 6.2.1

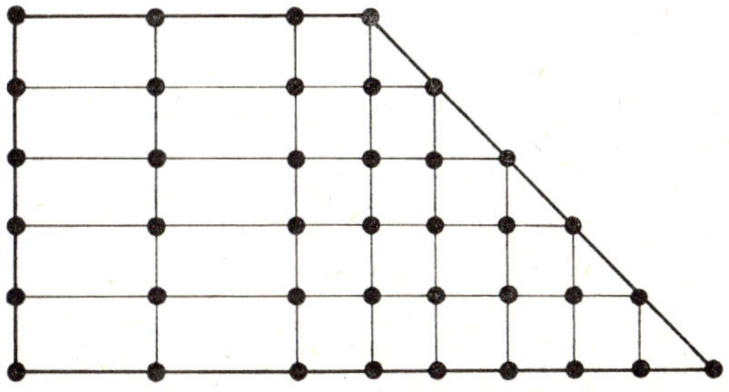

Bild 6.2.2

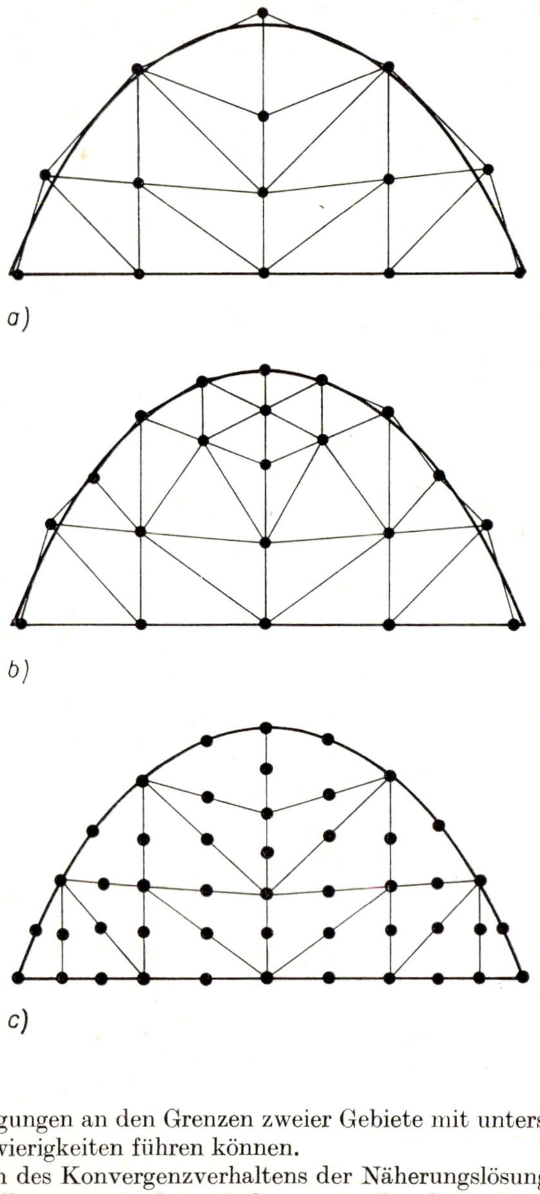

Bild 6.2.3

gangsbedingungen an den Grenzen zweier Gebiete mit unterschiedlichen Eigenschaften zu Schwierigkeiten führen können.
Hinsichtlich des Konvergenzverhaltens der Näherungslösung ist allerdings die Vollständigkeit der Ansatzfunktion bedeutungsvoller als die Sicherung der zu erzielenden C^p-Stetigkeit. So müssen alle Ansatzfunktionen mindestens das allgemeine Polynom ersten Grades enthalten, um eine Konvergenz gegen die exakte Lösung zu erreichen. Sind auch allgemeine Polynome höherer Ordnung in der Ansatzfunktion vorhanden, so erhöht sich damit die Konvergenzgeschwindigkeit. Diese Forderung entspricht den speziell in der Festkörpermechanik erhobenen Bedingungen, daß durch die Ansatzfunktion ein konstanter Verzerrungszustand innerhalb des Elementes und eine Starrkörperverschiebung des Elementes richtig wiedergegeben werden können. An

Hand des Dreieckelementes mit linearem Verlauf der Verschiebungen $u^{(e)}$ und $v^{(e)}$ (ebener Spannungszustand) wollen wir die Erfüllung vorstehender Forderungen nachweisen. Nach Gl. (5.1.18) gilt

$$u^{(e)}(\xi_1, \xi_2, \xi_3) = u_1\xi_1 + u_2\xi_2 + u_3\xi_3, \qquad v^{(e)}(\xi_1, \xi_2, \xi_3) = v_1\xi_1 + v_2\xi_2 + v_3\xi_3. \tag{6.2.1}$$

Mit Hilfe der Differentiationsregel (5.1.11) bestimmen wir aus den Verzerrungs-Verschiebungs-Beziehungen (4.2.18) die konstanten Verzerrungen im Element

$$\varepsilon_x{}^{(e)} = \frac{1}{2A^{(e)}}(u_1c_1 + u_2c_2 + u_3c_3) = \text{konst},$$

$$\varepsilon_y{}^{(e)} = \frac{1}{2A^{(e)}}(v_1b_1 + v_2b_2 + v_3b_3) = \text{konst}, \tag{6.2.2}$$

$$\gamma_{xy}^{(e)} = \frac{1}{2A^{(e)}}(u_1b_1 + u_2b_2 + u_3b_3 + v_1c_1 + v_2c_2 + v_3c_3) = \text{konst}.$$

Für eine Starrkörpertranslation müssen die Knotenverschiebungen in x- bzw. y-Richtung jeweils konstant sein, d. h. $u_1 = u_2 = u_3 = u_0$ und $v_1 = v_2 = v_3 = v_0$ (Bild 6.2.4a). Damit folgen aus Gl. (6.2.1) und den Gln. (5.1.3), (5.1.9) die Ver-

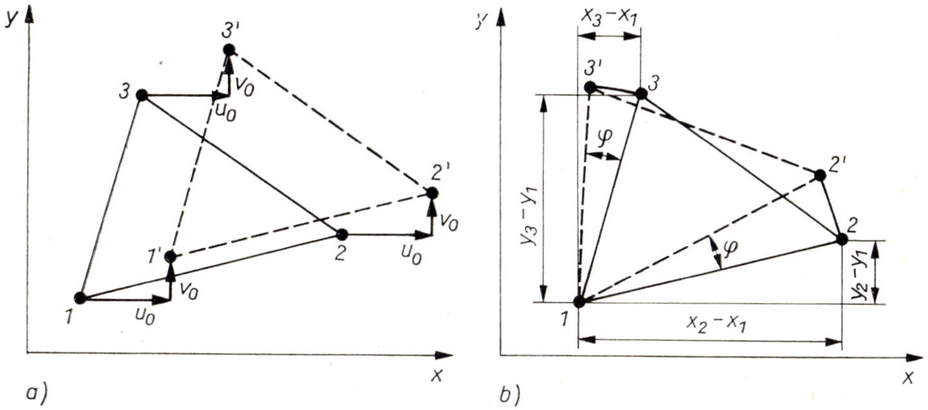

Bild 6.2.4

schiebungen $u^{(e)} = u_0 = \text{konst}$, $v^{(e)} = v_0 = \text{konst}$ und der Verzerrungszustand $\varepsilon_x{}^{(e)} = \varepsilon_y{}^{(e)} = \gamma_{xy}^{(e)} = 0$. Bei einer kleinen Starrkörperrotation (Bild 6.2.4b) findet man mit Gl. (5.1.8)

$$\begin{aligned} u_1 &= 0; \quad & u_2 &= -\varphi(y_2 - y_1) = \varphi c_3; \quad & u_3 &= -\varphi(y_3 - y_1) = -\varphi c_2, \\ v_1 &= 0; \quad & v_2 &= \varphi(x_2 - x_1) = \varphi b_3; \quad & v_3 &= \varphi(x_3 - x_1) = -\varphi b_2 \end{aligned} \tag{6.2.3}$$

die Elementverschiebungen

$$u^{(e)}(\xi_1, \xi_2, \xi_3) = \varphi(c_3\xi_2 - c_2\xi_3), \qquad v^{(e)}(\xi_1, \xi_2, \xi_3) = \varphi(b_3\xi_2 - b_2\xi_3) \tag{6.2.4}$$

und ebenfalls den Verzerrungszustand $\varepsilon_x^{(e)} = \varepsilon_y^{(e)} = \gamma_{xy}^{(e)} = 0$. Bei isoparametrischen Elementen kann der Nachweis des konstanten Verzerrungszustandes mit Hilfe des sogenannten Patch-Testes durchgeführt werden, der die Bedingung $\sum_i f_i(\xi, \eta) = 1$ liefert. Die Erfüllung dieser Gleichung ist für die in den Gln. (5.1.84), (5.1.101) und (5.1.112) dargestellten Formfunktionen leicht nachzuprüfen.
Es sei darauf hingewiesen, daß der Patch-Test auch verwendet werden kann, um das Konvergenzverhalten nichtkompatibler Elemente zu untersuchen.

6.3. Vernetzungsprobleme und Konvergenzverhalten

Eine problemorientierte Vernetzung des gegebenen Gebietes ist eine der wichtigsten Aufgaben bei der Vorbereitung einer FEM-Rechnung, da neben der Ansatzfunktion auch Größe und Form der Elemente in entscheidendem Maße das Ergebnis beeinflussen. Hier sind Erfahrungen und ingenieurmäßige Intuition oft Voraussetzung für eine brauchbare Lösung. Natürlich wird man die Einteilung in finite Elemente so vornehmen, daß z. B. die Grenzen zwischen Gebieten unterschiedlicher physikalischer Eigenschaften mit den Kontaktlinien der Elemente zusammenfallen. Ebenso wird man die Vernetzung den vorgegebenen physikalischen Größen im Inneren (Einzel-, Linien-, Flächen- oder Volumenkräfte, Temperaturen, Wärmequellen, Geschwindigkeiten, Verschiebungen) und auf dem Rand (restliche und wesentliche Randbedingungen) anpassen. Besondere Aufmerksamkeit ist jenen Gebieten zu widmen, in denen große Änderungen des Verlaufs der Ableitungen der Feldgröße (das sind z. B. in der Festkörpermechanik die Spannungsgradienten) zu erwarten sind. Hier ist eine besonders enge Netzteilung zu wählen, um den auftretenden Fehler möglichst gering zu halten. In Bild 6.3.1 sind drei Vernetzungsvarianten mit jeweils 12 Elementen dargestellt. Während das Bild 6.3.1a die Vernetzung für eine annähernd gleiche Änderung des Verlaufs der Ableitung der Feldgröße in x- und y-Richtung zeigt, sind Vernetzungen wie in Bild 6.3.1b bzw. Bild 6.3.1c anzuwenden, wenn eine relativ große Änderung dieser Ableitungen in x- bzw. y-Richtung vermutet wird. Läßt sich der Verlauf der Feldgröße nicht abschätzen, so sollten Dreieckelemente annähernd gleichseitig und Viereckelemente annähernd quadratisch sein.
Ist mit der Kapazität eines vorhandenen FEM-Programmes keine ausreichend enge Vernetzung zu erzielen, so können Ausschnitte aus einer gröberen Netzeinteilung in einer zweiten Rechnung mit kleineren Elementen untersucht werden. Die in diesem Fall benötigten Randwerte sind der ersten Rechnung zu entnehmen.
Im allgemeinen enthalten FEM-Programme für einfache geometrische Gebiete sogenannte Netzgeneratoren. Diese gestatten es, bei Angabe weniger Daten bestimmte Teilbereiche automatisch zu vernetzen. Es werden u. a. die Elementnummern, deren Knotennummern und eventuell die Knotenkoordinaten berechnet. Dadurch kann der Aufwand bei der Vorbereitung der Eingabedaten wesentlich verringert werden.
Um die Konvergenz einer Näherungslösung praktisch zu verfolgen, wird empfohlen, die Vernetzung mit verschiedenen Netzeinteilungen durchzuführen (h-Konvergenz). Bei gleichbleibender Ansatzfunktion für die Feldgröße muß die gröbere Vernetzung in der nächstfeineren so enthalten sein, daß sich die Lage aller Knotenpunkte und Elementgrenzen der gröberen Vernetzung nicht ändert. Nähert sich dann bei Problemen, denen ein Funktional zugeordnet werden kann, dessen Wert monoton einem Extremum, darf daraus auf die Konvergenz der Näherungslösung gegen die exakte Lösung geschlossen werden. Für Aufgaben, die mit der Methode der gewichteten

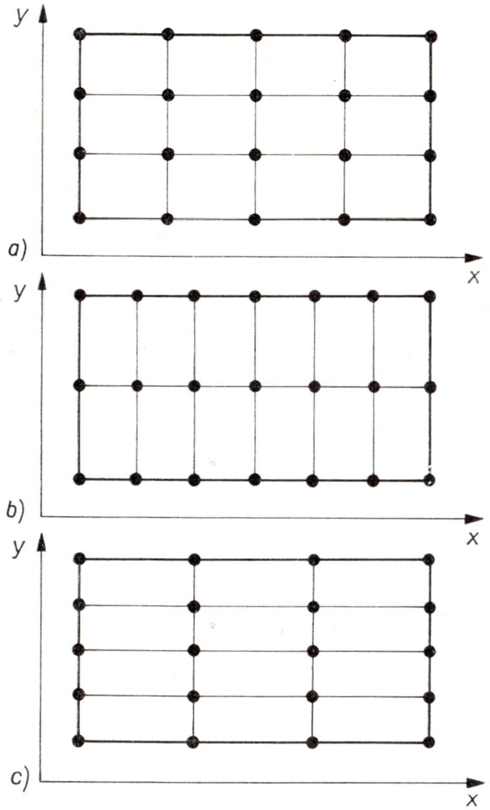

Bild 6.3.1

Residuen behandelt werden, liegen ebenfalls Möglichkeiten der Fehlerabschätzung vor, auf die jedoch nicht eingegangen werden soll.
An der in Bild 6.3.2 dargestellten Scheibe ($l = 100{,}0$ mm, $h = 40{,}0$ mm) mit einer Einzelkraft F im Punkt 1 (ebener Spannungszustand) wollen wir die Konvergenz durch Netzverfeinerung (Bild 6.3.3) zeigen. Dazu gehen wir von Gl. (5.2.59) aus, die nach Modifizierung

$$\delta\tilde{J} = \delta\overset{*}{\boldsymbol{z}}^{\mathrm{T}}(\overset{**}{\boldsymbol{K}}\overset{*}{\boldsymbol{z}} - \overset{*}{\boldsymbol{r}}) = 0 \tag{6.3.1}$$

und folglich

$$\tilde{J} = \frac{1}{2}\overset{*}{\boldsymbol{z}}^{\mathrm{T}}\overset{**}{\boldsymbol{K}}\overset{*}{\boldsymbol{z}} - \overset{*}{\boldsymbol{z}}^{\mathrm{T}}\overset{*}{\boldsymbol{r}} = \text{Extremum} \tag{6.3.2}$$

liefert. Mit der modifizierten Systemgleichung $\overset{**}{\boldsymbol{K}}\overset{*}{\boldsymbol{z}} = \overset{*}{\boldsymbol{r}}$ wird daraus zunächst

$$\tilde{J} = -\frac{1}{2}\overset{*}{\boldsymbol{z}}^{\mathrm{T}}\overset{*}{\boldsymbol{r}}, \tag{6.3.3}$$

und mit dem modifizierten Vektor der rechten Seite

$$\overset{*}{\boldsymbol{r}} = [0;\, -F;\, 0;\, \ldots;\, 0]^{\mathrm{T}} \tag{6.3.4}$$

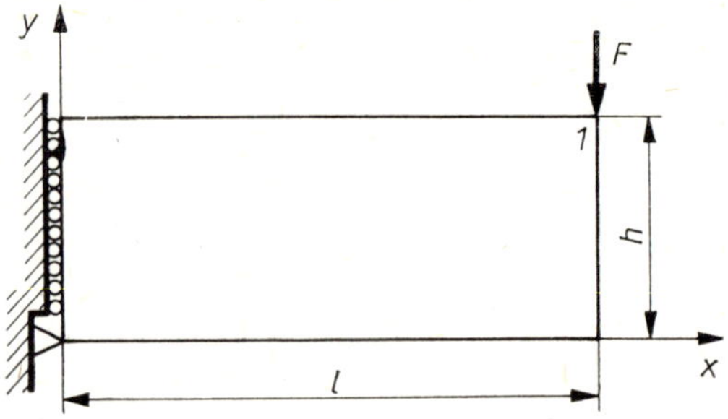

Bild 6.3.2

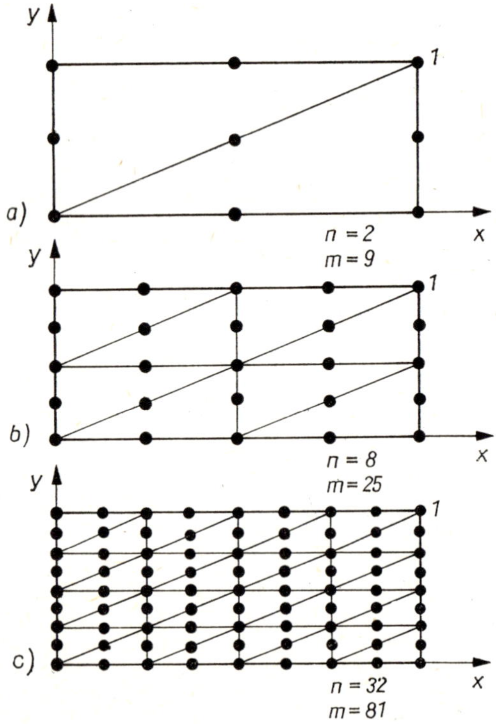

Bild 6.3.3

folgt schließlich

$$\tilde{J} = \frac{1}{2} F v_1 . \tag{6.3.5}$$

Wir wählen Dreieckelemente mit sechs Knotenpunkten (Bild 5.1.5) und quadratischen Ansatzfunktionen für die Verschiebungen u und v, deren Interpolationsfunktionen Gl. (5.1.29) entnommen werden können. Für die Rechnung legen wir die Stoffwerte $E = 2{,}1 \cdot 10^5$ N/mm, $\nu = 0{,}3$ und die Kraft $F = 300{,}0$ N zugrunde. Die Ergebnisse für die drei Vernetzungsvarianten sind in Tabelle 6.3.1 zusammengestellt. Die Differenzen im elastischen Potential zwischen den Varianten b und a bzw. c und b betragen $\Delta\tilde{J} = 3{,}5742$ Nmm bzw. $\Delta\tilde{J} = 1{,}1282$ Nmm. Der letzte Wert entspricht 3,6% bezogen auf das Gesamtpotential der Variante c und läßt auf eine gute Konvergenz der mit dieser Vernetzung durchgeführten Rechnung gegen die exakte Lösung schließen.

Im Gegensatz zur h-Konvergenz versteht man unter p-Konvergenz eine Untersuchung, die bei gleichbleibender Vernetzung den Grad der Ansatzfunktionen erhöht. Verwenden wir die in Bild 6.3.3a benutzte Einteilung in zwei Dreieckelemente und wäh-

Tabelle 6.3.1

Variante	$10^2 v_1$	$\tilde{J}$	quadratische Ansatzfunktion
	mm	Nmm	n
a	−8,9783	−26,9349	2
b	−10,1697	−30,5091	8
c	−10,5458	−31,6373	32

Tabelle 6.3.2

Variante	$10^2 v_1$	$\tilde{J}$	2 Elemente
	mm	Nmm	Ansatzfunktion
1	−1,7144	−5,1432	linear
2	−8,9783	−26,9349	quadratisch
3	−9,4661	−28,3983	kubisch

Tabelle 6.3.3

Variante	$10^2 v_1$	$\tilde{J}$	8 Elemente
	mm	Nmm	Ansatzfunktion
1	−3,7668	−11,3004	linear
2	−10,1697	−30,5091	quadratisch
3	−10,2333	−30,6999	kubisch

Tabelle 6.3.4

Variante	$10^2 v_1$	$\tilde{J}$	32 Elemente
	mm	Nmm	Ansatzfunktion
1	−6,8954	−20,6862	linear
2	−10,5458	−31,6374	quadratisch
3	−10,6307	−31,8921	kubisch

len für die Ansatzfunktion lineare Interpolationspolynome (5.1.22), quadratische Interpolationspolynome (5.1.29) und reduzierte kubische Interpolationspolynome (5.1.48), so erhalten wir die in Tabelle 6.3.2 angegebenen Werte. In Tabelle 6.3.3 und in Tabelle 6.3.4 sind entsprechende Ergebnisse für die in Bild 6.3.3b und Bild 6.3.3c gegebenen Netzeinteilungen zusammengefaßt. Besonders Tabelle 6.3.2 zeigt die deutliche Verbesserung der Ergebnisse durch höhergradige Ansatzfunktionen. Bei der Einteilung in 8 bzw. 32 Elemente ist der Unterschied im elastischen Potential des quadratischen und kubischen Ansatzes klein und kann als Zeichen einer guten Konvergenz für diese Ansatzfunktionen gewertet werden. Wesentlich schlechtere Ergebnisse liefert in jeder der drei Varianten der lineare Ansatz.

6.4. Numerierung der Knoten und Elemente

Die Lösung des linearen Gleichungssystems ist in einem FEM-Programm ein zeitaufwendiger Teil des Lösungsmoduls und kann durch geeignete Numerierung der Knoten einer Vernetzung u. U. wesentlich verkürzt werden. Wir haben bereits gesehen, daß bei der Einspeicherung der Elementmatrizen in die Systemmatrix eine Bandstruktur entsteht, die von der Knotennumerierung abhängt. Dazu betrachten wir die beiden unterschiedlichen Knotennumerierungen der in Bild 6.4.1 gezeigten

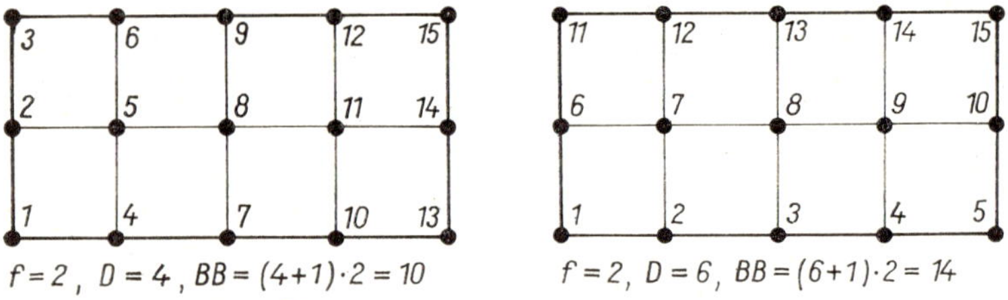

Bild 6.4.1

Vernetzung eines Rechteckgebietes. Unter der Annahme, daß in jedem Knoten 2 Knotenwerte vorhanden sind, wird bei 15 Knoten eine Systemmatrix mit je 30 Zeilen und Spalten aufgebaut, d. h., jedem Knoten sind 2 Gleichungen zugeordnet. Diese enthalten nur von Null verschiedene Koeffizienten jener Elemente, denen der betreffende Knoten angehört. Da bei einer symmetrischen Systemmatrix nur die in der oberen oder unteren Dreiecksmatrix (einschließlich der Hauptdiagonalelemente) auftretenden Koeffizienten der Bandstruktur zur Lösung des Gleichungssystems benötigt werden, ist der erforderliche Speicherplatzbedarf von der Bandbreite abhängig. Die Bandbreite am Element berechnet man aus der maximalen Differenz $D^{(e)}$ seiner Knotennummern und der Anzahl f der Knotenwerte je Knoten nach der Beziehung

$$BB^{(e)} = (D^{(e)} + 1)\, f. \tag{6.4.1}$$

Die Bandbreite der Systemmatrix folgt zu $BB = BB^{(e)}_{\max}$. Es ist bekannt, daß die Bandbreite quadratisch in die Anzahl der notwendigen arithmetischen Operationen zur Lösung des Gleichungssystems eingeht. Vergleichen wir die in Bild 6.4.2 angegebenen Bandbreiten, die den unterschiedlichen Numerierungen in Bild 6.4.1 entsprechen, so zeigt sich, daß die Variante b ungünstiger ist, da der entstehende Rechenaufwand zur Lösung des Gleichungssystems etwa doppelt so hoch wie bei der Variante a wird.

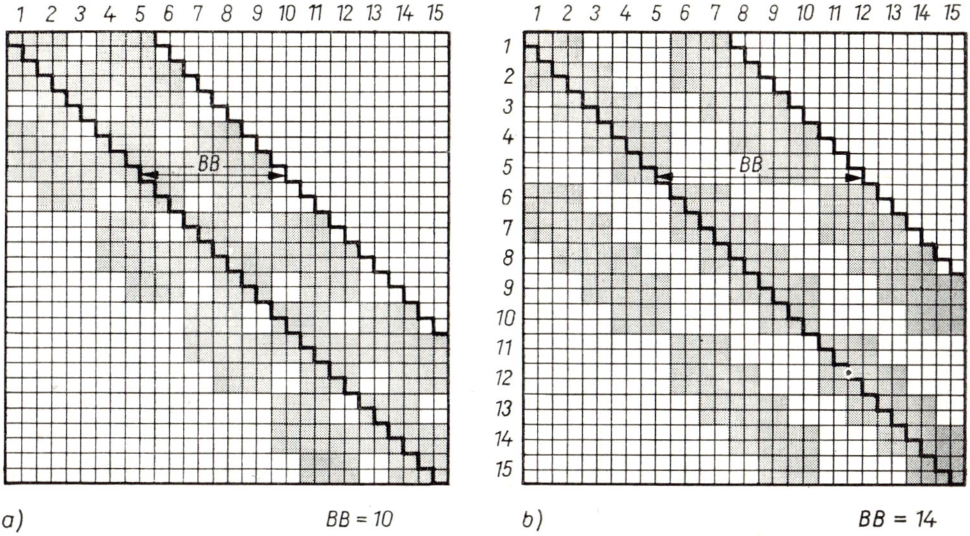

Bild 6.4.2

Natürlich ist es i. allg. nicht möglich, die optimale Numerierung der Knoten wie in Bild 6.4.1a zu finden. Da jedoch die Bandbreite wesentlich den zur Lösung des Gleichungssystems erforderlichen Aufwand bestimmt, sollte man der Numerierung der Knoten bei der Datenvorbereitung besondere Aufmerksamkeit widmen, solange das benutzte FEM-Programm keine Algorithmen zur Bandbreitenminimierung enthält. Unter Umständen kann es schwierig werden, bei der Vernetzung komplizierter Gebiete eine durch das FEM-Programm gesetzte obere Schranke für die Bandbreite nicht zu überschreiten.
Die vorstehenden Hinweise zur Knotennumerierung beziehen sich auf das häufig verwendete Verfahren von *Cholesky*. Es soll erwähnt werden, daß auch für andere Lösungsverfahren, z. B. das Frontallösungsverfahren bzw. das Blockeliminationsverfahren, die Numerierung der Elemente bzw. das sogenannte Profil der Systemmatrix bedeutungsvoll sind.

6.5. Numerische Integration

Wie wir bei einigen der vorgestellten Beispiele bemerkt hatten, sind gewisse Integrationen über ein vorgegebenes Gebiet numerisch auszuführen. In den Formeln (5.1.94), (5.1.95) und (5.1.117) sowie in den Tabellen 5.1.1 bis 5.1.3 sind die für eine numerische Integration benötigten Angaben enthalten. Es erhebt sich die Frage, wie groß die Anzahl m der Stützstellen zu wählen ist, um z. B. die bei der Berechnung einer Elementmatrix auftretenden Integrale mit ausreichender Genauigkeit zu ermitteln. Diese Wahl läßt sich durch zwei Aussagen eingrenzen:

1. Die minimale Anzahl m der Integrationsstützstellen folgt aus der Bedingung, daß überhaupt Konvergenz der FEM-Lösung gegen die exakte Lösung eintritt.
2. Die maximale Anzahl m der Integrationsstützstellen findet man aus der Bedingung, daß mit ihnen das vorliegende Integral gerade exakt bestimmt werden kann.

Wir beschränken uns auf Probleme, denen ein Energiefunktional zugeordnet werden kann, wie es z. B. beim Prinzip vom Minimum der potentiellen Energie der Fall ist. Werden als Ansatzfunktionen Polynome benutzt, läßt sich zeigen, daß sowohl für das Linienelement, als auch für das Dreieck- oder Rechteckelement eine Stützstelle ($m = 1$) ausreichend ist. Die erste Aussage ist damit gleichbedeutend mit der Forderung, daß die Integrale $\int_{l^{(e)}} \mathrm{d}s$ bzw. $\int_{A^{(e)}} \mathrm{d}A$ exakt bestimmt werden. Eine solch einfache Integration erzeugt jedoch u. U. bei höhergradigen Ansatzfunktionen numerische Schwierigkeiten, da dann die modifizierte Systemmatrix singulär werden kann. Zur Erläuterung der zweiten Aussage nehmen wir ebenfalls an, daß der Integrand ein Polynom ist. Dann erhält man die maximale Anzahl m der Stützstellen aus dem Grad q des im Integranden der Elementmatrix stehenden Polynoms. Ist r der Grad der eine bestimmte C^p-Stetigkeit erfüllenden Ansatzfunktionen, so folgt daraus $q = 2(r - p - 1)$. Für einen kubischen Verlauf der Feldgröße ($r = 3$) und C^0-Stetigkeit ($p = 0$) wird $q = 2(3 - 0 - 1) = 4$, so daß bei einem Linienintegral die Integrationsformel mit $m = 3$, bei einem Dreieckelement mit $m = 7$ und bei einem Viereckelement mit $m = 9$ anzuwenden wäre. Schließlich sei noch bemerkt, daß die Wahl von mehr Integrationsstellen als erforderlich zu keiner Verbesserung führt, dagegen eine Reduzierung der Stützstellenanzahl sogar von Vorteil sein kann, da sich die aus der Diskretisierung und der numerischen Integration auftretenden Fehler teilweise gegenseitig aufheben können.

6.6. Darstellung der Ergebnisse

Der Ausgabemodul ist ein wesentlicher Teil eines anwenderfreundlichen FEM-Programmes. Er übernimmt aus dem Lösungsmodul den Lösungsvektor, berechnet daraus alle benötigten problembezogenen Größen und bereitet diese in einer vom Nutzer gewünschten Form auf. Als Ausgabemedien stehen u. a. Schnelldrucker, Bildschirm und Zeichengeräte zur Verfügung. Dabei sollte die Möglichkeit bestehen, die Ergebnisausgabe sinnvoll einzuschränken.

Bei der Ermittlung abgeleiteter Größen, die aus der Ansatzfunktion durch Differentiation gewonnen werden, muß i. allg. ein Genauigkeitsverlust in Kauf genommen werden. So treten z. B. bei einer Ansatzfunktion mit C^0-Stetigkeit an den Grenzen zweier benachbarter Elemente Sprünge zwischen den Gradienten der Feldgrößen auf, d. h., die Stetigkeit solcher Größen an den Elementgrenzen geht verloren. In diesem Falle haben wir bei den bisher behandelten Beispielen den Knotenwert als arithmetisches Mittel aller für diesen Knoten vorliegenden Werte bestimmt. Es sei jedoch darauf hingewiesen, daß dieser Weg nicht immer zu den besten Ergebnissen führt. So ist z. B. für lineare Ansatzfunktionen der abgeleitete Funktionswert im Schwerpunkt des finiten Elementes (Dreieck, Viereck) wesentlich genauer als die gemittelten Werte in den Eckknoten. Bei quadratischen Ansatzfunktionen mit C^0-Stetigkeit treten die größten Fehler der Gradienten an den Elementknoten auf. Daher wird empfohlen, die benötigten Werte in inneren Punkten des Elementes (z. B. den Stützstellen der numerischen Integration) zu bestimmen. Wenn erforderlich, kann von diesen Stellen auf die Knotenwerte extrapoliert werden.

Schließlich muß man noch versuchen, die ausgegebenen Werte hinsichtlich ihrer Genauigkeit einzuschätzen, da exakte Vergleichslösungen nur bei Testrechnungen vorliegen werden. Eine einfache Kontrollmethode besteht darin, die Erfüllung der natürlichen Randbedingungen zu überprüfen. Bei elastischen Problemen kann die

Erfüllung der Gleichgewichtsbedingungen in ausgewählten inneren Punkten der Elemente als Maß für die Genauigkeit der Lösung herangezogen werden. Untersuchungen dieser Art sind auch bei anderen physikalischen Aufgabenstellungen möglich.

6.7. Variationsprinzipe

Obwohl wir wissen, daß die Aufstellung der FEM-Gleichungen eines Feldproblems ganz allgemein mit Hilfe der Methode der gewichteten Residuen erfolgen kann und im Gegensatz dazu die Herleitung der FEM-Gleichungen mit Hilfe der Variationsrechnung bei linearen Aufgaben auf selbstadjungierte Probleme beschränkt ist, haben wir letzterer bei den Anwendungsbeispielen den Vorzug gegeben. Diese Vorgehensweise ist nicht nur historisch bedingt, sondern beruht auf der Tatsache, daß eine Anzahl von Variationsformulierungen mit den klassischen Extremalprinzipen im Zusammenhang stehen. Es ist jedoch oft möglich, für ein vorliegendes physikalisches Problem unterschiedliche Variationsaufgaben zu finden. Man muß daher fragen, welche die günstigste Formulierung im Hinblick auf die FEM-Lösung einer bestimmten Aufgabenklasse ist.
Zunächst betrachten wir dazu die in 5.4.3. vorgestellte Potentialströmung. Die beiden partiellen Differentialgleichungen (5.4.70) und (5.4.71) des Feldproblems haben die Form

$$\begin{aligned} v_{x,x}(x, y) + v_{y,y}(x, y) &= 0, \\ v_{x,y}(x, y) - v_{y,x}(x, y) &= 0. \end{aligned} \tag{6.7.1}$$

Durch Einführung einer Stromfunktion Ψ gemäß Gl. (5.4.72)

$$v_x(x, y) = \Psi_{,y}(x, y); \qquad v_y(x, y) = -\Psi_{,x}(x, y) \tag{6.7.2}$$

läßt sich daraus die Randwertaufgabe

$$\begin{aligned} &\Psi_{,xx}(x, y) + \Psi_{,yy}(x, y) = 0, \\ &[\Psi(x, y) - \overline{\Psi}(s)]|_{C_1} = 0; \qquad [\Psi_{,n}(x, y) - \overline{\Psi}_{,n}(s)]|_{C_2} = 0 \end{aligned} \tag{6.7.3}$$

ableiten. Dabei kann die auf den Randstücken C_1 bzw. C_2 vorgeschriebene Stromfunktion $\Psi = \overline{\Psi}$ bzw. ihre Ableitung $\Psi_{,n} = \overline{\Psi}_{,n}$ aus

$$\overline{\Psi}(s) = \int_{C_1} \bar{v}_n(s)\, \mathrm{d}s; \qquad \overline{\Psi}_{,n}(s)|_{C_2} = -\bar{v}_t(s)|_{C_2} \tag{6.7.4}$$

ermittelt werden. Diese Randwertaufgabe stellt die notwendige Bedingung zur Lösung der Variationsaufgabe

$$J\{\Psi\} = \frac{1}{2} \int_A [\Psi_{,x}^2(x, y) + \Psi_{,y}^2(x, y)]\, \mathrm{d}A - \int_{C_2} \Psi(x, y)\, \overline{\Psi}_{,n}(s)\, \mathrm{d}s = \text{Extremum},$$

$$[\Psi(x, y) - \Psi(s)]|_{C_1} = 0 \tag{6.7.5}$$

dar.
Ersetzt man dagegen die Geschwindigkeitskomponenten durch die Gradienten eines Geschwindigkeitspotentials Φ, dann folgt mit

$$v_x(x, y) = \Phi_{,x}(x, y); \qquad v_y(x, y) = \Phi_{,y}(x, y) \tag{6.7.6}$$

das Randwertproblem

$$\Phi_{,xx}(x, y) + \Phi_{,yy}(x, y) = 0,$$
$$[\Phi(x, y) - \overline{\Phi}(s)]|_{C_1} = 0; \qquad [\Phi_{,n}(x, y) - \overline{\Phi}_{,n}(s)]|_{C_2} = 0, \tag{6.7.7}$$

wobei für die vorgegebenen Randwerte

$$\overline{\Phi}(s) = \int_{C_1} \overline{v}_t(s)\,\mathrm{d}s; \qquad \overline{\Phi}_{,n}(s)|_{C_2} = \overline{v}_n(s)|_{C_2} \tag{6.7.8}$$

gilt. Die entsprechende Variationsformulierung lautet

$$J\{\Phi\} = \frac{1}{2}\int_A [\Phi_{,x}{}^2(x, y) + \Phi_{,y}{}^2(x, y)]\,\mathrm{d}A - \int_{C_2} \Phi(x, y)\,\overline{\Phi}_{,n}(s)\,\mathrm{d}s = \text{Extremum},$$
$$[\Phi(x, y) - \overline{\Phi}(s)]|_{C_1} = 0. \tag{6.7.9}$$

Der wesentliche Unterschied zwischen den beiden Variationsaufgaben (6.7.5) und (6.7.9) ist durch die Randbedingungen festgelegt. Man erkennt, daß ein C_1-Randstück der ersten Aufgabe zu einem C_2-Randstück der zweiten wird.
Betrachten wir die in 5.4.3. behandelte Strömung durch einen Spalt, so erhält man für die beiden verschiedenen Lösungsmöglichkeiten die in Bild 6.7.1 gezeigten Rand-

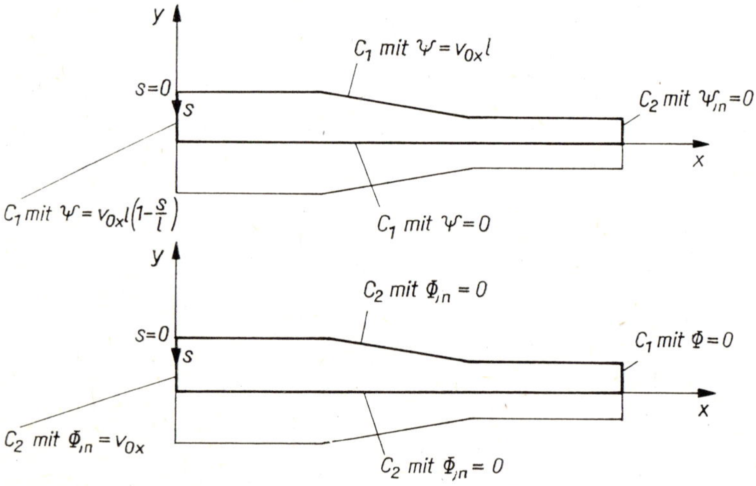

Bild 6.7.1

bedingungen. Die Frage nach der günstigeren Formulierung wird hier zur Frage nach den einfacher zu bestimmenden Randbedingungen, wobei allerdings bei dem vorliegenden Beispiel kein nennenswerter Unterschied sichtbar ist.
Ähnlich wie für Potentialströmungsaufgaben lassen sich auch für Torsionsprobleme (s. 5.4.1.) und elektromagnetische Feldprobleme (s. 5.4.4.) unterschiedliche Variationsformulierungen finden.
Wir wollen uns nun den Extremalprinzipen der Elastizitätstheorie zuwenden. Dabei beschränken wir uns auf die in 4.2.2. enthaltenen Grundgleichungen für den ebenen Spannungszustand. Die Randwertaufgabe ist durch das Differentialgleichungs-

system

$$\boldsymbol{D}^{\mathrm{T}}\sigma(x, y) + \boldsymbol{p}(x, y) = \boldsymbol{o}_2, \tag{6.7.10}$$

$$\boldsymbol{D}\boldsymbol{u}(x, y) \quad - \varepsilon(x, y) = \boldsymbol{o}_3, \tag{6.7.11}$$

$$\sigma(x, y) = \boldsymbol{C}\varepsilon(x, y) \tag{6.7.12}$$

und die Randbedingungen

$$[\boldsymbol{u}(x, y) - \bar{\boldsymbol{u}}(x, y)]_{C_u} = \boldsymbol{o}_2, \tag{6.7.13}$$

$$[\boldsymbol{N}(x, y)^{\mathrm{T}}\,\sigma(x, y) - \bar{\boldsymbol{q}}(s)|_{C_q} = \boldsymbol{o}_2 \tag{6.7.14}$$

beschrieben. Auch hier lassen sich mehrere Variationsaufgaben angeben. Ausgangspunkte für unsere Überlegungen sollen das Prinzip der virtuellen Verrückungen und das Prinzip der virtuellen Kräfte sein.
Zunächst gehen wir von den Gleichgewichtsbedingungen (6.7.10) und den Spannungsrandbedingungen (6.7.14) aus. Die bei einer virtuellen Verschiebung $\delta\boldsymbol{u}$ geleistete virtuelle Arbeit δJ verschwindet, d. h.

$$\delta J = -\int\limits_A \delta\boldsymbol{u}^{\mathrm{T}}(\boldsymbol{D}^{\mathrm{T}}\sigma + \boldsymbol{p})\,\mathrm{d}A + \int\limits_{C_p=C_2} \delta\boldsymbol{u}^{\mathrm{T}}(\boldsymbol{N}^{\mathrm{T}}\sigma - \bar{\boldsymbol{q}})\,\mathrm{d}s = 0. \tag{6.7.15}$$

Dabei verstehen wir unter einer virtuellen Verschiebung eine gedachte, differentiell kleine, mit den kinematischen Bindungen verträgliche Verrückung. Somit ist auf einem Randstück mit kinematischen Randbedingungen

$$\delta\boldsymbol{u}|_{C_u=C_1} = \boldsymbol{o}_2. \tag{6.7.16}$$

Die Arbeitsgleichung (6.7.15) gilt folglich unabhängig vom Stoffgesetz (6.7.12). Unter der Voraussetzung der Stetigkeit der virtuellen Verschiebung $\delta\boldsymbol{u}$ kann diese Gleichung mit Hilfe des *Gauß*schen Integralsatzes

$$\int\limits_A \delta\boldsymbol{u}^{\mathrm{T}}\boldsymbol{D}^{\mathrm{T}}\sigma\,\mathrm{d}A = -\int\limits_A (\boldsymbol{D}\delta\boldsymbol{u})^{\mathrm{T}}\,\sigma\,\mathrm{d}A + \oint\limits_C \delta\boldsymbol{u}^{\mathrm{T}}\boldsymbol{N}^{\mathrm{T}}\sigma\,\mathrm{d}s \tag{6.7.17}$$

in

$$\delta J = \int\limits_A [(\boldsymbol{D}\delta\boldsymbol{u})^{\mathrm{T}}\,\sigma - \delta\boldsymbol{u}^{\mathrm{T}}\boldsymbol{p}]\,\mathrm{d}A - \int\limits_{C_2} \delta\boldsymbol{u}^{\mathrm{T}}\bar{\boldsymbol{q}}\,\mathrm{d}s - \int\limits_{C_1} \delta\boldsymbol{u}^{\mathrm{T}}\boldsymbol{N}^{\mathrm{T}}\sigma\,\mathrm{d}s = 0 \tag{6.7.18}$$

umgeformt werden. Das letzte Integral entfällt wegen Gl. (6.7.16), und mit dem Stoffgesetz (6.7.12) sowie der Verzerrungs-Verschiebungs-Beziehung (6.7.11) ergibt sich schließlich

$$\delta J = \int\limits_A [(\boldsymbol{D}\delta\boldsymbol{u})^{\mathrm{T}}\,\boldsymbol{C}\boldsymbol{D}\boldsymbol{u} - \delta\boldsymbol{u}^{\mathrm{T}}\boldsymbol{p}]\,\mathrm{d}A - \int\limits_{C_2} \delta\boldsymbol{u}^{\mathrm{T}}\bar{\boldsymbol{q}}\,\mathrm{d}s = 0. \tag{6.7.19}$$

Fassen wir die virtuelle Verschiebung speziell als eine Variation der gesuchten Verschiebung $\boldsymbol{u}$ auf, so läßt sich Gl. (6.7.19) auch als erste Variation des Funktionals

$$J\{\boldsymbol{u}\} = \frac{1}{2}\int\limits_A [(\boldsymbol{D}\boldsymbol{u})^{\mathrm{T}}\,\boldsymbol{C}\boldsymbol{D}\boldsymbol{u} - 2\boldsymbol{u}^{\mathrm{T}}\boldsymbol{p}]\,\mathrm{d}A - \int\limits_{C_2} \boldsymbol{u}^{\mathrm{T}}\bar{\boldsymbol{q}}\,\mathrm{d}s = \text{Extremum} \tag{6.7.20}$$

interpretieren, das dem Prinzip vom Minimum des elastischen Potentials entspricht. Wie man aus Gl. (6.7.15) erkennt, beinhalten die *Euler*schen Differentialgleichungen des Funktionals die Gleichgewichtsbedingungen (6.7.10) und die natürlichen Randbedingungen die Spannungsrandbedingungen (6.7.14). Benutzt man also bei einer FEM-Lösung das Prinzip der virtuellen Verrückungen oder das Prinzip vom Minimum des elastischen Potentials, so werden die Gleichgewichtsbedingungen und die Spannungsrandbedingungen nur im gewichteten Mittel erfüllt sein. Dagegen gelten die Verzerrungs-Verschiebungs-Beziehungen (6.7.11) und das Stoffgesetz (6.7.12) im gesamten Gebiet und die Verschiebungsrandbedingungen (6.7.13) auf dem Randstück $C_u = C_1$ exakt.

Nun soll im Gegensatz zu dem soeben beschriebenen Weg von den Verzerrungs-Verschiebungs-Beziehungen (6.7.11) und den Verschiebungsrandbedingungen (6.7.13) ausgegangen werden. Das Prinzip der virtuellen Kräfte liefert für die virtuellen Spannungen $\delta\sigma$ die virtuelle komplementäre Arbeit

$$\delta J = -\int_A \delta\sigma^T(\boldsymbol{D}\boldsymbol{u} - \varepsilon)\,\mathrm{d}A + \int_{C_u=C_2} \delta\sigma^T\boldsymbol{N}(\boldsymbol{u} - \bar{\boldsymbol{u}})\,\mathrm{d}s = 0. \tag{6.7.21}$$

Die virtuellen Spannungen müssen mit den Spannungsrandbedingungen (6.7.14) verträglich sein, d. h.

$$\boldsymbol{N}^T\delta\sigma|_{C_q=C_1} = \boldsymbol{o}_2. \tag{6.7.22}$$

Die Arbeitsgleichung (6.7.21) ist wiederum unabhängig vom Stoffgesetz (6.7.12). Unter der Voraussetzung der Stetigkeit der virtuellen Spannungen $\delta\sigma$ folgt unter Verwendung des *Gauß*schen Integralsatzes

$$\int_A \delta\sigma^T\boldsymbol{D}\boldsymbol{u}\,\mathrm{d}A = -\int_A (\boldsymbol{D}^T\delta\sigma)^T\,\boldsymbol{u}\,\mathrm{d}A + \oint_C \delta\sigma^T\boldsymbol{N}\boldsymbol{u}\,\mathrm{d}s \tag{6.7.23}$$

und damit zunächst

$$\delta J = \int_A [(\boldsymbol{D}^T\delta\sigma)^T\,\boldsymbol{u} + \delta\sigma^T\varepsilon]\,\mathrm{d}A - \int_{C_2} \delta\sigma^T\boldsymbol{N}\bar{\boldsymbol{u}}\,\mathrm{d}s - \int_{C_1} \delta\sigma^T\boldsymbol{N}\boldsymbol{u}\,\mathrm{d}s = 0, \tag{6.7.24}$$

wobei das letzte Integral wegen der Bedingung (6.7.22) verschwindet. Befriedigen die virtuellen Spannungen auch die homogenen Gleichgewichtsbedingungen, so ist der erste Summand des Integranden des Flächenintegrals Null. Mit Hilfe des inversen Stoffgesetzes läßt sich die virtuelle, komplementäre Arbeit dann in der Form

$$\delta J = \int_A \delta\sigma^T\boldsymbol{C}^{-1}\sigma\,\mathrm{d}A - \int_{C_2} \delta\sigma^T\boldsymbol{N}\bar{\boldsymbol{u}}\,\mathrm{d}s = 0 \tag{6.7.25}$$

angeben. Fassen wir die virtuellen Spannungen speziell als Variation der gesuchten Spannungen σ auf, so kann man Gl. (6.7.25) auch als erste Variation eines Funktionals

$$J\{\sigma\} = \frac{1}{2}\int_A \sigma^T\boldsymbol{C}^{-1}\sigma\,\mathrm{d}A - \int_{C_2} \sigma^T\boldsymbol{N}\bar{\boldsymbol{u}}\,\mathrm{d}s = \text{Extremum} \tag{6.7.26}$$

ansehen, das dem Prinzip von *Castigliano* zugeordnet ist. Man erkennt aus Gl. (6.7.21), daß die *Euler*schen Differentialgleichungen und die natürlichen Randbedingungen den Verzerrungs-Verformungs-Beziehungen (6.7.11) und den Verschiebungsrandbedingungen (6.7.13) entsprechen. Bei einer Näherungslösung mit der FEM, ausgehend vom Prinzip der virtuellen Kräfte oder dem Prinzip von *Castigliano,* werden diese beiden Gleichungen nur im gewichteten Mittel erfüllt sein. Die Gleichgewichtsbedingungen (6.7.10) und die Spannungsrandbedingungen (6.7.14) dagegen sind für jedes Element exakt befriedigt.

Abschließend sei noch bemerkt, daß neben den hier vorgestellten Variationsaufgaben auch andere Variationsformulierungen existieren. So ergeben sich aus der Kombination der Gln. (6.7.15) oder (6.7.19) mit den Gln. (6.7.21) oder (6.7.25) gemischte Prinzipe. Diese führen auf die gemischten Methoden der FEM, bei denen im Knotenvektor sowohl Verschiebungen als auch Spannungen auftreten. Bei den sogenannten hybriden Methoden sind entlang der Elementgrenzen Zusatzglieder im Funktional auszuwerten.

7. Weiterführende Literatur

Altenbach, J. [u. a.]: Die Methode der finiten Elemente in der Festkörpermechanik. — Leipzig: Fachbuchverl.; München: Carl Hanser-Verl., 1982

Beckers, E. B.; Carey, G. F.; Oden, J. T.: Finite Elements. — Vol. 1—5. — New Jersey: Prentice Hall, 1981—1984

Bölling, W. H.: Einführung in die Methode der Finiten Elemente und ihre Anwendung in der Mechanik. — Forsch.-Bericht VDI-Z. Reihe 1, Nr. 84. — Düsseldorf: VDI-Verl., 1981

Chung, T. J.: Finite Elemente in der Strömungsmechanik. — Leipzig: Fachbuchverl.; München: Carl Hanser-Verl., 1983

Desai, C. S.; Abel, J. F.: Introduction to the Finite Element Method. — New York; Toronto: Van Norstrand Reinhold Company, 1972

Fischer, U. [u. a.]: Finite-Elemente-Programme in der Festkörpermechanik. — Leipzig: Fachbuchverl., 1986

Huebner, K. H.: The Finite Element Method for Engineers. — London: John Wiley & Sons, 1975

Kolár, V. [u. a.]: Berechnung von Flächen- und Raumtragwerken nach der Methode der finiten Elemente. — Wien; New York: Springer-Verl., 1975

Link, M.: Finite Elemente in der Statik und Dynamik. — Stuttgart: B. G. Teubner, 1984

Reddy, J. N.: An Introduction to the Finite Element Method. — Maidenhead/Berkshire/England: McGraw-Hill Book Company, 1984

Rockey, K. C.; Evans, H. R.; Griffiths, D. W. [u. a.]: The Finite Element Method. — London: Crosby Lockwood Stapels, 1975

Schwarz, H. R.: Methode der Finiten Elemente. — Stuttgart B. G. Teubner, 1980

Weaver, W. Jr.; Johnston, P. R.: Finite Elements for Structural Analysis. — New Jersey: Prentice Hall, 1984

Zienkiewicz, O. C.: Methode der finiten Elemente. — Leipzig: Fachbuchverl.; München: Carl-Hanser-Verl., 1983

Sachwortverzeichnis